"全国重点物种资源调查"系列成果
丛书主编：薛达元

典型自然保护区重点保护物种资源 调查与研究

主编　秦卫华　周守标　王　兵　蒋明康

中国环境出版社·北京

图书在版编目(CIP)数据

典型自然保护区重点保护物种资源调查与研究/秦卫华等主编. —北京：中国环境出版社，2013.5
（全国重点物种资源调查丛书）
ISBN 978-7-5111-1388-7

Ⅰ.①典… Ⅱ.①秦… Ⅲ.①自然保护区—物种—资源调查—中国 Ⅳ.①S759.992②Q16

中国版本图书馆 CIP 数据核字（2013）第 054899 号

出 版 人　王新程
责任编辑　张维平
封面设计　彭　杉

出版发行　中国环境出版社
　　　　　（100062　北京市东城区广渠门内大街 16 号）
　　　　　网　　址：http://www.cesp.com.cn
　　　　　电子邮箱：bjgl@cesp.com.cn
　　　　　联系电话：010-67112765（编辑管理部）
　　　　　　　　　　010-67112738（管理图书出版中心）
　　　　　发行热线：010-67125803，010-67113405（传真）
印　　刷　北京市联华印刷厂
经　　销　各地新华书店
版　　次　2014 年 9 月第 1 版
印　　次　2014 年 9 月第 1 次印刷
开　　本　787×1092　1/16
印　　张　22.25
字　　数　520 千字
定　　价　84.00 元

本册主编及完成单位

主　　编：秦卫华　周守标　王　兵　蒋明康

牵头单位：环境保护部南京环境科学研究所

完成单位：环境保护部南京环境科学研究所

　　　　　中国林业科学研究院

　　　　　安徽师范大学

前　言

　　我国横跨东部季风湿润区、西北干旱区、青藏高寒区三大自然地理区，具有十分复杂的自然地理环境，地貌类型多样，气候从南至北跨越赤道带、热带、亚热带、暖温带、温带和寒温带，植物区系起源古老，植被类型丰富，是世界上生物多样性最丰富的国家之一，具有特有属、种繁多，区系起源古老等特点。据《中国生物多样性国情报告》，我国陆地生态系统类型有森林212类，竹林36类，灌丛113类，草甸77类，沼泽37类，草原55类，荒漠52类，高山冻原、垫状和流石滩植被17类，总共599类。高等植物30 000余种，仅次于巴西和哥伦比亚，居第三位，其中特有植物有17 300多种。我国动物资源也非常丰富，脊椎动物共有6 347种，占世界总种数（45 417种）的13.97%；我国还是世界上鸟类种类最多的国家之一，共有鸟类1 244种，占世界总种数的13.1%。中国有7 000年以上的农业开垦历史，中国开发利用和培育繁育了大量栽培植物和家养动物，其丰富程度在全世界独一无二。许多栽培植物和家养动物不仅起源于中国，而且中国至今还保有它们的大量野生原型及近缘种。中国共有家养动物品种和类群1 900多个。在中国境内已知的经济树种就有1 000种以上。水稻地方品种达50 000个，大豆达20 000个。中国的栽培和野生果树种类总数也居世界第一位，其中许多起源于中国，或中国是其分布中心。除种类繁多的苹果、梨、李属外，原产中国的还有柿、猕猴桃、包括甜橙在内的多种柑橘类果树，以及荔枝、龙眼、枇杷、杨梅等。中国有药用植物11 000多种，牧草4 200多种，原产中国的重要观赏花卉2 200多种。我国也是野生和栽培果树的主要起源中心，被列为全球八大农作物起源中心之一。

　　近年来，随着我国经济社会的持续快速发展，人口不断增多、资源过度利用、生境破坏、环境污染、栖息地破碎化、外来物种入侵等问题凸显，严重威胁到我国生物多样性保护，导致部分生态系统功能不断退化，物种濒危程度不断加剧，2006年"IUCN 濒危物种红色名录"中近 3 000 个动植物物种生活在中国。长期以来，由于基础研究薄弱，我国生物物种，尤其是珍稀濒危物种的分布家底以及保护状况一直未查明。由于缺乏有效的数据互通与共享机制，为数不多的研究机构开展的相关研究成果很多不对外公开，我国野生动植物分布与保护的数据资料极度缺乏。自然保护区是生物多样性保护最重要的途径，是我国珍稀濒危野生动植物资源分布最为集中的地区，也是其在自然生境中的最后栖息地和避难所，在生物多样性保护方面具有无可替代的重要作用。近年来，我国自然保护区事业飞速发展，截至 2010年年底，我国已建自然保护区总数达到 2 588 个，总面积达到 149 万 km² （其中陆域面积约 143 万 km²，海域面积约 6 万 km²）。陆地自然保护区面积约占国土面积的 14.9%，超过国际平均水平。在全国范围内已初步形成了一个类型比较齐全、布局较为合理、功能比较健全的自然保护区网络，就地保护了水杉 （*Metasequoia glyptostroboides*）、桫椤 （*Alsophila spinulosa*）、苏铁 （*Cycas revoluta*）、普通野生稻 （*Oryza rufipogon*） 等一大批珍稀濒危野生植物。自然保护区保护了我国 85% 的陆地生态系统类型、40% 的天然湿地、85% 的野生动物种群和 65% 的高等植物群落，同时在涵养水源、防风固沙、保持水土、调蓄洪水等方面发挥了至关重要的生态服务功能。尽管目前我国自然保护区总数和总面积已经超过国际平均水平，但由于缺乏科学规划，很多保护区的部分区域已经失去了有效保护功能，真正能够发挥物种就地保护功能的可保护面积远远小于保护区总面积，自然保护区内资源开发和保护的矛盾日益突出，为我国自然保护区管理带来了巨大难题。加上长期以来，动植物数据资料极度缺乏，保护成效只是粗略地凭经验判断，保护区本底资源状况不明，严重影响了珍稀濒危物种的有效就地保护。自然保护区究竟保护了多少珍稀濒危物种，物种在自然保护区内的保护成效如何，一直未得到回答。

2010 年，环境保护部会同农业、国土资源、水利、林业、海洋、中科院等 20多个部门和单位编制了《中国生物多样性保护战略与行动计划》（2011—2030 年），提出了我国未来 20 年生物多样性保护总体目标、战略任务和优先行动。《生物多样性公约》第 7 条明确要求缔约国要"查明对保护和持续利用生物多样性至关重要的生物多样性组成部分"。为了基本摸清我国生物物种资源现状及其保护状况，尤其是珍稀濒危物种的保护状况，了解哪些濒危物种已经得到了良好的就地保护，哪些濒危物种尚未得到就地保护，并采取切实可行的对策措施，以便更加有效地保护我国的物种资源，国务院组建了全国生物物种资源保护部际联席会议，并通过了"全国生物物种资源调查方案"，从 2004 年起，原国家环境保护总局会同有关部门启动了"全国生物物种资源调查项目"，专门设立"中国自然保护区内国家重点保护野生动植物资源调查"专题，主要任务是调查典型自然保护区内国家重点保护物种资源的保护状况、濒危植物的保护成效。

本书是对这个专题多年研究成果的凝练。在环境保护部自然生态保护司、环境保护部南京环境科学研究所、中国林业科学院、安徽师范大学等多个单位的共同支持与参与下，研究者深入典型自然保护区开展实地调查，获取第一手基础资料，并广泛收集已有文献和档案资料，认真分析存在问题，经过集体讨论，形成本书，全书共分为 3 章，第 1 章是典型自然保护区物种资源保护现状评估；第 2 章是典型自然保护区国家重点保护野生植物保护成效调查；第 3 章是五个典型自然保护区具体调查报告。

本专题在实施过程中，还收集了 400 多个自然保护区的综合考察报告，加上一些其他有关资料，共收集到 473 份自然保护区资源本底状况资料，占我国自然保护区总数的 21.6%，总面积的 72.0%。其中收集到的国家级自然保护区资料达 210 个，面积 8 823.99 万 hm^2，约占已建国家级自然保护区总数的 92.9%，总面积的 99.5%。根据这 473 份自然保护区资源本底数据，构建了自然保护区珍稀濒危物种数据库，对国家重点保护物种的就地保护状况进行了评价。根据国家重点保护物种在自然保护区内的野生种群数量、分布范围以及受就地保护种群能否正常繁衍等因子，将国家重点保护物种就地保护水平划分为有效保护、较好保护、一般保护、较少保护、未受保护、保护状况不明和未予评价 7 个等级。分别对 306 种国家重点保护野生植物和 455 种国家重点保护野生动物进行了就地保护状况评价，结果发现：

306 种国家重点保护野生植物中，有 264 种在自然保护区内有不同程度的分布，约占国家保护植物总数的 86.27%（详见附录 1）；455 种国家重点保护野生动物中，有 386 种在自然保护区内有不同程度的分布，约占保护动物总数的 84.84%（详见附录 2）。

本书通过开展自然保护区重要物种资源的调查和研究，分析自然保护区在生物多样性保护方面发挥的作用和功能，确定自然保护区内国家重点保护野生动植物的就地保护现状，尤其是明确哪些濒危物种并未得到保护区有效保护，对于相关主管部门制定科学合理的生物多样性保护政策、法规和具体方案具有极其重要的指导意义，对于保存珍贵遗传资源、减缓生物多样性降低速度具有重要意义，也是维护生态安全，实现生态文明的科学需要。由于掌握的资料和数据不很全面，更由于学术水平有限，书中难免出现一些疏漏，希望读者予以谅解与指正。

目　录

典型自然保护区物种资源保护现状评估

1.1 我国自然保护区发展概况

中国是世界自然资源和生物多样性最丰富的国家之一，中国生物多样性保护对世界生物多样性保护具有十分重要的意义。随着全球生物多样性保护运动的深入发展，保护生物多样性已成为全人类共同关切的问题。作为生物多样性保护最有效的途径，自然保护区建设管理普遍得到世界各国的高度重视，并已成为一个国家文明和进步的标志。50多年来，我国自然保护区从无到有、从小到大、从单一到综合，形成了布局基本合理、类型较为齐全、功能渐趋完善的体系。

截至 2010 年底，全国（不含香港、澳门特别行政区和台湾地区）共建立各种类型、不同级别的自然保护区 2 588 个，总面积 14 944 万 hm² （其中陆域面积约 14 307 万 hm²，海域面积约 637 万 hm²），陆地自然保护区面积约占国土面积的 14.9%。其中，我国已建国家级自然保护区 319 个，面积 9 267 万 hm²，数量仅占全国自然保护区总数的 12.33%，但面积占全国保护区总面积的 62.01%，国土面积的 9.65%。自然保护区事业的发展，有效保护了我国 70%以上的自然生态系统类型、80%的野生动物和 60%的高等植物种类以及重要自然遗迹，大熊猫、朱鹮、羚牛、珙桐、苏铁等一批珍稀濒危物种种群数量呈明显恢复和发展的趋势。中国自然保护区作为宣传教育基地，通过对国家有关自然保护的法律法规和方针政策及自然保护科普知识的宣传，极大地提高了我国公民的自然保护意识。

我国先后颁布了《森林法》、《野生动物保护法》、《自然保护区条例》、《野生植物保护条例》、《森林和野生动物类型自然保护区管理办法》等法律法规，发布实施了《中国生物多样性保护战略与行动计划》（2011—2030 年）、《中国湿地保护行动计划》、《全国生物物种资源保护与利用规划纲要》等重要文件，同时，国家先后批准加入了包括联合国《生物多样性公约》、《生物多样性公约关于获取遗传资源以及公正和公平地分享其利用所产生惠益的名古屋议定书》在内的 20 多项有关环境与资源保护的国际公约和条约，为野生动植物保护及自然保护区建设提供了重要的法律保障；国家组织开展了全国自然保护区基础调查、野生动植物、湿地资源调查等科学研究，积极开展国际交流与合作，不断扩大国际影响，提高了我国的国际地位和影响力。然而，由于长期以来实行抢救性保护的方针，我国自然保护区的发展速度虽然很快，但其建设管理水平远远滞后于发展速度，普遍存在着保护目标不明确、家底不清、现状不明、资源开发与保护的矛盾突出、监管不力、保护措施不到位、管理手段僵化等问题，严重影响了自然保护区长期稳定的发展。

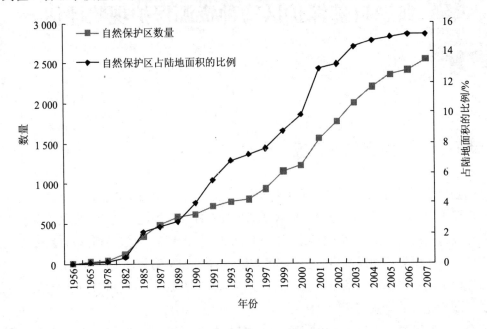

图 1-1　我国自然保护区发展趋势图

1.2　调查目的与内容

1.2.1　典型国家级自然保护区的选择

为了解自然保护区内物种资源的现状和变化动态，根据代表性、典型性、系统性的筛选原则，在全国范围内选择 30 个生物物种资源丰富的自然保护区开展实地调查。调查的自然保护区涵盖了我国森林、湿地等不同的保护区类型，一定程度上可以反映自然保护区珍稀濒危特有野生动植物的保护状况。

选定的 30 个国家级自然保护区包括：海南尖峰岭、东寨港、霸王岭，甘肃安西极旱荒漠，新疆西天山，江苏盐城，辽宁蛇岛老铁山，黑龙江扎龙，四川卧龙、贡嘎山，重庆大巴山，湖北神农架，福建武夷山，广东鼎湖山，贵州梵净山，吉林长白山、莫莫格，江西井冈山、鄱阳湖，河南伏牛山，青海青海湖，内蒙古达里诺尔，浙江天目山，河南宝天曼等。其中，以森林生态系统及其珍稀植物为主要保护对象的保护区 6 个，以湿地生态系统及其珍稀动植物为主要保护对象的保护区 7 个，以森林生态系统及珍稀物种为主要保护对象的保护区 13 个，以珍稀动物及其生境为主要保护对象的保护区 4 个，详见

表 1-1。

表 1-1 国家重点保护野生动植物资源状况调查保护区名录

保护区类型	序号	保护区名称	主要保护对象
以森林生态系统及珍稀植物为主要保护对象的保护区（6个）	1	海南东寨港	红树林及生态系统
	2	海南尖峰岭	山地混合森林生态系统物种基因库
	3	河南宝天曼	森林生态系统及物种多样性
	4	河南伏牛山	过渡带森林生态系统
	5	新疆西天山	云杉及其生境
	6	广西防城金花茶	金花茶及其生态环境
以湿地生态系统及其珍稀动植物为主要保护对象的保护区（7个）	7	黑龙江扎龙	丹顶鹤、白枕鹤等珍稀鹤类及湿地生态系统
	8	吉林莫莫格	珍稀水禽、动植物
	9	江苏盐城湿地珍禽	丹顶鹤等珍稀野生动物及滩涂湿地生态系统
	10	江西鄱阳湖	白鹤、白头鹤、白鹳等及湿地生态系统
	11	内蒙古达里诺尔	丹顶鹤、大鸨等珍稀鸟类及内陆湿地生态系统
	12	青海青海湖	高原湿地生态系统和珍稀鸟类
	13	上海崇明东滩	河口湿地生态系统以及珍稀鸟类和重要的鱼类资源
以森林生态系统及珍稀物种为主要保护对象的保护区（13个）	14	吉林长白山	温带山地森林、熔岩台地沼泽生态系统及珍稀动植物
	15	福建武夷山	中亚热带山地森林生态系统及珍稀物种
	16	甘肃安西极旱荒漠	水源涵养林及珍稀动物
	17	广东鼎湖山	南亚热带常绿阔叶林、珍稀动植物
	18	贵州梵净山	常绿阔叶林森林生态系统，银杉、瑶山鳄蜥等珍稀动植物
	19	湖北神农架	亚热带森林生态系统和珍稀动植物
	20	江西井冈山	常绿阔叶林、山地森林混合生态系统及华南虎等珍稀野生动物
	21	陕西太白山	大熊猫、羚牛、独叶草及山地混合森林生态系统
	22	四川贡嘎山	森林生态系统、珍稀动物
	23	云南哀牢山	山地混合森林生态系统及珍稀物种
	24	浙江天目山	森林生态系统
	25	重庆大巴山	中亚热带森林生态系统及珍稀濒危动植物
	26	安徽鹞落坪	大别山有代表性的次生森林生态系统和珍稀濒危动植物
以珍稀动物及其生境为主要保护对象的保护区（4个）	27	海南霸王岭	黑长臂猿及其生境
	28	辽宁蛇岛老铁山	候鸟、蝮蛇及蛇岛特殊生态系统
	29	新疆阿尔金山	原始状态的高原生态系统及藏羚羊、野驴、野牦牛等珍稀野生动物
	30	四川卧龙	大熊猫等及其山地混合森林生态系统

通过典型自然保护区物种资源调查和研究，了解自然保护区在保护物种资源方面发挥的作用，为加强自然保护区建设提供依据；通过对各类型典型自然保护区的实地调查，查清自然保护区中国家重点保护物种的实际保护状况、种群消长情况、物种受威胁的主要原因；汇总分析自然保护区在保护物种方面已经采取的保护措施和存在的问题，提出解决问题的措施和建议等。

1.2.2 调查方法和内容

根据 30 个保护区国家重点保护动植物的长期调查结果，进行实地重点踏查，按照计数法、线样调查法、样地调查法等对保护区的珍稀濒危保护植物及其丰富度进行调查。主要调查指标有：动植物种类和数量、消长情况、物种资源变化动态、发现新种和新记录种概况等，对保护区内珍稀濒危且存在很少的动植物物种，采取走访那些曾在保护区研究、工作过的老专家、教授，咨询在保护区长期从事生物多样性研究工作的技术人员和保护区内的居民，并结合相关资料进行野外踏查，对重点保护野生动物资源进行调查。

对 30 个不同类型自然保护区进行的实地调查内容主要包括：各自然保护区内动植物区系的调查，包括重点保护的动植物、区系组成分析、珍稀濒危动植物种类、数量等；自然保护区内重点保护物种的资源消长变化、保护现状等；重点保护物种受威胁的主要因素、已采取的保护措施等。在总结自然保护区过去多年物种资源调查成果的基础上，对影响植物群落与动物群落动态变化的原因进行综合分析，探究其物种保护和管理现状及其存在的深层次原因，从而提出各自然保护区内生物物种资源保护的建议，包括政策法规、制度管理、科技开发、宣传教育、资金保证、人力资源、能力建设、效益体现等多方面的保护措施和相关对策建议。

1.3 典型自然保护区国家重点保护物种资源状况

调查结果表明，20 多年来部分野生动植物种群数量稳中有升，栖息环境逐渐改善，其中 60%为国家重点保护的物种，大熊猫、朱鹮、海南坡鹿等珍稀濒危野生动物种群在不断增加，其栖息地面积也在不断增加；被调查的 156 种国家重点保护野生植物中，野外种群达到稳定存活标准的占 68%。一些物种的分布区逐步扩展，黑嘴鸥、黑脸琵鹭等物种的新记录、新繁殖地或越冬地不断被发现；几十年未见踪迹的世界极危物种崖柏在重庆大巴山区被重新发现，笔筒树、白豆杉、观光木等物种也发现了新分布区。

但是，由于近年来人为活动范围的扩大以及保护区建设与管理的不当，野生生物栖息地遭到破坏和过度开发利用，一些非国家重点保护的野生动植物，特别是具有较高经济价值的野生动植物种群仍未扭转下降趋势，部分物种仍处于极度濒危状态，单一种群物种面临绝迹的危险。朱鹮、黔金丝猴、海南长臂猿、普氏原羚等单一种群物种数量少而且分布狭窄，没能很好地进行保护，保护区的作用功能没有充分发挥出来，一旦遭受剧烈自然灾害或其他威胁，即会面临绝迹的危险。

1.3.1 森林生态系统及其珍稀植物资源自然保护区调查

本次调查主要涉及的该类自然保护区有：海南东寨港、尖峰岭、霸王岭，河南宝天曼、伏牛山，新疆西天山，广西防城金花茶等，现就调查结果进行汇总分析如下。

1.3.1.1 珍稀植物资源变化分析

（1）通过对海南尖峰岭自然保护区的珍稀濒危保护植物进行调查，结果表明：该地区共有珍稀濒危植物 55 种，隶属 34 科 48 属，其中国家 I 级重点保护植物 4 种，国家 II 级重点保护植物 31 种，珍贵稀有植物 20 种。热带山地雨林是尖峰岭地区所有生态系统中最为复杂的一种植被类型，最能代表我国热带森林植物群落种类多样性的特点，群落的多样性指标及均匀度指标可媲美热带东南亚和中南美洲。尖峰岭森林具有极高的物种多样性，热带原始林的多样性指标达到 5.78～6.28，比缅甸热带雨林群落的 5.4 要高，并高于海南霸王岭山地雨林的 5.19，与霸王岭沟谷雨林的 5.82 和巴西亚马孙热带雨林群落的 6.21 相当。而 40 年天然更新的山地雨林也达到 4.52～4.77，与亚热带常绿阔叶林的多样性指标相近。同时，群落的均匀度在 81%以上，一般比亚热带常绿阔叶林的要高，充分反映出热带山地雨林群落在种类组成上的复杂性和群落中优势种的不明显性，同时也反映出了热带森林在保护生物多样性中的重要意义。

已基本探明的 55 种珍稀濒危植物占尖峰岭地区野生高等植物总数的 2.52%。属于"可能绝迹"类的有 11 种（其中 8 种仅见文献记载，3 种曾采集到标本），占该地区野生植物种数的 0.5%；属于濒危类的有 8 种，占 0.36%；属于渐危类的有 10 种，占 0.45%；属于稀有类的有 11 种，占 0.54%；如果将濒危、渐危和稀有类物种归为"高危"类物种，则"高危"类物种占尖峰岭地区野生植物总数的 1.35%；另外 15 种目前在尖峰岭还有一定的种群数量，占 0.68%。专项濒危保护植物占该地区总植物数量的比例虽然不高，但由于该地区植物总数多，其绝对数很高。各类濒危物种的种数比例见图 1-2。

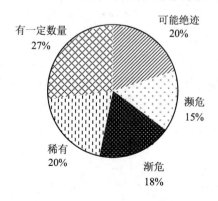

图 1-2　尖峰岭地区各类珍稀濒危物种的比例

（2）河南宝天曼和伏牛山自然保护区所在的伏牛山脊一线是北亚热带和暖温带地带性植被的分界线，属北亚热带常绿落叶阔叶混交林带，高海拔还有落叶阔叶矮曲林，植被类型多种多样，其植被区系地理成分都以温带成分为主，热带成分占有一定比例，是第三纪古热带区系的残余植被，具有栎类、桦类、松类等为建群种的常绿阔叶与落叶阔叶混交林、常绿针叶以及针叶阔叶混交林的生态系统，与华中、华北植被相似。

两个保护区杂木林中的珍稀濒危植物种群有的起源于古老的孑遗种，如银杏、延龄草等；更多的是第三纪古热带植物区系的残余种，如山白树、杜仲、领春木、金钱槭、青檀等。其中不少物种在世界上其他地区已经灭绝，仅残存于我国，而成为我国特有的珍稀植物。它们在植物种群的起源和发生发展及植物区系理论的研究中具有科学价值。在经济价值上，有特有的珍贵药材，如天麻、杜仲、狭叶瓶尔小草等；有珍贵的用材树种，如大果青扦、水曲柳；有油料植物，如华榛、山白树等；还有著名的纤维原料植物青檀、我国大豆遗传育种的种质资源野大豆。当前这些珍稀濒危植物的保护、利用与发展，无论在科学研究上还是在人类经济活动上都有特殊和重要的价值。保护区已经采取了相应措施来保护这些珍稀濒危植物资源。由于近年来人为因素的干扰，自然保护区珍稀濒危植物较 1994 年有所减少。

（3）新疆西天山国家级自然保护区位于中天山西段，由中天山的南支脉东西走向的那拉提山系与略偏南北的塔许巴山相交，构成恰普克谷地，该谷地是著名的伊犁三角洲东段的山间谷地，呈楔形，东窄西宽，东高西低，坐落在那拉提山的北坡，为耐荫的针叶云杉林生长分布提供了良好条件。

西天山国家级自然保护区属于森林生态系统类型的自然保护区，主要对区内雪岭云杉及其变种天山云杉组成的山地森林、珍稀植物（野苹果、野山杏等）、草原、水域及有特殊作用的其他动植物资源进行保护。西天山国家级自然保护区是一个完整而复杂的自然综合体，山地云杉林是维护这个自然综合体生态平衡保持环境稳定的主导因素。由于它的生存，区内繁多的动植物才得以大量繁衍和生存。森林结构的复杂性和物种多样性为各种野生动物栖息繁衍提供了理想的场所。保护区共有脊椎动物 146 种，其中两栖类 3 种，爬行类 7 种，鸟类 101 种，哺乳类 35 种。其中属于国家 I 级保护动物有 5 种：黑鹳、金雕、白肩雕、雪豹、北山羊。属于国家 II 级保护动物有 19 种：鸢、乌灰鹞、燕隼、灰背隼、红隼、高山雪鸡、斑尾林鸽、棕熊、石貂、水獭、草原斑猫、兔狲、猞猁、马鹿、盘羊等。

自然保护区的生存威胁是指自然保护区所面临的人类干扰压力。生存威胁除了来自人类的威胁，还有保护对象自身的因素，即生态系统和物种的脆弱性，生态系统极易遭受破坏且难以恢复和物种种群生活力弱且繁殖能力差。西天山自然保护区就面临着生态系统和物种脆弱性的威胁。

1.3.1.2 重点保护动物状况分析

森林生态系统的复杂性，使得其中孕育了丰富的珍稀动物资源。在尖峰岭地区开展工作的科学工作者，多年来采集到的脊椎动物标本很多，其中，鸟类 48 科 141 属 215 种，兽类 23 科 48 属 68 种，两栖类动物 7 科 12 属 38 种，爬行类动物 12 科 37 属 50 种，蝴蝶达 10 科 201 属 449 种。其中国家 I 级保护动物 7 种，国家 II 级保护动物 47 种。根据现有材料分析，按照动物地理区划，尖峰岭地区鸟兽区系属于东洋界，中印亚界的华南区的海南亚区。在鸟类中，繁殖鸟所占比例大，非繁殖鸟所占比例小。据初步统计，繁殖鸟（绝大部分为留鸟）占 79%，非繁殖鸟（主要是冬候鸟、旅鸟）约占 21%。热带雨林的栖息环境优良，植被丰富，一年四季各种食料充足，树木葱茏，对于鸟兽等动物繁衍生息非常有利。

按照动物地理区划，霸王岭自然保护区也属东洋界华南区的海南亚区范围，保护区内重要动物有 100 多种，其中，国家 I 级保护动物 6 种，国家 II 级保护动物 16 种，省级保护动物 16 种，热带雨林指示种 7 种。

东寨港保护区鸟类多样性指数，在夏季，以岸上鸟类的多样性及均匀度最高，而以滩涂鸟类的多样性及均匀度最低，这主要是因为此时期东寨港鸟类物种组成上是以陆上留鸟为主，以迁徙鸟类为主的滩涂鸟类较少。

1.3.1.3 造成这些保护区物种濒危的主要原因

造成这些保护区植物濒危的主要原因是原始森林面积减少和人口增长，改变了原生生态环境，许多物种不适应新的环境而濒临灭绝（李意德，1995）。当地少数民族传统的耕作方式"刀耕火种"，是毁林的主要行为之一，加速了物种的濒危程度。动物资源受威胁的主要因素是人为干扰和自然生境变化，如人为猎捕、生态平衡的打破造成食物链的缩短等。

1.3.2 湿地生态系统及其珍稀动植物资源调查与研究

全国湿地资源调查结果表明，中国现有湿地 3 848.55 万 hm^2（不包括水稻田湿地），居亚洲第一位、世界第四位，世界各类型的湿地在中国均有分布（表 1-2）。其中，自然湿地 3 620.05 万 hm^2，占 94%；库塘湿地 228.50 万 hm^2，占 6%。自然湿地中，沼泽湿地 1 370.03 万 hm^2，近海与海岸湿地 594.17 万 hm^2，河流湿地 820.70 万 hm^2，湖泊湿地 835.16 万 hm^2。湿地内分布有高等植物 2 276 种；野生动物 724 种，其中水禽类 271 种，两栖类 300 种，爬行类 122 种，兽类 31 种。全国重点湿地 376 个，总面积 1 502.93 万 hm^2。

调查显示，目前全国已有 1 600 万 hm^2，近 40% 的自然湿地纳入 353 个保护区，得到较好的保护。本次调查包括的湿地保护区有：黑龙江扎龙、吉林莫莫格、江苏盐城湿地珍禽、江西鄱阳湖、内蒙古达里诺尔、青海青海湖、上海崇明东滩等，下面对这些保护区调查情况进行汇总分析。

表1-2　中国湿地类型分类

代码	类型名称	划分技术标准
I 近海与海岸湿地		
I 1	浅海水域	浅海湿地中,湿地底部基质为无机部分组成,植被盖度<30%的区域,多数情况下低潮时水深小于6 m。包括海湾、海峡
I 2	潮下水生层	海洋潮下,湿地底部基质为有机部分组成,植被盖度≥30%,包括海草层、海草、热带海洋草地
I 3	珊瑚礁	基质由珊瑚聚集生长而成的浅海湿地
I 4	岩石海岸	底部基质75%以上是岩石和砾石,包括岩石性沿海岛屿、海岩峭壁
I 5	沙石海滩	由砂质或沙石组成的,植被盖度<30%的疏松海滩
I 6	淤泥质海滩	由淤泥质组成的植被盖度<30%的淤泥质海滩
I 7	潮间盐水沼泽	潮间地带形成的植被盖度≥30%的潮间沼泽,包括盐碱沼泽、盐水草地和海滩盐泽
I 8	红树林	由红树植物为主组成的潮间沼泽
I 9	河口水域	从近口段的潮区界(潮差为零)至口外海滨段的淡水舌锋缘之间的永久性水域
I 10	三角洲/沙洲/沙岛	河口系统四周冲积的泥/沙滩,沙洲、沙岛(包括水下部分)植被盖度<30%
I 11	海岸性咸水湖	地处海滨区域有一个或多个狭窄水道与海相通的湖泊,包括海岸性微咸水、咸水或盐水湖
I 12	海岸性淡水湖	起源于潟湖,但已经与海隔离后演化而成的淡水湖泊
II 河流湿地		
II 1	永久性河流	常年有河水径流的河流,仅包括河床部分
II 2	季节性或间歇性河流	一年中只有季节性(雨季)或间歇性有水径流的河流
II 3	洪泛平原湿地	在丰水季节由洪水泛滥的河滩、河心洲、河谷、季节性泛滥的草地以及保持了常年或季节性被水浸润的内陆三角洲的统称
II 4	喀斯特溶洞湿地	喀斯特地貌下形成的溶洞集水区或地下河/溪
III 湖泊湿地		
III1	永久性淡水湖	由淡水组成的永久性湖泊
III2	永久性咸水湖	由微咸水或咸水组成的永久性湖泊
III3	内陆盐湖	由含盐量很高的卤水(矿化度>50 g/L)组成的永久性湖泊
III4	季节性淡水湖	由淡水组成的季节性或间歇性淡水湖(泛滥平原湖)
III5	季节性咸水湖	由微咸水/咸水/盐水组成的季节性或间歇性湖泊
IV 沼泽湿地		
IV1	苔藓沼泽	发育在有机土壤、具有泥炭层的以苔藓植物为优势群落的沼泽
IV2	草本沼泽	由水生和沼生的草本植物组成优势群落的淡水沼泽
IV3	灌丛沼泽	以灌丛植物为优势群落的淡水沼泽
IV4	森林沼泽	以乔木森林植物为优势群落的淡水沼泽
IV5	内陆盐沼	受盐水影响,生长盐生植被的沼泽。以苏打为主的盐土,含盐量应>0.7%;以氯化物和硫酸盐为主的盐土,含盐量应分别大于1.0%、1.2%
IV6	季节性咸水沼泽	受微咸水或咸水影响,只在部分季节维持浸湿或潮湿状况的沼泽

代码	类型名称	划分技术标准
IV7	沼泽化草甸	为典型草甸向沼泽植被的过渡类型，是在地势低洼、排水不畅、土壤过分潮湿、通透性不良等环境条件下发育起来的，包括分布在平原地区的沼泽化草甸以及高山和高原地区具有高寒性质的沼泽化草甸
IV8	地热湿地	以地热矿泉水补给为主的沼泽
IV9	淡水泉/绿洲湿地	以露头地下泉水补给为主的沼泽
V 人工湿地		
V1	水库	为蓄水和发电而建造的，面积大于 $8 \ hm^2$ 的人工湿地
V2	运河、输水河	为输水或水运而建造的人工河流湿地
V3	淡水养殖池塘	以淡水养殖为主要目的修建的人工湿地
V4	海水养殖场	以海水养殖为主要目的修建的人工湿地
V5	农用池塘	以农业灌溉、农村生活为主要目的修建的蓄水池塘
V6	灌溉用沟、渠	以灌溉为主要目的修建的沟、渠
V7	稻田/冬水田	能种植一季、两季、三季的水稻田或者是冬季蓄水或浸湿状的农田
V8	季节性洪泛农业用地	在丰水季节依靠泛滥能保持浸湿状态进行耕作的农地
V9	盐田	为获取盐业资源而修建的晒盐场所或盐池，包括盐池、盐水泉
V10	采矿挖掘区和塌陷积水区	由于开采矿产资源而形成矿坑、挖掘场所蓄水或塌陷积水后形成的湿地，包括砂/砖/土坑；采矿地
V11	废水处理场所	为城市污水处理而建设的污水处理场所，包括污水处理厂和以水净化功能为主的湿地
V12	人工景观水面和娱乐水面	为城市环境美化、景观需要、居民休闲、娱乐而建造的各类人工湖、池、河等人工湿地

1.3.2.1 珍稀动物资源变化

（1）黑龙江扎龙和吉林莫莫格自然保护区。扎龙保护区属于典型的芦苇沼泽湿地，位于黑龙江省西部松嫩平原、乌裕尔河下游湖沼苇草地带。这里湿地景观原始，鹤类等生物资源异常丰富。许多濒危物种，特别是丹顶鹤、白枕鹤、白鹤的繁殖栖息地与迁徙途中的停歇地已经不多了，这些湿地自然保护区已经成为它们最后的繁殖地和停歇地。扎龙保护区已记录到 17 目 45 科 236 种鸟类，其中最出名的是鹤类，共有 6 种，4 种是繁殖鸟，另外 2 种是过境迁徙鸟。繁殖种是丹顶鹤（180～200 只）、白枕鹤（多达 34 只）、灰鹤（1986 年第一次发现巢，通常是过境鸟）、蓑羽鹤（多达 50 只）。在春季迁徙期已记录到多达 570 只白鹤和 500 只白头鹤。该沼泽地出现的其他濒危种类包括白鹤（过境时多达 26 只）和半蹼鹬（少量繁殖）。繁殖鸟包括：鸬鹚（100 对）、大麻、黄斑苇、紫背苇、大白鹭、草鹭（约 5 000 对）、苍鹭、白琵鹭（多达 300 只）、大天鹅、鸿雁、灰雁、翘鼻麻鸭、罗纹鸭、斑嘴鸭、赤膀鸭、白眉鸭和青头潜鸭及白头鹞、鹊鹞、隼、普通秧鸡、小田鸡、花田鸡、白骨顶、黑翅长脚鹬、反嘴鹬、凤头麦鸡、白腰勺鹬、泽鹬、白腰草鹬、林鹬、扇尾沙锥、须浮鸥、白翅浮鸥和普通燕鸥。常见过境迁徙鸟和越冬鸟包括豆雁、白额雁、花脸鸭、鹊鸭及许多鸥类等。大鸨是沼泽地边缘和邻近农田较常见的鸟。

鸟类区系成分上主要以古北界种类为主，而这些主要分布于古北界的种类又以北方型的种类为主，如云雀、翘鼻麻鸭、灰鹤、红尾伯劳、锡嘴雀等。一些主要分布于东洋界的鸟类，沿季风向北延伸至本区，代表性种类有黑枕黄鹂、灰椋鸟、白琵鹭、大白鹭等。此外，在中国南方广泛分布的须浮鸥等在本区也能见到。扎龙和莫莫格保护区在中国动物地理区划上，均属古北界东北区，鸟类区系组成表现出古北界东北区为主的特征。同时，由于与蒙新区东部草原亚区毗邻，所以兼带蒙新区鸟类的特征。还有相当数量的鸟类广布于古北界和东洋界，属广布种；也有少量的在繁殖期间沿季风区分布到此的东洋界鸟类。在莫莫格的 102 种繁殖鸟中，古北种多达 75 种，占该区繁殖鸟种数的 73.5%；广布种 22 种，占 21.6%；最少的是东洋种 5 种，仅占 4.9%，表现出典型的古北界系特色。

在分布型上，莫莫格占主体的鸟类主要为东北型鸟类，如红尾伯劳、长尾灰伯劳、灰椋鸟与森林联系较为密切，主要分布在该区人工林及有限的天然灌丛内。属于蒙新区的鸟类主要是些草原、荒漠型种类，如蒙古百灵、斑翅山鹑、毛腿沙鸡、大鸨等代表种类，广泛分布、繁殖在本区草甸草原上，它们是沿着季风区由蒙新东部草原亚区延伸到这里的。至于北方型鸟类，扎龙和莫莫格自然保护区繁殖种类仅局限于如攀雀等繁殖区由北半球北部向南延伸的而对营巢条件又不十分苛求的一类。而太平鸟、棕眉山岩鹨、红尾歌鸲、蓝歌鸲、红点颏、红胁蓝尾鸲、黄眉柳莺、白腰朱顶雀、灰腹灰雀等典型北方型鸟类，虽在本区可以见到，并常常呈现出较多的数量，但本区缺少它们的营巢生态环境，所以它们大都在春、秋两季沿境内人工林南北迁徙，很少繁殖。东洋界热带型的鸟类，如黄嘴白鹭、黄斑苇鳽、四声杜鹃、黑枕黄鹂等数量较少，它们在本区鸟类区系组成中，只起点缀作用。

扎龙和莫莫格自然保护区处于中国候鸟东部迁徙区的北部，其特殊的地理位置、良好的湿地条件已成为鹤、鹳等珍稀鸟类迁徙途中重要的停歇地和理想的繁殖区。其中白鹤、白鹳等国际濒危物种在本区的分布数量，已引起国内外鸟类专家的关注。

（2）上海崇明东滩鸟类自然保护区位于长江口最大的沙岛崇明岛的最东端，由长江携带的泥沙不断沉积淤涨形成的一块年轻的湿地，是全国自然保护区中最年轻的河口滩涂湿地。通过调查分析发现，崇明东滩植物具有区系成分复杂、杂草种类多、外来种类多和人为干扰影响大等特点，植被类型主要可分为滩涂植被、盐碱植被、杂草植被、水生植被等。海三棱藨草是东滩湿地中面积最大的自然植被类型，总面积约 3 000 hm^2，也是上海地区滩涂植被中最具特色的植被。代表动物主要有大滨鹬、斑嘴鸭、天津厚蟹、河蚬、彩虹明樱蛤和弹涂鱼等。

崇明东滩鸟类自然保护区是我国乃至全球重要的河口湿地生态系统，区内拥有丰富多样的生态环境，天然储藏了数量众多的动植物资源，共保护了 378 种高等脊椎动物和 122 种高等植物，其中国家重点保护物种共有 46 种。随着滩涂的不断淤涨，保护区向东以每年 100 m 左右的速度仍在不断扩大，处于一个动态发展的过程中。保护区还具有自然性和典型性特征，每年吸引了上百万只水禽来保护区栖息和越冬，不仅是长江口物种保护的一个重要基地，更成为研究河口湿地生态系统以及生态系统内部各种生物形成、发展、演替的重要基地。由于滩涂围垦、人为偷猎、生产活动干扰等因素的影响，环颈鸻、凤头鹛鹛、勺嘴鹬、大杓鹬、大滨鹬、银鸥、白眉鸭、花脸鸭、斑尾塍鹬和黑尾塍鹬等物种的栖息地和觅食区逐渐缩小，从而导致其种群数量分别出现了不同程度的下降。此外，根据观察发现，国家Ⅰ级重点保护动物白头鹤的种群数量也出现了少量下降，2001 年数量最多时曾达到 138 只，近年来受围垦影响，数量下降至 100 多只。

（3）江苏盐城湿地珍禽国家级自然保护区是我国沿海生物多样性最丰富的重要地区之一，区内共保护了 1 665 种野生动物和 559 种野生高等植物，其中国家重点保护野生动物 95 种，国家重点保护野生植物 4 种。保护区物种数量约占我国海岸带生物物种总数的 1/10。目前每年在此越冬的丹顶鹤在 650 只左右，为全世界最大的丹顶鹤越冬地，同时该区也是国际濒危物种黑嘴鸥的重要繁殖地，是澳大利亚—西伯利亚迁徙鸟类通道的必经之路，已成为我国东部沿海滩涂的物种基因库、鸟类的天堂和天然的物种博物馆，在国内外生物多样性保护及沿海滩涂湿地保护中都占有十分重要的地位。

盐城湿地珍禽国家级自然保护区跨暖温带落叶阔叶林与亚热带常绿阔叶林植物区系，区内滩涂属于亚热带向暖温带过渡地带，是我国南北方的连接区，且受海洋性暖湿季风气候影响。特殊的气候条件和特殊的地理位置造就了特殊的植被类型和群落演替格局。调查统计发现，种群数量具有较大幅度增长的物种主要有黑嘴鸥、蓑羽鹤、白枕鹤、小天鹅、白琵鹭和尖尾滨鹬等。物种种群数量增加的原因除保护区采取了一些有效的管理措施，如加强保护鸟类的宣传教育、加强对珍稀物种滥捕乱猎行为的打击力度等外，迁徙物种数量的增加也是一个重要原因。

（4）江西鄱阳湖自然保护区是东亚地区最重要的湿地保护区，全世界约 90%的白鹤在这里越冬，同时还有迄今为止发现的世界上最大的越冬鸿雁群体，还有相当数量的东方白鹳和数以万计的水禽。保护区建立以来，由于禁止狩猎，各种水禽数目日益增多。保护区是一块生物多样性丰富的国际重要湿地。它不仅是鹤类、天鹅等珍禽的重要越冬栖息地，隼类、部分鸭类和雀形目鸟类的繁殖地，还是迁徙鸟类的重要驿站和中途食物补给地。区内拥有许多珍禽鸟类，鸟类资源丰富，据统计，已记录到鸟类 310 余种，其中水禽 124 种，国家Ⅰ、Ⅱ级保护动物 50 余种。鄱阳湖白鹤群体为全世界关注。国际鹤类基金会会长阿基波博士、世界野生动物保护基金会会长英国菲利普亲王、美国、加拿大、瑞典等几十个国家的专家学者先后来此观赏考察。

江西鄱阳湖国家级自然保护区位于东洋界、华中区、东部丘陵平原亚区，约占鄱阳湖总面积的 5%。该区是亚热带湿地生态系统保持较完整，相对稳定的区域之一。在当今世界湿地不断受到破坏的情况下，这里成为"珍禽王国"、"候鸟的乐园"，是研究鸟类迁徙越冬生态习性、开展环志工作、教学实习的重要基地。鄱阳湖的鸟类不仅种类多，而且数量也多。白鹤越冬种群数量近 10 年来都稳定在 2 000 只以上，占世界总数的 90%以上；白枕鹤数量稳定在 2 500 只以上，占世界总数的 50%以上；鸿雁数量达 3 万只，占世界总数的 60%；白额雁数量 3.2 万只，占亚太地区总数的 60%以上；野鸭的数量也是数以万计，1996 年统计到 20 万只。1998 年由于夏季东北地区百年不遇的特大洪水对野鸭繁殖地的影响等因素，全国的野鸭种群数量均剧减，但鄱阳湖仍有 22 400 只。

区系特征。鄱阳湖自然保护区在动物地理区划上属东洋界华中区东部丘陵平原亚区。区内有古北界鸟类 164 种，占保护区鸟类总数的 52.9%；广布种 78 种，占 25.2%；东洋种 68 种，占 21.9%。保护区有繁殖鸟 159 种，占区内鸟类总数的 51.3%；非繁殖鸟 151 种，占 48.7%。在 159 种繁殖鸟中，广布种 69 种，占繁殖鸟总数的 43.4%；东洋种鸟类 50 种，占 31.4%；古北界种鸟类 40 种，占 25.2%。由此可见，在鄱阳湖自然保护区的繁殖鸟中，广布种所占比例最大，东洋种比例稍大于古北种。表明鄱阳湖自然保护区是连接不同生物界区鸟类的重要纽带。自然保护区内，以鹤类及雁鸭类为多数。据统计，区内鸟类总数高峰时达 30 万只以上，种类达 310 余种。

（5）青海青海湖自然保护区在中国动物地理区划中属于古北界青藏区青海藏南亚区，鸟类主要是古北界成分，兽类区系组成基本与鸟类相似，但鱼类区系却属于东洋界。由于青藏高原自第四纪以来加速隆起引起生态环境改变，以及冰期与间冰期的交替出现，必定对行动灵活的鸟类和兽类的区系形成产生巨大影响，因而有人认为将青海湖盆地鱼类区系归属于东洋界反映了整个脊椎动物区系形成的历史，而将鸟兽的区系归于古北界，是更多地考虑到区系变化的结果和现状。从生态类群来看，青海湖地区鸣禽类、涉禽类、游禽类和猛禽类都超过 20 种；鹑鸡类和鸠鸽类比较少；攀禽类仅 2 目 3 种；缺乏走禽类。其中游禽类和涉禽类合计 7 目 14 科 63 种。青海湖地区鸟类中留鸟约占 40%，夏候鸟约占 32%，旅鸟占 21%，冬候鸟占 3%，其余为偶见种或迷鸟。因此青海湖地区夏季鸟类最丰富，春秋季有许多旅鸟过路，冬季鸟类较少。

从地理分布型来看，青海湖地区仅有池鹭、火斑鸠、普通鸱等少数种源于东洋界，而且均不典型，其余大多属古北界种，也有不少为广布种。青藏高原的鸟类特有种除藏雀及藏鸦外，绝大多数在青海湖地区有分布，其中黑颈鹤（*Grus nigricollis*）、褐背拟地鸦、棕背鸫、棕背雪雀、凤头雀莺、朱鹀等是典型的土著种，还有雪鸡是鸡形目中唯一向高山生存条件转化的系统类群。许多鹑鸡类和鸠鸽类活动于山地灌丛带或更高的裸岩地带。如高原山鹑、斑翅山鹑、环颈雉和雪鸡等。兽类资源中，藏原羚（*Procapra picticaudata*）、藏野驴（*Equus kiang holdereri*）、高原兔、高原田鼠、喜马拉雅旱獭等数量多、分布广；还有野牦牛（*Bos mutus*）、白唇鹿（*Cervus albirostris*）、岩羊（*Pseudois nayaur*）的出现，都表现出青藏高原动物区系的特点。保护区已经采取相应保护措施来提高这些国家重点保护野生动物物种的数量。

1.3.2.2 湿地保护区已经采取的保护措施

通过多次对这些湿地保护区的丹顶鹤、白枕鹤等珍禽的数量和巢区分布情况进行调查，掌握了其种群动态和数量消长情况；通过对丹顶鹤、白枕鹤、白鹤、白琵鹭等珍禽的个体生态研究，基本上搞清了它们的分布、生活习性以及与栖息环境的关系等问题，为资源管理及保护工作提供了科学的依据。部分保护区（如扎龙）积极开展珍禽的驯养繁殖工作，建立了丹顶鹤、白枕鹤散放驯养不迁徙种群。通过人工孵化、散养繁殖等手段，先后驯养了丹顶鹤近 300 只、白枕鹤 80 只，为人工繁殖珍禽积累了宝贵的科研资料和实践经验。

1.3.3 珍稀动物资源及其生境保护调查与研究

调查的保护区包括海南霸王岭、辽宁蛇岛老铁山、新疆阿尔金山、四川卧龙等。

1.3.3.1 珍稀动物资源变化情况

（1）海南霸王岭自然保护区属东洋界华南区的海南亚区范围，保护区内重要的动物有 100 多种，其中，属国家Ⅰ级保护野生动物 6 种，国家Ⅱ级保护野生动物 16 种，省级保护动物 16 种，7 种热带雨林指示种。黑冠长臂猿分布于中国海南省和云南省及湄公河以东的越南、老挝、柬埔寨等国家的部分区域，甚为珍贵。海南长臂猿是黑冠长臂猿的海南亚种，仅海南省有分布。因此本区的保护责任重大。霸王岭山高林密，人烟稀少，人为干扰小，是长臂猿繁衍生息的理想场所，所以这里的生态系统也必须严加保护。

为了更好地对长臂猿进行保护，保护区已经采取了一些保护措施，如竖立宣传牌、加强群众保护宣传教育等，有针对性地建立相应的长臂猿观测站，在林中开辟相应的巡逻小径，形成以观测站为纽带的巡护网络。与周边各单位、乡政府协作，建立社区共管，正确处理开发与利用关系。

（2）辽宁蛇岛老铁山自然保护区位于辽东半岛最南端，辽宁省大连市旅顺口区的西部，总面积 17 055 hm²。代表性植物主要有栾树、小叶朴、老铁山腺毛茶藨（*Ribes giraldii* var. *chinenes*）和蛇岛乌头（*Aconitum fauriei*）等，栾树作为蛇岛上乔木层的优势种，形成独特的海岛矮林，树高平均 2 m，与麻栎、小叶朴、锦鸡儿、叶底珠等伴生。老铁山腺毛茶藨和蛇岛乌头模式标本均采自于保护区内。

蛇岛的主要动物是蛇岛蝮蛇，属于蝰科蝮亚科的一种管牙类毒蛇，目前种群数量在 20 000 条左右，是蛇岛的主宰者。根据 1989 年发布的《国家重点保护野生动物名录》，蛇岛老铁山自然保护区共有国家重点保护野生动物 55 种。蛇岛老铁山自然保护区代表动物主要有蛇岛蝮蛇和多种迁徙性候鸟。其中蛇岛蝮蛇是整个蛇岛动物的最典型代表，也是最主要的保护对象，蛇岛也因岛上生存的大量蝮蛇而得名。老铁山地区以其独特的地理位置而成为中国候鸟南北迁徙的重要停歇站，每年由此经过的 300 多种，约几百万只的候鸟是该地区的典型代表。

蛇岛老铁山自然保护区自从 1980 年建立以后，于 2004 年 11 月对保护区进行了一次系统科学考察，发现动物新记录种 2 种，为白头鹎（*Pycnonotus sinensis*）和赤颈鸫（*Turdus rupicollis*）。蛇岛老铁山自然保护区建区 30 多年来，保护区积极依靠地方政府，建立了三级自然保护网，并建立健全了保护区各项规章制度，依法实施保护管理，不断强化管理手段、完善管理措施，加强了保护区内物种资源和自然生态环境的保护，维护了保护区内生态系统的平衡，保护了生物物种的多样性，尤其是对蛇岛实行了封闭式管理，使蛇岛的生态环境得到了有效保护，蛇岛蝮蛇的种群数量得到了稳定的增殖，从建区时的 13 000 多条增加到现在的 20 000 多条。老铁山地区对迁徙候鸟的保护也取得了很大的成效，多年来各种候鸟种群数量基本保持平衡状态，没有出现下降，部分种类种群数量略有上升。通过调查发现，物种种群数量出现明显增加的原因主要是迁徙物种数量的增加，如近年来环颈鸻迁徙数量出现增加导致区内种群数量的增长。2003 年 5 月，双岛湾盐田附近鸟类抽样调查发现，在 200 hm^2 的盐田内共见到环颈鸻鸟巢 189 个，鸟卵共 136 枚之多。

（3）阿尔金山自然保护区地处与青海、西藏两省区交界的新疆巴音郭楞蒙古自治州的若羌县和且末县境内，总面积 450 万 hm^2。阿尔金山自然保护区内高原生态系统结构完整，并保留着自然原始状态，拥有高山湖泊、大面积的冻土、冰缘地貌以及特殊的岩溶地貌，境内分布了数量巨大、种类繁多的珍稀物种。阿尔金山保护区植被由于长期对当地严酷生态条件的适应，形成了多种独特的特征。主要表现为多数植被为高寒草原和高寒荒漠科属成分，山地植被垂直带结构层次简单，盆地中完全没有森林，各植被类型低矮，种类组成较为贫乏。植被类型主要有盐柴类半灌木荒漠、垫状小半灌木高寒荒漠、温带草原、高寒草原、高寒灌丛、草甸、沼泽植被、高山垫状植被和高山岩屑坡稀疏植被等。根据调查发现，保护区内共采集到高等植物 32 科 83 属 267 种。其中：被子植物 31 科 82 属 263 种、裸子植物 1 科 1 属 4 种。优势科主要为禾本科、菊科、莎草科、十字花科和豆科等。区内蕨类植物、苔藓植物以及大型真菌等资源状况尚未进行调查。根据统计，区内共有高等脊椎动物 16 目 31 科 107 种。其中：哺乳类 5 目 10 科 25 种、鸟类 10 目 19 科 79 种、爬行类 1 目 1 科 2 种，保护区内还有昆虫 18 目 250 种。两栖动物和鱼类资源尚未进行系统调查。

保护区内的高寒草原和高寒荒漠是温带草原和荒漠适应高原生态条件所形成的适应高寒环境变体，本地区植物群落中，主要为垫状植物和高寒杂草类种类较多，并形成独立的层片。主要代表性植物为昆仑早熟禾、匍匐水柏枝、睫毛点地梅、高原红景天、垫状驼绒藜等，这些种类分别构成各自所在植被类型的建群种和优势种。保护区动物中，以青藏区特有动物如藏羚羊、野牦牛、西藏野驴以及盘羊等有蹄类动物最具代表性，各种有蹄类动物在本地区水平和垂直不同层次均有分布，藏羚羊在海拔 4 000 m 的不同环境中广布；西藏野驴则主要分布于 4 800 m 以下的草原；野牦牛和盘羊则分布于 4 000～4 800 m 以上的山坡地区。

自从 1983 年建区以来，保护区共进行了多次科学考察，其中 1982—1984 年、1986年 7 月、1988 年 6—7 月、1998—1999 年等四次规模较大。考察中陆续发现了昆仑薹草、若羌赖草、园果藏芥、昆仑毛茛和高山角茴香等大量动植物新种和新记录种。其中包括昆虫新种 2 种、植物新种 17 种。动物新记录种共 23 种，分别为青藏麻蜥、柯氏鼠兔、苍鹭、灰鹤、蓑羽鹤、赤鼻潜鸭、白肩雕、玉带海雕、高山兀鹫、胡兀鹫、毛脚鵟、大鵟、棕尾鵟、红隼、金斑鸻、环颈鸻、普通燕鸥、渔鸥、黑颈鸊鷉、凤头百灵、黑尾地鸦、红腹红尾鸦、高山岭雀等。

阿尔金山自然保护区建立以来，使野生动物及原始生态环境得到了很好的保护，多数野生动物（尤其是特有物种）种群数量和建区前比呈现稳定增长的趋势。种群数量出现较大幅度增长的物种有高原鼠兔、岩羊和藏原羚。种群数量出现明显下降的物种主要为藏羚羊、野牦牛、藏雪鸡和棕熊等 4 种，其中藏羚羊下降幅度大于 1/2、野牦牛下降幅度在 1/4～1/2、藏雪鸡和棕熊下降幅度小于 1/4。

（4）四川卧龙自然保护区位于邛崃山脉的东坡，阿坝藏族自治州汶川县境内。保护区内动植物资源十分丰富，是我国重要的森林和野生动物类型的自然保护区之一，也是大熊猫等珍稀濒危野生动植物理想的避难所和就地保护区。保护区拥有大熊猫 140～160 多只，其中包括人工饲养、繁殖的大熊猫 60 只。卧龙自然保护区在科学研究和生物多样性保护方面有着极其重要的价值。由于卧龙自然保护区成立较早，区内因高山峡谷，交通不便，保护区境内绝大部分地带为无人区。原始植被保存较好，其植物资源，尤其是珍稀植物资源不仅种类丰富，而且分布完好，储存量大，是四川省乃至全国不多见的绿色宝库。

保护区动植物区系组成复杂，资源丰富，高等植物有 1 810 种，其中国家重点保护植物有珙桐、香果树、连香树、红豆杉等。在茂密的针叶林和针阔叶混交林内，生长着密密丛丛的拐棍竹、大箭竹和冷箭竹等，不仅为大熊猫准备了丰富的食物，也为金丝猴、扭角羚、白唇鹿、绿尾虹雉、血雉等 29 种珍稀动物的栖息提供了适宜的环境。卧龙是动物"活化石"大熊猫生存和繁衍后代理想的地区。这里地势较高而湿润，十分适宜大熊猫的主要食物——箭竹和桦桔竹的生长。卧龙自然保护区已列为联合国国际生物圈保护区，设有大熊猫研究中心和大熊猫野外生态观察站。

据初步调查，这里有脊椎动物 450 余种（兽类 90 多种、鸟类近 300 种），其中有 46种为国家重点保护的珍稀动物。除大熊猫外，生活在这里的Ⅰ级保护动物还有金丝猴、麝、野驴、梅花鹿、白唇鹿、牛羚、野牦牛、华南虎、黑颈鹤等；Ⅱ级保护动物有小熊猫、猕猴、短尾猴、穿山甲、兔狲、猞猁、云豹、白唇鹿、盘羊、藏羚、天鹅、鸳鸯、红腹角雉、绿尾虹雉、白冠长尾雉、藏马鸡、大鲵等。这里还有无脊椎动物上万种，是一个重要的动物资源宝库和理想的科研基地。卧龙是以保护高山生态系统及大熊猫、珙桐等珍稀物种为主的国家级自然保护区，生活在这里的大熊猫，约占全国大熊猫总数的 1/10，被誉为"大熊猫的故乡"。保护区高等动物有 348 种，其中国家重点保护动物有大熊猫、小熊猫、金丝猴、羚牛、白唇鹿等 40 多种。据 1974 年调查，这两个保护区有大熊猫 195 只（其中卧龙有 145 只）。20 世纪 80 年代全国第二次大熊猫普查结果约 100 只（其中卧龙为 72 只）。但这次调查布样偏少，尤其是在正河与西河原始森林无人区，另外由于 1983 年冷箭竹大面积开花枯死，一些老弱病残个体灾后死亡，加上成年个体的生殖力也下降，因此调查结果与南充师范学院（现西华师范大学）的研究生在该地的调查结果有一定出入，仅卧龙就少了 20 只。1998 年四川省陆生野生动物资源普查在该地的调查结果为 150 只，表明灾后该地大熊猫数量已开始回升。

1.3.3.2 保护区内重点保护物种种群变化的主要原因

通过对保护区物种种群变化进行分析发现：物种种群数量出现增长的主要原因为天敌数量减少，如在阿尔金山保护区高原鼠兔、岩羊等自身繁殖更新能力较强，由于天敌狼、棕熊等数量的减少，从而导致种群数量出现明显增长。各保护区内重点保护物种资源下降的主要原因包括自然灾害、迁徙物种来源减少、栖息地丧失与生境恶化、偷猎、过度利用、管护不力和环境污染等多个方面。

1.3.3.3 相关建议

（1）据不同地域和保护物种类型，采取有针对的保护措施。当前蛇岛老铁山自然保护区存在一些影响资源保护和管理的紧迫问题，如核心区分散、巡护工作任务重、人口密度大和生态环境污染等。针对这些问题，提出如下建议：进一步加大保护投入，改善巡逻条件和设备，使巡护工作能够对海域上出现的突发性事件及时作出应急反应，及时处理，将由保护区独特地域特点造成的巡护工作难度降到最低。

（2）各保护区应控制区内的人口增长，提高社区居民的素质和土地利用效率，降低土地开发指数，减少人类活动对迁徙鸟类的影响。

（3）对保护区内的农业生产加强管理，禁止高毒高残留农药的使用，积极发展有机农业和生态农业，减少农药对候鸟和生态环境的污染毒害。

（4）有些保护区区域面积大、交通不便、气候恶劣，给保护区各项工作带来巨大困难，应加强机构建设，组织干部、管理人员、武警和当地公安部门积极配合，一道采取有效措施，坚决打击对藏羚羊等珍稀动物的猎杀活动和非法采金活动。

（5）加强生物资源清查与监测工作。对于保护区内目前尚未进行全面调查的动植物资源，应尽快开展资源本底调查和编目，并且开展对藏羚羊、野牦牛等重点保护物种的生态监测工作，掌握其种群数量的详细变化动态。

1.3.4 珍稀野生生物资源及其赖以生存的森林生态系统调查与研究

本次调查包括的此类保护区有：吉林长白山、福建武夷山、甘肃安西极旱荒漠、广东鼎湖山、贵州梵净山、湖北神农架、江西井冈山、陕西太白山、四川贡嘎山、云南哀牢山、浙江天目山、重庆大巴山、安徽鹞落坪等。

1.3.4.1 珍稀动植物资源状况分析

（1）吉林长白山自然保护区建于 1960 年，1980 年加入了联合国教科文组织"人与生物圈"计划，成为世界生物圈保留地之一，森林覆盖率 87.9%，是一个以森林生态系统为主要保护对象的自然综合体自然保护区。长白山地区共有国家级珍稀濒危植物 38 种，包括蕨类植物 3 种，裸子植物 3 种，被子植物 32 种，分别占长白山同类植物总数的 3.66%、20.00%、2.17%，其中乔木 9 种，灌木 10 种，草本植物 18 种，藤本植物 1 种。在这些植物中，不仅有生存演化几千万年的第三纪孑遗种，如红松、云杉、冷杉、紫杉、水曲柳、黄菠萝、胡桃楸、椴、榆等；又有第三纪末第四纪初随大陆冰川南移而滞留的极地和西伯利亚植物种，如高山笃斯越橘、圆叶柳、倒根蓼、赤杨等；有在冰期东移的植物种，如石松、林奈草；有间冰期随暖温带北移而遗存的植物种，如小花木兰、北五味子、山葡萄、猕猴桃等；有属于朝鲜和日本区系的东洋植物种。还有许多为长白山特有的植物种，如挺拔秀丽、婀娜多姿的长白松；被人们誉为爬山冠军、一直分布到长白山最上部的高山罂粟；有柳树世界的"侏儒"长白柳。这些孑遗的"本地种"和南下的、北上的、东进的、特有的众多植物种类、各区系成分交汇在一起，构成了长白山特有的绿色植物世界，使其成为难得的生物遗传基因贮存库（李文华等，1984；何敬杰，1989）。

长白山位于亚洲大陆东岸，濒临太平洋，在我国水平地带植被区划中属温带针阔叶混交林带，植物区系属长白植物区系。保护区地形多样，具有明显的垂直生物气候带，植物区系成分丰富多彩。现存珍稀濒危植物种类明显地反映了区系成分多方交汇、南北兼容的特点。由于受水平地带性自然因素和地质历史条件的影响，特别是非地带性地形因素的主导作用，山地气候随海拔增高而变化。植物区系成分亦随之变化，呈现明显的垂直分布，代表了从温带到极地的植被类型。据调查和参考相关文献资料，长白山保护区内有野生动物 1 225 种，共 73 目 189 科。鸟类 277 种（其中有 52 种留鸟、160 种候鸟、65 种旅鸟），兽类 50 多种，两栖、爬行、鱼类 50 多种，昆虫 481 种。参照 IUCN（1994）受胁等级标准，重点考虑在本区范围内数量现状、分布、生境、致危因素、种群趋势及人类开发利用强度等综合因素，评估结果发现：长白山保护区处于受威胁状态的种类共计 27 种，其中兽类 15 种、鸟类 6 种、鱼类 4 种、两栖类 1 种、爬行类 1 种，受威胁种类占总类群的 10.07%。

（2）福建武夷山自然保护区位于福建省北部与江西交界处，主要保护中亚热带山地森林生态系统及珍稀物种，属中亚热带湿润区。保护区共有 24 种国家重点保护野生植物，其中列入国家Ⅰ级保护植物有南方红豆杉（*Taxus chinensis*）、钟萼木（*Bretschneidera sinensis*）和水松（*Glyptostrobus pensilis*）3 种，前 2 种在保护区内分布数量比较多，水松仅见于南坑口和龙湖村，由于人为采伐，现仅存数株。南方红豆杉和钟萼木在实验区和核心区均有分布。根据调查，南方红豆杉在区内海拔分布在 400～2 040 m，钟萼木海拔分布在 900～1 100 m。南方红豆杉被视为雕刻的上等材料和家具木料，易被盗伐，应加强保护。保护区内国家Ⅱ级保护植物数量差异很大，除了金荞麦（*Fagopyrum dibotrys*）、野大豆

（*Glycine soja*）为本区常见种外，分布数量最多的为鹅掌楸、香果树（*Emmenopterys henryi*）、毛红椿（*Toona ciliata*）和樟树；数量较多的有半枫荷（*Semiliquidambar cathayensis*）、短萼黄连（*Coptis chinensis*）、蛛网萼（*Platycrater arguta*）、香榧、八角莲（*Dysosma versipellis*）和凹叶厚朴（*Magnolia officinalis*）；数量较少的有闽楠、浙江楠、观光木和银杏等；偶见或稀少物种有白豆杉（*Pseudotaxus chienii*）、金毛狗（*Chibotium barometz*）、花榈木（*Ormosia henryi*）、喜树（*Camptothece acuminate*）和中华结缕草（*Zoysia sinica*）。金荞麦在保护区内海拔 1 000 m 以下谷地和山坡均有分布；野大豆从 500～1 200 m 均有分布。鹅掌楸主要分布在黄岗山核心区、霞洋河谷和生物走廊带内；毛红椿分布在黄角潭、泥洋、赛演和霞洋、牛栏溪河谷等地；香果树主要分布在先峰岭、挂墩、古王坑、麻粟和大竹岚等地；樟树在区内海拔 800 m 以下河谷均有分布。

自然保护区的植被属于泛北极植物区与古热带植物区两个植物区系的过渡地带，也是中国—日本森林植物亚区的一个核心部分。保护区植物种类繁多，据调查记载，区内已定名的高等植物种类有 267 科 1 028 属 2 624 种，低等植物 840 种。据统计，自然保护区内具有较高科学价值、经济价值的珍稀濒危、渐危植物有银杏等 28 种，黄山木兰（*Magnolia cylindrica*）、乐东拟单性木兰（*Parakmeria lotungensis*）、南方铁杉（*Tsuga chinensis*）、黄山花楸（*Sorbusa mabilis*）、天女花（*Magnolia sieboldii*）、八角莲、银鹊树（*Tapiscia sinensis*）、短萼黄连和紫茎（*Stewartia sinensis*）分布数量多，而延龄草（*Trillium tschonoskii*）和天麻（*Gastrodia elata*）分布数量很少。

武夷山保护区濒危植物分布情况主要为：沉水樟分布在霞洋、坪溪、黄竹楼、上下六墩和溪源；黄山花楸只在黄岗山（1 750 m）和猪母岗（1 500 m）等处有发现；黄山木兰广泛分布在保护区海拔 1 100～1 900 m，在较高海拔黄岗山、猪母岗和坛子岗等地分布较多。乐东拟单性木兰分布在保护区的皮坑、先峰岭、双溪口等地；南方铁杉广泛分布在 700～2 000 m 中高山坡谷地，喜阴并成片生长，但集中分布在海拔 1 650～1 900 m，黄岗山东南坡和西北坡均有较大成片面积分布；延龄草只在黄岗山核心区大北坑、小北坑及黄角潭局部区域以及洋岭岗调查到；银鹊树集中分布在生物走廊带内。此外，洋岭岗等地也有零星分布，建立武夷山生物走廊带对该物种保护具有现实意义。银钟树分布比较广，在保护区海拔 500～1 800 m 的常绿阔叶林或针阔混交林中均有分布。紫茎集中分布于海拔 1 400～1 900 m 范围内，数量多、分布广，但天然状态下可以延伸到较低海拔（700 m）。

武夷山保护区内有脊椎动物 475 种，其中哺乳类 71 种，两栖类 35 种，爬行类 73 种，鱼类 40 种。国家重点保护的珍稀野生动物有 57 种，其中国家 I 级保护的野生动物有华南虎、云豹、黑麂、黑鹳、中华秋沙鸭、黄腹角雉、白颈长尾雉、金斑喙凤蝶 9 种，国家 II 级保护的野生动物有藏酋猴、猕猴、穿山甲、黑熊、水獭、大灵猫、小灵猫、金猫等 48 种，83 种鸟类列入中日、中澳候鸟保护协定。此外，栖息于武夷山地区的珍稀种类还有鱼类中的厚唇鱼（*Acrossocheilus labiatulus*）、武夷厚唇鱼（*A．zouyianensis*）和扁尾薄鱼鳅

（*Leptobotia tienaiensis*）等；两栖类中的中国小鲵（*Hynobius chinensis*）、挂墩角蟾（*Megophrys boettgeri*）和红吸盘小树蛙（*Rhilautus rhododiscus*）等；爬行类的丽棘蜥（*Acanthosaura lepidogaster*）、脆蛇蜥（*Ophisaurus harli*）和挂墩后棱蛇（*Ophithotropis kuatunensis*）等；鸟类的白额山鹧鸪（*Arborophila gingica*）、淡绿鵙鹛（*Pteruthius xanthochlorus*）和黄眉林雀（*Sylviparus modestus*）；哺乳类的猪尾鼠（*Typhlomysvc. cinereus*）、棕鼯鼠（*Petaurista petaurista rufipes*）、毛冠鹿（*Elaphodus cephalophus*）和豹猫（*Felis bengalensis*）等。区内还曾经有过华南虎（*Panthero tigris arnoyensis*）的记录。

（3）甘肃安西极旱荒漠国家级自然保护区位于甘肃省安西县境内，分南北两片，总面积 80 万 hm²，主要保护对象为极旱荒漠生态系统和珍稀濒危野生动植物。安西极旱荒漠保护区地处暖温带与中温带的过渡区，位居亚洲中部荒漠的腹地，气候为典型大陆性气候，降水少，蒸发大，夏热冬冷、风大沙大。区内的生态系统和物种具有典型性、独特性、珍稀性和多样性等特征。保护区内植物以砾石荒漠植被、沙漠植被、盐漠植被、盐生草甸、高山草甸和沼泽植被和草原植被为主，代表性植物为裸果木、膜果麻黄、梭梭、胡杨、苁蓉、锁阳、柽柳、甘草等。其中裸果木和膜果麻黄为第三纪孑遗物种。此外，保护区内分布的裸果麻黄、红砂、白刺、黑柴和珍珠为世界温带荒漠戈壁五大代表性植物群落。

安西极旱荒漠保护区动物以中亚荒漠类型动物为主体，且地理位置与青藏高原接壤，代表性动物主要有北山羊、金雕、胡兀鹫、盘羊和岩羊等。根据《国家重点保护野生动物名录》，区内共有国家重点保护野生动物 27 种，其中：国家Ⅰ级保护动物为蒙古野驴、雪豹、北山羊、黑鹳、金雕、胡兀鹫、小鸨等 7 种；国家Ⅱ级保护动物为草原斑猫、鹅喉羚、猞猁、黄羊、岩羊、盘羊、天鹅、鸢、雀鹰、鹗、黄爪隼、红隼、灰背隼、雕鸮、长耳鸮、小鸮、暗腹雪鸡、大鵟、蓑羽鹤、灰鹤等 20 种。保护区内还有《中日候鸟保护协定》中规定的保护鸟类约 41 种，占保护区鸟类总数的 40.1%。保护区建立以来，共进行了两次较大规模的科学考察活动，分别为一期科考（1984—1987 年）和二期科考（2002—2004 年）。通过两次考察活动对区内物种资源进行了系统的摸底调查，共发现动物新种 3 种，植物新种 14 种；新发现小鸨和红额金翅雀等 2 种动物新记录种和 14 种植物新记录种。

（4）广东鼎湖山自然保护区位于广东省中部肇庆市东北郊，总面积 1 155 hm²。这里生长着 2 500 多种高等植物，约占广东省植物总数的 1/4。其中有被称为"活化石"的与恐龙同时代的孑遗植物——桫椤以及紫荆木、土沉香等国家重点保护的珍稀濒危植物 22 种，楠叶木姜、毛石笔木、鼎湖钓樟等华南特有植物 40 多种。鼎湖山多样的生态环境和丰富的植物资源为动物提供了良好的栖息环境和充足的食物来源，动物种类繁多。据已有的调查统计结果，在鼎湖山范围内，共有动物 68 目（亚目）347 科 1 103 种。其中昆虫纲 84 科 771 种；土壤动物（不包括圆形动物门的线虫纲）188 科，只鉴定出甲螨 59 种。在已知物种中，节肢动物门的种类占了很大比例，共有 123 科 830 种；其次为脊椎动物门，共有

65 科 235 种，其中鸟类 178 种，兽类 38 种，爬行类 20 多种。属国家重点保护的有穿山甲、小灵猫等 15 种。

鼎湖山国家级自然保护区成立 40 年来，较完整地保存了包括南亚热带季风常绿阔叶林这一地带性植被在内的多样化的森林生态系统，许多物种因此而得到有效的保护。鼎湖山地处南亚热带，山上保存有四百多年历史的森林植被是我国热带向亚热带过渡的森林植被代表类型，具有较明显的热带森林特征的自然景观，如板根现象、茎花现象和绞杀现象等，并保存有桫椤、观光木、格木、鸡毛松、长叶竹等列为国家Ⅰ、Ⅱ、Ⅲ级重点保护的珍稀濒危植物，以及古老而具有各种经济价值的锥栗、海红豆、人面子、橄榄（*Canarium album*）、荔枝等乔木和买麻藤、白花油麻藤等木质藤本，还有以鼎湖山命名的模式产地种鼎湖钓樟（*Lindera chuoii*）、鼎湖冬青（苦丁茶）等。这些自然景观和植物资源，堪称"活的自然博物馆"，是学习植物学知识的活教材。

（5）贵州梵净山自然保护区位于贵州省东北部江口、印江、松江三县交界处。主要保护森林生态系统及黔金丝猴、珙桐等珍稀动植物。梵净山自然保护区有植物 2 000 多种，其中高等植物 1 000 多种，国家重点保护植物有珙桐、梵净山冷杉、连香树、杜仲、香果树、鹅掌楸、水青树等 21 种。脊椎动物 382 种，其中兽类 68 种，鸟类 191 种，两栖爬行类 75 种。国家重点保护动物有黔金丝猴、云豹、豹、猕猴、藏酋猴、黑熊、穿山甲、林麝、鬣羚等 35 种。

梵净山拥有东洋界的华中、华南和西南区三个区系成分的动物。根据过去多次调查和此次考察，梵净山自然保护区内已经发现的国家保护动物有黔金丝猴（*Pygathrix roxellana*）、熊猴（*Macaca assamensis*）、猕猴（*Macaca mulatta mulatta*）、红面猴（*Macaca arctoides*）和云豹（*Neofelis nebulosa*）、林麝（*Moschus berezovskii*）、毛冠鹿（*Eiaphodus cephalophus*）、苏门羚和穿山甲等。

（6）湖北神农架自然保护区地处川鄂两省交界的长江与汉水之间，它将中国西部高山区与东部丘陵平原区联为一体。属森林和野生动物类型自然保护区，主要保护亚热带森林生态系统和珍稀动植物。神农架自然保护区有脊椎动物 493 种，占湖北省脊椎动物总种数 46.8%。其中，哺乳纲 22 科 75 种，鸟类 43 科 308 种，爬行纲 7 科 40 种，两栖纲 6 科 23 种，鱼纲 47 种，分别占湖北省同类总数的 62.0%、71.5%、69.0%、50.0%、23.4%。

从地理分布的隶属关系上看，本区分布的 75 种兽类中，属古北界的有 13 种，占总种数的 17.3%；东洋界的有 50 种，占总种数的 66.7%；广布种有 12 种，占总种数的 16%。兽类区系成分复杂，虽然南北类型相混杂显示出明显的过渡性，但东洋种占多数，更具有华南区的特色。兽类中食虫目种类就有 12 种，占总种数的 16%，具有横断山脉-喜马拉雅型的特点，如多齿鼩鼹（*Nasillus gracilis*）和复齿鼯鼠（*Trogopterusa anthipes*）等均有分布，说明本区兽类区系的原始、古老性。75 种兽类中，被列入国家重点保护的有 14 种，其中属国家Ⅰ级重点保护的有金丝猴、豹等 3 种，Ⅱ级保护兽类有猕猴、豺、黑熊、水獭、大灵猫等 11 种。湖北省重点保护动物有 19 种，神农架有金丝猴约 500 只。

（7）江西井冈山自然保护区位于江西省井冈山市境内，总面积 17 217 hm²。保护对象为常绿阔叶林、山地森林混合生态系统及华南虎等珍稀野生动物。经文献查询和实地调查，井冈山保护区森林植被有 12 个植被型，92 个群系，维管束植物有 3 400 余种，其中蕨类植物 300 余种，分属于 90 余属 50 余科。脊椎动物有 260 多种（鱼类除外），兽类 8 目 17 科 26 属 42 种，鸟类 13 目 34 科 75 属 94 种，爬行动物石龙子、北草蜥、井冈脊蛇、丽棘蜥、乌梢蛇、小头蛇、尖吻蝮等 31 种，两栖动物大鲵、肥螈、中华蟾蜍、大绿蛙、竹叶蛙等 26 种，昆虫 3 000 余种。其中列为国家重点保护的野生动物有金钱豹、云豹、黄腹角雉、白颈长尾雉、穿山甲、大鲵、猕猴、水鹿、斑羚、金猫、锦鸡、鬣羚、白鹇等 30 余种，列为国家重点保护的野生植物有南方红豆杉、观光木、香果树、福建柏、白豆杉、闽楠、伯乐树等 39 种，井冈山特有植物 22 种。

（8）四川贡嘎山自然保护区位于青藏高原东南缘横断山脉的东北部，主峰 7 556 m，系横断山的第一高峰。主要保护对象为森林生态系统及冰川。保护区在动物地理区划上属于东洋界印亚界西南区。由于地处青藏高原与四川盆地的过渡地带，因此动物区系组成十分复杂，既有东洋界成分，又有古北界成分，加之山脉的南北走向，致使本区南北动物混杂现象也较明显。据调查，区内有野生动物资源 70 科，其中，兽类 21 科 60 种、鸟类 40 科 266 种、爬行类 4 科 22 种、两栖类 5 科 14 种，以及鱼类多种。

兽类中，国家 I 级保护动物有大熊猫、金丝猴、白唇鹿、扭角羚、野驴、野牦牛、豹、云豹；国家 II 级保护动物有小熊猫、金猫、猞猁、黑熊等。此外，松鼠、黄鼬、猪獾、喜马拉雅旱獭等数量也较多。鸟类中，属国家保护动物的有红腹角雉、绿尾虹雉、藏马鸡、藏雪鸡等。中国 99 种特产鸟类中，贡嘎山自然保护区内就有 30 种。爬行类主要有横纹小头蛇、棕网游蛇、颈槽游蛇（九龙亚种）、白条锦蛇、黑眉锦蛇、黑背白环蛇、山滑蜥、康定滑蜥、草绿龙蜥、大渡石龙子等。两栖类有华西雨蛙、理县湍蛙、倭蛙、无斑山溪鲵、胸腺齿突蟾、皱纹齿突蟾等。

（9）云南哀牢山自然保护区是以中国亚热带地区面积较大的，中山湿性绿阔叶林和黑长臂猿猴、绿孔雀等珍贵野生动物为目的的森林生态系统类型的自然保护区。保护区内哺乳动物有 86 种（亚种），隶属 8 目 27 科 63 属，占全国哺乳动物总种数（583 种）的 14.8%。以林麝、巢鼠等为代表的古北界成分有 7 种，占保护区哺乳动物种数的 8.1%；以黑熊、豹猫、野猪、斑羚等为代表的广布成分有 12 种，约占保护区哺乳动物种数的 14.0%；绝大多数为东洋界成分，有 67 种，占 77.9%。在东洋界的 67 种哺乳动物中，属西南区成分的有短尾猴、穿山甲、大灵猫、水鹿、赤麂等 38 种，占保护区哺乳动物种数的 56.7%；属华南区成分的有黑长臂猿、菲氏叶猴、云豹、斑林狸等 12 种，属华中区成分的有毛冠鹿、小麂等 4 种，属华南-华中成分的有金猫、猕猴等 13 种。国家 I 级保护动物有黑长臂猿、菲氏叶猴、云豹、绿孔雀、黑颈长尾雉，国家 II 级保护动物有猕猴、短尾猴、穿山甲、黑熊、大灵猫、小灵猫、斑林狸、金猫等。

（10）浙江天目山自然保护区地处中亚热带北缘的浙江省临安市境内，属南岭山系。

区内保存着完好的自然林植被及典型的中亚热带森林生态景观。常绿阔叶林是中亚热带性植被，天目山虽不太高，却汇聚了常绿阔叶林、常绿落叶混交林、落叶阔叶林、灌丛-矮林、松杉林、竹林等，且有相当数量的古老、孑遗和濒危树木及其他物种，构成了比较完整的、具有天目山特点的森林生态系统。为许多热带、亚热带和温带的物种，提供了良好的栖息和繁育的环境。

保护区内植物资源丰富，区系复杂，有丰富的动植物资源。据统计，保护区内高等植物达 246 科 974 属 2 160 余种，其中种子植物为 151 科 764 属 1 718 种、蕨类植物 35 科 68 属 151 种、苔藓类 60 科 142 属 291 种。天目山共有国家珍稀濒危保护植物 25 科 34 属 37 种，分别占浙江省珍稀濒危保护植物科、属、种的 78.%、66.7%、66.1%；分别占全国珍稀濒危保护植物科、属、种的 24.5%、13.9%、9.5%。从濒危程度来看，濒危种类 4 种，稀有种类 16 种，渐危种类 17 种；从植物性状来看，常绿乔木 5 种，洛叶乔木 20 种，常绿灌木 1 种，落叶灌木 2 种，多年生草本 8 种，一年生草本 1 种。保护区内，现今还有相当数量的古老、孑遗、濒危珍稀物种，如金钱松、银杏、连香树、鹅掌楸等。以天目山命名的达 40 余种。天目山特有的种子植物如天目铁木（*Ostrya rehderiana*）、天目朴（*Celtis chekiangensis*）、羊角槭（*Acer yangjuechi*）等 10 种。特有的蕨类植物有 16 种，还有几个稀有种群如杭州鲜毛蕨（*Dryopteris hangchouensis*）、宽鳞耳蕨（*Polystichum lalitepis*）、毛枝蕨（*Leptorumobra miqueliana*）等种。植物资源以高、太、古、稀、多称绝。树高 56 m 的金钱松居全国之冠；材积 75.42 m³ 的柳杉为国内罕见的中生代孑遗树种；野银杏是世界银杏之祖，被誉为"活化石"。列入国家重点保护的珍稀鸟兽有 33 种，占浙江全省 104 种的 32.0%。其中有白颈长尾雉（*Syrmalicus ellioti*）、黑麂（*Muntiacum crinifrons*）、梅花鹿（*Cervusnippon kepschi*）、鸢（*Miivus korschum lineatus*）等。列入中日候鸟协定保护的鸟类 227 种，天目山有 48 种，占协定保护鸟类的 21.2%。

（11）重庆大巴山自然保护区地处大巴山脉南端，位于重庆市北端的大巴山南麓的城口县境内，总面积 136 017 hm²。丰富的植物资源及其温和的气候环境使得众多的动物在此栖息、繁衍，是我国生物多样性保护的 11 个关键区域之一。主要保护对象为崖柏等珍稀濒危野生动植物物种及其集中分布区域。

保护区植物种类非常丰富，根据调查鉴定，区内共有维管植物 210 科 1 275 属 3 481 种，其中：被子植物 162 科 1 158 属 3 087 种、裸子植物 9 科 24 属 52 种、蕨类植物 39 科 93 属 342 种。苔藓、地衣及菌类等低等植物尚未统计。大巴山自然保护区列入《国家重点保护野生植物名录》的野生植物共有 53 种，其中国家Ⅰ级重点保护植物 6 种，国家Ⅱ级重点保护植物 47 种，隶属于 30 科 45 属，主要为珙桐、红豆杉、银杏、独叶草、鹅掌楸、水青树、崖柏、杜仲、香果树、水杉、桫椤、巴山榧、麦吊云杉等。

大巴山自然保护区自 1998 年建立以后，曾于 1999 年和 2001 年两次对保护区进行综合科学考察。2005 年，重庆大巴山自然保护区管理局再次委托重庆市药物种植研究所对保护区内的植物资源开展了补查，并形成了新的《重庆大巴山自然保护区植物名录》。通过补查得知：保护区现有植物 281 科 1 454 属 4 906 种，其中苔类植物 17 科 21 属 25 种、藓类植物 44 科 127 属 241 种、蕨类植物 39 科 98 属 420 种、裸子植物 9 科 26 属 64 种、被子植物 172 科 1 182 属 4 156 种，新增植物新记录种 1 425 种。目前，以保护区为模式标本产地的野生植物共有 289 种。根据 1989 年发布的《国家重点保护野生动物名录》，大巴山保护区内共有国家重点保护动物 39 种。其中国家Ⅰ级重点保护动物有豹、云豹、金雕 3 种；国家Ⅱ级重点保护动物有金猫、大灵猫、黑熊、灰鹤、苍鹰、斑羚、水鹿、白冠长尾雉、红腹锦鸡、白腹鹞、鸳鸯等 36 种。

（12）安徽鹞落坪自然保护区地处皖、鄂两省交界的大别山区，位于安庆市岳西县包家乡境内，总面积约 12 300 hm²。主要保护对象为大别山有代表性的次生森林生态系统和珍稀濒危野生动植物物种的集中分布区域。保护区森林生态系统结构完整，植被类型复杂多样，全区植被类型共分为 8 个植被型（亚型）和 35 个群系组，主要有针叶林（常绿针叶林和落叶针叶林）、阔叶林（常绿阔叶林、落叶阔叶林和常绿落叶阔叶混交林）、针阔叶混交林、竹林（单轴型竹林和复轴型竹林）、灌丛、草甸等，此外，还有少许沼泽和水生植被分布。

本地区代表动物主要有大鲵、原麝和勺鸡等。大鲵是国家Ⅱ级重点保护动物，鹞落坪自然保护区山高林密、溪潭众多、水质清澈、水生无脊椎动物多，是大鲵的理想栖息场所。保护区内的大别山原麝属于原麝的一个特有亚种，因湖北省和河南省的天然林较少，因此鹞落坪保护区是其最主要的集中分布区之一。区内的勺鸡也是大别山亚种，是我国勺鸡分布范围最狭窄的亚种，仅分布于大别山区，保护区内分布较为均匀，1993 年曾在鹞落坪仰天窝附近调查到其数量密度为 10～11 只/km²。鹞落坪自然保护区自从 1991 年建立以后，曾于 1993 年和 2003 年两次对保护区进行科学考察，截至 2004 年底，保护区内共发现植物新种 6 种，隶属于莎草科、天南星科、胡颓子科、猕猴桃科和唇形科等 5 科，分别为大别山苔草（*Carex dabiensis*）、突喙苔草（*Carex yuexiensis*）、鹞落坪半夏（*Pinellia yaoluopingensis*）、长梗胡颓子（*Elaeagnus longpedunculata*）、凸脉猕猴桃（*Actinidia arguta* var. *nervosa*）和白花岩生香薷（*Elsholtria saxatilis*），动物未发现新种。建区 14 年中共发现植物新记录种有刻鳞苔草（*Carex incisa*）和美丽苔草（*Carex sadoensis*）2 种，动物新记录种主要为两栖动物和爬行动物，共有商城肥鲵（*Pachy hynobius*）、湖北金线蛙（*Rana hubeiensis*）、丽纹蛇（*Calliophis macclellandi*）、棕黑腹链蛇（*Amphiesma sauter*）、黑点树蛙（*Polypedates nigropunctatus*）、秦岭雨蛙（*Hyla tsinlingensis*）和细痣疣螈（*Tylototriton asperimus*）等 7 种。

在保护区内绝大多数物种种群数量出现增长的情况下，由于种种原因存在，少数物种野生种群数量出现了一定程度的下降。根据调查结果，下降幅度大于 1/2 的物种有大鲵、原麝、白冠长尾雉和天麻等 4 种；下降幅度在 1/4～1/2 的物种有勺鸡和厚朴 2 种；下降幅度小于 1/4 的物种有大别山五针松和小花木兰 2 种。在最近的保护区物种调查和巡护中，原分布于保护区但未发现活体或其活动踪迹的动物有金钱豹和狼 2 种，需进一步调查以确定是否消失。

1.3.4.2 造成有些保护区物种增长的主要原因

（1）新发现种群。通过对保护区内动植物物种本底资料的进一步深入调查，陆续发现了一些新的种群和分布区，使区内该物种的种群数量出现增长。

（2）保护区管护能力的增强。保护区建立以来，通过加强对珍稀濒危物种的管护力度以及保护区基础设施的持续建设，保护区的管理和科研能力日益增强，使区内的物种得到了更为有效的就地保护。

1.3.4.3 保护受胁动物的对策和建议

（1）完善现有的管理体系。做好动物资源保护的宣传工作和协调好保护区与当地居民的关系，加强执法力度，建立行之有效的各级管理和执法机构，积极寻求挽救珍稀濒危动物的途径和方法。使保护区真正成为重要的物种保留地。

（2）深入科学研究。在保护区本底调查的基础上，深入开展生物多样性研究，主要从以下几个方面入手：自然保护区生物多样性调查与编目，包括蕨类植物、苔藓植物、菌类、藻类和低等动物的调查与编目。加强对物种生物学与生态学的基础研究，重点有：珍稀、濒危物种的生物学与生态学研究；特有种的濒危物种的生物学与生态学研究；珍稀、濒危物种的驯化研究。进行珍稀濒危物种的就地与迁地保护技术的研究，开展个体水平的保护技术研究，细胞和分子水平的鉴定方法与保存方法的研究。

1.4 自然保护区内重点保护物种种群变化的主要原因

根据野外实地调查和相关资料，经过仔细分析发现，自然保护区以及物种种群（下降）存在的主要威胁和问题包括：

1.4.1 生态环境的恶化和栖息地的破坏

近年来，随着保护区内生态旅游开发的不断深入，人为活动对保护区的影响也日益明显，加上工业的发展以及农村城市化进程的加快，环境污染日益加剧，天然生境不断缩小，物种的栖息地生境不断恶化，导致植被受到破坏，少数物种种群数量和分布范围减少。每种植物都有所需的特殊环境，如热带森林植物的生长需要高温多湿、荫蔽的生境。毁林开荒、刀耕火种以及土地利用的变化使森林与生境遭到破坏，许多种失去了它们繁殖生息的场所，它们的种源和植株都遭到毁灭，天然分布区逐渐缩小。如鼎湖山的水玉簪（*Burmannia disticha*），因鼎湖山水库的建设而失去了它的适生环境——沼泽地，便再难觅其踪。又如海南尖峰岭保护区，由于原始森林面积的减少，改变了原生生态环境，许多物种不适应新的环境而濒临灭绝。而热带森林生态系统是极其脆弱的，破坏后很难恢复，许多物种的生态位是非常狭窄的。另外，还存在保护区区划面积过小的问题，如天目山保护区，远不能满足大多数动物的生存与迁移的需要，不利于生物多样性的保护，也不利于整个森林生态系统及其生态过程的保护，直接影响保护对象的完整性和保护的有效性。

1.4.2 保护区管护不力

有些保护区管理经费严重不足。由于财政困难，各级政府尚未将保护区动植物保护经费列入财政计划，仅以差额补助的形式给予少量的扶持经费。尽管这几年以开展生态旅游的收入弥补日常管护开支，但基本上无法开展必要的生态系统监测与科研活动，因而也就不能对区内重要的动植物物种的生物学与生态学特性进行深入研究。受经费、人员等因素的制约，保护区日常管护工作仅维持在简单的日常维护水平上，保护区内盗伐偷猎活动时有发生，也是导致物种种群下降的一个重要原因。当地居民对山地和其他资源的利用与开发存在盲目性，或多或少影响了当地生态系统及濒危物种的栖息地。由于历史和现实的原因，扎龙自然保护区在资源管理上存在很多问题，有些甚至很突出，威胁着保护区的存在与发展。主要体现在：一，资源管理不统一，水资源管理差，人为影响了湿地生态平衡；二，本区人口不断增长，存在掠夺式的生产方式；三，边界不够明确，影响保护区生态环境的工程计划和正在实施的工程；四，经费短缺。

1.4.3 部分物种生存能力低下

自然保护区的生存威胁是指自然保护区所面临的人类干扰压力。生存威胁除了来自人类的威胁，还有保护对象自身的因素，即生态系统和物种的脆弱性，生态系统极易遭受破坏且难以恢复，物种种群生活力弱且繁殖能力差。部分珍稀濒危物种要求的生境特殊，分布范围狭窄，极少数是由于自身遗传基因原因造成生存能力较低，自身繁殖能力衰退，种群呈现自然下降的趋势。如已被世界自然保护联盟（IUCN）宣布灭绝却在重庆大巴山区发现的崖柏，其母株结子和实生苗稀少，自然更新非常困难，由于生活环境的改变导致大量植株死亡，种群处于极度濒危状态，如果不采取专门的严格保护措施和辅助保护手段，自然条件下极有可能很快灭绝。

1.4.4 生物多样性保护与生态旅游的矛盾

天目山古老高大的森林生态景观及独特的森林气候，有利于生态旅游的开展。生态旅游带来的经济效益，极大地促进了天目山保护区生物多样性管理工作的开展及社区经济的繁荣。但生态旅游也对本地区生物多样性保护，乃至整个生态系统保护带来了负面影响，如环境污染、微波影响、水资源过度利用等。广东鼎湖山保护区地处珠江三角洲，经济水平发达，区内旅游活动较多。目前保护区内有庆云寺、鼎湖山旅行社、广东地质疗养院、鼎湖山院士基地等单位。庆云寺香火很旺，游人较多，最多每天可达 2 万人次，防火形势严峻。一些旅游景点和旅游线路还涉及核心区和缓冲区，如天湖探幽旅游线（蝴蝶谷）。

实验区内存在未经主管部门批准的旅游开发项目，虽目前尚未对自然保护区资源和环境产生明显不利影响，但未来的旅游业发展对自然保护区构成潜在威胁。

1.4.5 乱捕滥猎

动物资源受威胁的主要因素是人为干扰和自然生境的变化，如人为猎捕、生态平衡的打破造成食物链的缩短等。乱捕滥猎现象虽然在保护区范围内已得到了有效遏制，但仍有少数不法分子在经济利益的驱动下，无视有关法律，铤而走险，从事违法活动，给野生动物造成直接威胁。如威胁卧龙生物多样性的主要因素就是人类活动。近年，宝天曼地区的爬行动物的种群数量明显地减少，其中最主要的原因是人为捕杀。龟鳖类肉味鲜美，营养丰富，市场价格高，不在保护动物之列，无保护措施；龟鳖类繁殖率低，生长缓慢，无限制的捕捉，大有绝灭之势。有些保护区内外少数不法分子入区偷猎野生动物，盗伐滥伐林木，在林内随意用火，毁林垦殖，乱采滥挖等，对生物资源的安全构成极大的威胁，致使卧龙等自然保护区的天麻、贝母、麝等珍稀物种的分布范围不断缩小。卧龙距成都近，交通状况较好，到卧龙的游人多，管理稍放松，也会成为影响卧龙生物多样性的制约因素。

1.4.6 生物学特性

某些植物的生物学特性原始，竞争能力弱，在生存斗争中易被淘汰。如桫椤是一种起源古老的孑遗植物。虽然它的分布较广，但均局限于特殊的生境。孢子的寿命短，萌发困难，并且孢子萌发后从孢子到原叶体再到孢子体的周期要一年以上。在整个繁殖过程中，若遇上不利条件，则无法成功繁殖。桫椤还是木本蕨类，成年植株的根系不发达，茎内输导组织原始，造成吸收水分和营养物质的能力低，因而在生存竞争中处于不利地位。一些植物因繁殖极其困难而种群数量极少，失去了远缘杂交的优势，"近亲繁殖"导致它们的后代越来越弱，从而逐渐衰亡。如鼎湖山的紫荆木、观光木和黄桐，因株数太少而难以在自然状态下繁衍扩大种群。

1.4.7 其他原因

此外，自然灾害、气候、地史变迁和病虫害等因素的危害，也直接或间接地导致某些种类的下降。人们对某些物种的专性利用致使这些物种濒临灭绝，如在尖峰岭保护区，建筑用材青皮，家具用材竹叶松、油丹、苦梓，药用植物巴戟天、海南粗榧、海南大风子等，都有专性利用的行为。某些植物在进化过程中，所形成的生态学特性不适应较宽范围的生境。如格木是一种北热带和南亚热带植物，喜温暖气候，所需热量条件较高，其生长速度趋于随纬度升高而降低，高纬度地区格木易遭霜冻而枯梢甚至死亡。格木的枝梢易遭蛀梢蛾为害，特别是幼年植株上的新梢，受害率达90%以上，郁闭成林后则少受害。格木的种子易遭病虫害和鸟类啄食，荚果在树上亦会落于地上，一年中种子霉变腐烂或遭蛀在95%

以上，种子难以萌发使其天然更新困难。另外，这种植物生长缓慢，它们容易因生境发生变化而不能正常繁殖生长，逐渐走向濒危状态。外来物种入侵也成为保护区的威胁之一，如广东鼎湖山保护区在实地考察发现，五爪金龙、南美蟛蜞菊等恶性外来入侵物种随处可见，庆云寺的放生池中全部是巴西龟，甚至自然保护区管理局的水池中也出现了巴西龟，这些外来入侵物种对生态安全构成了潜在威胁。同时，对引种栽培的外来植物缺乏必要的防范措施。

1.5 自然保护区已采取的主要保护措施

为了加强野生珍稀动植物的保护，各保护区都采取了一些积极举措，主要有以下几个方面。

1.5.1 加强自然保护区的建设和管理

增加资金投入，建立健全自然保护区的管理和监督体系，制定适合的自然保护法规，提高管理人员的专业素质，设立自然保护区专项基金等，以确保自然保护区的有效管理。各保护区都提出了近期保护区建设的总体目标，对核心区、实验区进行新的调整，突出了保护重点，强化了保护措施。对实验区加大了重点物种保护工作的力度，提出了资源保护工程和生物资源恢复发展工程。部分保护区建设了标本园、苗圃地和定位观测站等。

1.5.2 积极开展宣传教育

各保护区一直非常注重宣传教育这项工作。在开展宣传教育过程中，除采用设立保护宣传牌、书写永久性法制标语、张贴法律法规文件等常规宣传方式外，还通过编写宣传教育材料、利用广播开展水上陆上法制宣传，深入社区，通过放幻灯片、科教电影片等形式向群众宣传自然保护知识和科技知识。目的是让大家充分认识到保护自然环境的意义，懂得维护自然生态平衡与人民生产生活的相互关系，从而自觉加入到保护自然环境行列中来。

1.5.3 强化保护管理

保护资源与环境是保护区的中心工作，自然保护区领导班子群策群力、共商保护之大计，到目前为止，有些保护区已探索出适合本区的相应措施，如"变巡护为守护、变集中管理为分片管理"的新保护模式，起到了良好的保护成效，为管理局保护事业健康发展开辟了广阔的前景。如江西省鄱阳湖国家级自然保护区建立了一区一法，《江西省鄱阳湖国家级自然保护区候鸟保护规定》（省长49号令）的颁布，为管理局更好地保护越冬候鸟及其栖息环境提供了一个重要的法律依据。一些保护区已经查办了一批大案要案，使犯罪分子得到了法律的严惩，同时教育了广大人民群众。通过加强执法队伍建设，成立了快速反应的执法队伍——"特勤队"，专职查处破坏越冬候鸟及栖息环境的不法行为。同时非常注重加强执法人员的法律法规学习，法制部门颁发执法证。在候鸟迁徙季节组织全处人员护鸟，组成若干护鸟小分队，实行目标责任制，不分昼夜在保护区范围内进行巡逻。在候鸟迁徙的高峰期，联合公安、林业、边防和工商等多部门共同行动，对不法分子进行严厉打击，保障候鸟顺利迁徙。同时积极利用爱鸟周大力宣传鸟类保护的重要性，增强人们的环保意识。

1.5.4 加强科学研究

科学技术是第一生产力，有理论指导才有发展的潜力和基础。大多数自然保护区已经开展了野生动植物保护的相关研究工作，如对重点濒危物种致濒机理，物种的形态、生理、生态和遗传特征等进行研究，从而制定保护发展和合理开发利用方案，以及开展有关法律、法规和规划的制定等专题研究。有些保护区建立了连续清查和检测系统，以掌握植物资源动态规律，逐步建立起植物资源管理数据库和信息系统，为植物资源的保护和利用提供基本资料。有些保护区（如海南东寨港保护区等）还根据自身情况，明确提出了要进行开发利用工程建设，包括生物资源开发利用和旅游资源的开发利用，要充分利用森林、湿地和独特的自然景观等的优势，大力发展水产养殖业和旅游业，以增加保护区的财源，进而使保护区逐步做到依靠自己的力量进行有效保护。

1.5.5 缓和保护与发展矛盾冲突

保护区以保护生物多样性为目标，而社区以发展经济为目标。因各自的出发点不一样，两者在自然资源利用方面必然产生矛盾。如何正确处理这两者的关系是摆在我国乃至全世界所有自然保护区面前共同的问题。事实证明，只有提高当地居民经济收入、文化素质、法制观念等，把保护与发展有机地结合起来，才能使自然保护事业真正进入良性循环轨道。为缓和保护区与社区发展的矛盾冲突，江西鄱阳湖保护区于 1999 年利用全球环境基金会（GEF）赠款资金，在吴城镇选择了一个与保护区矛盾冲突较为突出的自然村——边山村作为社区共管试点村，目的是通过项目一方面带动社区经济滚动发展，另一方面缓和社区与保护区的矛盾冲突。该项目共投资人民币 7 万多元，购买 57 头水牛（一户一头），到 2001 年年底发展到 86 头水牛，净增收入 3 万多元，达到了预期目标。项目实施后，社区经济有了一定的发展，社区居民爱鸟护兽的觉悟明显提高，下湖捕鱼事件明显减少。

1.5.6 完善管理机制

健全管理机构，充实管理人员，制定工作规范，实行管理人员责任到人，定期检查，分级管理，并且建立奖励制度。加强人员培训，提高管理水平，要通过多种途径有计划地对保护区工作人员进行专业培训，同时要有计划地引进管理和科研人才。如有些保护区还聘请一些国内、外专家到保护区进行指导，提高保护区野生动植物的管理和科研水平。

1.6 自然保护区物种资源保护对策建议

针对调查的30个国家级自然保护区野生动植物资源保护中的存在问题，提出如下建议。

1.6.1 完善自然保护区法律法规，加强监督检查

自然保护区法律法规是自然保护区开展工作的基本依据。强化、坚决执行和贯彻《中华人民共和国环境保护法》、《中华人民共和国野生动物保护法》、《中华人民共和国自然保护区条例》等法律法规和条例。依法治区、依法管理，把保护区的建设和管理纳入法制轨道。必须依法行事，结合惩罚性措施，制止破坏珍稀濒危野生动植物的行为。现行的《自然保护区条例》已不能适应我国自然保护区发展的需要，应尽快组织力量，起草《自然保护区法》，加快自然保护区立法进程，对自然保护区的建立、审批、建设、管理、监督、法律责任等事宜做出原则性规定，以指导自然保护区其他的相关立法和实现国家对自然保护区的法律保护，重视实施该法所必需的配套法规、规章、标准和技术规范的制订，全面推动自然保护区的规范化管理，真正做到自然保护区有法可依。同时，强化对自然保护区管理工作的经常性监督检查，建立健全自然保护区监督管理机制。国家有关部门应当制定规范监督检查工作的有关办法，严格依法开展监督检查，对于问题比较突出的自然保护区，进行重点监督检查并给予相应的严厉处理。

1.6.2 加强自然保护区生物物种资源本底调查和科研监测

物种资源及其栖息地管理决策的科学化需要科学研究作为支撑，科学研究也是自然保护区保护和持续利用生物多样性的基础。通过本次资料调查和实地调查发现，我国自然保护区科研人员和专业管理人员严重缺乏，科学研究基础薄弱、资源现状不清，家底不明。因此，应特别加强自然保护区物种资源的专项研究。应采取措施加强生物多样性编目工作，加速查清家底，建立国家和地区级的自然保护区生物多样性信息系统，为保护和管理提供基本信息。应加强就地保护技术的研究，采取强有力的特别措施，加强中国生物多样性持续利用、恢复和重建等方面的研究，鼓励科学技术人员把已有知识和技术应用到具体的自然保护区生物资源管理中去。对于保护区内尚未弄清本底资料的，应尽快开展资源本底调查和编目，并且开展对重要保护物种，尤其是种群数量变化较大的物种的生态监测工作，掌握其种群数量的详细变化动态。对已有相当基础的生物学、生态学研究工作，还应倡导研究方法和数据采集的规范化，利用遥感、地理信息系统和网络技术，构建国家—省域—保护区三个层次的统一的自然保护区综合信息平台，促进全国自然保护区的信息汇编与交流，便于国家全面监测自然保护区生物多样性动态，克服数据可比性差和工作重复的缺点。

同时，通过增加研究经费，国家自然科学基金或其他研究基金、环境保护基金加强或优先资助自然保护区内生物多样性研究，或建立专门基金；为野外工作者提供必要的科学研究和生活条件。

1.6.3 加强宣传教育，提高公众对自然保护区重要性的认识

促进物种资源保护最重要的一步是提高全民，特别是政府规划者、决策者、国家官员对生物多样性重要性的认识。通过开展一系列形式多样、内容丰富的活动，逐步做到长期性、连续性、规范性的宣传教育，宣传保护珍稀植物资源的重要意义，宣传国家颁发的自然保护区条例，普及有关物种资源保护的科学知识，让群众认识自然、保护自然，把我国的自然保护区的方针政策变成自觉行动，共同采取措施，提高全民对保护区在生物多样性和物种资源保护中重要性的认识，将自然保护区与人类日常生活联系起来，让人们认识到生物物种资源的真实价值，使全社会重视、理解、支持和参与保护区工作，确保国家珍稀濒危物种资源的安全。

国家和各级自然保护区管理机构应把自然保护区生物多样性和物种资源保护宣传教育工作纳入议事日程，与各级电视、广播、报纸、网络等媒体建立紧密联系，出版专门的科普杂志和书籍，充分发挥新闻媒介（特别是电视和网络）的宣传教育作用，增加有关生物多样性保护的广播电视节目；在学校教学课程和非正式教育中加入关于保护区和生物多样性保护的内容；建立机制，以便在保护区管理者内部、保护区管理者、土著社区、地方社区及社区组织以及其他环境教育者和行动者之间开展建设性对话以及信息和经验的交流；充分发挥保护区的科普和大众教育作用，使远离自然界的城市和农村居民能了解生物多样性与人类生活的密切关系。

1.6.4 加强自然保护区物种资源保护的科学研究工作

尽管大多数保护区已经开展了野生动植物的科学研究工作，如尖峰岭保护区已有我国最南端的热带林生态系统定位研究站以及保存珍稀物种资源的热带树木园，开展了生物多样性及其生态学过程等许多研究，及珍稀濒危物种的就地保存和迁地保存的研究，取得了重要的研究成果。但仍然有很多保护区科研工作十分薄弱，必须加强物种资源基础研究。如武夷山科技人员在本底调查的基础上，深入开展生物多样性的科学研究，包括武夷山自然保护区生物多样性调查与编目，重点孢子植物的调查与编目，包括蕨类植物、苔藓植物、菌类和藻类的调查与编目，低等动物的调查与编目等。加强对物种生物学与生态学的基础研究，如珍稀濒危物种的生物学与生态学的研究，珍稀濒危物种的驯化研究。开展个体水平的保护技术研究，细胞和分子水平的鉴定方法与保存方法的研究。进行植物资源的生物学、生态学特性以及它们的保护和持续利用的研究。如在鼎湖山，科技人员开展了森林生态系统持续发展及相应政策、制度的研究，特别是珍稀濒危植物的研究和繁殖。经过多年的努力，桫椤、格木、观光木、长叶竹柏、鸡毛松等已大量繁

殖，并回归到森林中。

1.6.5 增加自然保护区经费投入，建立可靠的投入机制和生态补偿机制

充足的经费是保护成功与否的另一关键。国家财力有限，单靠国家现有的保护经费不可能完全达到保护目的。各省、自治区、直辖市人民政府应将与本辖区相关的规划目标、任务和资金投入，纳入本地区的国民经济和社会发展计划，承担应有的国家责任，逐步加大资金投入。在国家增加投资的同时，应采取多种途径，为物种资源保护筹集经费。筹集的基本原则应是"谁开发利用，谁出资保护"。具体方式有：将自然保护区所需资金纳入国家和地方财政预算，征收开发利用资源的补偿费，建立自然保护区的信托基金，开展生态旅游，争取国际援助，民间募捐，建立专门保护基金等。此外，针对中国情况，应特别增加有关保护方面的科研教育和干部培养方面的投资。同时，自然保护区事业造福于全社会，但不可避免地会在一定程度上影响到保护区所在地的经济发展。为此，有关部门应组织开展自然保护区生态补偿政策研究，建立自然保护区生态补偿机制，一方面使自然保护区的受益者在分享效益的同时，合理地承担建设和管理自然保护区的费用成本；另一方面则使自然保护区及当地社区居民得到合理补偿，从而提高当地政府和社区居民参与自然保护区建设和管理的积极性，更加有效地保护好珍稀濒危的野生动植物和遗传资源。

1.6.6 制定控制自然保护区生态旅游发展的政策措施

严格控制生态旅游的范围，对濒临灭绝动植物的生活区，以及生态环境较脆弱的地区应严格保护，对其他景点的发展也要加以控制，开发外围景区，减轻核心区生态环境的压力。对外围的多个景点应串联起来，形成一个生态旅游区，以此增大吸引力。要控制活动项目，凡是有可能对资源环境造成破坏的旅游项目，不论经济效益多高，都要禁止。生态旅游也需要保护生态环境，任何破坏生态的活动都不是真正的生态旅游，都应当抛弃。确定合理的生态容量，做好环境影响的评价。旅游对生态环境产生消极影响的强度与旅游区游客数量直接相关。游客过多会对生态环境造成有意无意的直接破坏，同时也会使污染大大增加，因此需要控制合理的生态容量，在游入集中地区进行分流，并设计合理的游览路线。注重各景点所在地区之间的合作关系，强调当地居民的参与。不但要参与各种产品的生产和经营，而且要共同维护景区形象，共同创造一个清洁卫生、环境优美、生活有序、居民热情友好的整体形象。

1.6.7 加强保护区管理，就地保护好珍稀濒危野生物种及其栖息地

保护区是容纳生物物种资源、生态系统及其遗传多样性，维护自然生态学过程，保持生态系统的生产力，维护物种持续利用所必需的栖息地。此外，自然保护区为科研、教育、培训、娱乐提供了基地，具有无可替代的多重功能，是就地保护的最有效途径。从保护区

调查结果来看，现有的物种和栖息地及各类生态系统正面临严重威胁，大量的资源开发、工程建设项目以及旅游等活动严重干扰了自然保护区对物种资源的有效保护。另一方面，保护区的管理人员大多素质不高、管护基础设施落后、管理水平低下、法规不完善、资金投入不足，严重制约了自然保护区的有效管理。今后应采取的具体措施包括：进一步完善保护区法律法规、野生生物保护法规、生物多样性保护法规等，对具有全球和国家意义的森林、珊瑚礁、湿地、珍稀野生动植物及特殊景观的自然保护区重点投入，加强自然保护区管护基础设施，增加管理人员教育和培训，强化监督检查，同时限制土地开发，维护和持续利用自然保护区内的生物资源。为实现保护目的，必须保证保护区外围土地的管理也应该与保护区的宗旨一致，国家通过经济手段促使当地人民合理开展生产和生活活动，并且保证保护给他们带来切身利益，引导当地社区支持自然保护区的建设和管理，更好地保护好野生动植物和自然资源。

保护栖息地是一项耗资巨大、长期的过程，有时当物种面临灭绝境地，也需要采取禁止或限制利用生物资源，必要时人为改善局部栖息地等应急的特别保护措施，强化自然保护区的管理。尤其是要积极开展保护区珍稀濒危野生动植物和珍贵物种资源的调查工作，采取挂牌管理、固定保护点、专业人员负责等一系列具体的保护措施，严格管理制度，确立自然保护区的管理目标，制定详细的保护区管理计划，更加有效地保护宝贵的物种资源。

1.6.8 进一步提高自然保护区管理人员素质和管理水平

中国自然保护区工作起步晚，普遍管理不善，干部素质差，专业人才少，绝大多数保护区还没有基本的生物多样性编目，动植物区系很不清楚。提高自然保护区管理人员素质是强化自然保护区管理的关键内容，是促进生物多样性、自然生态系统和自然资源保护的重要措施。建立自然保护区管理人员教育培训体系，对于提高我国自然保护区管理水平，缩小与先进国家之间的差距，加强生态系统、野生动植物和自然遗迹保护管理执法，促进国际交流都具有十分重要的意义。因此，必须采取积极措施，针对国家自然保护区管理的需要，结合国家在自然保护区建设和管理中的理论与实际问题，培训干部，并与科研机构和大专院校相结合，开展保护区生物多样性与管理状况调查，切实改进保护区管理，初步建立自然保护区管理人员教育培训体系。自然保护区管理人员和专业人才的培养可以通过以下方式实现：短期培训，为干部提供学习进修的机会和设立专门的奖学金；将生物多样性和物种资源保护知识作为干部考核内容之一；加强自然保护区与大专院校的科研和培训合作，建立定向培训机制，加强专业技术人员的培养（包括在职科研、教学和管理人员的进修与轮训），使得保护区管理人员能够进入自然资源与环境保护管理的系科或专业学习；同时为研究人员提供深造的机会和奖学金，鼓励到自然保护区从事生物多样性和物种资源保护研究。

在保证管理队伍稳定基础上，重点开展自然保护区管理机构负责人员和国家级自然保护区业务骨干人员岗位培训，定期举办自然保护区管理和执法培训班，对自然保护区管理人员进行培训，实行持证上岗，积极推进管理人员知识化、专业化、正规化建设，不断提高自然保护区管理队伍的素质和管理水平。

 **典型自然保护区国家重点保护野生植物保护成效调查**

　　自然保护区是我国重点保护植物资源分布最为集中的地区，也是珍稀濒危植物在自然生境中的最后栖息地和避难所，在生物多样性保护方面具有无可替代的重要作用。根据《中华人民共和国野生植物保护条例》规定，国家重点保护野生植物指原生地天然生长的珍贵植物和原生地天然生长并具有重要经济、科学研究、文化价值的濒危、稀有植物。1984 年 7 月，原国务院环境保护委员会公布了我国第一批《珍稀濒危保护植物名录》，共有 354 种，从而，在我国正式提出了珍稀濒危植物的概念。1996 年 9 月 30 日，国务院颁布实施了《中华人民共和国野生植物保护条例》，通过立法进一步强化野生植物的保护。本课题中国家重点保护野生植物依据为 1999 年 8 月 4 日国务院正式发布的《国家重点保护野生植物名录（第一批）》，该名录中国家重点保护野生植物共有 254 种或类群，其中国家 I 级重点保护野生植物为 52 种或类群，国家 II 级重点保护野生植物为 202 种或类群。

　　目前，我国国家重点保护野生植物野生种群数量普遍极其稀少，多数种类属于特有种和古老孑遗种，分布区域极度狭窄，遗传多样性低，自我繁殖能力和扩散能力弱，急需采取有效的保护措施，才能摆脱濒临灭绝的境地。因此，加强国家重点保护植物的基础调查和研究，对于保存珍贵遗传资源、减缓生物多样性降低速度具有重要意义，也是维护生态安全，实现生态文明的科学需要。近年来，我国自然保护区事业飞速发展，截至 2010 年底，全国已建立各种类型自然保护区 2 588 个，总面积 14 944 万 hm^2，在全国范围内已初步形成了一个类型比较齐全、布局较为合理、功能比较健全的自然保护区网络，就地保护了水杉、桫椤、苏铁、普通野生稻等一大批珍稀濒危野生植物。尽管目前我国自然保护区总数和总面积已经超过国际平均水平，但由于缺乏科学规划，很多保护区的部分区域已经失去有效保护功能，真正能够发挥物种就地保护功能的可保护面积远远小于保护区总面积，自然保护区内资源开发和保护的矛盾日益突出，为我国自然保护区管理造成了巨大的难题。同时，由于缺乏足够的经费和专业技术人员，目前多数保护区仅能开展基本的资源管护工作，无力进行科学研究和生态监测活动，保护区本底资源状况不明，这些都严重影响了珍稀濒危物种的有效就地保护。

　　通过野外实地调查，可以查明国家重点保护植物在自然保护区内的野生种群数量、分布现状、年龄结构以及变化动态，通过将这些数据信息同保护区历史资料进行对比和科学分析，掌握自然保护区的建立对于国家重点保护植物的实际保护成效和存在问题。真正解决"自然保护区究竟保护了多少珍稀濒危植物？这些濒危重点保护植物在保护区内保护效果如何？"这两个关键问题，为国家制定重点保护植物相关规划和决策提供科学依据。

2.1 我国国家重点保护野生植物概况

2.1.1 我国野生植物保护事业的发展历程

我国由于幅员辽阔、自然条件复杂，地形、土壤、气候多样，具有泛北极和古热带两大植物区系，植被类型多种多样，从低纬度的热带雨林、热带季雨林到高纬度的寒温性针叶林和草原、荒漠，从低海拔的阔叶林到高海拔的暗针叶林和高山灌丛、高山草甸，植物资源十分丰富，是世界上植物种类最丰富的国家之一，包括很多在北半球地区早已灭绝的古老孑遗属、种，如银杏、珙桐、银杉、水杉、香果树、鹅掌楸、金钱松、连香树等，尤其是特有属和特有种繁多，因此我国珍稀濒危植物种类十分丰富。

然而我国保护植物工作起步很晚，发展道路十分曲折。为保护这些珍稀濒危植物，国家曾在 1975 年颁发了《关于保护、发展和合理利用珍贵树种的通知》，列出了一批一、二类珍贵树种名录。其中一类保护树种指凡是数量很少或濒于灭绝的稀有和珍贵树种，对于这类树种要加强管理，严禁采伐，如有特殊需要，报经农林部批准后才能砍伐；二类保护树种指尚有一定数量，但种群已逐渐减少的优良树种，对这些树种要严格控制使用，由省（区）林业部门批准，报农林部备案。这是我国最早提出的保护植物名录，一类珍贵树种有坡垒、子京、降香黄檀、水杉、珙桐、香果树、台湾杉和秃杉原生种等 8 种，二类珍贵树种有楠木、花榈木、红椿、石梓、桂花木、野荔枝、麦吊杉、黄杉、红杉和青梅原生种等 10 种。

此后，为合理地利用野生植物资源，保护珍稀濒危植物，从 20 世纪 80 年代初开始，我国环境保护部门会同中国科学院植物研究所、中国植物志编委会组织全国植物、林业、农业、牧业、园林、医药等部门的专家和科技工作者，在广泛调查研究的基础上，经过反复讨论审议，确定了我国第一批《珍稀濒危保护植物名录》。1984 年，国务院环境保护委员会正式公布了我国第一批《珍稀濒危保护植物名录》，分为三级保护，共收录了 354 种（含 1 个亚种、21 个变种），其中蕨类植物 9 种、裸子植物 68 种、被子植物 277 种，被列为一级保护植物的有 8 种，二级保护植物 143 种，三级保护植物 203 种。同时规定：一级保护植物是指中国特产，并具有极为重要的科研、经济和文化价值的濒危种类；二级保护植物是指在科研或经济上有重要意义的濒危或渐危的种类；三级保护植物是指在科研或经济上有一定意义的渐危或稀有的种类。金花茶、银杉、桫椤、珙桐、水杉、人参、望天树和秃杉等 8 种植物被列为国家一级保护植物。

1987 年，国家环境保护局和中国科学院植物研究所出版了《中国珍稀濒危保护植物名录》（第一册），对 1984 年公布的保护植物名录进行了修订，增加了 35 种，共 389 种（含 1 个亚种、24 个变种），包括蕨类植物 13 种、裸子植物 71 种、被子植物 305 种，其中定为濒危的种类有 121 种，稀有的种类 110 种，渐危的种类 158 种；濒危种类是指那些在其整个分布区或分布区的重要地带，处于绝灭危险中的植物，这些植物居群不多、植株稀少，地理分布有很大的局限性，仅生存在特殊的生境或有限的地方。濒临灭绝的原因，可能是由于生殖能力很弱，或是它们所要求的特殊生境被破坏或退化到不再适宜生长，或是由于毁灭性的开发和病虫害所致。稀有种类是指那些并不是立即有绝灭危险的、我国特有的单种属或少种属的代表植物，它们分布区有限，居群不多，植株也较稀少，或者虽有较大的分布范围，但只是零星存在。渐危种类是指那些由于人为的或自然的原因，在可以预见的将来很可能成为濒危的植物，它们的分布范围和居群、植株数量正随着森林被砍伐、生境的恶化或过度开发利用而日益缩减。被列为一级重点保护植物的有 8 种，二级重点保护植物 159 种，三级保护植物 222 种。

为加强我国野生植物的保护，国务院 1996 年颁布了《中华人民共和国野生植物保护条例》（国务院令　第 204 号），明确规定："野生植物分为国家重点保护野生植物和地方重点保护野生植物。国家重点保护野生植物指原生地天然生长的珍贵植物和原生地天然生长并具有重要经济、科学研究、文化价值的濒危、稀有植物。分为国家一级保护野生植物和国家二级保护野生植物。国家重点保护野生植物名录，由国务院林业行政主管部门、农业行政主管部门商国务院环境保护、建设等有关部门制定，报国务院批准公布。"随后，国务院 1999 年正式批准了《国家重点保护野生植物名录（第一批）》，共包括国家重点保护植物 254 种或类群，其中国家 I 级重点保护野生植物为 52 种或类群，国家 II 级重点保护野生植物为 202 种或类群。类群是指一些种以上的分类单元（科或属），如桫椤科（Cyatheaceae）、蚌壳蕨科（Dicksoniaceae）、水蕨属（Ceratopteris）、黄杉属（Pseudotsuga）、榧属（Torreya）的所有种均被列为国家 II 级重点保护野生植物；水韭属（Isoetes）、苏铁属（Cycas）、红豆杉属（Taxus）的所有种均被列为国家 I 级重点保护野生植物。

表 2-1　中国珍稀濒危植物现状表

保护依据	保护等级划分			合计
1975 年《国家珍贵树种》	一类保护 8 种		二类保护 10 种	18 种
1984 年《珍稀濒危植物名录》	一级 8 种	二级 143 种	三级 203 种	354 种
1987 年《中国珍稀濒危保护植物名录》	濒危 121 种	稀有 110 种	渐危 158 种	389 种
1999 年《国家重点保护野生植物名录》	I 级 52 类（种）		II 级 202 类（种）	254 类（种）

2.1.2 国家重点保护野生植物资源概况

2.1.2.1 国家重点保护野生植物种数

根据《中华人民共和国野生植物保护条例》规定，国家重点保护野生植物指原生地天然生长的珍贵植物和原生地天然生长并具有重要经济、科学研究、文化价值的濒危、稀有植物。本次调查依据的是 1999 年 8 月 4 日经国务院批准的《国家重点保护野生植物名录（第一批）》，列入国家重点保护野生植物名录的野生植物共有 254 种或类群，其中国家 I 级重点保护野生植物为 52 种或类群，国家 II 级重点保护野生植物为 202 种或类群。

列为国家重点保护的野生植物中，也包含了一些种以上的分类单元（科或属），如桫椤科（Cyatheaceae）、蚌壳蕨科（Dicksoniaceae）、水蕨属（*Ceratopteris*）、黄杉属（*Pseudotsuga*）、榧属（*Torreya*）的所有种均被列为国家 II 级重点保护野生植物；水韭属（*Isoetes*）、苏铁属（*Cycas*）、红豆杉属（*Taxus*）的所有种均被列为国家 I 级重点保护野生植物。经广泛查阅文献，可将国家保护植物中的相关类群细化到种，初步得出我国国家重点保护野生植物共有 306 种，其中国家 I 级重点保护野生植物为 71 种，国家 II 级重点保护野生植物为 235 种。

2.1.2.2 国家重点保护野生植物的特点

通过对我国国家重点保护植物的统计分析，其主要特点概括如下。

（1）种类丰富，类群多样

我国国家重点保护野生植物较多，在《国家重点保护野生植物名录（第一批）》中，共列出国家重点保护野生植物 92 科 306 种，其中被子植物有 193 种、裸子植物有 67 种、蕨类植物 43 种、低等植物有 3 种，即 1 种蓝藻和 2 种真菌。

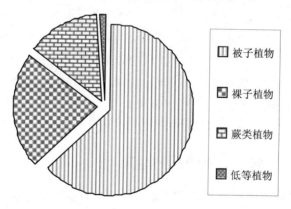

图 2-1　国家重点保护野生植物名录中各类群所占比例

（2）起源古老、孑遗种多

不少植物在历史上曾经繁茂生长，但在地史上因冰川作用而被大量灭绝。我国自第三纪以来，除西北干旱地区外，大部分地区保持了温暖湿润的气候，没有受到第四纪冰川直接影响，形成了许多第三纪以前古老植物的避难所或新生孤立类群的发源地。保存了一大批在北半球其他地区已绝迹的古老、孑遗和形态原始的类群，如银杏、百山祖冷杉、水杉、银杉、刺桫椤、红豆杉、普陀鹅耳枥、天目铁木等，这些国家重点保护植物在研究植物地理、植物区系和生物多样性等方面均有较高的科研价值。

（3）特有种类多，地理分布不均匀

我国国家重点保护野生植物中，特有成分非常丰富。我国复杂的自然地理条件及悠久的地质演化历史为这些保护植物的生存、繁衍和发展提供了优越的条件，使得相当一部分保护种为我国所特有。在306种国家重点保护野生植物中，有百山祖冷杉、普陀鹅耳枥、天目铁木、水杉、中华水韭等203种为我国特有种，占总数的66.3%，其中国家Ⅰ级重点保护野生植物49种，国家Ⅱ级重点保护野生植物154种。

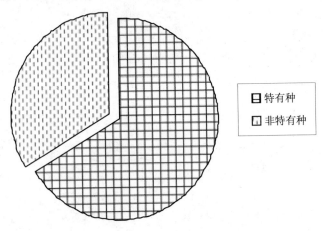

图 2-2　我国国家重点保护植物特有种比例

国家重点保护野生植物的水平地理分布极不均匀，主要集中分布在西南地区和台湾，其中云南、广西、贵州、四川、台湾为保护植物分布的热点地区。云南省国家重点保护植物最多，有121种，占总数的39.5%，广西壮族自治区有98种，贵州省有70种，四川省有67种。西北和华北地区的国家重点保护植物较少，如新疆仅24种，只有云南省保护植物总数的20%。

2.1.3　国家重点保护野生植物的保护意义

保护国家重点保护野生植物具有多种重要价值，意义非常重大。从生态学角度看，重点保护野生植物的重要性是无法估量的。由于受认识水平的限制，我们无法对所有物种的全部价值作出评价，仅将国家重点保护野生植物保护的重要意义和价值归纳为以下几个方面。

（1）宝贵的存在价值

植物种在生态系统中都各占有一定的生态位，发挥着它特殊的功能并影响着其他物种。每一个物种都是生命系统中的一个环节和能量流的中转站，如果一个物种生存受威胁，和它有关的物种同样也受到不同程度威胁。据分析，每灭绝一个种，就有10～30种与它相关的种类生存受到威胁。在生态系统中，最初受威胁植物虽然是一些自身适应能力不强的种类，但它们的出现对人类是一个严肃的警告，任何轻视这种警告都将付出惨重代价。每绝灭一个物种，将会引起更多的植物陷入危机之中。保护珍稀濒危植物的紧迫性不言而喻。自然界物种的产生、灭绝本来是一种自然规律，也是一种动态平衡，植物界也因此产生出适应性更强的种类。据估计，全球每 100 年消失 90 个物种属正常范围。而现在物种灭绝速度比原来自然过程加快了 1 000 倍。全球受威胁种类达 10%。我们现在面临着由人类引起的空前高速生物"集体绝灭"过程。任其发展，将危及人类生存。在我国国家重点保护植物当中，有些种野外种群数量极少，如普陀鹅耳枥仅存 1 株，百山祖冷杉仅存 3 株，还有被誉为植物界的"国宝"及"大熊猫"的水杉、银杏、银杉、野生稻等国家重点保护植物的野生种群的存在状况也不容乐观，需引起高度重视。这些国家重点保护植物的客观存在本身就具有重要的存在价值，这些价值无法用经济尺度来进行衡量，是全人类的宝贵财富。

（2）重要的科研价值

国家重点保护植物绝大多数都是一些古老的物种，很多是逃过了冰川期而残留的活化石，如银杏、水杉、鹅掌楸、银杉、白豆杉等，还有一些在植物系统分类中属于单科单属单种，如伯乐树、连香树等，这些植物都是研究植物起源和系统进化的有力和最直接证据，具有无与伦比的科学研究价值。

一些国家重点保护植物是古地质、古气候的生动记录。比如，1915 年德国地球物理学家魏格纳提出"大陆漂移学说"引起了广泛争议，后来不仅在古植物化石中找到了证据，而且在现存古老植物中也找到了证据，从而使这一学说得到普遍承认。很多古树年轮记录着气候变化规律，为人类研究气候变迁和预报提供了证据。

一些国家重点保护植物是对未知种研究的直接参照物。现在人类认识的植物有 40 万种，但仍有 50 万种还未鉴定，属未知种。珍稀野生植物的特殊地位决定了它在鉴定未知种中有特别重要的意义。如通过与银杏比较鉴定出 15 种相近属的植物。通过水杉鉴定出 10 种已灭绝的与水杉相近的植物。还有一些国家重点保护植物是研究植物起源和系统进化的有力和最直接证据，我国重点保护植物中有些种在植物系统分类中属于单科单属单种，如伯乐树、连香树等，这些保护植物对于研究植物起源和系统进化具有非常重要的价值。部分保护种是植物生殖生态研究的可靠借鉴，如银杏等保护植物寿命特长，羽叶点地梅等保护植物授粉机制特殊，揭示这些奥秘，对进一步探讨植物生殖与环境、基因流动、生存竞争中生态特性有十分重要的意义。

（3）巨大的经济价值

很多国家重点保护植物也是植物遗传育种的珍贵材料。高等植物每种平均携带遗传基因 40 万个以上。一个物种就是一个基因库，其中很多对人类来说是育种的好材料。国家重点保护野生植物是巨大的天然基因库，是人类必不可少的后备种质资源，如普通野生稻、野大豆等。我国很多农作物育种就是利用了野生种的有利基因才育出了优质高产新品种。很多重点保护野生植物具有巨大的经济价值，它们有些是著名药用植物，如红豆杉、银杏、厚朴、茴香砂仁等。有些是著名用材植物如黄檗、红松、楠木等。这些仅是人们已广泛利用的，还有一些种类没有得到开发利用，如果这些种类灭绝，对人类经济损失无法估量。

（4）丰富的文化价值

大多数重点保护野生植物被人们认为是大自然美的缩影，用以欣赏、陶冶情操，其珍贵性不亚于经济价值和科学价值。很多国家重点保护植物形态优美，具有巨大的观赏价值，也是自然景观和群落外貌的重要组成部分，如水杉、银杉，以及长白山保护区的长白松、红松林等，这些保护植物可以为社会公众提供美学享受。还有很多国家重点保护植物在民族植物学中具有重要地位，一些少数民族居民具有利用国家重点保护植物的悠久历史，如纳板河流域保护区内的傣族和哈尼族居民就有利用茴香砂仁和姜状三七的悠久历史。

2.1.4 国家重点保护野生植物面临的主要威胁

（1）生境退化

生境是物种资源生存的基础，当生境受损和发生退化时，植物、动物和其他生物将无处生存，最终走向灭亡。世界上许多地方，特别是岛屿和高密度人口聚焦的地区，多数原始生境早已受到破坏，生境遭受严重干扰的地区有欧洲、南亚和东亚、澳大利亚的东南部和西南部、中美洲、加勒比海以及美国东部等，这些地区，很多超过半数以上的自然生境受到干扰和彻底丧失。中国北方草原是欧亚大陆草原的东翼，昔日风吹草低见牛羊、水草丰美的鄂尔多斯草原和科尔沁草原，经过 200～300 年的开垦、农耕、撂荒，变成了如今的风沙源——毛乌素沙地和科尔沁洼沙地。还有一些地方在草原挖野生植物，不仅造成草原植物资源减少，对草原生态造成严重破坏，更对该区域的国家重点保护野生植物造成巨大的威胁，根据统计，仅内蒙古自治区因滥挖、破坏的草原已有 4 万多 hm^2 完全退化。一些地方不合理开采草原水资源的行为，导致下游湖泊干涸、绿草原缩减及其外围植被退化，珍稀动物因栖息地退化而不断消失。

（2）生境破碎化

生境破碎化是大片、连续的生境被分割为两个或更多的片段，由于经济发展和基础设施建设，国家重点保护野生植物曾经广泛分布的很多自然生境，如今被公路、农田、乡村和其他大范围的人类建筑分割成生境片段。生境破碎化不仅被与高度修饰和退化的景观隔离，而且每个片段的边界同时又经历另外一套环境条件，即边缘效应。破碎化常常残留在最差的土地，如陡坡、贫瘠的土壤以及难以抵达的地区。在生境面积严重减少的同时，几乎总是同时发生破碎化。生物地理岛屿模型有时也应用到这样的景观中，因为生境破碎化不是一个荒凉的岛屿，而是被与人类统治的"海洋"包围着。破碎化的生境与原始生境有 3 点重要的不同：一是先前连续的生境所栖息的种群数量较大，变成各自分离的破碎化生境后，拥有的种群数量较小；二是生境的破碎化使单位面积中有更长的边界线，会产生更大的边缘效应；三是对每一个生境片段而言，中心到生境边缘的距离更近。生境破碎化会限制物种扩散和定殖的潜力。

（3）全球气候变化

很多国家重点保护野生植物对生境条件的要求较为苛刻，对于环境变化的适应能力较低。全球气候变化使北温带和南温带气候区将向极地偏移，会有超过10%的动植物不能生存于变暖的气候中。温度升高已造成高山冰川和极地冰帽的融化，并且冰雪消融速率正逐渐加快。全球气候变化可能从根本上重塑生物群落、改变物种分布。这种改变第一步就是颠覆物种自身的扩散能力，并且已有迹象表明这一过程已经开始，如鸟类、昆虫和植物分布以及春天繁殖提早等。

（4）资源过度开发利用

很多国家重点保护野生植物具有很高的观赏、药用、食用价值，因此长期受到过度的采挖，如数量众多的兰科植物、冬虫夏草等，野生种群已经十分稀少。伴随供应缩减，价格进一步上升，更强烈地刺激过度利用这一资源，最终变为濒危物种甚至灭绝，而市场又会寻找另外的物种或地区去开发。许多传统中药和重要经济植物由于长期过量的采挖和开发利用，致使产量越来越少，种群数量急剧缩减。

（5）外来入侵物种

外来种是由于人类活动打破天然的地理屏障，使其在远离原产地以外的地区生存的物种。在我国，仅因紫茎泽兰、松材线虫等11种主要外来入侵生物，每年给农林牧渔业生产造成的经济损失就达574亿元。原产于中美洲的紫茎泽兰通过自然扩散传入中国云南省，经过半个世纪的扩散，已经对中国广大西南山区，乃至华中、华南地区的生物多样性构成了巨大威胁，并给当地的农林牧业生产带来了巨大的损失。根据调查统计，目前很多保护区内已经被外来入侵物种所侵占，区内一些国家重点保护野生植物的生存受到竞争与排挤，这种影响呈越来越严重的趋势。

2.1.5 国家重点保护野生植物的保护状况

（1）国家重点保护野生植物的法律法规体系

我国尽管在古代由于历次大规模战争等原因，对森林资源造成了大量的破坏，但历代帝王的禁猎区、园圃、寺庙园林，民间大量的风水林、神山、龙山等保护地的存在，也为众多珍稀濒危物种提供了最后的避难所和栖息地。古代就有很多村规民约对野生植物及森林进行了保护。新中国成立后，党和政府十分重视野生动植物资源的保护，早在1963年就颁布了《森林保护条例》，规定保护稀有珍贵林木和禁猎区的森林。《宪法》在总纲中也明确规定"国家保障自然资源的合理利用，保护珍贵的动物和植物"。1979年颁布的《森林法》（试行）中，要求在珍贵稀有动植物生长繁殖地区，加强保护和研究，1998年又进行了修订。1985年颁布的《草原法》，对在草原上采挖野生植物作了严格的规定。1996年，国务院正式颁布了《中华人民共和国野生植物保护条例》，随后，各省（区、市）也纷纷制定了省级野生植物保护条例等地方性法规。因此，目前我国濒危动植物保护方面的法律法规体系较为完善。

我国政府还制定了一系列有关生物多样性保护的战略、行动计划和规划。如 1994 年的《中国生物多样性战略行动计划》，1996 年发布的《中国自然保护区发展规划纲要（1996—2010 年）》，1998 年发布的《全国生态环境建设规划》，2000 年发布的《全国生态环境保护纲要》，2007 年颁布的《全国生物物种资源保护与利用规划纲要》等。相关行业主管部门也分别发布实施了一系列规划和计划，有力地推动了生物多样性保护事业的发展。2010 年发布的《中国生物多样性保护战略与行动计划》（2011—2030 年），确定了十个生物多样性保护优先领域；综合考虑生态系统类型的代表性、特有程度、特殊生态功能，以及物种的丰富程度、珍稀濒危程度、受威胁因素、地区代表性、经济用途、科学研究价值、分布数据的可获得性等因素，划定了 35 个生物多样性保护优先区域，包括大兴安岭区、三江平原区、祁连山区、秦岭区等 32 个内陆陆地及水域生物多样性保护优先区域，以及黄渤海保护区域、东海及台湾海峡保护区域和南海保护区域等 3 个海洋与海岸生物多样性保护优先区域。力争到 2015 年，使重点区域生物多样性下降的趋势得到有效遏制；到 2020 年，努力使生物多样性的丧失与流失得到基本控制；到 2030 年，使生物多样性得到切实保护。

为加强物种保护与国际合作，我国政府积极参加相关的国际公约以提升保护能力，中国政府积极参与了《生物多样性公约》的起草、修订和谈判。1992 年 6 月，原国务院总理李鹏同志代表中国政府在《公约》上签字，使中国成为最早的缔约国之一。为了认真履行《公约》，经国务院批准，1993 年初成立了由原国家环保局牵头，国务院 20 个部门单位参与的"中国履行《生物多样性公约》工作协调组"，统一领导组织履约工作。中国率先制订了《生物多样性保护行动计划》，组织编写了《生物多样性国情研究报告》、《中国履行生物多样性公约国家报告》。中国政府代表团出席了《生物多样性公约》全部四次缔约国大会，并派代表出席了由《公约》秘书处和联合国环境署以及其他国际组织主持的与履约有关的各种会议和国际活动。多年来，中国政府和有关部门在生物多样性保护方面开展了大量工作，取得了显著成绩，也受到国际社会的称赞。

其他参加的有关野生动物栖息地保护的公约或协议主要有《国际濒危野生动植物种贸易公约》及其附录一、附录二；《关于特别是作为水禽栖息地的国际重要湿地公约》又称《拉姆萨尔公约》、《中、日保护候鸟及其栖息环境的协定》、《中、澳大利亚保护候鸟及其栖息环境的协定》、《生物多样性公约》、《保护世界文化和自然遗产公约》、1994 年《联合国防治荒漠化公约》、1992 年《联合国防治气候变化框架公约》、2005 年《京都议定书》、《保护野生动物中迁徙物种公约》（简称《波恩公约》）、2000 年《卡塔赫尔纳生物安全议定书》等国际公约。

（2）国家重点保护野生植物的就地保护模式

保护生物多样性最有效的方式是保护原始健康生态系统的完整性。对自然规律的有限认识和对资源的有限支配使人类只能维持地球上数量非常有限的物种，而保护地的建立是物种保护的最佳途径。就地保护（Insitu conservation）是指保护生态系统和自然环境以及在物种的自然环境中维护和恢复其可存活种群，对于驯化和栽培的物种而言，是在发展出它们独特性的环境中维护和恢复其可存活种群（UNCED，1992）。就地保护不光是要保护珍稀濒危动植物本身，同时也要对珍稀濒危动植物的野外栖息地和生境进行保护，保护野生动物及其栖息环境已成为生物多样性保护的重要内容。

在我国建立自然保护区是珍稀濒危动植物就地保护的主要方式。自然保护区是我国生物多样性就地保护的基础，是行之有效的生物多样性保护策略。其意义不仅在于保护珍稀濒危动物资源以及其栖息地这一狭义范畴，还在于自然保护区已经成为了可持续保护生物多样性的一种模式。1994 年 10 月国务院发布的《中华人民共和国自然保护区条例》是我国自然保护区建设和管理的法律依据。条例规定："自然保护区是指对有代表性的自然生态系统、珍稀濒危野生动植物物种的天然集中分布区、有特殊意义的自然遗迹等保护对象所在的陆地、陆地水体或者海域，依法划出一定面积予以特殊保护和管理的区域。"我国已初步建立了类型比较齐全、布局比较合理、功能比较健全的全国自然保护区网络。

同时，我国还积极建设风景名胜区和森林公园等其他类型的保护地。为了加强对风景名胜区的管理，有效保护和合理利用风景名胜资源。1982 年 11 月国务院审定公布了第 1 批国家重点风景名胜区，标志着我国风景名胜区制度的建立。《风景名胜区管理暂行条例》（1985 年）将中国的风景名胜区分为市、县级风景名胜区，省级风景名胜区和国家级重点风景名胜区 3 个级别。建设部城建司风景名胜区管理处主管全国风景名胜区工作。地方各级人民政府城乡建设部门主管本区的风景名胜区工作。2006 年，《风景名胜区条例》由国务院正式颁布实施。国务院分别于 1982 年、1988 年、1994 年、2002 年、2004 年、2005 年和 2009 年先后公布了七批国家级风景名胜区，共 208 处。

国家森林公园，这一提法主要用于中国大陆地区，我国的森林公园分为国家森林公园、省级森林公园和市、县级森林公园等三级，其中国家森林公园是指森林景观特别优美，人文景物比较集中，观赏、科学、文化价值高，地理位置特殊，具有一定的区域代表性，旅游服务设施齐全，有较高的知名度，可供人们游览、休息或进行科学、文化、教育活动的场所，由国家林业局作出准予设立的行政许可决定。中国境内最早的国家森林公园是 1982 年建立的张家界国家森林公园。森林公园主体上未纳入自然保护区，行政管理机构为国家林业局。为树立国家级森林公园形象，促进国家级森林公园规范化、标准化建设，国家林业局于 2006 年 2 月 28 日发出通知，决定自即日起启用"中国国家森林公园专用标志"，同时印发了《中国国家森林公园专用标志使用暂行办法》。截至 2009 年，全国共有 710 处国家级森林公园。

此外，我国还建有湿地公园、地质公园、水利风景区、农田保护区和海洋公园等其他众多类型的保护地，与自然保护区一起构成了我国生物多样性的就地保护网络。这些就地保护场所是我国国家重点保护野生植物的集中分布区域，也是最重要的栖息生境，在国家重点保护野生植物的就地保护上发挥了极其重要的作用。

（3）国家重点保护野生植物的迁地保护模式

最佳的生物多样性长期保护策略是在野外保护现在的种群和生态系统，即就地保护。然而，当珍稀物种最后保存的种群太小而难以维持，当保护措施不能阻止其衰退，或者当最后保存的个体已经处于保护区之外时，就地保护难以取得成效。在这些情况下，防止其灭绝的最好方法就是将个体放在人工的环境中进行保护，这种保护策略即迁地保护。迁地保护（Exsitu conservation）是指将生物多样性的组成部分转移到它们生存的环境之外进行保护。

近年来，我国生物多样性移地保护得到较快发展，在拯救珍稀濒危物种方面采取了多种移地保护措施，使许多野生动植物和种质资源得到了较好的保护。我国珍稀濒危植物的相关迁地保护机构种类很多，包括植物园、树木园和种子库等。我国已建有植物园（树木园）234 座，还有数量众多的珍稀植物苗圃、种源基地和繁育基地。各地还建立了数百个珍稀濒危动植物引种驯化和人工繁育基地（中心）。农作物、林木资源、水生生物资源、微生物资源、野生动植物基因等种质资源库的建设也取得了显著成效。截至 2008 年年底，我国已建成农作物种质资源国家长期库 2 座、中期库 25 座；国家级种质资源圃 32 个；国家牧草种质资源基因库 1 个，中期库 3 个，种质资源圃 14 个。各植物园已成功引种了一大批濒危植物，仅中国科学院的植物园引种保存了约 20 000 种高等植物，保存了中国植物区系成分植物物种的 60%。其中南京中山植物园引种了华东地区珍稀濒危植物 120 多种，湖南南岳衡山树木园引种了国家重点保护植物 50 多种，约占湖南省分布保护植物总数的 90%以上。华南植物园引种栽培了近百种木兰科植物，包括华盖木、观光木、大叶木莲、红花木莲、香木莲等珍稀濒危种类。中国西南野生生物种质资源库的主体工程已竣工验收，计划采集保存 6 450 种，66 500 份（株）野生生物种质资源。农业部门已建成现代化作物遗传资源长期库、中期库、复份库和种质圃相配套的安全保存设施，拥有作物种质资源达39 万份；作物及其野生近缘植物种质保存圃有 32 个，保存珍稀濒危物种 1 300 多种。

（4）全国野生动植物保护及自然保护区建设工程

2001 年 12 月 21 日，《全国野生动植物保护及自然保护区建设工程》正式启动。野生动植物保护及自然保护区建设工程是我国野生动植物保护历史上第一个全国性重大工程，也是全国六大林业重点工程之一。规划总体目标是：通过实施该工程，拯救一批国家重点保护野生动植物，扩大、完善和新建一批国家级自然保护区、禁猎区和野生动物种源基地及珍稀植物培育基地，恢复和发展珍稀物种资源。到 2050 年，使我国自然保护区数量达到 2 500 个，总面积 1.728 亿 hm^2，占国土面积的 18%，形成一个以自然保护区、重要湿地为主体，布局合理，类型齐全，设施先进，管理高效，具有国际重要影响的自然保护网络。根据规划，工程建设分三个阶段进行。2001—2010 年为第一阶段、2011—2030 年为第二阶段，2031—2050 年为第三阶段。第一阶段的目标主要有：一是重点实施 15 个野生动植物拯救工程（包括大熊猫、朱鹮、虎、金丝猴、藏羚羊、扬子鳄、大象、长臂猿、麝、普氏原羚、野生鹿类、鹤类、野生雉类、兰科植物、苏铁）；二是加快自然保护区建设，使全国自然保护区数量达到 1 800 个，面积 1.55 亿 hm^2，占国土面积的 16.14%；三是加强天然湿地保护，力争增加国际重点湿地 80 处。

（5）全国湿地保护工程规划

为了实现我国湿地保护的战略目标，国务院批准了由国家林业局等 10 个部门共同编制的《全国湿地保护工程规划》（2004—2030 年）。该《规划》打破了部门界限、管理界限和地域界限，明确了到 2030 年，我国湿地保护工作的指导原则、主要任务、建设布局和重点工程，对指导开展中长期湿地保护工作具有重要意义。《规划》明确将依靠建立部门协调机制、加强湿地立法、提高公众湿地保护意识、加强湿地综合利用、加大湿地保护投入力度、加强湿地保护国际合作和建立湿地保护科技支撑体系，保证规划各项任务的落实。总体目标是到 2030 年，使全国湿地保护区达到 713 个，国际重要湿地达到 80 个，使 90% 以上天然湿地得到有效保护。完成湿地恢复工程 140.4 万 hm^2，在全国范围内建成 53 个国家湿地保护与合理利用示范区。建立比较完善的湿地保护、管理与合理利用的法律、政策和监测科研体系。形成较为完整的湿地区保护、管理、建设体系，使我国成为湿地保护和管理的先进国家。其中 2004—2010 年的 7 年间，要划建湿地自然保护区 90 个，投资建设湿地保护区 225 个，其中重点建设国家级保护区 45 个，建设国际重要湿地 30 个。2006 年国务院批准了"全国湿地保护工程'十一五'实施规划"，标志着我国湿地保护工程正式启动实施。按照"实施规划"，我国将在五年内投资 90 亿元，使全国半数的自然湿地和 70% 的重要湿地得到有效保护，基本建成自然湿地保护网络体系。优先启动以下四项重点建设工程。湿地保护工程，将从现有的 473 个湿地自然保护区中选择 222 个国家级保护区或新建保护区，进行重点投资建设。湿地恢复工程，重点对吉林向海等国家级自然保护区和国家重要湿地区域内的退化湿地共 58.8 万 hm^2 进行恢复。可持续利用示范工程，将在典型地区建立国家级农牧渔业综合利用示范区、湿地公园示范区等各类示范区 59 个，展示不同类型湿地开发和合理利用的成功模式。目前全国湿地保护工程"十二五"实施规划正在进行中。全国湿地保护工程规划在我国湿地国家重点保护野生植物的保护中也发挥了重要的作用。

（6）天然林资源保护工程

天然林资源保护工程，简称天保工程。1998 年洪涝灾害后，针对长期以来我国天然林资源过度消耗而引起的生态环境恶化的现实，党中央、国务院从我国社会经济可持续发展的战略高度，做出了实施天然林资源保护工程的重大决策。该工程旨在通过天然林禁伐和大幅减少商品木材产量，有计划分流安置林区职工等措施，主要解决我国天然林的休养生息和恢复发展问题。包括长江上游、黄河上中游地区和东北、内蒙古等重点国有林区的 17 个省（区、市）的 734 个县和 163 个森工局。长江流域以三峡库区为界的上游 6 个省市，包括云南、四川、贵州、重庆、湖北、西藏。黄河流域以小浪底为界的 7 个省市区，包括陕西、甘肃、青海、宁夏、内蒙古、山西、河南。东北内蒙古等重点国有林区 5 个省区，包括内蒙古、吉林、黑龙江（含大兴安岭）、海南、新疆。天保工程区有林地面积 10.23 亿亩，其中天然林面积 8.46 亿亩，占全国天然林面积的 53%。在 2000—2010 年，工程实施的目标：一是切实保护好长江上游、黄河上中游地区 9.18 亿亩现有森林，减少森林资源消耗量 6 108 万 m³，调减商品材产量 1 239 万 m³。到 2010 年，新增林草面积 2.2 亿亩，其中新增森林面积 1.3 亿亩，工程区内森林覆盖率增加 3.72 个百分点。二是东北、内蒙古等重点国有林区的木材产量调减 751.5 万 m³，使 4.95 亿亩森林得到有效管护，实现森工企业的战略性转移和产业结构的合理调整，步入可持续经营的轨道。到 2010 年，天保工程取得了一系列成绩：一是森林资源持续增长。累计少砍木材 2.2 亿 m³，有效保护森林资源 16.19 亿亩，完成公益林建设 2.45 亿亩，森林面积净增加 1.5 亿亩，森林覆盖率增加 3.7 个百分点，森林蓄积净增加约 7.25 亿 m³。二是生态状况明显好转。水土流失减轻，输入长江、黄河泥沙量明显减少，有效降低了三峡、小浪底等重点水利工程的泥沙淤积量。2008 年长江宜昌段的泥沙含量比 10 年前下降了 30%，并以每年 1%的速度下降。野生动植物生存环境不断改善，生物多样性得到有效保护。三是林区民生得到有效改善。平稳转岗和安置了富余职工 95.6 万人，国有职工基本养老、医疗保险参保率分别达 98%和 89%。概括地说，通过 10 多年的天保工程，实现了森林资源由过度消耗向恢复性增长转变，生态状况由持续恶化向逐步好转转变，林区经济社会发展由举步维艰向稳步复苏转变。根据国务院常务会议决定，2011—2020 年将实施天然林资源保护二期工程，巩固天然林保护成果，大幅度提升森林质量和生态功能。天然林保护工程的实施对于我国国家重点保护野生植物的就地保护具有极其重要的意义。

2.2 典型自然保护区内国家重点保护野生植物实地调查

2.2.1 调查地点的选择

由于我国国家级自然保护区数量较多，受人力物力等因素限制，无法对所有保护区进行实地调查，因此，本研究选择 5 个具有代表性和典型性的重点自然保护区开展野外实地调查，研究地点在我国保护区中具有较高的知名度，基础资料较为完备，包括了不同部门和不同保护区类型，具有较高代表性。通过野外实地调查的方法，查明这些保护区内国家重点保护植物的野生种群保存现状、分布范围、群落组成、年龄结构、受威胁因素、发展趋势以及保护区所采取的保护措施等基础资料。

典型保护区的筛选遵循以下几点原则：

● 具有重点保护植物的国家级自然保护区；

● 拥有详细的物种历史本底资料；

● 具有不同程度人为干扰影响；

● 在全国范围具有较强代表性和典型性，均位于生物多样性热点地区，可以覆盖东北、华东、华南和西南地区。

根据以上原则，结合专家咨询意见，我们选择了福建天宝岩、云南纳板河流域、安徽金寨天马、吉林长白山、浙江凤阳山—百山祖等 5 个最具有代表性和典型性的重点保护区开展野外实地调查，研究地点在我国保护区中具有较高的知名度，基础资料比较完备，包括了不同部门和不同保护区类型，从南到北都有分布，具有较高的代表性。这些保护区内拥有国际保护意义的珍稀濒危物种，如百山祖冷杉、南方红豆杉、伯乐树、疣粒野生稻等。实地调查的 5 个国家自然保护区详见表 2-2。

表 2-2　实地调查自然保护区及其主要保护对象

序号	名称	所在地	面积/hm²	类型	主要保护对象
1	福建天宝岩	永安市	11 015	野生植物	中亚热带向南亚热带过渡带森林生态系统
2	云南纳板河流域	景洪市、勐海县	26 100	森林生态	热带雨林、热带季节性雨林等森林生态系统及珍稀物种
3	安徽金寨天马	金寨县	28 914	森林生态	北亚热带常绿、落叶阔叶混交林及其山地垂直带谱
4	浙江凤阳山—百山祖	庆元县、龙泉县	26 052	森林生态	百山祖冷杉等珍稀植物及森林生态系统
5	吉林长白山	安图县	196 465	森林生态	温带山地森林及紫貂等珍稀动物

2.2.2 调查时间与方法

调查时间选择在 2008 年夏初的 6 月份开始，经过植物生长最旺盛的夏季，结束于秋季的 10 月初，各个典型自然保护区的实地调查时间见表 2-3。

表 2-3　五个典型国家级自然保护区实地调查时间

保护区名称	地点	实地调查时间
安徽金寨天马	金寨县	6 月 10 日～6 月 22 日
云南纳板河流域	景洪市、勐海县	7 月 26 日～8 月 1 日
吉林长白山	安图县	8 月 24 日～8 月 29 日
浙江凤阳山—百山祖	龙泉市、庆元县	9 月 15 日～9 月 19 日
福建天宝岩	永安市	9 月 26 日～10 月 1 日

野外实地调查主要采取线路调查与样方调查相结合的调查方法，并辅助以社区走访和专家咨询的方法。首先和保护区管理处联系，进行深入座谈，初步了解国家重点保护植物在保护区内的分布情况，根据有本底资料记载的国家重点保护植物的分布位点，选择具有代表性的生境区域开展野外线路调查，实地调查中，充分兼顾核心区、缓冲区和实验区。采用全球定位系统（GPS）详细记录沿途调查路线以及发现的国家重点保护野生植物的地理坐标。在保护区国家重点保护野生植物分布较为集中或典型的区域，设置样地，对样地

内的植物种类及群落特征进行详细调查，统计并记录所观察到的国家重点保护植物及其伴生植物种类，并分别设置 10 m×10 m 的乔木样方、5 m×5 m 的灌木样方和 1 m×1 m 的草本样方，记录样方内国家重点保护植物及伴生植物的株数、高度、胸径、盖度、优势度等数据，同时拍摄国家重点保护植物以及相关群落外貌照片，并拍摄一些伴生植物的照片。

野外调查的技术路线见图 2-3。

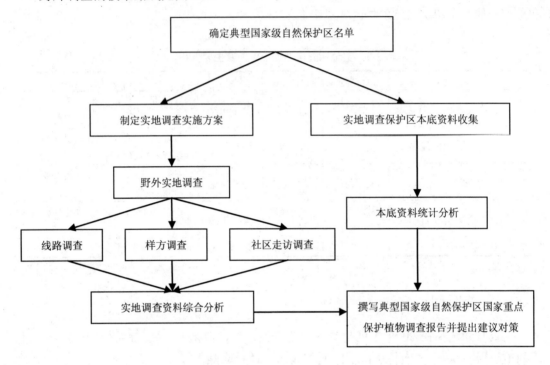

图 2-3　野外调查的技术路线

2.2.3　调查结果

2.2.3.1　实地调查发现的国家重点保护野生植物概况

（1）通过对福建天宝岩、云南纳板河流域、安徽金寨天马、吉林长白山、浙江凤阳山—百山祖等 5 个国家级自然保护区的野外实地调查，结果共发现了 26 科 37 属 46 种国家重点保护野生植物，其中国家Ⅰ级重点保护植物有篦齿苏铁、宽叶苏铁、苏铁一种、长白松、百山祖冷杉、东北红豆杉、红豆杉、南方红豆杉、银缕梅、伯乐树等 5 科 6 属 10 种；国家Ⅱ级重点保护植物有金毛狗、刺桫椤、红松、华东黄杉、福建柏、香榧、巴山榧、白豆杉、连香树、香果树、榉树、千果榄仁、红椿、毛红椿、滇南风吹楠、云南肉豆蔻、金荞麦、勐仑翅子树、土沉香、东京桐、紫椴、水曲柳、黄檗、鹅掌楸、合果木、大叶木兰、厚朴、凹叶厚朴、蛛网萼、闽楠、香樟、半枫荷、山豆根、黑黄檀、野大豆、疣粒野生稻等 24 科 32 属 36 种。

实地调查发现的 46 种国家重点保护植物占我国重点保护野生植物总数的 15%（依据 1999 年国家重点保护植物名录第一批），占 5 个国家级自然保护区科考资料记载总数的 68.7%，其中，蕨类植物 2 种，裸子植物 14 种，被子植物 30 种。

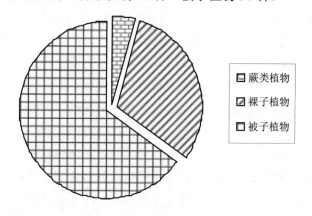

图 2-4　实地调查发现的国家重点保护植物各类群所占比例

通过实地调查，在金寨天马保护区内发现国家重点保护野生植物 7 种，其中国家Ⅰ级重点保护植物 1 种，国家Ⅱ级重点保护植物 6 种；云南纳板河流域保护区内发现国家重点保护野生植物 18 种，其中国家Ⅰ级重点保护植物 3 种，国家Ⅱ级重点保护植物 15 种；吉林长白山保护区内发现国家重点保护野生植物 7 种，其中国家Ⅰ级重点保护植物 2 种，国家Ⅱ级重点保护植物 5 种；浙江凤阳山—百山祖保护区内发现国家重点保护植物 9 种，其中国家Ⅰ级重点保护植物 3 种，国家Ⅱ级重点保护植物 6 种；福建天宝岩保护区内发现国家重点保护植物 10 种，其中国家Ⅰ级重点保护植物 2 种，国家Ⅱ级重点保护植物 8 种。各保护区实地调查发现的国家重点保护野生植物详见表 2-4。

表 2-4　五个国家级自然保护区内实地调查发现的国家重点保护植物

保护区名称	实地调查发现的国家重点保护植物	种数/个		
		合计	Ⅰ	Ⅱ
安徽金寨天马	银缕梅、巴山榧、连香树、榉树、香果树、鹅掌楸、野大豆	7	1	6
云南纳板河流域	篦齿苏铁、宽叶苏铁、苏铁一种、金毛狗、刺桫椤、千果榄仁、红椿、毛红椿、滇南风吹楠、云南肉豆蔻、金荞麦、勐仑翅子树、土沉香、东京桐、合果木、大叶木兰、黑黄檀、疣粒野生稻	18	3	15
吉林长白山	长白松、东北红豆杉、红松、紫椴、水曲柳、黄檗、野大豆	7	2	5
浙江凤阳山—百山祖	百山祖冷杉、华东黄杉、福建柏、红豆杉、白豆杉、厚朴、蛛网萼、伯乐树、鹅掌楸	9	3	6
福建天宝岩	南方红豆杉、伯乐树、福建柏、香榧、凹叶厚朴、闽楠、香樟、半枫荷、野大豆、山豆根	10	2	8

（2）通过实地调查，初步弄清了它们在保护区内的野生种群数量、典型分布区域、年龄结构和分布特点等基础资料。

①实地调查发现的野生种群数量及典型分布区域。在野外调查过程中，由于有些保护区面积较大，有些国家重点保护植物的分布点比较偏远且道路难行，或根本没有路。同时，由于几乎所有保护区在成立时缺乏对保护区内国家重点保护及珍稀濒危植物资源的认真调查，且保护区在成立后也没有摸清保护区内国家重点保护及珍稀濒危植物分布状况，以及多数重点保护植物在保护区内的分布数量本身就很少，因此野外调查过程中，很难彻底查明保护区内国家重点保护植物的存在及保护现状。例如，在长白山保护区课题组在野外调查过程中仅发现 1 株东北红豆杉，但东北红豆杉实际在保护区内的分布可能不止一株，对于红松来说，它在保护区内 1 400 m 以下的针叶林内和针阔混交林内有散生，数量较多，可能有几万株。因此很难弄清各个保护种在保护区内的野生种群数量情况。我们只能根据各保护区对保护区内国家重点保护植物的分布区域及分布数量的了解情况，结合此次实地调查的情况，初步统计出各保护植物的野生种群数量，以及主要分布位点和典型区域。这样的统计，对部分保护植物来说，数量可能偏少，但可以在此次野外实地调查的基础上，进行进一步的详细调查，彻底查明保护区内各保护植物的野生种群数量及主要分布位点和典型区域。本次实地调查发现的国家重点保护植物的种群数量及主要分布区域详见表 2-5。

表 2-5　保护区内实地调查发现的国家重点保护植物数量及主要分布区域

序号	保护植物	数量/株	典型区域
1	金毛狗	较多	曼点河边和纳板村
2	刺桫椤	1	曼点管理站
3	篦齿苏铁	3	过门山管理站旁边
4	宽叶苏铁	约20	过门山管理站旁的季雨林内
5	苏铁一种	2	曼点管理站和过门山管理站旁
6	长白松	1	长白山大门附近
7	红松	较多	海拔 1 400 m 以下的阔叶林内
8	百山祖冷杉	3	百山祖保护站
9	华东黄杉	6	乌石窟附近
10	福建柏	较多	凤阳湖水口、大田坪
11	东北红豆杉	1	—
12	红豆杉	约60	凤阳湖水口
13	南方红豆杉	约150	沟墩坪、天歌溪
14	香榧	8	青水管理所附近
15	巴山榧	约30	西边洼、大海淌
16	白豆杉	约50	凤阳湖水口、大田坪
17	鹅掌楸	约150	茶木淤保护站、凤阳湖水口、西边洼
18	合果木	2	过门山管理站旁边
19	大叶木兰	约20	曼点村、过门山管理站

序号	保护植物	数量/株	典型区域
20	厚朴	约 50	大田坪
21	凹叶厚朴	3	西洋管理所附近
22	连香树	约 30	西边洼、鸡心石怀
23	香果树	约 200	虎形地、白马大峡谷
24	榉树	约 25	东边洼、西边洼
25	香樟	4	青水所附近
26	闽楠	约 25	西洋管理所附近
27	银缕梅	约 20	后河河边
28	半枫荷	1	龙头村
29	蛛网萼	约 40	凤阳山迎宾门附近
30	山豆根	约 15	沟墩坪
31	黑黄檀	约 300	南果河电站附近
32	野大豆	较多	后河、企鹅石、桂溪村等
33	红椿	7	过门山管理站附近路边
34	毛红椿	1	纳板河流域保护区最北端
35	滇南风吹楠	6	过门山管理站附近的雨林内
36	云南肉豆蔻	1	曼点河边
37	伯乐树	约 67	青水所附近、沟墩坪
38	千果榄仁	约 15	曼点河边、过门山蚌水河
39	金荞麦	22	曼点村
40	土沉香	较多	曼点瀑布沿线
41	勐仑翅子树	约 15	曼点河边
42	东京桐	1	过门山管理站附近
43	黄檗	约 40	长白山保护区 1 100 m 以下的阔叶林缘
44	水曲柳	约 20	长白山保护区 1 100 m 以下的阔叶林
45	紫椴	较多	长白山保护区 1 100 m 以下的阔叶林
46	疣粒野生稻	约 30 丛	澜沧江和纳板河交汇处

②年龄结构。随着保护区的建立，保护区内的自然资源及国家重点保护植物的生境得到了较好保护，一些重点保护植物得到很好的繁衍，但是由于各种原因，保护区内多数保护种都没有得到很好的繁衍。通过对调查资料的统计分析，发现保护区内多数保护种的种群年龄结构极不合理，种群处于衰退状态，在调查发现的保护种当中有百山祖冷杉、香榧、华东黄杉、东北红豆杉、刺楸椤、连香树等 30 种植物的种群年龄结构为衰退型，种群处于衰退状态，占所调查的重点保护植物总数的 58.8%；金毛狗、疣粒野生稻等 9 种为稳定型，种群数量趋于稳定，占所调查的重点保护植物总数的 23.6%；南方红豆杉、黑黄檀、香果树等 7 种为增长型，种群数量趋于增加，占所调查的重点保护植物总数的 17.6%。

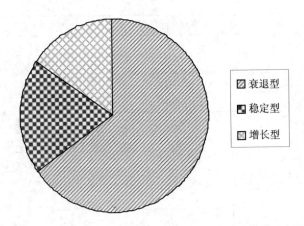

图 2-5　实地调查发现的国家重点保护植物年龄结构比例图

③分布特点。通过对 5 个自然保护区的实地调查，发现保护区内国家重点保护植物的生境片段化比较严重，多数保护植物在保护区内为零星分布或被分隔成若干小种群。保护植物在保护区内呈现出不同的分布式样，多数国家重点植物在保护区内属于零星分布，包括宽叶苏铁、大叶木兰、黄檗、连香树等 23 种，占总数的 50%；黑黄檀、鹅掌楸、白豆杉等 11 种为斑块分布，占总数的 23.9%；红松、紫椴等 5 种为散生，占总数的 10.9%；百山祖冷杉、华东黄杉等 5 种为点状分布，占总数的 10.9%；福建柏、长白松等 2 种为成片分布，占总数的 4.3%。

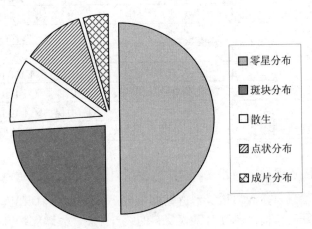

图 2-6　实地调查的国家重点保护植物分布式样的比例图

2.2.3.2 保护区内其他野生植物的就地保护现状

在我们对 5 个保护区的实地调查中，总体发现，保护区的建立对于自然生境和野生植物的就地保护发挥了重要的作用，区内自然资源得到了一定程度的保护，乱砍滥伐现象明显减少，一些珍稀濒危植物的生境得到了较好保护，部分珍稀濒危植物的种群数量有所增加，但也存在一定的问题，尤其是尚未被列入国家重点保护名录的珍稀濒危植物和其他野生植物的保护存在一定的问题，通过对福建天宝岩等 5 个自然保护区的实地调查和分析，我们将保护区内其他野生植物的就地保护现状及存在的问题概括为以下两个方面：

（1）部分珍稀濒危植物的自然生境得到较好保护，种群数量呈现增加趋势

实地调查发现，领春木（*Euptelea pleiosperma*）在安徽金寨天马保护区内主要分布于西边洼和打抒叉（天堂寨北坡和马拉坪山峰之间的夹沟）等地的沟谷中，沿着河沟分布，海拔 950～1 300 m。在西边洼保存了一片约 1 hm² 的优势群落，有 300～400 簇，每簇 5～9 株，具有很强的萌生能力。该群落面积较保护区建立以前的 20 世纪 80 年代 1 500 m² 有大幅度增加，目前该群落位于核心区内，生境得到了较好保护，物种呈现扩散趋势，种群数量正在增加。

在福建天宝岩保护区内分布了大面积的长苞铁杉（*Tsuga longibracteata*）林，其生境得到了较好保护，种群数量呈现增加趋势。同时，保护区围绕长苞铁杉开展了许多有价值的科学研究，如"长苞铁杉原始森林生态系统结构与功能的研究"、"长苞铁杉林群落'种子雨'的研究"、"长苞铁杉林群落林窗的研究"等，为更好地保护长苞铁杉林打下了坚实的科学基础。

（2）很多具有重要经济价值的珍稀濒危植物因生境破坏而大幅减少

保护区建立以后，保护区内自然资源得到了较好的保护，但是由于很多保护区内集体林面积比较大以及管理不得力，砍伐森林、开山修路的现象还存在，如在纳板河流域自然保护区内，随着近年来国际市场上天然橡胶价格的不断增长，大大刺激了保护区内橡胶种植面积的扩大。由于保护区对于实验区内的土地没有所有权，因此无法对其进行严格的管理，社区居民纷纷将自家的林地开垦为橡胶园和茶园等。根据资料统计，1991—2007 年，保护区内橡胶园面积增加了 960 多 hm²，茶园增加 480 多 hm²，累计增加了 1 440 多 hm²，增加的面积约占保护区总面积的 5.4%。

在长白山保护区，随着保护区旅游景点的开发，修建了大量的道路以及栈道，如上天池的道路、正在修建的环保护区的旅游道路，进入地下森林的栈道、温泉景点的道路及栈道。这些道路以及栈道的修建极大地破坏了周围的原始植被。随着温泉景点的开发，由于开发商以及保护区对珍稀濒危植物狭叶瓶尔小草（*Ophioglossum thermale*）的忽视，致使在开发过程中狭叶瓶尔小草的生境被严重破坏，且开发商以及保护区未对狭叶瓶尔小草进行迁地保护，从而导致狭叶瓶尔小草走上了灭绝的边缘。随着天池景点的进一步开发，以及旅游人数的逐年增加，天池道路周边的植被以及天池周围的高山苔原破坏相当严重。长白红景天（*Rhodiola angusta*）、牛皮杜鹃（*Rhododendron chrysanthum*）等高山苔原植物正在逐年减少。

保护区内许多野生植物为珍贵的药材和名贵的花卉，由于可获取较高的经济利益，人们便无节制地采收，严重地破坏了野生生物资源，导致生物物种极度濒危。如在金寨天马保护区曾经有较多的野生天麻、竹节三七（*Panax japonicus*）和独花兰（*Changnienia amoena*），但在 20 世纪 90 年代，人为炒作野生天麻的药用功效，以及大量收购兰科植物，导致社区居民疯狂采集，见一株就采一株，目前区内野生天麻和竹节三七已经几乎绝迹，在本次实地调查中，未发现野生天麻的踪迹，仅看见一株竹节三七。独花兰也近乎绝迹，调查中也未发现，其他兰科植物也相对少了很多。长白山保护区内有许多珍贵的药材，如野生人参（*Panax ginseng*）和草苁蓉（*Orobanche caerulescens*）等，由于它们巨大的经济价值，在利益驱使下，大量人员进入保护区内采集野生人参，不仅导致植物资源受到严重破坏，目前野生人参在保护区范围内已经绝迹。草苁蓉等其他一些重要的药用植物也由于过度采集，已经到了灭绝的边缘。本次实地调查中，也未发现野生人参和草苁蓉植株。

2.2.3.3 保护区内重点保护野生植物面临的主要威胁因素

长期的人类活动对我国自然环境产生了巨大的影响，生态环境也受到了严重的破坏，如人类改造自然的活动造成生境碎化、退化和恶化、环境污染、自然资源过度开发利用等，使生存于自然保护区内的国家重点保护物种受到了很多因素的威胁（图 2-7），主要表现在：

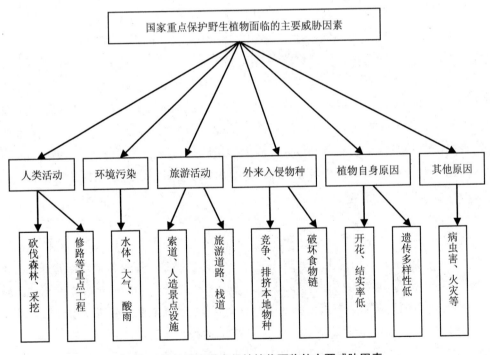

图 2-7　保护区内重点保护植物面临的主要威胁因素

（1）旅游开发等建设项目成为当前保护区国家重点保护植物的最主要威胁

近年来，随着人们物质生活水平的不断提高，人们对于精神以及娱乐方面的要求也越来越高，全国各地的生态旅游发展迅速，很多自然保护区由于受经济利益驱使，纷纷打着生态旅游的旗号在保护区内开展旅游开发活动，并修建了大量的旅游道路和设施。在所调查的保护区当中，除了纳板河流域自然保护区没有进行旅游开发外，其余 4 个保护区均有不同程度的旅游开发，其中，长白山保护区的旅游开发程度最大，其次是金寨天马保护区。

在长白山保护区，随着保护区内旅游开发的进一步加强，修建了大量的道路以及栈道，如上天池的道路、正在修建的环保护区的旅游道路，进入地下森林的栈道、温泉景点的道路及栈道。这些道路以及栈道的修建极大地破坏了保护区内的森林植被，以及国家重点保护及珍稀濒危植物。

金寨天马保护区在旅游开发的过程中大量修筑索道、游客接待中心等人工旅游设施，有的旅游设施或旅游路线就设置在生物多样性最为丰富的核心区和缓冲区内，对保护区内原始森林植被造成了严重破坏。对保护区内的国家重点保护物种的生存繁衍活动造成了很大的干扰和威胁。

福建天宝岩和浙江凤阳山—百山祖保护区也进行了一定程度的旅游开发。天宝岩保护区把龙头至沟墩坪沿南溪一线区域划为科普宣教基地的同时，也成立了自己独立的旅游公司，对该区域进行了旅游开发。由于龙头至沟墩坪沿南溪一线区域自然条件比较优越，该区域内分布的国家重点保护植物较多，有伯乐树、南方红豆杉、香樟、山豆根等，特别在天歌溪至沟墩坪的沟谷两边有南方红豆杉的大量分布，已经形成了稳定的群落。同样，浙江凤阳山—百山祖保护区凤阳湖水口的自然条件十分优越，分布的国家重点保护植物种类较多，有红豆杉、白豆杉和福建柏，同时，该区域由于具有良好的自然景观资源，也发展了旅游开发活动。游客活动必然会对这些区域内重点保护植物的就地保护造成影响和威胁，需引起高度的重视。

（2）保护区社区对植物资源的过度利用严重干扰国家重点保护植物的生境

实地调查发现，由于当前社区居民对于野生植物保护意识的薄弱，加之目前国内从国家到地方尚未出台非保护野生植物的保护管理规定，导致一些地方普遍存在对于野生植物资源无序利用和过度利用的现象。如调查中发现，在长白山保护区内有许多居民开车进去采集野生食用植物、药用植物等。其中野生食用植物包括笃斯越橘、毛榛子等野果，野生药用植物包括刺五加、林荫千里光等。由于大量人员进入保护区，对原始植被产生了一定的破坏性影响，从而严重干扰了重点保护植物的生境。此外，受经济利益驱动，自 20 世纪 90 年代以来，每到松子丰收时节，就有数万人非法进入长白山保护区采摘国家 II 级重点保护植物红松的球果，引发"松子大战"。一些红松甚至被"砍头"、"腰折"、"断臂"、"折肢"。仅过去几年中，百年以上红松树遭此劫难的就达数百棵。特别是松子被大量掠走，导致红松的自然繁殖受阻，红松的幼树及更新苗比较少，年龄结构逐渐趋不合理。同时导致一些动物由于食物缺乏而无法生存，既破坏当地生物多样性，又损害长白山森林生态系统健康。

在纳板河流域保护区，保护区内居住的少数民族居民世代形成了利用自然资源的习俗，其中采集野生植物资源一直是当地居民的主要经济活动之一。目前社区居民主要利用种类有龙竹笋、黄竹笋、多种野生蘑菇等。

以前社区居民采集野生植物资源主要用于自己食用或者药用，市场销售量很小，对于生态环境的影响也相对较小。但随着社会经济的持续发展，生活水平不断提高，居民的传统思想意识逐渐淡化，商业意识日益浓厚，因此，出现了一定数量专门从事商业采集的居民，对保护区内野生植物资源过度利用，超过了其自然更新的速度，破坏了生态系统的平衡和食物链结构，进而对保护区内的国家重点保护植物也造成了一定的威胁。

（3）竹林、橡胶林等人工经济林已成为国家重点保护植物的主要威胁

在所调查的5个自然保护区中，除了长白山保护区外，其余4个自然保护区实验区内均有社区居民生活，部分保护区的核心区和缓冲区内也均有居民进行生产活动。保护区内社会经济水平低，居民对区内自然资源依赖性强，为了生存而砍伐森林、开垦耕地，并大量种植橡胶、毛竹和茶等经济树种，对保护区内生态环境产生了很大程度的破坏和干扰，对国家重点保护植物的生存构成了较大的威胁。通过实地调查，发现纳板河流域自然保护区内自然植被破坏最为严重，水土流失也比较严重，破坏最小的是浙江凤阳山—百山祖保护区。

在纳板河流域自然保护区内，由于保护区对于实验区内的土地没有所有权，因为无法对其进行严格的管理，加之近年来国际市场上天然橡胶和茶叶价格的不断增长，大大提高了社区居民种植橡胶和茶树的积极性，导致社区居民纷纷将自家的林地开垦为橡胶园和茶园，使保护区内森林植被遭到了严重破坏，也导致了比较严重的水土流失。根据资料统计，1991—2007年，保护区内橡胶园面积增加了960多 hm^2，茶园增加480多 hm^2，累计增加了1 440多 hm^2，增加的面积约占保护区总面积的5.4%，也就是说，自保护区建立以后，保护区内占保护区总面积5.4%的原始林被砍伐和破坏，从而导致分布于这些区域内的国家重点保护植物遭到严重破坏和砍伐。此外，由于保护内分布有较多的龙竹和黄竹。每年7月初开始，当地一些民众就进入雨林采集竹笋，持续3个月左右，对国家重点保护植物也产生了一定的破坏。

在天宝岩自然保护区内分布有较大面积的毛竹林，由于社区居民从种植毛竹中可以获得良好的收益，导致毛竹林的面积呈日益扩大的趋势，这些毛竹林多数已经成为大面积的纯林，优势度大，竞争能力强，对原来生境中的本土植物，尤其是国家重点保护植物造成了严重的排挤，如在青水所旁边的香榧群落、在西洋管理所区域内的闽楠群落、在南后的南方红豆杉群落、在沟墩坪的伯乐树幼树苗群落等都已经被毛竹所包围。由于竹林的遮蔽，这些重点保护植物的生长状况较差，种群呈现退化趋势。调查中还发现，在保护区不同片区都有笋厂，尽管调查时的季节，这些笋厂都处于停工状态，但每年春节的采笋季节时，会有大量人员进入，就在保护区内采集竹笋，并砍伐树木作为煮笋的薪柴，并在保护区内晾晒笋干，这些人为活动都对区内的野生植物造成严重的干扰和威胁。

对保护区内森林植被保护较好的是浙江凤阳山—百山祖保护区，保护区为了减少社区居民对保护区内自然资源的过度利用和森林的砍伐，积极地采取了相应的补偿机制，努力协调社区发展和保护区资源保护的矛盾。保护区居民已经于2002年停止了对保护区内林

地的采伐，从而有效地保护了保护区内森林植被及国家重点保护植物的生境。

（4）国家重点保护植物相关法律法规不健全

由于历史原因，我国与自然保护相关的法律法规制定较晚，自然保护的法律体系还不完备，特别是与野生植物保护相关的法律法规的制定落实明显滞后。目前，野生植物保护方面法律法规相当不健全，我国尚无一部专门的野生植物保护法律，《野生植物保护条例》仅是一个纲领性的条例，相当不完备，且可操作性非常差，其中的不少条款已经过时，个别条款甚至成为保护的桎梏，致使保护工作难以开展。

由于《野生植物保护条例》的不完备，而《野生植物保护法》尚未制定，导致配套法规和地方性法规的制定与完善相当迟缓。一些地方性野生植物保护法规制定于《野生植物保护条例》之前，缺乏系统性。另一方面仍有一些地方政府尚未出台保护野生植物的实施办法。保护区在执法时常常找不到准确的执法依据，只能对一些违法行为的相关人员进行警告教育。

我国《刑法》总则第 14 条规定：明知自己的行为会发生危害社会的结果，并且希望或者放任这种结果发生，因而构成犯罪的，是故意犯罪。非法采伐、毁坏、收购、运输、加工、出售、走私国家重点保护植物及其制品的，也应以"明知"为构成犯罪的主观要件。但是在实际办案中行为人不知自己非法采伐、毁坏、收购、运输、加工、出售、走私的是国家重点保护植物及其制品，虽然在主观方面存在故意，客观方面也实施了非法采伐、毁坏、收购、运输、加工、出售、走私，并且达到法定数量标准或者严重情节的，是否应定罪量刑呢，法律没有明文规定。因此，与国家重点保护野生植物保护相关的法律法规亟待完善。

（5）无节制的野外实习和科学考察正成为国家重点保护植物的一个新威胁

在保护区实验区内进行野外教学实习和科学考察对弄清和利用保护区内自然资源具有非常重要的意义，但是由于最近几年，高校招生人数大幅增加，从而在部分保护区内进行野外教学实习和科学考察的人数也大大增加。本次调查的各个自然保护区均有不同程度的野外实习和考察。主要是保护区周边地区的一些高校，如长白山保护周边的延边大学、东北师范大学；天马保护区周边的皖西学院、淮南师范学院等；浙江凤阳山—百山祖保护周边的浙江师范大学、温州学院等，每年高强度的野外实习必然会对国家重点保护植物造成一定的破坏。

《中华人民共和国野生植物保护条例》规定禁止采集国家Ⅰ级保护野生植物，因科学研究、工人培育、文化交流等特殊需要，采集国家Ⅰ级保护野生植物的，必须经采集地的省、自治区、直辖市人民政府野生植物行政主管部门签署意见后，向国务院野生植物行政主管部门或者其授权的机构申请采集证。采集国家Ⅱ级保护野生植物的，必须经采集地的县级人民政府野生植物行政主管部门签署意见后，向省、自治区、直辖市人民政府野生植物行政主管部门或者其授权的机构申请采集证。但是，由于多数保护区管理不严，采集国家重点保护植物也就不需要上级审批并申请采集证了，只要和保护区搞好关系，便可以随意采集。同时，一些科研单位利用保护区疏于管理，以科研的名义采集或直接委托保护区职工代为采集植物资源，从而导致天麻、七叶一枝花（*Paris polyphylla* var. *chinensis*）、八角莲和部分石斛属（*Dendrobium*）植物等一些珍稀濒危植物种群数量严重下降，应受到有关部门的高度重视。

（6）外来入侵物种对国家重点保护植物的影响正在逐步增大

从调查的情况来看，5个保护区内均有不同程度的外来种的侵入。其中纳板河流域保护区内外来入侵种数量最多，根据统计，目前保护区内有分布的外来入侵植物种类共有30多种，主要分布在道路旁、荒地和林缘等阳光充足的地带。优势度最大的种类主要有紫茎泽兰（*Eupatorium adenophorum*）、飞机草（*Eupatorium odoratum*）、胜红蓟（*Ageratum conyzoides*）、肿柄菊（*Tithonia rotundifolia*）、含羞草（*Mimosa pudica*）等，这些种类广泛分布在保护区各个功能区内，在局部地区已经形成单一优势种群，对伴生的本土植物种类造成严重的排挤作用。外来入侵植物的扩散对保护区内国家重点保护植物已经造成了一定程度的影响和威胁，如大量的葛藤（*Pueraria lobata*）已经侵入到疣粒野生稻生境，对疣粒野生稻的生长构成了一定的威胁。

在天堂寨保护区和长白山保护区内分布的野大豆的生境已经受到小飞蓬（*Comnyza canadensis*）、一年蓬（*Erigeron annuus*）、鬼针草（*Bidens pilosa*）、月见草（*Oenothera erythrosepala*）等外来种的侵入，这些外来种侵占了野大豆的生存空间，严重阻碍了野大豆的扩散及种群数量的增加。

（7）环境污染对国家重点保护植物的影响不容忽视

近年来，随着我国经济的不断发展，全国生态环境质量也正在逐渐下降，自然环境受到了极大的污染。自然保护区内生态环境虽然没有受到严重的污染，但是，近年来一些保护区内的生态环境质量有下降趋势。旅游过程中的汽车尾气、保护区内居民的生活垃圾、保护区内及周边居民种植经济作物所用的农药、化肥等，都给保护区内植物资源以及重点保护植物的生境造成了一定程度的污染。如在长白山保护区，当地群众在保护区边上砍伐自然植被，进行人参的种植。而且将用过的农药瓶随处乱扔，严重污染了周边的环境，对重点保护植物的生长造成了一定的威胁。

由于最近几年，水体富营养化及重金属污染越来越严重，对许多水生的国家重点保护植物的生存造成了严重威胁。过去人们认为环境污染不会对国家重点保护植物产生较大威胁，现在环境污染对保护植物的破坏性影响已经到了不容忽视的地步，因此，需引起有关部门的高度重视。

（8）国家重点保护植物的科研力量极度薄弱

国家重点保护野生植物资源及其栖息地管理决策的科学化需要科学研究作为支撑，科学研究也是自然保护区保护和持续利用生物多样性的基础。实地调查发现，保护区内国家重点保护野生植物的保护事业还有许多地方不尽如人意，尤其是科研人员和专业管理人员严重缺乏，科学研究基础薄弱。仅有少数保护区与周边大学和科研院校进行合作，对保护区内少数国家重点保护植物开展了科学研究，但多数研究仅仅是对保护区植物资源进行调查或对保护植物所在群落的特征进行研究，很少从保护植物的生殖生物学和传粉生物学等方面来探讨它们的濒危机制。实地调查的 5 个保护区中多数保护区由于专业技术人才和资金的缺乏，对于区内国家重点保护植物的科学研究工作极少，仅纳板河流域保护区和凤阳山—百山祖保护区对保护区内少数几种受国内外普遍关注和经济价值较高的国家重点保护植物进行了迁地保护和人工繁殖。长白山保护区虽然设有长白山研究院，然而因为经费问题，科研活动几乎陷入停滞状态。仅有的科研项目也是将重点放在有经济价值的物种如野菜、食用菌、野生中药材的开发利用上面，对于一些看不到经济价值的国家重点保护植物毫无兴趣。甚至未对早就有报道在长白山有分布的国家 II 级重点保护野生植物对开蕨（*Phyllitis japonica*）开展详细的调查，听任其自生自灭，近些年由于长白山旅游的开发和管理不善，已很难见到对开蕨的踪迹。

（9）国家重点保护植物的详细本底调查与长期监测严重缺失

我国多数保护区由于各种原因，特别是由于专业技术人才和资金的缺乏，对保护区的综合科学考察深度不够，编制的报告中采用历史资料较多，加之少数自然保护区出于晋升级别的需要，有意识地在考察报告中保留了一些本区已消失的物种，致使国家重点保护植物资源的本底资料不实。几乎所有保护区在成立时缺乏对保护区内国家重点保护植物资源的认真调查，且保护区在成立后也没有摸清保护区内国家重点保护植物的分布状况。

课题组所调查的保护区当中，除了金寨天马保护区外，其余 4 个保护区都有自己的比较详细的科考报告，但几乎所有保护区的科考报告中涉及国家重点保护植物的科学研究工作都很少，科考报告中只有重点保护野生植物名录，很少有保护植物的种群数量及主要分布区域，多数保护区对保护区内国家重点保护野生植物资源本底不清，对许多保护种在保护区内的具体位置也不是很清楚，缺乏比较精确的卫星定位。课题组在纳板河流域保护区的实地调查中，发现了保护区内的新记录种——国家 II 级重点保护植物大戟科东京桐。在天宝岩保护区的实地调查中，发现了保护区科考报告的重点保护植物名录中没有记载的国家 II 级重点保护植物蝶形花科山豆根，此外，还发现被保护区挂牌保护的国家 II 级重点保护植物黑桫椤应该是莲座蕨科福建莲座蕨（*Angiopteris fokiensis*）。这些都说明，多数保护区在成立时，以及成立后都缺乏对保护区内国家重点保护植物详细的调查。更谈不上对保护区内的国家重点保护野生植物进行长期的生态监测。

课题组在项目实施的野外实地调查过程中发现，仅天宝岩保护区对保护内的一个位于天歌溪的南方红豆杉群落和一个位于龙头村的伯乐树群落进行了调查，并在群落旁边竖立了监测牌，从而做到定期监测。

（10）自然保护区管理和科普宣教工作相当薄弱

实地调查发现，5 个国家级自然保护区管理机构的级别差别很大，如长白山保护区的管理机构是长白山保护开发区管理委员会，是正厅级单位，而纳板河流域保护区和金寨天马保护区的管理机构仅仅是正科级单位。

虽然长白山保护开发区管理委员会是正厅级单位，但其工作重点是开发，长白山保护开发区管理委员会的经济运行实体长白山开发建设集团在开发建设中许多项目没有经过严格审批，保护区内和周边一些道路及旅游设施的建设也没有进行严格的环境评价，对保护区环境及国家重点保护植物产生了较大的破坏。且长白山保护区目前对于资源管护的宣传教育的力度相当不够，在保护区调查期间仅发现一块显示保护区边界的指示牌，没有任何标志保护区功能区划的标牌。

　　金寨天马保护区管理机构全称为安徽省天堂寨风景名胜区管理处，管理机构名称不规范，并且，该管理处现在已经与天堂寨镇合并，由镇领导兼任自然保护区领导。由于体制的不协调，保护区领导忙于政务，很难将精力投入到生态环境保护工作中来。同时由于缺乏保护意识，在重经济发展，轻保护的指导理念下，大力开发利用保护区的自然资源而忽视了对资源的保护工作，几乎很少对保护区内国家重点保护植物等自然资源进行定期的日常巡护。保护区管理处的职工多为原白马寨林场和马鬃岭林场的职工，学历层次较低，严重缺乏专业技术人员。金寨天马保护区内尽管也划分为核心区、缓冲区和实验区三大功能分区，但不同功能分区之间未设置界碑和标牌，实际无法实现分区管理，游客可以随意出入核心区和缓冲区。此外，由于社区居民长期在山区生活，靠山吃山的传统生活习俗以及落后的利用资源的方式根深蒂固。群众对自然保护管理容易产生抵触情绪，对于森林防火及野生动植物保护的宣传置若罔闻，法律意识淡薄，无保护观念，保护区也未针对这些突出问题加强宣传教育工作，导致一直没有提高社区居民的生态保护意识。

　　福建天宝岩、云南纳板河流域、浙江凤阳山—百山祖保护区虽然有比较完备的保护区界桩、界碑和办公基础设施。但对于保护区内国家重点保护植物的宣传力度还不够，社区居民对保护区内多数保护植物缺乏认识，且主动保护的意识比较薄弱。如在天宝岩保护区调查期间发现，社区居民对位于自家房前屋后风水林内的国家重点保护植物几乎都不认识，更不用说对这些重点保护植物进行积极主动的保护。

　　（11）保护区植物分类人才极为缺乏

　　实地调查发现，我国国家级自然保护区由于管理人员有限，特别缺乏生物学、生态学等专业技术人才，尤其是精通动植物分类的人才紧缺，这也是自然保护区在开展物种资源本底调查，以及物种长期监测工作时无法回避的"瓶颈"问题。

　　由于缺乏分类学人才，自然保护区通常只能委托相关科研院所代为开展物种资源本底调查，由于外来单位的人员无法长期在保护区内，只能采取集中调查的方式，因此很难查清楚保护区内的动植物本底状况。保护区日常巡护工作中，由于不认识国家重点保护野生植物，因此也无法对保护区内国家重点保护植物的种群数量、物候期、结实率、扩散情况等资料进行科学的记录。这些严重影响了保护区对于国家重点保护植物的保护效果。

　　（12）其他原因

　　保护区内部分国家重点保护植物还受其他原因的影响和破坏。如虫害、雪灾、火灾、泥石流、地震等人力不可抗拒的自然灾害等，都可能会对原本种群数量极少的国家保护种类造成毁灭性影响和破坏。如在天马保护区内分布的银缕梅受虫害比较严重，现场发现很多银缕梅叶片都受到虫害影响，严重影响了银缕梅的自然更新和繁殖。

2.2.3.4 自然保护区建设及对国家重点保护植物采取的保护措施

保护区建立后部分保护区已经对国家重点保护植物采取了积极的保护措施，如科教宣传和挂牌保护、迁地保护、进行人工育种和繁殖、建立标本馆对种质资源进行保存等措施。

（1）部分保护区机构人员健全、基础设施完善、保护工作有序

部分保护区机构人员健全、基础设施完善，并已经建立严格的巡护制度对国家重点保护物种进行有效管护。如纳板河流域保护区、凤阳山—百山祖保护区、天宝岩保护区等保护区的机构设置与人员配置十分健全，基础设施建设较为完善，建立了完备的保护区界桩、界碑，办公基础设施、办公设备和交通通讯工具可有效开展各种资源保护活动。保护区范围内设有一定数量的保护站，配备专职管理人员长期驻守，同时为了调动区内社区居民的参与，保护站还在保护区社区内的村庄里聘用了护林员，协助保护区开展资源管护、护林防火、政策法规宣传等基础工作。这些保护区已经建立了覆盖全区的资源保护网络结构体系，形成了健全的资源巡护制度，定期对保护区内各片区进行巡护。有的保护区还设有防火瞭望台在火灾高发期可以对保护区内林地进行有效观察和监控，有效地预防大的火灾发生。凤阳山—百山祖保护区还建立了护林联防组织，并组建了准专业扑火队。

（2）科教宣传和挂牌保护

部分保护区已经积极开展科教宣传活动，在保护区内的行政村以及毗邻的行政村，保护区利用张贴标语、宣传牌等多种形式开展资源保护和森林防火的宣传教育。如天宝岩保护区把龙头至沟墩坪沿南溪一线区域划为科普宣教基地，对科普宣教基地内的一些重点保护植物和本土树种进行了挂牌宣传和保护。在纳板河流域保护区内，许多国家重点保护植物也已经被挂牌宣传和保护。此外，凤阳山—百山祖保护区和天宝岩保护区均已经建立生物物种标本馆，标本馆馆藏有植物蜡叶标本、动物浸制标本等，还有不少国家重点保护及珍稀濒危的动植物标本，这些直观的动植物标本可以进一步促进科普宣教活动的生动开展。有的保护区已经建立了独立的网站，并不定期对内容和信息进行更新，通过网络交流和信息共享不仅进一步扩大了保护区的知名度，也进一步促进了科普宣教活动的开展，提高社会社区居民对于国家重点保护植物的认识和了解，并建立起自觉保护的意识。

（3）迁地保护

对于野生植物保护而言，迁地保护是仅次于就地保护的一种有效保护措施。凤阳山—百山祖保护区和纳板河保护区已经积极对国家重点保护植物进行迁地保护的工作，并建立迁地保护基地，对一些国家重点保护植物进行迁地保护。如凤阳山—百山祖保护区的迁地保护基地已经引种了百山祖冷杉、红豆杉、福建柏、白豆杉、厚朴等 4 种国家重点保护植物。纳板河保护区内的迁地保护基地已经引种了合果木、篦齿苏铁等国家重点保护植物。

（4）加强科学研究

部分保护区积极与周边大学和科研院校进行科研合作，并且已经获得了一定的科研成果。但多数研究仅仅是对保护区植物资源进行调查或对保护植物所在群落的特征进行研究，很少从保护植物的生殖生物学和传粉生物学等方面来探讨它们的濒危机制。在所调查的保护区当中，凤阳山—百山祖保护区和纳板河保护区已经积极对国家重点保护植物进行人工育种和繁殖工作，并建立了繁殖基地。纳板河保护区在纳板村建立了一个小型的国家重点保护植物繁育基地，基地占地面积约 2 亩左右。保护区科研人员在缺乏经费支持的情况下，克服艰苦条件，通过不断的实践摸索，目前成功培育出一大批珍稀濒危植物的幼苗，主要包括土沉香、大叶木兰、红椿、黑黄檀，培育的幼树和幼苗长势都很好。凤阳山—百山祖保护区针对世界级濒危物种——百山祖冷杉，开展了一系列的基础科学研究工作。采取了多种手段对百山祖冷杉进行繁殖，如种了繁殖、嫁接等。目前，保护区在其繁殖基地内种植有前年繁殖的 900 株左右的百山祖冷杉小苗，以及移植了 15 株百山祖冷杉实生苗，这些幼树和小苗生长状况良好。此外，保护区利用日本冷杉作为砧木嫁接的第一批百山祖冷杉生长状况良好，现存 8 株，多数正在结实。

（5）部分保护区积极搞好与保护区内及周边社区的关系

由于保护区的建立，给保护区内及周边社区居民利用资源带来了诸多限制，凤阳山—百山祖保护区及地方政府针对这一情况，加大了对保护区的资金投入，积极地给予相应的生态补偿，协调社区发展和保护区资源保护的矛盾。为了减少对原始林的破坏，政府每年对保护区内核心区和缓冲区的补助为 375 元/ hm^2，对实验区的补助为 300 元/ hm^2，林农已经于 2002 年停止对保护区内林地进行采伐。天宝岩保护区管理局在经费紧张的条件下，拨出资金支持社区村道路硬化及汀海村、张坊村村容村貌整治建设；鼓励和支持社区村建设沼气池，在改善村民生产生活条件的同时，保护区管护与居民生产生活矛盾得以缓和。在天宝岩保护区，保护区与当地政府及毗邻乡村等单位组成了一个联合保护管理组织，这个组织主要协调保护与发展之间的相关事宜，重点工作放在实验区，让社区积极参与到保护行动中来。在管理处的引导下，社区建立自助组织，实现社区共管。通过社区共管建设，大大缓解了社区和保护区资源保护的矛盾，对于区内国家重点保护植物的就地保护也具有重要意义。

2.3 国家重点保护野生植物就地保护成效分析

2.3.1 自然保护区内重点保护野生植物的分布特征

通过对 5 个自然保护区内国家重点保护植物的野外实地调查，发现区内的国家重点保护植物具有一定的分布特点，主要表现在以下几个方面：

（1）国家重点保护植物的就地保护成效喜忧参半

自然保护区的建立，使保护区内自然资源的开发和利用受到了非常严格的限制。保护区内多数保护植物的生境明显好转，部分保护植物的种群得到恢复和繁衍。调查结果表明，管理措施得力以及没有进行旅游开发或少量开发的自然保护区与疏于管理以及较大规模旅游开发的自然保护区相比，对保护区内重点保护植物等自然资源的保护成效更为显著。如凤阳山—百山祖国家级自然保护区对国家重点保护植物等自然资源的保护成效明显好于长白山国家级自然保护区。

保护区内受国内外普遍关注或极度濒危，以及经济价值比较大的保护种往往容易引起自然保护区的重视，并采取了相应的管理措施，以保护和恢复这些保护种的野生种群，因而效果也比较明显。随着保护的建立，部分保护区不仅对保护植物进行了积极的就地保护，还采取了迁地保护和人工繁殖等措施来扩大重点保护植物的种群数量，如天宝岩保护区内的南方红豆杉、纳板河流域保护区内的黑黄檀、凤阳山—百山祖保护区的福建柏等国家重点保护植物的野生种群数量较保护区建立以前有所增加，野生种群呈现较好的发展趋势。凤阳山—百山祖保护区内的百山祖冷杉的野生种群数量虽然有所下降，但保护区已经嫁接了一批百山祖冷杉，并繁育了约 900 株百山祖冷杉的小苗和迁地保护了 15 株百山祖冷杉的实生苗。

但是，多数保护植物的野生种群尚处于衰退状态，种群数量仍呈现下降趋势。许多国家重点保护植物受自身遗传基因的影响，都有不同程度的脆弱性和局限性，主要表现为生殖繁衍能力弱、对生态环境要求严格，只适应于一定范围和特定的生态环境，和其他本土种竞争生存空间的能力弱等。所以，对这些重点保护植物的生境进行了有效的保护并不等同于对该保护种进行了有效保护，该保护种由于自身原因，在自然生境内还将处于劣势，野生种群还是处于衰退状态。同时，许多重点保护植物的野生种群还存在一定程度的人为干扰和破坏，在这些自然因素、物种自身因素和人为因素的共同作用下，许多保护植物的野生种群数量仍呈现下降的趋势。如篦齿苏铁、宽叶苏铁、刺桫椤、合果木、银缕梅、巴山榧、长白松、红松、华东黄杉、红豆杉等。

（2）多数重点保护植物在保护区内的分布范围极度狭窄、数量极少

国家重点保护野生植物名录中收录的许多保护种的野生种群数量极其稀少，分布范围极度狭窄，原产地野生仅存 1～10 株的木本植物有普陀鹅耳枥、百山祖冷杉、绒毛皂荚（*Gleditsia japonica* var. *velutina*）、丹霞梧桐（*Firmiana danxiaensis*）、广西火桐（*Erythropsis kwangsiensis*）、羊角槭（*Acer yangjuechi*）、云南蓝果树（*Nyssa yunnanensis*）、猪血木（*Euryodendron excelsum*）、天目铁木、华盖木（*Manglietiastrum sinicum*）、滇桐（*Craigia yunnanensis*）、膝柄木（*Bheco sinensis*）等 12 种。有些保护种可能已经野外绝灭，如苏铁（*Cycas revoluta*）、光叶蕨（*Cystoathyrium chinense*）、单叶贯众（*Cyrtomium hemionitis*）等。

尽管课题组在 5 个典型国家级自然保护区内进行了仔细的调查，但由于国家重点保护植物野生数量十分稀少，实地发现的保护植物的植株数量较少，分布范围极度狭窄，如百

山祖冷杉仅有 3 株、东北红豆杉仅 1 株、华东黄杉仅 6 株、凹叶厚朴仅 3 株、香榧仅 8 株等，1～10 株分布的保护植物有 17 种，占总数的 40%；11～100 株的保护植物有 20 种，占总数的 42.3%；101～500 株的保护植物有 9 种，占总数的 17.7%，详见表 2-6。

表 2-6　保护区内实地调查发现的国家重点保护植物的分布数量

株数	国家重点保护植物	种数/个		
		合计	I	II
1～10	百山祖冷杉、东北红豆杉、华东黄杉、香榧、刺桫椤、苏铁一种、篦齿苏铁、长白松、东京桐、半枫荷、毛红椿、云南肉豆蔻、香樟、凹叶厚朴、合果木、滇南风吹楠、红椿	17	4	13
11～100	银缕梅、伯乐树、红豆杉、宽叶苏铁、连香树、巴山榧、榉树、水曲柳、白豆杉、蛛网萼、疣粒野生稻、闽楠、山豆根、金荞麦、勐仑翅子树、土沉香、水曲柳、大叶木兰、黄檗、千果榄仁	20	4	16
>100	南方红豆杉、金毛狗、福建柏、香果树、鹅掌楸、红松、紫椴、黑黄檀、野大豆	9	1	8

（3）大多数国家重点保护植物分布于人迹罕至的自然生境中，但有少数保护植物生长于适度人为干扰区域

实地调查发现，保护区内多数国家重点保护植物的自然生境比较偏僻，几乎很少有人涉足，保护区建立后这些重点保护植物的生境受人为干扰较少，没有受到人为破坏，得到了较好保护，如鹅掌楸、连香树、白豆杉等多数国家重点保护植物的生境。但也有少数国家重点保护植物适宜于生长在有适度人为干扰的生境内，如野大豆等。野大豆喜欢生长于有适度人为干扰的道路边、荒废的田地及林缘等比较空旷的区域，在林下几乎没有分布。此外还有一些国家重点保护植物位于风水林等受人为干扰比较频繁的生境内，如天宝岩保护区内位于风水林内的闽楠、香榧、福建柏等国家重点保护植物。

对这些喜欢生长在适度人为干扰及人为干扰比较频繁的生境内的国家重点保护植物，保护区需尽早采取措施对它们进行有效的就地保护。特别是要引起对野大豆的足够重视，因为最近几年，随着保护区旅游开发等建设项目的实施，以及社区经济的进一步发展，野大豆的许多原始生境遭到了严重破坏，其种群数量正在逐渐减少。

（4）多数国家重点保护植物遗传多样性低，自然更新困难

许多国家重点保护植物受自身遗传基因的影响，都有不同程度的脆弱性和局限性，一般表现为在生殖繁衍能力弱、种群发展缓慢、对生态环境要求严格，只适应于一定范围和特定的生态环境。如在凤阳山—百山祖保护区内的百山祖冷杉野生植株仅存三株，且开花结实率极低，种群极度退化，在保护区内分布的福建柏、红豆杉、白豆杉等国家重点保护植物的幼苗由于受到的光照不足，成活率较低，严重影响了这些保护植物的自然更新。在纳板河流域保护区内分布的篦齿苏铁、宽叶苏铁等在自然状态下生长状况较差，繁殖能力很弱，还存在一些植株自然腐烂现象，种群数量正在减少。在天马保护区内分布的连香树，

虽然尚能大量结实，但种子自然散布能力较弱，自然萌发率极低，使得实生苗和幼树十分稀少，种群衰退迹象明显。在天宝岩保护区内分布的山豆根，由于传粉效率和种子萌发力都比较低，再加上其生长缓慢，严重制约了种群的扩大。

（5）国家重点保护植物种数与地理纬度呈负相关关系

通过对 5 个典型自然保护区内国家重点保护植物的实地调查，结果发现，纬度较高的自然保护区内国家重点保护植物种数较少，保护区内保护的国家重点保护植物种数与保护区面积也不成正比。纳板河流域保护区内发现的国家重点保护植物最多，有 18 种，是长白山保护区的 2.5 倍，但纳板河保护区的面积只有长白山保护区面积的 13.3%。说明国家重点保护植物的水平地理分布极不均匀，主要分布于西南地区，随着纬度升高，保护植物的种数呈现下降趋势。

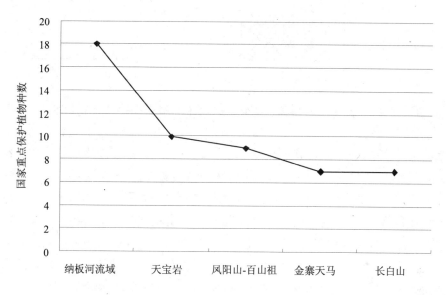

图 2-8　随纬度升高不同典型保护区内国家重点保护植物种数

（6）国家重点保护植物中木本植物多，草本植物少

通过查阅相关文献资料，课题组初步统计出国家重点保护野生植物名录中记载的 306 种保护植物中有木本植物 222 种，占总数的 72.54%，其中乔木 203 种，灌木 15 种，竹类 1 种，木质藤本 3 种；草本植物 81 种，占总数的 26.47%；低等植物 3 种（即蓝藻 1 种、真菌 2 种），占总数的 0.99%。此次实地调查发现的 46 种国家重点保护植物当中，有木本植物 42 种，占总数的 91.3%，其中乔木 40 种，灌木 2 种；草本植物 4 种，仅占总数的 8.7%。实地调查发现的木本类保护植物占名录中记载的木本类保护植物总数的 18.9%，而草本类保护植物仅占名录中记载的草本类保护植物总数的 4.9%。

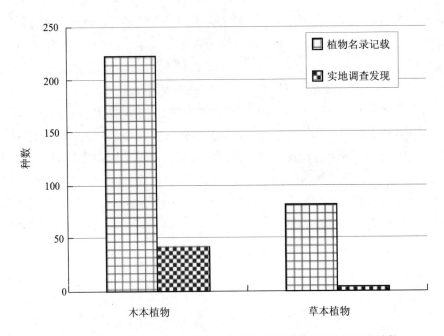

图 2-9　植物名录记载和实地调查发现的保护植物不同生活型的种数

　　调查发现，草本类保护植物很少受到保护区的重视，但由于草本植物因为生活史短，生境易于受到破坏，且近十几年，作为草本植物的名贵观赏花卉和药材的需求量逐年增加，名贵花卉和药材带来的巨额利润，致使许多人盗采野生花卉和药用植物资源，谋取暴利，有的野生花卉和药用植物正濒临灭绝，而多数作为名贵花卉和药用植物的草本植物没有列入《国家重点保护野生植物名录（第一批）》，如在金寨天马保护区内分布的野生天麻、竹节三七和独花兰等，在长白山保护区内分布的野生人参、草苁蓉等，这些珍贵的药材和名贵的花卉都遭到了过度采集，已经到了灭绝的边缘，需要引起足够重视。

　　（7）国家重点保护植物中陆生植物多，水生植物少

　　经过初步统计，306 种国家重点保护野生植物中有陆生植物 286 种，占总数的 93.5%；水生植物仅 19 种，占总数的 6.5%。课题组在野外实地调查发现的 46 种保护植物中，陆生植物有 45 种，占总数的 97.8%；水生植物仅 1 种，占总数的 2.2%。随着我国经济的进一步发展，环境污染也越来越严重，特别是水体污染。由于水体污染和湿地资源的严重破坏，导致许多生长于湿地内的水生植物遭到了严重破坏，有的物种数量越来越少，如中华水韭、普通野生稻等保护植物的生境遭到了严重破坏，野生种群数量正急剧下降，需引起高度重视。

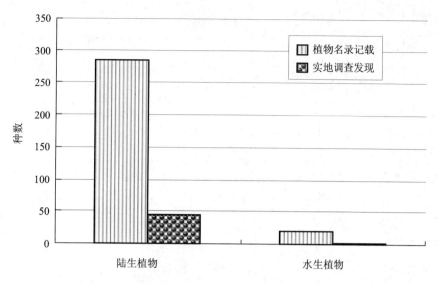

图2-10　植物名录记载和实地调查发现的保护植物中陆生和水生植物的种数

2.3.2 百山祖冷杉等10种国家重点保护植物野生种群变化动态分析

（1）百山祖冷杉（*Abies beshanzuensis*）

百山祖冷杉是松科冷杉属常绿乔木，系近年来在我国东部中亚热带首次发现的冷杉属植物，1987年2月国际物种保护委员会（SSC）将百山祖冷杉列为世界最濒危的12种植物之一，1999年被列为国家Ⅰ级重点保护植物。

百山祖冷杉在20世纪70年代发现时共有8株，由于各种原因，在凤阳山—百山祖自然保护区成立以前已经死亡3株，保护区建立以后，又死亡2株，现在野生的百山祖冷杉在保护区内仅存3株，其中两株在一起，两处相距仅200 m，生境范围已经极度狭窄。

在3株成年植株中，有两株生长状况很差，枯枝现象比较严重，且在树干上已经生长了很多苔藓植物。我们对在一起的两株百山祖冷杉生境进行了详细的样方调查，详细记录了百山祖冷杉自然生境中伴生植物种类等数据。两株冷杉中，一株的树高和胸径分别是13 m和22 cm，另一株的树高和胸径分别为12 m和34 cm。

调查还发现，百山祖冷杉自然结实率极低，成年植株周围未发现幼树及更新苗，伴生植物主要有亮叶水青冈（*Fagus lucida*）、多脉青冈（*Cyclobalanopsis multinervis*）、四川山矾（*Symplocos setchuensis*）、小蜡树（*Ligustrum sinense*）、尖萼紫茎（*Stewartia acutisepala*）、华箬竹（*Indocalamus sinicus*）、百山祖玉山竹（*Yushania baishanzuensis*）、蛇莓（*Duchesnea indica*）、苔草属（*Carex*）等，百山祖冷杉生境内灌木层主要有华箬竹、百山祖玉山竹，盖度高达80%，由于竹根在地下纵横密集生长，可能会严重阻碍百山祖冷杉种子的萌发及幼树的生长，同时也会对3株成年大树的生长造成影响，需要引起关注。

由于百山祖冷杉是世界级濒危物种，其生存状况受到国家有关部门高度关注，因此，保护区在建立以后，对百山祖冷杉采取了一系列保护措施，主要是通过对实生苗进行迁地保护，以及对百山祖冷杉进行种子繁殖和嫁接等手段来增加百山祖冷杉的植株数量。在 20 世纪 80 年代，保护区利用日本冷杉作为砧木嫁接了第一批百山祖冷杉，这些嫁接的百山祖冷杉现存 8 株，平均树高和胸径分别约为 7 m 和 17 cm，生长状况良好，正在结实。同时，保护区已经建立百山祖冷杉的人工繁殖迁地保护基地，目前基地内种植有前年繁殖的 900 株左右的百山祖冷杉小苗，以及移植了 15 株百山祖冷杉实生苗，这些幼树和小苗生长状况良好。

因此，虽然百山祖冷杉的野生植物数量在保护区建立后有所减少，但保护区已经积极地采取了一系列的保护措施来扩大百山祖冷杉的种群数量，并取得了显著的成效，目前最大的问题是将这些人工繁殖的百山祖冷杉回归到自然生境内，从而有效扩大百山祖冷杉的野生种群数量。

实地拍摄的百山祖冷杉及其生境见照片 2-1 和照片 2-2。

照片 2-1　百山祖冷杉　　　　　　　　　　照片 2-2　百山祖冷杉生境

（2）银缕梅（*Shanioderdmn subaegalum*）

银缕梅是金缕梅科银缕梅属落叶小乔木，该种填补了我国金缕梅科弗特吉族的空白，从而使我国成为世界上唯一具备金缕梅科所有亚科和族的地区，对于研究金缕梅科乃至金缕梅亚纲的系统发育有重要意义。目前野生种群数量十分稀少，被列为国家Ⅰ级重点保护植物。

通过对金寨天马保护区的实地调查发现，银缕梅仅在保护区后河的东边河岸有少量分布，野生种群总共仅有 20 株左右，我们对该区域进行了详细调查，没有发现银缕梅实生苗，其幼树的个体也很少，年龄结构极不合理，加之银缕梅的自我更新和繁殖能力较差，而且银缕梅受虫害比较严重，现场发现很多银缕梅叶片都受到虫害影响，叶片上形成了较多虫瘿。银缕梅种群的延续已经处于极度濒危的状态。调查发现，主要伴生种类有一叶荻（*Securinega suffruticosa*）、春花胡枝子（*Lespedeza dunnii*）、野漆树（*Toxicodendron succedaneum*）、水杨梅（*Geum aleppicum*）、柘树（*Cudrania tricuspidata*）、米面蓊（*Buckleya lanceolate*）、小构树（*Broussonetia kazinoki*）、苦竹（*Pleioblastus amarus*）、映山红（*Rhododendron simsii*）、短柄枹（*Quercus glandulifera* var. *brevipetiolata*）、五节芒（*Miscanthus floridulus*）、三脉紫菀（*Aster ageratoides*）、荩草（*Arthraxon hispidus*）、疏头过路黄（*Lysimachia pseudohenryi*）、蛇莓（*Duchesnea indica*）、汉防己（*Stephania tetrandra*）等，优势种为一叶荻、苦竹、短柄枹等。

银缕梅原生状态应为小乔木，但由于其生境位于保护区实验区的后河河岸边，该区域植被曾经遭到严重破坏，原始植被已经荡然无存，且社区居民经常对该区域植被进行砍伐而获得薪柴，因此，分布于该区域的银缕梅也受到了严重砍伐，目前残存的银缕梅植株几乎都呈灌木状，银缕梅的平均高度和胸径分别约为 3.5 m 和 3.9 cm，实地调查中发现了银缕梅有明显的被盗挖和砍伐的痕迹。通过对保护区管理人员的座谈了解到，近年来不断有人进入保护区收购银缕梅的伐桩和树根，用于制作盆景出售，导致盗挖情况十分严重，使得银缕梅种群数量越来越少。但是，保护区尚未采取任何措施来拯救该保护种，需引起有关部门高度重视。

实地拍摄的银缕梅及其生境见照片 2-3 和照片 2-4。

照片 2-3 银缕梅

照片 2-4 银缕梅群落

（3）东北红豆杉（*Taxus cuspidata*）

东北红豆杉是红豆杉科红豆杉属的一种高大常绿乔木，主要分布于中国东北、日本、朝鲜、俄罗斯（阿穆尔州、库页岛等）等东北亚地区，目前野生数量极其稀少，被列为国家Ⅰ级重点保护野生植物。

根据长白山保护区管理人员介绍以及原始资料记载，东北红豆杉曾经广泛散生于针阔混交林内腐殖质较厚的地带，数量较多，但由于东北红豆杉的树皮可以提取紫杉醇，且被炒作有巨大的药用价值，导致人为滥砍砍伐比较严重，种群数量急剧下降，现在已经非常罕见，仅存的植株分布在人迹罕至的密林深处。课题组在4天的实地调查中，仅在保护区西北片区密林中发现一株成年东北红豆杉大树。该植株高约13 m，胸径约60 cm，生长状态良好，目前正在结实期，很多未成熟的种子挂在枝头，但在样地周边未发现幼苗，说明在自然生境下，东北红豆杉的自然种子发芽率和成活率都不高，可能也是导致其成为珍稀濒危物种的原因之一。

调查发现，伴生植物主要有红松（*Pinus koraiensis*）、紫椴（*Tilia amurensis*）、花楷槭（*Acer ukurunduense*）、刺五加（*Acanthopanax senticosus*）、葛枣猕猴桃（*Actinidia polygama*）、山茄子（*Brachybotrys paridiformis*）、耳叶蟹甲草（*Parasenecio auriculatus*）等。目前东北红豆杉在长白山自然保护区内分布已经严重片段化和破碎化，种群数量极少，濒临灭绝，但保护区尚未采取任何人工繁育等措施来扩大该保护种的种群数量，听任东北红豆杉在保护区内自生自灭。因此，要保护好这一东北地区特有的珍稀濒危野生植物，必须采取有力的保护措施，才能有效保护好这一古老物种。

实地拍摄的东北红豆杉及其生境见照片2-5和照片2-6。

照片2-5　东北红豆杉

照片2-6　东北红豆杉生境

（4）南方红豆杉（*Taxus chinensis* var. *mairei*）

南方红豆杉是红豆杉科红豆杉属常绿乔木，为我国特有的第三纪孑遗植物，被称为植物王国里的"活化石"，在其分布区内呈星散分布，种群数量稀少，被列为国家Ⅰ级重点保护植物。

通过对天宝岩保护区的实地调查，发现保护区内南方红豆杉在山谷、溪边等腐殖质较多的地方有分布，在一些竹林内也有散生。例如，在沟墩坪至天歌溪的沟谷中有集中分布，沟谷位于阴坡，阴暗潮湿，平均盖度大于 90%。在天歌溪有南方红豆杉较大的集中分布区，在长约 300 m 的沟谷两侧共有 50 株南方红豆杉组成的群落，平均树高和胸径分别为 6.5 m 和 7 cm，群落面积约 1 hm²。主要伴生乔木种有拟赤杨（*Alniphyllum fortunei*）、树参（*Dendropanax dentiger*）、红楠（*Machilus thunbergii*）、缺萼枫香（*Liquidambar acalycina*）、南酸枣（*Choerospondias axillaria*）、黄瑞木（*Adinandra millettii*）、石楠（*Photinia serrulata*）等；灌木有毛冬青（*Ilex pubescens*）、杜茎山（*Maesa japonica*）、朱砂根（*Ardisia crenata*）、刺毛杜鹃（*Rhododendron championae*）、格药柃（*Eurya muricata*）、乌药（*Lindera aggregata*）等；草本有淡竹叶（*Lophatherum gracile*）、胎生狗脊蕨（*Woodwardia prolifera*）、里白（*Hicriopteris glauca*）、寒莓（*Rubus buergeri*）、华东瘤足蕨（*Plagiogyria japonica*）、江南卷柏（*Selaginella moellendorffii*），优势种有拟赤杨、乌药、淡竹叶等。该群落位于核心区内，由于生境比较偏僻，人为活动很少，生境很少受到人为干扰，群落内南方红豆杉长势良好，部分树已经结实，灌木层南方红豆杉幼树和幼苗也较多。保护区在 2001 年曾对该区域的南方红豆杉群落进行了调查，并在群落旁边竖立了一个监测牌，那时群落内南方红豆杉植株平均高度和胸径为 6 m 和 6.2 cm，经过几年的生长，南方红豆杉植株有所长大，物种有扩散趋势，种群数量也有所增加。

调查组在实地调查过程中，在路上也看见了不少散生的南方红豆杉大树，其中有两处的南方红豆杉较大，一处植株高约 21 m，胸径约 100 cm，生长状况良好，在这株红豆杉周围还有两株较小的红豆杉，均已经结实。另一株大树高约 20 m，胸径约 1.26 m，有 500 年以上的树龄了，该株树生长状况良好，有少量结实。据保护区人员介绍，这株树和周边的柳杉大树都是作为风水树而保存下来的。

另外有不少南方红豆杉及其小群落散生于毛竹林内，在南后村调查时便发现一片位于沟谷内的南方红豆杉小群落，该群落已经被毛竹包围，生境内生物多样性较低。沟谷顶端也完全被毛竹林侵占，群落内残存 3 株南方红豆杉中树，平均树高和胸径分别为 7 m 和 10 cm，以及 4 株小树，还有 10 株左右的小苗，其中一株中树顶端已枯死，另外两棵结实率也很低。该南方红豆杉群落所在的沟谷正好被当地群众用于砍伐毛竹的滑道，由于受人为干扰和破坏比较大，种群呈现退化趋势，群落内南方红豆杉数量正在减少，需要加强对该区域的就地保护。此外还有一些散生在竹林内的南方红豆杉植株，这些南方红豆杉的处境非常不容乐观，保护区需尽早对这些散生在竹林内的南方红豆杉进行迁地保护或积极的就地保护，从而达到有效保护该保护种的目的。

实地拍摄的南方红豆杉及其生境见照片 2-7 和照片 2-8。

照片 2-7　南方红豆杉　　　　　　　　　照片 2-8　南方红豆杉生境

（5）伯乐树（*Bretschneidara sinensis*）

伯乐树是伯乐树科伯乐树属的落叶乔木，为我国特有的、古老的单种科植物和残遗种。它在研究被子植物的系统发育和古地理、古气候等方面都有重要科学价值，被列为国家Ⅰ级保护植物。

课题组在野外调查过程中，在天宝岩保护区内共发现有两处伯乐树群落，一处位于沟墩坪附近，该群落分布在一块砍伐毛竹后形成的较为平坦的林窗内和毛竹林内，经过仔细调查，在群落周围没有发现伯乐树大树，仅发现 25 株幼树和更新苗，平均株高约 60 cm，分布面积约 400 m²，主要伴生种有毛竹（*Phyllostachys edulis*）、缺萼枫香、樟叶荚蒾（*Viburnum cinnamomifolium*）、东方古柯（*Erythroxylum dunthianum*）、肥肉草（*Fordiophyton fordii*）、苦竹（*Sinobambusa tootsik*）、乌药、东南悬钩子（*Rubus tsangorum*）、黄连木（*Pistacia chinensis*）、黄檀（*Dalbergia hupeana*）、金毛耳草（*Hedyotis chrysotricha*）、求米草（*Oplismenus undulatifolius*）、荩草（*Arthraxon hispidus*）、狗脊蕨（*Woodwardia japonica*）、寒莓、淡竹叶（*Lophatherum gracile*）、赤车（*Pellionia radicans*）、珍珠菜（*Lysimachia clethroides*）、苔草属（*Carex*）等，优势种有毛竹、东南悬钩子等。据资料记载，在该区域曾经有伯乐树的大树存在，但由于毛竹的侵入，以及人为的破坏，伯乐树大树已经非常罕见了。该伯乐树群落的年龄结构极不合理，虽然有 20 株幼树和幼苗，但由于位于竹林内，且生境受人为干扰比较大，如不采取有效的措施，该伯乐树群落将永久消失。

另一处位于南溪旁边，该群落主要沿南溪溪边分布，伯乐树主要散生于常绿落叶阔叶混交林中，面积约 2 500 m²，有 40 多株，平均树高和胸径分别为 6 m 和 5.5 cm，植株高度和胸径比较一致，没有发现大树。我们在该群落内设置了 10 m×10 m 的样方，详细记录了伯乐树自然生境中伴生植物种类等数据。调查发现，主要伴生种有拟赤杨、深山含笑（*Michelia maudiae*）、东南山茶（*Camellia editha*）、南酸枣、南方红豆杉、笔罗子（*Meliosma rigida*)、钝齿冬青(*Ilex Crenata*)、酸藤子(*Embelia laeta*)、尖连蕊茶(*Camellia cuspidata*)、尾叶山茶(*Camellia caudata*)、阔叶箬竹(*Indocalamus latifolius*)、狗脊蕨、草珊瑚(*Sarcandra glabra*)、苔草(*Carex tristachya*)、流苏子(*Thysanospermum diffusum*)、五叶木通(*Akebia quinata*)、显齿蛇葡萄(*Ampelopsis grossedentata*)等,优势种有拟赤杨、南酸枣、东南山茶、阔叶箬竹等。保护区在 2002 年也曾组织专门调查,在附近也未发现母树,那时幼树平均树高和胸径分别只有 3.4 m 和 3.07 cm。由于该区域受人为影响较小,经过 6 年的生长,虽然伯乐树数量增加较少,但是平均树高和胸径都有较大增加,现在,整个群落呈现较好的发展趋势。

此外,课题组在凤阳山—百山祖保护区的实地调查中,仅在保护区内发现两株伯乐树,其中一株株高约 11 m,胸径约 12 cm;另一株株高约 14 m,胸径约 20 cm。这两株伯乐树都没有开花结实。我们对这两株伯乐树的周边区域进行了详细调查,没有发现其他伯乐树植株及幼树和幼苗。而根据资料记载,伯乐树在该区域曾经具有一定的种群数量,现在已经非常罕见了。据保护区专业人员介绍,在保护区内已经不存在伯乐树的小种群了,且数量极少,伯乐树种群在保护区内已经极度退化,说明由于伯乐树自身繁殖能力和扩散能力较弱,其生境易受到别的树种侵入,分布范围逐渐狭窄,数量急剧下降。如果不采取保护措施进行干预,要不了多久,伯乐树将在凤阳山—百山祖保护区内消失。

通过实地调查,发现伯乐树在福建天宝岩和浙江凤阳山—百山祖保护区内的种群数量都极少,种群退化比较明显,特别是在凤阳山—百山祖保护区内。但两个保护区均没有采取有效的措施来拯救这一我国特有的古老孑遗植物,需引起高度关注。

实地拍摄的伯乐树及其生境见照片 2-9 和照片 2-10。

照片 2-9 伯乐树幼株

照片 2-10 伯乐树生境

（6）黑黄檀（*Dalbergia fusca* var. *enneandra*）

黑黄檀是蝶形花科黄檀属的一种常绿乔木，主要分布于云南西双版纳地区的思茅、墨江、江城及景洪，但最近几十年由于过度利用和毁林开荒，森林受到严重破坏，野生植株数量越来越少，被列为国家Ⅱ级重点保护植物。

通过对纳板河流域保护区的实地调查，发现黑黄檀在保护区内分布范围较广，主要呈斑块状分布，分布点较多。在保护区的最北端到南果河电站，沿引水渠的南坡上有比较大的黑黄檀群落，胸径在 10 cm 以上的黑黄檀有 200 多棵，灌木层存在很多黑黄檀幼树和更新苗，并且长势很好，整个群落中黑黄檀数量呈现增长的趋势。主要伴生植物有思茅黄檀（*Dalbergia szemaoensis*）、余甘子（*Phyllanthus emblica*）、红木荷（*Schima wallichii*）、银叶栲（*Castanopsis argyrophlla*）、粗糠柴（*Mallotus philippinensis*）、粗叶木（*Lasianthus appressihirtus*）、棕叶芦（*Thysanolaena maxima*）、皱叶狗尾草（*Setaria plicata*）、矛叶荩草（*Arthraxon lanceolatus*）等。

由于黑黄檀为上等的木质用材，在当地，1 kg 湿木材（新鲜木材）的收购价达 1 元，一株胸径在 20 cm 左右的大树值 1 000 多元。因此，在没有建立保护区以前，盗伐黑黄檀的现象曾经十分严重，也导致区内的黑黄檀的大树几乎被砍伐殆尽，在我们实地调查期间，也没有看见胸径在 30 cm 以上的黑黄檀大树，但是胸径在 15 cm 左右的黑黄檀植株以及幼树和更新苗比较多，表明自建立保护区以来，黑黄檀的野生种群恢复良好，已经得到了有效的保护。

据实地和社区走访调查，在建立保护区以前，盗伐黑黄檀的现象很严重，很少看见黑黄檀的大树以及中等大小的树。建立保护区之后，盗伐黑黄檀的现象基本得到了遏制，黑黄檀群落中幼树和幼苗较多，种群数量呈现增长趋势。

另外，保护区在纳板村建立了一个小型的国家重点保护植物繁育基地，基地占地面积约 2 亩左右。保护区科研人员在缺乏经费支持的情况下，克服艰苦条件，通过不断的实践摸索，目前成功培育出一大批珍稀濒危植物的幼苗，主要包括土沉香、大叶木兰、红椿、黑黄檀，培育的幼树和幼苗长势都很好。其中黑黄檀幼树苗最多，有 300 株左右，这些幼苗高有 20 cm。目前，要等到幼苗生长到对环境适应能力更强的幼株后，再将其移植到自然生境内，从而有效扩大这些保护植物的野生种群数量。

实地拍摄的黑黄檀及其生境见照片 2-11 和照片 2-12。

（7）红松（*Pinus koraiensis*）

红松是松科松属常绿针叶乔木，为著名的珍贵经济树木，红松在我国只分布在东北的长白山到小兴安岭一带，在国外也只分布在日本、朝鲜和俄罗斯的部分区域。由于近半个世纪以来对红松的大量采伐，天然红松数量急剧减少，被列为国家Ⅱ级重点保护植物。

照片 2-11　黑黄檀　　　　　　　　　　照片 2-12　黑黄檀群落

通过对长白山保护区的野外实地调查发现，红松在保护区内主要散生于 1 100 m 以下的针阔混交林内，数量较多，但幼树和更新苗较少。主要伴生乔木种类有白皮云杉（*Picea jezoensis*）、红皮云杉（*Picea koraiensis*）、长白落叶松（*Larix olgensis*）、紫椴、枫桦（*Betula costata*）、蒙古栎（*Quercus mongolia*）、胡桃楸（*Juglans mandshurica*）、色木槭（*Acer mono*）等；灌木有毛榛子、刺五加、瘤枝卫矛（*Euonymus pauciflorus*）、藏花忍冬（*Lonicera tatarinovii*）、山刺玫（*Rose davurica*）等；藤本植物有山葡萄（*Vitis amurensis*）、葛枣猕猴桃、北五味子（*Schisandra chinensis*）等；草本植物有毛缘苔草（*Carex pilosa*）、透骨草（*Phryma leptostachya*）、白花碎米荠（*Cardamine leucantha*）、林艾蒿（*Artemisia viridissima*）、耳叶蟹甲草、山茄子、粗茎鳞毛蕨（*Dryopteris crassirhizoma*）等。在 1 100～1 400 m 的亚寒带针叶林内，红松有零星分布，主要伴生乔木种有长白鱼鳞云杉、臭冷杉、红皮云杉、长白落叶松、枫桦等；灌木有簇毛槭（*Acer barbinerve*）、花楷槭、刺蔷薇（*Rosa acicularis*）、短翅卫矛（*Euonymus rehderianus*）等；草本有羊胡子苔草（*Carex rigescens*）、兴安一枝黄花（*Solidago dahurica*）、舞鹤草（*Maianthemum bifolium*）等。在 1 400 m 以上几乎没有红松分布。

最近十几年，随着松子价格大幅上涨，每年有大量人员进入保护区内非法采摘红松球果，极大地影响了红松的正常繁殖，另外，由于红松常散生于针阔混交林内，郁闭度较高，不利于红松种子的自然发芽和幼苗的成长，因此，红松自然生境中的幼树及更新苗较少，种群有趋于退化的趋势。

此外，最近几年，保护区大规模发展旅游业，并成立了特殊的保护区管理机构——长白山保护开发区管理委员会，随着保护区的进一步开发，修建了大量的道路、栈道，以及旅游及住宿设施，如上天池的道路、正在修建的环保护区的旅游道路、进入地下森林的栈道、温泉景点的道路及栈道。这些道路以及栈道的修建极大地破坏了周围的原始植被。在保护区道路建设以前，没有进行任何的环境评价。在建设过程中，采挖的大量废土直接倒入道路边的原始林内，致使大量的原始林以及国家重点保护植物被破坏。红松在保护区的这次大开发过程中数量也减少了不少。

实地拍摄的红松及其生境见照片 2-13 和照片 2-14。

照片 2-13　红松树干　　　　　　　　　　　　　照片 2-14　红松生境

（8）福建柏（*Fokienia hodginsii*）

福建柏是柏科福建柏属常绿乔木，主要分布于我国福建、江西、浙江南部，多散生于常绿阔叶林中，偶有小片纯林，被列为国家Ⅱ级重点保护植物。

通过对凤阳山—百山祖保护区实地调查，发现福建柏在保护区内主要分布于凤阳湖水口、大田坪、乌狮窟等地。在凤阳湖水口，存在面积有 10 hm² 左右的以福建柏为优势种的群落，形成典型的福建柏-猴头杜鹃常绿针阔混交林，主要伴生乔木有猴头杜鹃（*Rhododendron simiarum*）、褐叶青冈（*Cyclobalanopsis stewardiana*）、小叶青冈（*Cyclobalanopsis gracilis*）、木荷（*Schima superba*）、水丝梨（*Sycopsis sinensis*）、厚叶红淡比（*Cleyera pachyphylla*）、树参（*Dendropanax dentiger*）、交让木（*Daphniphyllum macropodum*）、香冬青（*Ilex suaveolens*）等；灌木有浙江樟（*Cinnamomum chekiangense*）、马银花（*Rhododendron ovatum*）、四川山矾（*Symplocos setchuensis*）、厚皮香（*Temstroemia gymnanthera*）、翅柃（*Eurya alata*）、黄丹木姜子（*Litsea elongata*）、朱砂根（*Ardisia crenata*）、茵芋（*Skimmia reevesiana*）、羊舌树（*Symplocos glauca*）、中华野海棠（*Bredia sinensis*）、扁枝越橘（*Vaccinium japonicum*）、马醉木（*Pieris japonica*）、白豆杉、钝齿冬青（*Ilex crenata*）等；草本有苔草属、麦冬（*Ophiopogon japonicus*）、长梗黄精（*Polygonatum filipes*）、华东瘤足蕨（*Plagiogyria japonica*）、狗脊蕨（*Woodwardia japonica*）等。在福建柏-猴头杜鹃林内，有很多福建柏大树，而且存在大量幼树和更新苗，幼树和幼苗的集群强度明显大于大树，树种呈扩散趋势，种群数量正在增加。但是由于福建柏幼苗发育成长为小树、中树和

大树的过程中，需要充足的阳光，而福建柏—猴头杜鹃林郁闭度较高，严重限制了福建柏幼苗的生长，只有当一些自然的因素（如台风、积雪、病虫害和自然死亡）或人为的因素使得一些大树死亡、倒伏，并在群落中的局部地段形成林窗时，林下的福建柏幼苗才有机会生长，并进入林冠层。

在大田坪，福建柏分布的群落主要是20世纪70年代初采伐迹地上恢复起来的次生林，群落中福建柏的中树、大树较少，幼苗、幼树相对较多，种群呈增长趋势，正逐步发展成群落中的优势种。

此外，课题组在天宝岩保护区野外实地调查中发现，福建柏保护区内社区居民住处周边的风水林中有少量分布。如在青水管理所附近居民房后的风水林中，共发现福建柏大树3株，平均树高和胸径为8 m和15 cm，植株均没结实，周围有6株幼树和幼苗。我们在一户居民房后福建柏较多的山坡上设置10 m×10 m样地，详细记录了福建柏生境中伴生植物种类等数据。伴生种主要有毛竹（*Phyllostachys edulis*）、杉木（*Cunninghamia Lanceolata*）、构栲（*Castanopsis tibetana*）、棕榈（*Trachycarpus fortunei*）、多花勾儿茶（*Berchemia floribunda*）、算盘子（*Glochidion puberum*）、梵天花（*Urena procumbens*）、华箬竹（*Indocalamus sinicus*）、鸭儿芹（*Cryptotaenia japonica*）、狗脊蕨、水蓼（*Polygonum hydropiper*）、胜红蓟（*Ageratum conyzoides*）、豨莶（*Siegesbeckia orientalis*）等。由于福建柏生长在毛竹林内或者林缘，且幼树和幼苗容易受到人为破坏，因此群落内福建柏扩散比较难，种群数量没有增加的趋势，只有其生境不受到人为的严重破坏，种群数量在一定时间内将保持稳定。据保护区内专业人员介绍，福建柏在保护区内的分布数量也不是很多，但是由于毛竹林的扩大，福建柏生境遭到了严重破坏，现在仅在一些风水林内有残存，种群数量较20世纪90年代有所减少。

实地拍摄的福建柏及其生境见照片2-15和照片2-16。

照片2-15　福建柏

照片2-16　福建柏生境

（9）土沉香（*Aquilaria sinensis*）

土沉香是瑞香科沉香属的一种常绿乔木，为我国特有的珍贵药用植物，还可以制成线香及香料，主要分布于华南和西南地区。目前野生种群数量极少，被列为国家Ⅱ级重点保护植物。

实地调查发现，土沉香在纳板河流域保护区内主要分布在海拔 700～900 m 左右的区域，分布地周围一般都有流水或者比较潮湿，靠近溪流，主要伴生树种有绒毛番龙眼（*Pometia tomentosa*）、千果榄仁（*Terminalia myriocarpa*）、思茅木姜子（*Litsea pierrci*）、长柄油丹（*Alseodaphne pectiolaris*）、八宝树（*Duabanga grandiflora*）、木瓜榕（*Ficus auriculata*）、假海桐（*Pittosporopsis kerrii*）、山菅兰（*Dianella ensiofolia*）等。

实地调查发现的土沉香群落，群落中不仅有土沉香大树，胸径可达 40 cm，而且周边区域土沉香的幼树数量也比较多，自然更新良好，种群数量呈现增加的趋势，目前残存的野生种群就地保护状态良好。但由于实验区农民种植大量的橡胶林，对热带季雨林和山地雨林造成了一定程度的破坏，导致土沉香的自然生境缩小，因此，土沉香野生种群数量和建立保护区之前相比有所减少，但在目前的保护状态下，其种群数量会不断增加。

此外，保护区为了加强土沉香的保护，已经开展了大量的具体工作，包括在苗圃人工繁育土沉香幼苗，鼓励区内的社区居民种植土沉香等，并取得了良好的成效。

实地拍摄的土沉香及其生境见照片 2-17 和照片 2-18。

照片 2-17　土沉香　　　　　　　　　　　　照片 2-18　土沉香生境

（10）鹅掌楸（*Liriodendron chinense*）

鹅掌楸是木兰科鹅掌楸属的落叶乔木，为十分古老的树种，对于研究东亚植物区系和北美植物区系的关系，以及探讨北半球地质和气候的变迁，具有十分重要的意义。在第四纪冰川以后，鹅掌楸仅在我国的南方和美国的东南部有分布（同属的两个种），成为孑遗植物。被列为国家Ⅱ级重点保护植物。

通过对凤阳山—百山祖保护区实地调查发现，鹅掌楸在保护区内主要分布于两处，都是沿沟谷分布，一处在百山祖片区，分布范围比较大，在相邻两条沟谷里面，以及两条沟谷之间和沟谷周围都有分布，不过鹅掌楸大树主要分布在沟谷边，大致统计了一下，有鹅掌楸大树18株左右，平均胸径和树高分别为35 cm和17 m。鹅掌楸生长状况较好，正在结实，样地周围鹅掌楸幼树和更新苗随处可见，种群数量呈现增长趋势。样方调查发现，主要伴生植物种有木荷、黄山松、东南石栎、交让木、云锦杜鹃（*Rhododendron fortunei*）、鹿角杜鹃（*Rhododendron latoucheae*）、铁冬青（*Ilex rotunda*）、老鼠矢（*Symplocos stellaris*）、伞形绣球、黄山木兰（*Magnolia cylindrica*）、白花败酱（*Patrinia villosa*）、三脉紫菀（*Aster ageratoides*）、金龟草（*Cinicifuga acerina*）、芒（*Miscanthus sinensis*）、野古草（*Arundinella anomala*）、五岭龙胆（*Gentiana davidii*）、地菍（*Melastoma dodecandrum*）等。

另一处在凤阳山片区，沿沟谷分布有鹅掌楸群落，分布范围较百山祖的要小，经统计有8株鹅掌楸大树，平均胸径和树高分别为29 cm和16 m。样地周围存在鹅掌楸幼树和幼苗，但相对数量较百山祖的要少。由于鹅掌楸生境没有遭到破坏，幼树和幼苗也较多，种群数量正在增加。调查发现主要伴生种有雷公鹅耳枥（*Carpinus viminea*）、黄山松、杉木（*Cunninghamia Lanceolata*）、交让木、黄丹木姜子（*Litsea elongata*）、金银忍冬（*Lonicera maackii*）、野茉莉（*Styrax japonicus*）、苦竹（*Pleioblastus amarus*）、扁枝越橘（*Vaccinium japonicum*）、珍珠菜（*Artemisia lactiflora*）、三脉紫菀、獐牙菜（*Swertia bimaculata*）、长梗黄精等。

此外，课题组在金寨天马保护区的实地调查过程中，发现在保护区的雷公洞有一小片鹅掌楸群落，经过仔细调查，群落内有6株鹅掌楸，生长状况良好，但是没有看见开花。这6株鹅掌楸平均树高和胸径分别为9.5 m和11.9 cm，群落内鹅掌楸幼树和幼苗极少，仅看见1株，鹅掌楸群落已经极度退化，种群数量呈现减少趋势。调查发现，伴生种有连香树（*Cercidiphyllum japonicum*）、四照花（*Dendronenthamia japonica* var.*chinensis*）、南京椴（*Tilia miqueliana*）、黄山栎（*Quercus stewardii*）、湖北海棠（*Malus hupehensis*）、长江溲疏（*Deutzia schneideriana*）、映山红（*Rhododendron simsii*）、野珠兰（*Stephanandra chinensis*）、华箬竹（*Indocalamus sinicus*）、南方六道木（*Abelia dielsii*）、麦冬（*Ophiopogon japonicus*）、庐山楼梯草（*Elatostema stewardii*）等，优势种有黄山栎、四照花等。

实地拍摄的鹅掌楸及其生境见照片2-19和照片2-20。

照片 2-19　鹅掌楸　　　　　　　　　　照片 2-20　鹅掌楸生境

2.3.3　社区在国家重点保护植物就地保护中发挥的作用

　　我国人口总量多，密度大，除了少量建区较早或者环境恶劣的保护区外，多数保护区内都有居民。近年来不少保护区和地方政府积极配合，不断将保护区内的居民迁出。但是由于经费投入不足和少数居民不愿改变生活习惯的原因，目前大部分的保护区内都有常住居民。保护区内少数社区居民经过保护区的宣传教育，意识到了保护自然植被和生态环境的重要性，停止了对保护区内自然资源无节制的索取，积极加入到保护自然资源的行列中，对保护区内自然资源和国家重点保护植物的保护发挥了积极的、重要的作用。但是，社区居民的日常生产生活，以及无序的利用和开发野生植物资源、采药和采竹笋等必然会影响到保护区内保护植物的生存和种群的扩大。因此，社区在国家重点保护植物的就地保护中起到了正反两方面的作用。

　　（1）社区在国家重点保护植物的就地保护中所起的积极作用

　　通过实地调查发现，在部分保护区内，由于当地风俗的原因，一些社区内保存了较多的风水林、神山、风水树等，社区居民在这些风水林和风水树的保护中起到了积极的作用。比如在天宝岩保护区，一些国家重点保护植物（如福建柏、闽楠等）仅残存在风水林内，这些保护植物由于在风水林内得到社区居民的保护才得以保存下来，还有一些南方红豆杉、柳杉等大树和古树作为风水树也才得以保留。同时，社区居民在有些地方还竖立了禁伐碑，对原始林及国家重点保护植物的保护起到了积极的作用。一些保护区的社区居民在保护区的统一组织下积极加入到保护自然资源的行列中，如在福建天宝岩保护区，保护区与当地政府及毗邻乡村等单位组成了一个联合保护管理组织，实现社区共管，当地社区居民也建立自助组织，积极参与保护自然资源的行动。在纳板河流域保护区和凤阳山—百山祖保护区内，社区的少数居民已经被聘用为保护区的护林员，积极协助保护区开展资源管护、护林防火、政策法规宣传等基础工作。

（2）社区居民生产生活对国家重点保护植物等自然资源也造成了一定破坏

目前，全国多数保护区的社区内居住了较多居民，我们调查的五个保护区中除了长白山国家级自然保护区外都有常住居民，四个保护区共有 6 万人左右，平均每个保护区约 1.5 万人。这些居民大多居住在实验区，但仍有少数居民生活在保护区的缓冲区甚至核心区内。保护区内如此大的人口压力势必构成对自然生态环境的威胁，社区居民利用保护区内自然资源以及砍伐原始植被种植经济作物等都对保护区内森林植被和国家重点保护植物造成严重的、甚至毁灭性的破坏。如在纳板河流域保护区内，自保护区建立以来，许多社区居民受经济利益的驱使，纷纷将自家的林地开垦为橡胶园和茶园，使保护区内森林植被遭到了严重破坏，从而导致分布于这些区域内的国家重点保护植物遭到严重破坏和砍伐，也导致了比较严重的水土流失。在一些保护区内有许多野生植物为珍贵的药材和名贵的花卉，由于可获取较高的经济利益，人们便无节制地采收，严重地破坏了野生生物资源，导致生物物种极度濒危。如在金寨天马保护区内分布的野生天麻、竹节三七和独花兰等，在长白山保护区内分布的野生人参、草苁蓉等，这些珍贵的药材和名贵的花卉都遭到了过度采集，已经到了灭绝的边缘。

2.3.4 典型自然保护区国家重点保护植物就地保护成效评价

实地调查发现，不同的重点保护植物在自然保护区的分布状况差异，自然保护区对保护区内不同的重点保护植物保护的力度和效果也各不相同。有的保护种在自然保护区内得到了较好的保护，保护区通过使保护种在保护区内的种群数量得到了扩大，但很多保护植物在保护区内没有得到有效的就地保护，种群尚处于衰退状态。由于受人力物力等客观因素的限制，无法全面系统的调查重点保护植物的真实种群数量及分布区域，仅能通过实地调查发现的植株数量和分布地点来代表性的探讨国家重点保护植物在保护区内的种群数量和分布范围，存在一定的局限性。因此，我们以实地调查结果为基础，结合专家咨询、保护区座谈和社区走访，从迁地保护、人工繁殖、保护区管理等方面对实地调查发现的国家重点保护植物的就地保护成效进行了初步探讨。

我们对 5 个国家级自然保护区内实地调查发现的国家重点保护植物在保护区内的就地保护成效进行了初步评价，并划分了保护等级，为将来进一步深入研究提供基础资料。评价结果如下：

（1）"有效保护"的重点保护植物

符合"有效保护"等级的国家重点保护野生植物有百山祖冷杉和黑黄檀 2 种，占调查总数的 4.4%。其中国家Ⅰ级重点保护野生植物和国家Ⅱ级重点保护野生植物各 1 种。

（2）"较好保护"的重点保护植物

符合"较好保护"等级的国家重点保护野生植物共有红豆杉、南方红豆杉、鹅掌楸、白豆杉、福建柏、金毛狗 6 种，占调查总数的 13%。其中属于国家Ⅰ级重点保护野生植物为 2 种，属于国家Ⅱ级重点保护野生植物为 4 种。

（3）"一般保护"的重点保护植物

符合"一般保护"等级的国家重点保护植物有刺桫椤、篦齿苏铁、合果木、大叶木兰、厚朴、香果树、伯乐树、千果榄仁、滇南风吹楠、土沉香、勐仑翅子树、疣粒野生稻 12 种，占调查总数的 26.1%。其中属于国家Ⅰ级重点保护野生植物为 2 种，属于国家Ⅱ级重点保护野生植物为 10 种。

（4）"较少保护"的重点保护植物

符合"较少保护"等级的国家重点保护植物较多，共有宽叶苏铁、苏铁一种、长白松、红松、华东黄杉、东北红豆杉、香榧、巴山榧、连香树、榉树、香樟、闽楠、红椿、毛红椿、云南肉豆蔻、紫椴、水曲柳、黄檗等 18 种，占调查总数的 39.1%。其中属于国家Ⅰ级重点保护野生植物为 4 种，属于国家Ⅱ级重点保护野生植物为 14 种。

（5）"很少保护"的重点保护植物

符合"很少保护"等级的国家重点保护植物有银缕梅、凹叶厚朴、金荞麦、蛛网萼、东京桐、野大豆、半枫荷、山豆根 8 种，占调查总数的 17.4%。其中属于国家Ⅰ级重点保护野生植物为 1 种，属于国家Ⅱ级重点保护野生植物为 7 种。

通过对保护区内国家重点保护植物保护成效的评价，可以看出，保护区内受国内外普遍关注或极度濒危物种的保护往往容易引起自然保护区的重视，并采用相应的管理措施，以保护和恢复这些物种的种群，因而效果也比较明显，如百山祖冷杉、黑黄檀、红豆杉、南方红豆杉、福建柏、白豆杉等。但多数国家重点保护植物还处于一种被动保护的状态中，自生自灭，较少或很少受到保护区的保护，如香榧、银缕梅、野大豆、山豆根、金荞麦等。此次调查的重点保护植物中，"较少保护"和"很少保护"的重点保护植物共有 26 种，占调查种总数的 56.5%，其中野大豆、金荞麦、蛛网萼、山豆根等草本和灌木类重点保护植物处于"很少保护"的状态中，这些重点保护植物在保护区内很少受到重视，几乎没有受到任何保护。而且山豆根在福建天宝岩科考报告的植物名录中有记载，但没有被科考报告中重点保护植物名录所收录，更不用说对山豆根进行有效保护。

2.4 加强自然保护区内重点保护野生植物保护的建议对策

（1）尽快建立健全野生植物保护方面的法律法规

由于我国《野生植物保护条例》仅是一个纲领性的条例，法律效力较低，可操作性较差，而《野生植物保护法》尚未制定，导致配套法规和地方性法规的制定与完善相当迟缓，且我国《刑法》对非法采伐、毁坏、收购、运输、加工、出售、走私国家重点保护植物，并且达到法定数量标准或者严重情节的，是否应定罪量刑也没有明确的法律条文规定。因此加速制定《中华人民共和国野生植物保护法》，建立健全野生植物保护的法律体系，完善《国家重点保护野生植物名录》是野生植物保护工作的当务之急。

　　建议尽早在国家保护区主管部门的主持下，联合环保、林业、农业等部门，互相协调配合起草更为完善的《野生植物保护法》。加快野生植物保护立法进程，对国家重点保护野生植物的界定，保护级别的划定，应采取何种保护措施，以及破坏不同级别保护植物所应受的处罚等事宜做出原则性规定。以指导与野生植物保护相关立法和实现国家对重点保护野生植物的法律保护，重视实施该法所必需的配套法规、规章、标准和技术规范的制定，全面推动野生植物保护的规范化管理，真正做到有法可依。

　　总之，要保护好我国重点保护野生植物资源，首先应完善我国森林资源的刑事法律，要从内容到形式上完善打击森林资源犯罪的法律体系。一是要完善与森林资源犯罪相关的法律法规；二是要完善现行《刑法》。2002 年的刑法修正案（四）有效地补充了 1997 年刑法在环境资源犯罪立法上的不少缺陷，但是与之配套的司法解释至今尚未出台，因而在司法实践中还不能最大限度地打击破坏国家重点保护野生植物资源的犯罪行为。另外，注意履行与国家重点保护野生植物保护有关的国际公约、法规和协议，创造良好的国家形象，为开展国际合作，争取国际援助创造条件。

　　（2）加强对社区居民的宣传教育，减轻社区对国家重点保护植物的破坏

　　我国多数保护区内都有社区居民，且一些保护区内社区居民的数量还较大，保护区内如此大的人口压力势必构成对自然生态环境的威胁，他们的日常生产生活必然会影响到保护区内国家重点保护植物等资源的生存。因此对社区居民进行宣传教育、增强他们的保护意识、缓解社区经济发展和资源保护之间的矛盾是保护区的一项重要工作。

　　对国家重点保护植物的保护，首先要保护重点保护植物赖以生存的环境。由于保护区面积大，仅仅依靠保护区管理人员是无法对保护区内自然资源进行有效保护的，这就需要广大社区人民群众积极参与保护区内资源。因此，对社区居民的宣传教育十分重要，可以从两个方面进行宣传教育：一是大力加强现有法律法规的宣传教育工作，通过小册子、宣传画、科普读物和照片等手段，在社区群众中普及保护野生植物的有关知识。教育要从娃娃抓起，小学、中学教材应有适当内容。二是在保护区建立宣传教育中心，树立大型宣传栏，介绍国家重点保护野生植物等相关知识，使人们真正了解并认识保护区内的国家重点保护野生植物，以及与野生保护植物保护相关的法律法规及系列规范性文件等，认识到保护国家重点保护野生植物的意义，提高公众的保护意识，转变其对资源利用的观念，从而减少对保护内自然资源的破坏，更加有效地保护国家重点保护野生植物资源。

　　开展生态旅游在我国的自然保护区内是非常普遍的现象。在开展生态旅游的同时加强对居民的教育，使当地居民意识到生态旅游依赖于自然资源，如果自然资源不加以保护，生态旅游也就无法得以发展。另外，对于游客的宣传教育作用也非常重要。保护区可以建设博物馆、标本室，对路边的保护植物进行挂牌宣传，这样能够进一步促进科普宣教活动的开展，从而取得更好的效果。

　　（3）增加资金投入，提高自然保护区管理水平

　　自然保护区缺乏资金支持是目前国际上普遍的现象，但是相比之下资金缺乏是我国自

然保护区普遍面临的一个问题。

经费问题的背后是责任问题。自然保护区经费出处一直没有在国民经济计划中落实，实际上是自然保护的责任一直没有落实到位。《中华人民共和国自然保护区条例》第四条、第二十三条规定了自然保护区发展的计划与经费问题，但是没有明确由哪一级政府解决。《中国自然保护区发展规划纲要（1996—2010年）》规定："自然保护区建设和管理经费主要由自然保护区所在地的县级以上地方人民政府安排。国家对国家级自然保护区给予适当的资金补助。"根据我国自然保护区分级管理体制，国家级自然保护区建设和管理经费由中央财政支付不无道理。因此，要将国家重点野生植物保护事业列入国民经济和社会发展计划，保护所需经费列入各级政府的财务预算。

合理的资金投入方式应是建立专项国库资金，按照面积、保护对象的性质、保护的难易程度等指标合理地分配给国家级自然保护区，用于其建设和维护。对于具有国家意义的生物多样性重点保护区，应该给予重点投资，重点建设，强化监督管理，努力建立起一批与国际接轨的自然保护区，提高全国自然保护区建设管理的整体水平。另一方面，国家财力有限，单靠国家现有的保护经费不可能完全达到保护目的。各省、自治区、直辖市人民政府应将与本辖区相关的规划目标、任务和资金投入，纳入本地区的国民经济和社会发展计划，承担应有的国家责任，逐步加大资金投入。在国家增加投资的同时，应采取多种途径，为物种资源保护筹集经费。

筹集的基本原则应是"谁开发利用，谁出资保护"。具体方式有：将自然保护区所需资金纳入国家和地方财政预算，征收开发利用资源的补偿费，建立自然保护区的信托基金，开展生态旅游，争取国际援助，民间募捐，建立专门保护基金等。

（4）进一步提高自然保护区管理人员素质和管理水平

中国自然保护区工作起步晚，普遍管理不善，干部素质差，专业人才少，绝大多数保护区还没有基本的生物多样性编目，动植物区系很不清楚。提高自然保护区管理人员素质是强化自然保护区管理的关键内容，是促进生物多样性、自然生态系统和自然资源保护的重要措施。建立自然保护区管理人员教育培训体系，对于提高我国自然保护区管理水平，缩小与先进国家间的差距，加强生态系统、野生动植物和自然遗迹保护管理执法，促进国际交流都具有十分重要的意义。因此，必须采取积极措施，针对国家自然保护区管理的需要，结合国家在自然保护区建设和管理中的理论与实际问题，培训干部，并与科研机构和大专院校相结合，开展保护区生物多样性与管理状况调查，切实改进保护区管理，初步建立自然保护区管理人员教育培训体系。

自然保护区管理人员和专业人才的培养可以通过以下方式实现：短期培训、为干部提供学习进修的机会和设立专门的奖学金；将生物多样性和物种资源保护知识作为干部考核内容之一；加强自然保护区与大专院校的科研和培训合作，建立定向培训机制，加强专业技术人员的培养（包括在职科研、教学和管理人员的进修与轮训），使得保护区管理人员能够进入自然资源与环境保护管理的系科或专业学习；同时为研究人员提供深造的机会和奖学金，鼓励到自然保护区从事生物多样性和物种资源保护研究。在保证管理队伍稳定基础上，重点开展自然保护区管理机构负责人员和国家级自然保护区业务骨干人员岗位培训，定期举办自然保护区管理和执法培训班，对自然保护区管理人员进行培训，实行持证上岗，积极推进管理人员知识化、专业化、正规化建设，不断提高自然保护区管理队伍的素质和管理水平。

（5）加强国家重点保护植物的科学研究，积极开展人工繁育和异地保护

对珍稀濒危物种的保护生物学研究是世界范围内的热点问题，珍稀濒危植物的濒危机制及保育策略也就成为了两个最为主要的研究课题。导致物种濒危的原因可分为人为因素和自然因素。人为因素包括对珍稀植物的过度开发利用、对其生境的破坏等，保护区内只要加强管护加强抚育就可以解决。自然因素包括物种的进化史、物种所处的生态环境、物种遗传学特性等方面。自然方面的不利因素需要进行深入研究，采取可行的积极主动的保护措施。

国家重点保护野生植物中大多数物种的分布范围小，种群数量稀少，退化趋势比较严重，繁育呈现出不正常状态。保护区应在保护植物种质资源研究方面予以高度重视，可以与周边高校以及科研院所合作，加强国家重点保护植物的保护生物学的基础研究，从生殖生物学、遗传多样性、生理生态、传粉生物学特征方面探讨它们的濒危机制，为其有效保护和科学管理提供科学依据。同时，国家应设立针对保护物种的专项经费，专门用于保护物种的科研工作与繁育工作。

保护区可以在实验区选择合适的地点，建立重点保护植物迁地保护以及繁育基地，一方面可以将保护区内残存在林内或林缘、长势衰退的国家重点保护植物野生植株迁移出来进行迁地保护，防止其在原来生境中的自生自灭。另一方面，可以在繁育基地开展重点保护植物繁殖更新研究和实验，培育保护植物的幼苗，等到幼苗生长到对环境适应能力更强的幼株后，再将其回归到自然生境内，从而有效扩大保护植物的野生种群数量。

鉴于各保护区对保护植物开展研究和主动保护的水平和规模不同。建议对重点保护植物分布较多、珍惜性较高的保护区进行一次关于开展研究和主动保护状况的评估。筛选其中研究较多、正在开展或曾经开展过人工繁育的保护区，在资金和人员技术方面重点扶持。对于开展繁育工作较好的保护区如云南纳板河保护区给予资金、政策等多方面扶持力度。发放奖励性拨款，帮助其扩大规模，增加繁育保护植物的种类。作为示范基地，以带动其他保护区主动保护的开展，利于以后的开发利用。对于已经有一定的基础但是遇到资金、技术方面的困难，无法继续开展深入研究或繁育基地难以为继的保护区有福建天宝岩、浙江凤阳山—百山祖保护区。可针对其所遇到的困难有针对性地加以扶持。而对于一些有能力而在主动保护方面无所作为的保护区应责成其制定规划，开展针对保护植物的科研繁育工作。

（6）加强管理，严格执法，坚决打击破坏保护植物的违法行为

在我国，与国家重点保护野生动物保护工作相比，对国家重点野生植物的保护和管理

工作开展的较晚，野生植物管理人员对国家重点保护野生植物重视程度还不够，在很多重点保护植物遭到严重破坏时，相关部门没能起到及时制止的作用。因此，破坏国家重点保护植物行为的行政执法力度需要加强，各级主管部门要像重视国家重点保护野生动物那样打击国家重点保护野生植物破坏活动。

对保护区进行管理，对保护物种进行管护是保护区管理部门的职责之一。然而保护区管理机构是一个事业单位，仅有对破坏保护植物的违法行为进行行政处罚的权力。而且处罚手续要到其行政机关办理，保护站没有开具罚单的权力。对于小的违法行为而又不构成犯罪的只能加以制止，没收非法所得。对于团伙性质的恶性犯罪活动，单凭保护区管理机关的力量又无能为力。长此以往导致了一些地区对保护区的破坏禁而不止的局面。如长白山自然保护区每年秋天都要展开针对非法采摘红松松子行为的"松子大战"。一些采药人常年到保护区内采集药材，导致一些珍稀植物如人参、草苁蓉等已经难觅其踪。

针对这些情况，保护区应增强管护力量，完善保护设施，健全巡护制度。包括修建保护站、修建改建巡护道路、给保护站配备管护所需的巡逻车辆和通讯器材等，这些是保护区开展保护工作应具备的基础设施。同时完善基层保护站的建设，加大投入建立保护站，在不破坏生态环境和不危害保护物种的生存繁殖的原则下修建管护道路，建立定期巡护制度，保证有专人定期巡护。

由于保护区管理人员和巡护力量有限，因此保护区应该与当地政府及毗邻乡村等单位组成了一个联合保护管理组织，这个组织主要协调保护与发展之间的相关事宜，让社区居民积极参与到保护行动中来，从而实现社区共管。此外，由于国家重点保护野生植物的保护涉及保护区管理局（处）、公安部门、林业部门等相关部门，需加强部门之间的合作，联合打击盗取野生保护植物资源的行为，并严禁与国家重点保护野生植物及其制品相关的贸易活动，做到执法必严，违法必究。

（7）开展对重点保护植物的长期生态监测，掌握其种群变化动态

国家重点保护野生植物资源及其栖息地管理决策的科学化需要科学研究作为支撑，科学研究也是自然保护区保护和持续利用生物多样性的基础。通过实地调查发现，保护区内国家重点保护野生植物的保护事业还有许多地方不尽如人意，尤其是科研人员和专业管理人员严重缺乏，对国家重点保护野生植物资源本底不清，许多保护种在保护区内的具体位置也不清楚，更谈不上对保护区内的国家重点保护野生植物进行长期的生态监测。

查清重点保护植物资源的本底情况，是开展保护工作的基础，长远的任务应该是查清所有自然保护区内国家重点保护野生植物的种类和种群数量。建议设立针对国家级自然保护区内国家重点保护植物资源现状的专项调查，全面掌握保护区内重点保护植物的种类、种群数量、分布范围、群落组成和年龄结构等情况。

有国家重点保护植物分布的自然保护区应该建立重点保护野生植物的生态环境监测站，重点监测地带性植被动态和群落演替、珍稀濒危野生植物种群动态和生境变化、生物多样性动态。对重点保护植物分布较多的群落，应该设置监测样地，对样地进行准确的卫

星定位，详细调查并记录样地内重点保护植物的数量、株高和胸径等基础数据，以及群落物种组成和结构等数据资料。可以在样地旁边竖立监测牌，定期对样地进行监测，乔木类保护植物的监测周期可以长一点，为3年左右监测一次，草本和灌木类保护植物的监测要做到一年一次。同时，对部分散生在保护区内的国家重点保护植物要进行科学的挂牌监测，记录植株的胸径、株高等数据。对调查的数据资料进行科学的统计分析，从而有效地掌握保护区内重点保护植物的野生种群动态变化，为保护区重点保护植物的有效保护提供科学依据。

（8）建立全国尺度的国家重点保护植物种质资源库以及地理信息系统

国家重点保护野生植物中大多数物种的分布范围小，种群数量稀少，种群严重退化，如普陀鹅耳枥野生植株仅剩1株，百山祖冷杉野生植株仅剩3株。因此，建立全国尺度的重点保护野生植物种植资源库，对国家重点保护植物的种质资源进行永久保存已经是一件迫在眉睫的事情。

国家重点保护野生植物种质资源库应该致力于保存重点保护野生植物资源，有计划地采集重点保护野生植物的种质材料，并根据其生物学特性以不同的形式（种子、离体材料、遗传物质和植株）保存起来。包括种子库、植物离体库、DNA库和种质资源库园区等。对国家重点保护野生植物种质资源的收集、整理、鉴定、登记、保存、交流、共享和利用等各项工作进行规范。同时，制定重点保护野生植物种质库管理细则，建立重点保护野生植物种质资源统一编号制度和优异种质资源评审、登记制度，构建较完善的重点保护野生植物种质资源政策法规体系，为我国重点保护野生植物种质资源的有效管理和高效利用奠定基础。

在建设国家重点保护野生植物种质资源库的同时建立国家重点保护野生植物的地理信息系统。可以在各保护区对保护区内国家重点保护野生植物资源进行调查的基础上，在全国范围内对记载有保护植物分布的区域开展对国家重点保护野生植物资源的调查，弄清保护植物在全国的主要分布位点，以及种群数量、年龄结构等基本情况，建立全国尺度的重点保护野生植物的地理信息系统，构建国家—省域—保护区三个层次的统一的国家重点保护植物的综合信息平台，并建立监测网络，及时掌握国家重点保护野生植物分布范围的变化，研究其繁殖状态、成活率和消长规律，为拯救珍稀野生植物工作提供科学依据。

（9）加强旅游开发等项目的审批监管，减少旅游活动对国家重点保护植物的破坏

生态旅游可以增加保护区的收入，弥补政府资金投入的不足，然而保护区的主要任务是保护国家重点保护植物等自然资源，过度的旅游开发会严重破坏保护区内的自然植被及国家重点保护植物的生境。

由于保护区的特殊作用，在保护区内开展旅游开发一定要经过严格审批。相关环保主管部门要对保护区内的旅游开发等建设项目进行严格的把关，依法在旅游开发之前进行相对更加严格的环境影响评价，提高环评通过的门槛，要求保护区在旅游申报项目书中详细阐明旅游活动的范围、计划修建的旅游道路和设施、接待游客的容纳量等。相关主管部门

要对保护内旅游开发等项目的实施和建设进行定期的严格检查，对超出审批界限、私自兴建旅游设施和道路的行为应予以严肃处理，造成破坏的责成其恢复，破坏严重的可采取行政处罚乃至对保护区进行降级处理。

此外，保护区应理清与旅游公司的关系，不放松对旅游活动的监管。一些保护区所在的地方政府为了开发旅游获取经济利益，赋予旅游开发公司很大的权力，使其可以不经过保护区管理机构自行开展旅游活动。这些不受监管的旅游活动和建设项目对保护区内国家重点保护植物等自然资源必然会造成很大的破坏。因此应当以法律形式规定保护区管理机构对保护区内开展一切活动的监管权。

部分边界标识系统不够健全的保护区，应尽快依法设立永久性的界碑和界桩，内部各功能区之间也分别设立相应的标识牌，严格对保护区实行分区管理。保护区管理机构对保护区内已经开展的旅游活动要充分发挥其监督和管理的职能，制定相应的管理办法和规章制度，规范保护区旅游活动的开展，加强对游客的教育，禁止游客随意进入核心区和缓冲区，减少旅游活动对保护区内国家重点保护植物的影响。

（10）加快调整社区产业结构，减小社区居民对自然资源的依赖性

我国自然保护区多位于偏远地区，社区居民传统的生产生活方式比较落后，对自然资源的依赖性较大，难免会对保护内分布的国家重点保护植物造成一定程度的破坏。保护区应积极引导社区居民改变传统的过分依赖国家重点保护植物等自然资源的生产生活方式，采取高效利用资源、环境友好型的方式，同时，完善相应的生态补偿机制，从而将社区居民对保护区内自然资源的依赖性降低到最小程度。

实地调查发现，保护区内多数社区居民的主要经济来源是传统的种植业，主要以种植粮食作物和经济树种为主，但是，社区居民的这些生产活动都是在各自为政、缺乏统一规划和指导下进行的，从而不可避免地对保护区内的自然资源造成了一定程度的破坏。

因此，建议保护区管理机构应尽早联合当地政府帮助社区居民改变传统的生产经营方式，对产业结构进行合理调整。一方面结合保护区的管理和当地社区生产需要，对保护区范围内的土地进行合理利用规划，使土地资源的配置和利用更为科学和合理。对保护内现有的轮歇地作科学规划，进行退耕还林，种植用材林和水源林。另一方面，保护区和当地政府应该邀请有关方面的专家，对社区居民进行技术扶持和技术示范，引导社区居民根据当地的气候和资源特点种植产值较高的经济作物，改变原有的农业产业结构，对农副产品进行深加工，提高产品的附加值。此外，保护区和当地政府应筹措资金，扶持社区建设，如维修道路、改造通信线路、改造居民生活饮用水等，帮扶社区居民使用清洁能源，如建设沼气池等，减少薪柴的使用和野生资源的消耗，从而促进社区经济与保护事业的协调发展。

3 五个典型自然保护区具体调查报告

3.1 福建天宝岩自然保护区国家重点保护野生植物调查报告

3.1.1 福建天宝岩国家级自然保护区基本概况

3.1.1.1 自然地理概况

福建天宝岩国家级自然保护区位于福建省中部的永安市境内，地理坐标为东经 117°28′3″~117°35′28″，北纬 25°50′51″~26°1′20″，保护区距离永安市区约 36 km。保护区于 1998 年经福建省人民政府批准建立，2003 年 6 月经国务院批准晋升为国家级自然保护区，总面积 11 015.38 hm²，属森林生态系统类型自然保护区，主要保护对象为长苞铁杉林、猴头杜鹃林、泥炭藓沼泽等典型的森林生态系统和珍稀濒危的野生动植物资源。

（1）地质地貌

福建天宝岩国家级自然保护区地处中亚热带南缘，属戴云山余脉，区内出露地层有泥盆纪和侏罗纪的沉积岩以及第三纪的花岗岩。保护区西部为泥盆纪地层，东部为侏罗纪沉积岩，中间（沟墩坪、西溪村附近）有花岗岩出露。整个自然保护区的地势呈北高南低的簸箕形，全区最高峰——天宝岩海拔 1 604.8 m，地势起伏较大，山高谷深，切割深度可达 500~600 m，河谷都呈"V"字形峡谷，有多级瀑布跌水现象，说明了自然保护区的新构造运动抬升强烈。

（2）土壤与水文

保护区内地带性土壤为花岗岩和砂岩风化发育成的红壤，分布于海拔 800 m 以下，随着海拔的上升，表现出一定的垂直变化，800~1 350 m 为山地黄红壤，1 350 m 以上为山地黄壤，局部山间盆地发育了泥炭土。大部分地区土层较薄，但长苞铁杉（*Tsuga longibracteata*）和猴头杜鹃（*Rhododendron simiarum*）分布的局部地段土层较厚，其腐殖质层厚约 20 cm，地表枯枝落叶层厚 5~20 m，表土质地为壤土，土壤呈酸性反应。

保护区内有闽江干流沙溪的支流、苏坑溪、桂溪、薯沙溪三条溪流的源头，均呈树枝状水系。桂溪集水区面积 4 328 hm²，薯沙溪集水区面积 1 311 hm²，苏坑溪集水区面积

5 376 hm²。河流面窄，河床中多砾石，是典型的山地性河流，其特点是坡降大，水流急，雨量充沛，水力资源丰富。

（3）气候

保护区属中亚热带海洋性季风气候区，四季分明，气候温暖湿润，光、热、水条件优越。根据永安市气象资料记录，保护区内年平均气温15℃，最冷月（1月）均温5℃，最热月（7月）均温23℃，极端高温40℃，极端低温−11℃，大于或等于10℃的活动积温4 500～5 800℃，无霜期约290天，年平均降雨量2 039 mm，多集中于5—9月，年平均相对湿度80%。

3.1.1.2 保护区野生动植物资源概况

3.1.1.2.1 野生植物资源

（1）植物资源概况

据不完全统计，福建天宝岩国家级自然保护区内共有维管束植物资源185科688属1 512种，其中蕨类植物37科71属168种（含6变种），裸子植物8科20属27种（含2变种，1栽培变种），被子植物140科597属1 316种（含76变种，6亚种，4栽培变种，4变型），包括双子叶植物118科470属1 053种（含56变种，6亚种，4变型），单子叶植物22科127属263种（含20变种，4栽培变种）。详见表3-1。

表 3-1　福建天宝岩国家级自然保护区维管束植物类群表

类群	科	属	种	变种	栽培变种	亚种	变型
蕨类植物	37	71	168	6			
裸子植物	8	20	27	2	1		
被子植物	140	597	1 316	76	4	6	4
合计	185	688	1 512	84	5	6	4

注：上表数据引自《福建天宝岩自然保护区综合考察报告》。

本区植物区系在吴征镒先生的植物区系系统中属于泛北极植物区，中国—日本森林植物亚区，地带性植被为常绿阔叶林，主要类型有甜槠（*Castanopsis eyrei*）林、米槠（*Castanopsis carlesii*）林、丝栗栲（*Castanopsis rargesn*）林、钩栲（*Castanopsis tibetana*）林、闽粤栲（*Castanopsis fissarehd*）林、罗浮栲（*Castanopsis fabri*）林、黑锥（*Castanopsis nigrescens*）林、阿丁枫（*Auinga gracilipes*）林、木荷（*Schima Superba*）林，分布于海拔580～1 200 m地带。且随着海拔的递增，依次梯度分布有常绿针叶林、常绿针阔叶混交林、中山苔藓矮曲林，植被的垂直梯度带谱分布极其典型。根据《福建天宝岩自然保护区综合考察报告》一书记载，区内有常绿针叶林、常绿阔叶林、山顶苔藓矮曲林、常绿针阔混交林、落叶阔叶林、竹林、泥炭藓沼泽、灌丛等8个植被型；有长苞铁杉林、甜槠林、黑锥林、阿丁枫林、木荷林、亮叶水青冈（*Pagus lucida*）林、猴头杜鹃矮林、水竹（*Phyllostachys heteroclada*）林、满山红（*Rhododendron mariesii*）灌丛、棘芒-野古草（*Arundinella anomala*）草丛、水竹泥炭藓沼泽等 39 个群系；以及长苞铁杉-猴头杜鹃-延羽卵果蕨（*Phegopteris decursivepinnata*）、甜槠-溪畔杜鹃（*Rhododendron rivulare*）-里白（*Hicriopteris glauca*）、猴头杜鹃-光叶铁仔（*Myrsine stolonifera*）-狗脊（*Woodwardia japonica*）等 52 个群丛。

（2）国家重点保护野生植物资源

依据《国家重点保护野生植物名录（第一批）》和《福建天宝岩自然保护区综合考察报告》，天宝岩保护区内有分布的国家重点保护野生植物共有 14 科 21 种，其中国家 I 级重点保护植物 5 种，国家 II 级重点保护植物 16 种。详见表 3-2。

表 3-2 福建天宝岩国家级自然保护区有分布的国家重点保护植物名录

中文名	学名	保护级别
蕨类植物 Pteridophyte		
蚌壳蕨科	Dicksoniaceae	
金毛狗	*Cibotium barometz*	II
桫椤科	Cyatheaceae	
粗齿桫椤	*Alsophila denticulata*	II
黑桫椤	*Alsophila podophylla*	II
裸子植物 Gymnospermae		
银杏科	Ginkgoaceae	
银杏	*Ginkgo biloba*	I
松科	Pinaceae	
金钱松	*Pseudolarix amabilis*	II
红豆杉科	Taxaceae	
南方红豆杉	*Taxus chinensis* var. *mairei*	I
香榧	*Torreya grandis*	II
苏铁科	Cycadaceae	
苏铁	*Cycas revoluta*	I
四川苏铁	*Cycas szechuanensis*	I
柏科	Cupressaceae	
福建柏	*Fokienia hodginsii*	II
被子植物 Angiosperm		
伯乐树科	Bretschneideraceae	
伯乐树（钟萼木）	*Bretschneidera sinensis*	I
金缕梅科	Hamamelidaceae	
半枫荷	*Semiliquidambar cathayensis*	II
樟科	Lauraceae	
樟树（香樟）	*Cinnamomum camphora*	II
浙江楠	*Phoebe chekiangensis*	II
闽楠	*Phoebe bournei*	II

中文名	学名	保护级别	
蝶形花科	Papilionaceae		
花榈木	*Ormosia henryi*		II
红豆树	*Ormosia hosiei*		II
野大豆	*Glycine soja*		II
木兰科	Magnoliaceae		
凹叶厚朴	*Magnolia officinalis* subsp. *biloba*		II
蓝果树科	Nyssaceae		
喜树	*Camptotheca acuminata*		II
茜草科	Rubiaceae		
香果树	*Emmenopterys henryi*		II

3.1.1.2.2 野生动物资源

根据不完全统计，保护区内野生脊椎动物共有 32 目 86 科 405 种，占全省陆生脊椎动物种类的 53.4%。其中，兽类 8 目 21 科 68 种，占福建省兽类总种数的 64.4%；鸟类 18 目 46 科 232 种，占福建省鸟类总种数的 42.7%；爬行类 3 目 12 科 74 种，占福建省爬行类总种数的 64.4%；两栖类 2 目 7 科 31 种，占福建省总种数的 70.5%。此外，区内昆虫 32 目 230 科 1 154 种（含蜱螨亚纲 4 目 17 科 38 种），占全省昆虫种类的 24.3%。

依据《国家重点保护野生动物名录》（1988 年 12 月 10 日，国务院），保护区内有分布的国家重点保护野生动物有豹（*Panthera pardus*）、虎纹蛙（*Rana tigrina*）等 11 目 18 科 48 种。其中国家 I 级重点保护动物有金钱豹、云豹等 7 种，国家 II 级重点保护动物有短尾猴、穿山甲等 41 种。

3.1.1.3 社会经济状况

福建天宝岩自然保护区（实验室）内现有西洋镇桂溪村勾墩坪、香木岭、南后、上坪乡上坪村西溪、青水乡丰田村三百寮等 5 个自然村，合计 111 户 459 人。保护区周边区域有 3 个乡镇，10 个行政村 39 个自然村，合计 1 604 户，总人口 6 481 人，村民以农业为主，种植水稻（*Oryza sativa*）、水果、蔬菜等，经营毛竹（*Phyllostachys edulis*）（砍竹、挖笋、制笋干）以及养蜂等。

保护区总面积 11 015.38 hm²，其中，核心区 3 401.56 hm²，缓冲区 2 678.92 hm²，实验区 4 934.90 hm²。区内林业用地 10 661.71 hm²，占自然保护区总面积的 96.79%，在林业用地中，有林地面积 10 457.38 hm²，占 98.08%，灌木林地 204.33 hm²，占 1.92%，森林覆盖率达 96.8%，活立木蓄积约 928 724 m³。

根据自然保护区实际情况，保护区坚持以社会工作为基础的原则，正确处理保护与发展这一主要矛盾，将社会经济工作纳入自然保护区的议事日程，认真实施社区参与式管理，做了许多有益工作。大力支持社区群众搞好毛竹丰产培育工作，及时给予技术指导，提供优质服务，建立科技示范户，引导群众走科技兴林之路。在办公经费十分紧张的情况下，挤出部分资金扶持社区建设，如维修林业便道、改造通讯线路、改造村民生活饮用水等，进一步改善了基础设施状况，促进了社区经济的发展。社区经济与保护事业能够协调发展。

3.1.2 福建天宝岩保护区国家重点保护植物实地调查

3.1.2.1 调查时间和方法

野外调查时间为 2008 年 9 月 26 日至 10 月 1 日。

野外调查的方法主要采取线路调查与样方调查相结合，根据天宝岩自然保护区的功能区划图，选择具有代表性的生境区域开展野外线路调查，采用全球定位系统（GPS）详细记录沿途调查路线以及发现的国家重点保护野生植物的地理坐标。野外调查路线详见图 3-1。

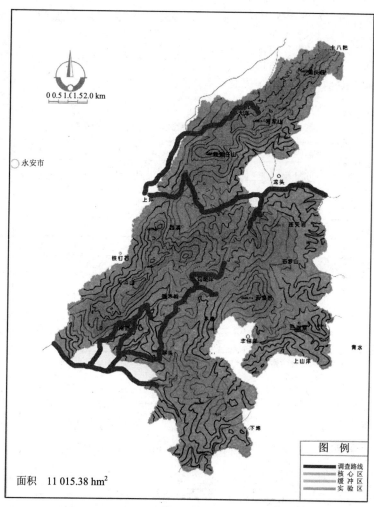

图 3-1 天宝岩国家级自然保护区野外调查路线图

在保护区国家重点保护野生植物分布较为集中或典型的区域，设置样地，对样地内的植物种类及群落特征进行详细调查，统计并记录所观察到的国家重点保护植物及其伴生植物种类，并分别设置 10 m×10 m 的乔木样方、5 m×5 m 的灌木样方和 1 m×1 m 的草本样方，记录样方内国家重点保护植物及伴生植物的株数、高度、胸径、盖度、优势度等数据，同时拍摄国家重点保护植物以及相关群落外貌照片，并拍摄一些伴生植物的照片（详见附图版 1～附图版 5，114～118 页）。

在野外调查的基础上，收集天宝岩自然保护区相关本底资料和历史数据信息，并对周边社区居民和保护区管理人员进行座谈与走访调查，对调查结果进行综合分析和讨论。

3.1.2.2 调查结果

实地调查中，共设置了 4 条大的调查线路，详细调查了 18 个样地，并共设置了 38 个样方，其中乔木样方 12 个、灌木样方 12 个、草本样方 14 个，对保护区内各功能区进行了比较详细的调查。

结果实地共发现了国家重点保护野生植物 7 科 10 种，其中国家Ⅰ级重点保护植物 3 种，国家Ⅱ级重点保护植物 8 种，详见表 3-3。

表 3-3　实地调查发现的国家重点保护野生植物

中文名	保护级别	学名	科名
南方红豆杉	Ⅰ	*Taxus chinensis* var. *mairei*	红豆杉科
香榧	Ⅱ	*Torreya grandis* cv. *merrillii*	
福建柏	Ⅱ	*Fokienia hodginsii*	柏科
伯乐树	Ⅰ	*Bretschneidera sinensis*	伯乐树科
闽楠	Ⅱ	*Taxus chinensis*	樟科
香樟	Ⅱ	*Cinnamomum camphora*	
凹叶厚朴	Ⅱ	*Magnolia officinalis* ssp. *biloba*	木兰科
野大豆	Ⅱ	*Glycine soja*	蝶形花科
山豆根*	Ⅱ	*Euchresta japonica*	
半枫荷	Ⅱ	*Semiliquidambar cathayensis*	金缕梅科

注：* 在《福建天宝岩自然保护区综合考察报告》一书的国家重点保护野生植物名录中未收录。

本次实地调查中还发现了国家Ⅱ级重点保护植物蝶形花科山豆根（*Euchresta japonica*），该种在《福建天宝岩自然保护区综合考察报告》的植物名录中有记载，但未被综合考察报告中国家重点保护野生植物名录所收录，从而使天宝岩保护区内有分布的国家重点保护植物总数增加到 22 种。

部分调查样方详见表 3-4 和附表 1～附表 9（见 119-125 页）。

表 3-4　天宝岩保护区实地调查的部分样方表

编号	生境	经纬度	海拔/m	功能区	保护种类
1	竹林内	N: 25°54.398′; E: 117°29.699′	859	实验区	南方红豆杉
2	竹林内	N: 25°57.333′; E: 117°32.550′	742	实验区	香榧
3	竹林内	N: 25°57.617′; E: 117°33.283′	687	实验区	福建柏
4	阔叶林内	N: 25°55.433′; E: 117°32.683′	707	核心区	伯乐树
5	竹林内	N: 25°53.227′; E: 117°29.700′	580	实验区	闽楠
6	阔叶林内	N: 25°57.138′; E: 117°33.200′	714	实验区	香樟
7	竹林内	N: 25°57.750′; E: 117°35.300′	647	实验区	半枫荷
8	路边	N: 25°53.250′; E: 117°29.500′	628	实验区	野大豆
9	阔叶林内	N: 25°55.867′; E: 117°32.200′	921	核心区	山豆根

3.1.2.3　实地调查发现的国家重点保护植物保护现状及分析

实地调查中，课题组共发现 7 科 10 种国家重点保护植物，通过对这 10 种保护植物的详细调查分析，初步查明了其在天宝岩自然保护区内的分布地点、种群数量、年龄结构和分布特点等基础资料，结合对历史本底资料的整理与分析，初步掌握了这些保护植物在保护区内的变化动态和保护成效。

通过对调查过程中出现的国家重点保护野生植物点位的地理坐标的记录，绘制出国家重点保护野生植物在天宝岩保护区内的分布图，详见图 3-2。

（1）南方红豆杉（*Taxus chinensis* var. *mairei*）

南方红豆杉隶属于红豆杉科红豆杉属，是我国特有的第三纪孑遗植物，被称为植物王国里的"活化石"，在其分布区内呈星散分布，种群数量稀少，被列为国家 I 级重点保护植物。南方红豆杉为常绿乔木，叶螺旋状着生，排成两列，条形，微弯或近镰状，长 1～3 cm，宽 2.5～3.5 cm（萌生或幼苗更长可达 4 cm，宽可达 5 mm），先端渐尖，上面中脉凸起，中脉带上有排列均匀的乳头点，或完全无乳头点，下面有两条黄绿色气孔带，边缘常不弯曲，绿色边带较宽。雌雄异株，球花单生叶腋；雌球花的胚珠单生于花轴上部侧生短轴的顶端，基部托以圆盘状假种皮。种子倒卵形，微扁，先端微有二纵脊，生于红色肉质杯状假种皮中。南方红豆杉分布于遵义、凤冈、梵净山、雷公山、瓮安、镇远、天柱、锦屏、黎平及荔波等地。我国台湾、福建、浙江、安徽、江西、湖南、湖北、陕西、四川、云南、广西、广东亦产。模式产地在贵州梵净山。

实地调查发现，天宝岩保护区内南方红豆杉在山谷、溪边腐殖质较多的地方有分布，在一些竹林内也有散生。例如，在沟墩坪至天歌溪的沟谷中有集中分布，沟谷位于阴坡，阴暗潮湿，平均盖度大于 90%。在天歌溪有南方红豆杉较大的集中分布区，在长约 300 m 的沟谷两侧共有 50 株南方红豆杉组成的群落，平均树高和胸径分别为 6.5 m 和 7 cm，群落面积约 1 hm²。主要伴生乔木种有拟赤杨（*Alniphyllum fortunei*）、树参（*Dendropanax* dentiger）、红楠（*Machilus thunbergii*）、缺萼枫香（*Liquidambar acalycina*）、南酸枣（*Choerospondias axillaria*）、黄瑞木（*Adinandra millettii*）、石楠（*Photinia serrulata*）等；灌木有毛冬青（*Ilex pubescens*）、杜茎山（*Maesa japonica*）、朱砂根（*Ardisia crenata*）、刺毛杜鹃（*Rhododendron championae*）、格药柃（*Eurya muricata*）、乌药（*Lindera aggregata*）等；草本有淡竹叶（*Lophatherum gracile*）、胎生狗脊蕨（*Woodwardia prolifera*）、里白、寒莓（*Rubus buergeri*）、华东瘤足蕨（*Plagiogyria japonica*）、江南卷柏（*Selaginella moellendorffii*），优势种有拟赤杨、乌药、淡竹叶等。该群落位于核心区内，由于生境比较偏僻，人为活动很少，生境很少受到人为干扰，群落内南方红豆杉长势良好，部分树已经结实，灌木层南方红豆杉幼树和幼苗也较多，种群数量呈现增加趋势。

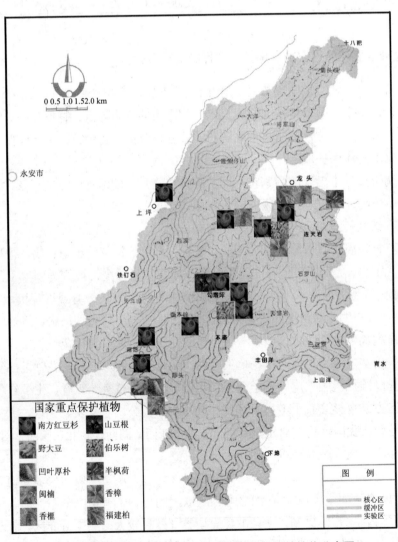

图3-2 天宝岩保护区调查发现的国家重点保护植物分布图

　　调查组在实地调查过程中，在路上也看见了不少散生的南方红豆杉大树，其中有两处的南方红豆杉较大，一处植株高约 21 m，胸径约 100 cm，生长状况良好，在这株红豆杉周围还有两株较小的红豆杉，均已经结实。伴生种主要有红楠、荚蒾（*Viburnum dilatatum*）、水丝梨（*Sycopsis Oliv*）、华紫珠（*Callicarpa cathayana*）、白檀（*Symplocos paniculata*）、梨茶（*Camellia octopetala*）、铁冬青（*Ilex rotunda*）、空心泡（*Rubus rosaefolius*）、黄丹木姜子（*Litsea elongata*）、冠盖藤（*Pileostegia viburnoides*）、紫萼（*Hosta ventricosa*）、金线草（*Antenoron filiforme*）、求米草（*Oplismenus undulatifolius*）、牛膝（*Radix achyranthis*）、里白等。另一株大树植株高约 20 m，胸径约 1.26 m，有 500 年以上的树龄了，该株树生长状况良好，有少量结实。据保护区人员介绍，这株树和周边的柳杉大树都是作为风水树而保存下来的。

　　另外有不少南方红豆杉及其小群落散生于毛竹林内，在南后村调查时便发现一片位于沟谷内的南方红豆杉小群落，该群落已经被毛竹包围，生境内生物多样性较低。沟谷顶端也完全被毛竹林侵占，群落内残存 3 株南方红豆杉中树，平均树高和胸径分别为 7 m 和 10 cm，以及 4 株小树，还有 10 株左右的小苗，其中一株中树顶端已枯死，另外两棵结实率也很低。该南方红豆杉群落所在的沟谷正好被当地群众用于砍伐毛竹的滑道，由于受人为干扰和破坏比较大，种群呈现退化趋势，群落内南方红豆杉数量正在减少，需要加强对该区域的就地保护。

　　实地拍摄的南方红豆杉及其生境见照片 3-1 和照片 3-2。

照片 3-1　南方红豆杉

照片 3-2　南方红豆杉生境

（2）伯乐树（*Bretschneidara sinensis*）

　　伯乐树隶属于伯乐树科伯乐树属，是我国特有的、古老的单种科和残遗种。它在研究被子植物的系统发育和古地理、古气候等方面都有重要科学价值，被列为国家 I 级重点保护植物。伯乐树为落叶乔木，高达 20 m，胸径 60 cm。奇数羽状复叶，小叶 7～13。大型总状花序顶生，花粉红色。蒴果近球形，棕色。种子橙红色。伯乐树的树体雄伟高大，绿荫如盖，主干通直，出材率高，在阔叶树中十分少见；花大，顶生总状花序，粉红色，非常可爱；蒴果梨形，暗红色，5—6 月开花，10—11 月果熟。伯乐树在我国云南东部、贵州、广东、广西、四川、湖北、湖南、福建、江西等省区均有分布，主要分布于浙江省庆元、龙泉、遂昌、云和、泰顺等市（县）。

此次调查在天宝岩保护区内共发现有两处伯乐树群落，一处位于沟墩坪附近，该群落分布在一块砍伐毛竹后形成的较为平坦的林窗内和毛竹林内，经过仔细调查，在群落周围没有发现伯乐树大树，仅发现 25 株幼树和更新苗，平均株高约 60 cm，分布面积约 400 m²，主要伴生种有毛竹、缺萼枫香、樟叶荚蒾（Viburnum cinnamomifolium）、东方古柯（Erythroxylum dunthianum）、肥肉草（Fordiophyton fordii）、苦竹（Sinobambusa tootsik）、乌药、东南悬钩了（Rubus tsangorum）、黄连木（Pistacia chtnensts）、黄檀（Dalbergia hupeana）、金毛耳草（Hedyotis chrysotricha）、求米草、荩草（Arthraxon hispidus）、狗脊蕨（Woodwardia japonica）、寒莓、淡竹叶、赤车（Pellionia radicans）、珍珠菜（Lysimachia clethroides）、苔草属（Carex）等，优势种有毛竹、东南悬钩子等。据资料记载，在该区域曾经有伯乐树的大树存在，但由于毛竹的侵入，以及人为的破坏，伯乐树大树已经非常罕见了。该伯乐树群落的年龄结构极不合理，虽然有 20 株幼树和幼苗，但由于位于竹林内，且生境受人为干扰比较大，如不采取有效的措施，该伯乐树群落将永久消失。

另一处位于南溪旁边，该群落主要沿南溪溪边分布，伯乐树主要散生于常绿落叶阔叶混交林中，面积约 2 500 m²，有 40 多株，平均树高和胸径分别为 6 m 和 5.5 cm，植株高度和胸径比较一致，没有发现大树。我们在该群落内设置了 10 m×10 m 的样方，详细记录了伯乐树自然生境中伴生植物种类等数据。调查发现，主要伴生种有拟赤杨、深山含笑（Michelia maudiae）、东南山茶（Camellia editha）、南酸枣、南方红豆杉、笔罗子（Meliosma rigida）、钝齿冬青（Ilex Crenata）、酸藤子（Embelia laeta）、尖连蕊茶（Camellia cuspidata）、尾叶山茶（Camellia caudata）、阔叶箬竹（Indocalamus latifolius）、狗脊蕨、草珊瑚（Sarcandra glabra）、苔草（Carex tristachya）、流苏子（Thysanospermum diffusum）、五叶木通（Akebia quinata）、显齿蛇葡萄（Ampelopsis grossedentata）等，优势种有拟赤杨、南酸枣、东南山茶、阔叶箬竹等。保护区在 2002 年也曾组织专门调查，在附近也未发现母树，那时幼树平均树高和胸径分别只有 3.4 m 和 3.07 cm。由于该区域受人为影响较小，经过 6 年的生长，虽然伯乐树数量增加较少，但是平均树高和胸径都有较大增加，现在，整个群落呈现较好的发展趋势。

实地拍摄的伯乐树及其生境见照片 3-3 和照片 3-4。

照片 3-3 伯乐树幼株

照片 3-4 伯乐树生境

在 2002 年，保护区已经开始对伯乐树群落进行动态监测，设置了一个伯乐树群落的长期监测样地，并竖立了一个监测牌。当时，该群落内伯乐树的平均树高和胸径分别只有 3.4 m 和 3.07 cm，经过 6 年的生长，现在，群落内伯乐树平均树高和胸径分别有 6 m 和 5.5 cm。通过定期对伯乐树群落进行监测，了解伯乐树种群数量动态变化，从而有效地制定对伯乐树的就地保护策略。

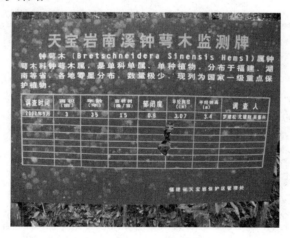

照片 3-5 伯乐树样地监测牌

（3）福建柏（*Fokienia hodginsii*）

福建柏隶属于柏科福建柏属，是主产我国的单种属植物，在科研上具有特殊价值，为国家Ⅱ级重点保护植物。福建柏是常绿乔木，高达 30 m 或更高，胸径达 1 m。树皮紫褐色，近平滑或不规则长条片开裂。叶鳞形，小枝上面的叶微拱凸，深绿色，下面的叶具有凹陷的白色气孔带。雌雄同株，球花单生小枝顶端。花期 3 月中旬至 4 月，球果翌年 10 月成熟，直径 1.7～2.5 cm，成熟时褐色。福建柏分布于我国福建、江西、浙江南部、湖南南部、广东北部、四川东南部、广西北部、贵州东南部，以及云南的中部和东南部，以福建中部最多。多散生于常绿阔叶林中，偶有小片纯林。

经过野外实地调查发现，福建柏在天宝岩保护区主要分布于社区居民住处周边的风水林中，植株数量很少。如在青水管理所附近居民房后的风水林中，共发现福建柏大树 3 株，平均树高和胸径为 8 m 和 15 cm，植株均没结实，周围有 6 株幼树和幼苗。我们在一户居民房后福建柏较多的山坡上设置 10 m×10 m 样地，详细记录了福建柏生境中伴生植物种类等数据。伴生种主要有毛竹、杉木（*Cunninghamia lanceolata*）、构栲（*Castanopsis tibetana*）、棕榈（*Trachycarpus fortunei*）、多花勾儿茶（*Berchemia floribunda*）、算盘子（*Glochidion puberum*）、梵天花（*Urena procumbens*）、华箬竹（*Indocalamus sinicus*）、鸭儿芹（*Cryptotaenia japonica*）、狗脊蕨、水蓼（*Polygonum hydropiper*）、胜红蓟（*Ageratum conyzoides*）、豨莶（*Siegesbeckia orientalis*）等。由于福建柏生长在毛竹林内或者林缘，且幼树和幼苗容易受到人为破坏，因此群落内福建柏扩散比较困难，种群数量没有增加的趋势，只要其生境不受到人为的严重破坏，种群数量在一定时间内将保持稳定。据保护区内专业人员介绍，福建柏在保护区内的分布数量也不是很多，但是由于毛竹林的扩大，福建柏生境遭到了严重破坏，现在仅在一些风水林内有残存，种群数量较 20 世纪 90 年代有所减少。

实地拍摄的福建柏及其生境见照片 3-6 和照片 3-7。

照片 3-6　福建柏

照片 3-7　福建柏生境

（4）香榧（*Torreya grandis*）

香榧隶属于红豆杉科榧属，是世界上稀有的珍贵经济树种，被列为国家 II 级重点保护植物。香榧是常绿乔木，高可达 25 m，树干端直，树冠卵形，干皮褐色光滑，老时浅纵裂，冬芽褐绿色常 3 个集生于枝端，小枝近对生或近轮生，叶条形，长 1.2～2.5 cm，宽 2～4 mm，螺旋状着生，在小枝上呈两列展开，叶端具刺状尖头，基部聚缩成短叶柄，叶表深绿光亮，微凹而中脉不显，叶背中脉两侧有两条与中脉等宽的黄色气孔带，雌雄异株，雄球花单生于叶腋，雌球花对生于叶腋，种子大形，核果状，长 2～4 cm，为假种皮所包被，假种皮淡紫红色，被白粉，种皮革质，淡褐色，具不规则浅槽，花期 5 月，果熟翌年 9 月。香榧为中国原产树种。主产江苏南部、浙江、福建、江西、安徽、湖南、贵州等地，以浙江诸暨、东阳分布最多。

实地调查发现，天宝岩保护区内香榧分布较少，仅在青水管理所附近发现一个小的香榧群落，面积约 1 500 m²，该群落已经被毛竹所包围，群落内仅有 7 株香榧大树，有的树龄已经超过 200 多年，属于古树，未发现幼树及更新苗，平均树高和胸径分别为 18 m 和 80 cm，其中最大一株树的树高和胸径达 28 m 和 137 cm。群落内物种多样性极低，乔木层除了香榧和毛竹之外没有其他树种，灌木层和草本层植物也很少，主要有紫苏（*Perilla frutescens*）、空心泡、苔草属、求米草等。这几株香榧的生长状况较好，正在结实，部分种子已经成熟，在树下能够拾到从树上掉下来的种子。据保护区管理站工作人员介绍，这几株香榧几乎每年都结实，且结实率较高，但是因为香榧种子在市场上可以直接换取货币，因此，每当香榧种子成熟时，就有当地群众来拾掉在地上的香榧种子，加之野生动物的取食，导致能够幸免保存的种子数量越来越少。这样便严重影响了香榧的自然更新和繁殖，使得香榧的年龄结构极不合理，种群呈现衰退趋势，数量正在减少。

另外，在青水管理所旁边发现一株移植的香榧，树高和胸径分别为 5 m 和 16 cm，该株香榧的生长状况较差，树顶已经出现较多枯枝，没有结实，伴生种主要有梅花（*Prunus mume*）、野艾蒿（*Artemisia lavandulaefolia*）、葛藤（*Pueraria lobata*）、胜红蓟、苍耳（*Xanthium sibiricum*）、狗尾草（*Setaria viridis*）、山莴苣（*Lactuca indica*）、婆婆针（*Bidens bipinnata*）、革命菜（*Gynura crepidioides*）等。

实地拍摄的香榧及其生境见照片 3-8 和照片 3-9。

照片 3-8　香榧

照片 3-9　香榧古树生境

（5）半枫荷（*Semiliquidambar cathayensis*）

半枫荷隶属于金缕梅科半枫荷属，半枫荷具有枫香属和蕈树属的混合特征，在研究系统进化上具有重要意义，被列为国家Ⅱ级重点保护植物。半枫荷是常绿大乔木，高可达20 m。树皮灰色，不开裂，略粗糙。嫩枝无毛；叶簇生于枝顶，革质，卵状椭圆形。叶掌状2～3裂，裂片向上举，或不分裂，长圆形，有三出脉，无毛，边缘有锯齿；叶柄长2.5～4 cm；托叶线形，长5～8 mm。花单性，雌雄同株。雄头状花序排成总状，生于枝顶叶腋。长6 cm，无花瓣，每花苞片3～4枚，雄蕊多数。雌头状花序常单生于枝顶叶腋，具2～3枚苞片，无花瓣，萼齿针形，长3～6 mm。花柱长6～8 mm，先端反卷。头状果序近球形，基部平截，有蒴果20～28个；蒴果具宿存萼齿及花柱，上半部突出头状果序之外。种子有棱，无翅。半枫荷主产于广东、广西、贵州、江西、福建。

经过野外实地调查，调查组仅在一家农户的屋后发现一株半枫荷，该株半枫荷的树高和胸径分别为5 m和13 cm，生长状况良好，但是没有结实。我们对这株半枫荷的周边区域进行了详细调查，没有发现其他半枫荷植株及幼树和幼苗。伴生种主要有毛竹、阿丁枫（*Altingia chinensis*）、木荷、杉木、梵天花、高粱泡（*Rubus lambertianus*）、山莓（*Rubus corchorifolius*）、寒莓（*Rubus buergeri*）、华中蹄盖蕨（*Allantodia chinensis*）、山蚂蝗（*Desmodium racemosum*）、下田菊（*Adenostemma lavenia*）、里白等。据保护区管理站工作人员介绍，半枫荷在该区域曾经有一定的种群数量，现在已经几乎没有了。只是因为毛竹的侵入和人为的干扰破坏，使得半枫荷在该区域内的数量越来越少。

实地拍摄的半枫荷及其生境见照片3-10和照片3-11。

照片3-10　半枫荷

照片3-11　半枫荷生境

（6）香樟（*Cinnamomum camphora*）

香樟隶属于樟科樟属，是国家Ⅱ级重点保护植物。香樟是常绿性乔木，高可达50 m，树龄可达数百至上千年，为优秀的园林绿化林木。树皮幼时绿色，平滑，老时渐变为黄褐色或灰褐色纵裂；冬芽卵圆形。叶互生，薄革质，卵形或椭圆状卵形。长 5～10 cm，宽 3.5～5.5 cm，顶端短尖或近尾尖，基部圆形，离基 3 出脉，近叶基的第一对或第二对侧脉长而显著。背面微被白粉，脉腋有腺点。花绿白色或带黄色，长约 3 mm。能育雄蕊 9，花丝被短柔毛。退化雄蕊 3，长约 1 mm，被短柔毛。花梗长 1～2 mm，无毛；圆锥花序腋出。球形的果实成熟后为黑紫色，直径约 0.5 cm。花期 4—5 月，果期 10—11 月。香樟分布于长江以南及西南，生长区域垂直海拔可达 1 000 m，尤其以四川省宜宾地区和江西樟树市生长面积最广。

课题组在野外实地调查过程中，仅在南溪旁边发现有香樟散生于阔叶林内，共发现 4 株，均为大树，平均高度和胸径为 15 m 和 32 cm，分布面积约 1 500 m²，4 株均未结实，我们对香樟周围区域进行了详细的调查，没有发现其他香樟的幼树和幼苗，种群出现退化趋势，群落数量正在减少。我们以一株香樟为中心，设置了 10 m×10 m 的样方，详细记录了香樟自然生境中伴生植物种类等数据。结果发现，主要伴生植物有甜槠、罗浮栲、红楠、树参（*Dendropanax chevalieri*）、青冈栎（*Cyclobalanopsis glauca*）、乳源木莲（*Manglietia yuyuanensis*）、拟赤杨、润楠（*Machilus nees*）、矩形叶鼠刺（*Itea chinensis*）、钝齿冬青（*Ilex crenata*）、木莓（*Rubus swinhoei*）、狗脊蕨、华箬竹、楼梯草等，优势种有甜槠、木莓等。

实地拍摄的香樟及其生境见照片 3-12 和照片 3-13。

照片 3-12　香樟　　　　　　　　　　照片 3-13　香樟生境

（7）闽楠（*Phoebe bournei*）

闽楠隶属于樟科楠属，为名贵建筑用材，星散分布于中亚热带常绿阔叶林地带，由于过度砍伐，植株日益减少，被列为国家Ⅱ级重点保护植物。闽楠为常绿大乔木，高达 40 m，胸径可达 1.5 m。树干端直，树冠浓密；树皮淡黄色，呈片状剥落；小枝有柔毛或近无毛；冬芽被灰褐色柔毛。叶革质，披针形或倒披针形，长 7～13 cm，宽 2～4 cm，先端渐尖或长渐尖，基部渐窄或楔形，下面被短柔毛，脉上被长柔毛，中脉在上面下凹，侧脉 10～14 对，在下面凸起，网脉致密，在下面呈明显的网格状；叶柄长 0.5～2 cm。圆锥花序生于新枝中下部叶腋，紧缩不开展，被毛，长 3～7 cm。花小，黄色，花被裂片卵形，长约 4 mm，两面被短毛。第 1、2 轮雄蕊花丝疏被柔毛，第 3 轮密被柔毛，腺体近无柄。果椭圆形或长圆形，长 1.1～1.5 cm，直径 6～7 cm；宿存花被裂片紧贴。花期 4—5 月，果期 10—11 月。主要分布于浙江、福建、江西、广东、广西、湖南、湖北、贵州。

　　在实地调查过程中，课题组仅在一家农户屋后的风水林中发现一小片毛竹和闽楠混交林，分布面积大约有 2 400 m²，优势种为闽楠，经过我们仔细的调查，发现该群落内有闽楠大树 6 株，平均高度和胸径为 19 m 和 28 cm；中树 9 株，平均高度和胸径为 8 m 和 10 cm；还有少量的闽楠幼树和幼苗。主要伴生乔木有毛竹、红楠、阿丁枫、甜槠、闽粤栲、沉水樟（*Cinnamomum micranthum*）、罗浮栲等；灌木有琴叶榕（*Ficus lyrata*）、朱砂根、赤楠（*Syzygium buxifolium*）、东南悬钩子（*Rubus tsangorum*）、闽楠等；草本有淡竹叶（*Herba loophatheri*）、荩草、狗脊蕨、金毛耳草、地菍（*Melastoma dodecandrum*）等；层外植物有毛花猕猴桃（*Actinidia eriantha*）、土茯苓（*Rhizoma Smilacis*）、菝葜（*Smilax china*）、络石（*Trachelospermum jasminoides*）等。该群落内有两株大的闽楠曾经被砍伐，被砍的树桩上现在已经萌生了闽楠枝条。通过走访周围的群众得知，该片闽楠群落是作为风水林而保留下来的，由于受到毛竹的侵入和人为的大量干扰，该群落内闽楠数量正逐渐减少，群落呈现退化趋势。

　　实地拍摄的闽楠及其群落见照片 3-14 和照片 3-15。

照片 3-14　闽楠

照片 3-15　闽楠群落

　　（8）凹叶厚朴（*Magnolia officinalis* subsp. *biloba*）

　　凹叶厚朴隶属于木兰科木兰属，是厚朴的亚种。由于过度滥伐森林和大量剥取树皮药用，导致分布范围迅速缩小，成年野生植株极少见，被列为国家 II 级重点保护植物。凹叶厚朴为落叶乔木，高达 15 m，胸径 40 cm。小枝粗壮，幼时有绢毛。通常叶较小，侧脉较少。花大单朵顶生，直径 10～15 cm，白色芳香，与叶同时开放。聚合果顶端较狭尖。花期 5—6 月，果期 8—10 月。主要分布于分布安徽、浙江、福建、江西、湖南、湖北、贵州、广西、广东等地，海拔下限 400 m，海拔上限 1 200 m。

在野外实地调查中，调查组仅在西洋管理所不远的桂溪村一个农户的菜园旁边发现了 3 株凹叶厚朴，其中一株株高和胸径为 8 m 和 12 cm，另一株为 6 m 和 7 cm，旁边还有一株小苗，高 80 cm。其周围的伴生植物有五节芒（*Miscanthus floridulu*）、赤豆（*Phaseolus angularis*）、胜红蓟、箭叶蓼（*Polygonum sieboldii*）、野艾蒿等。在 20 世纪 90 年代，保护区内凹叶厚朴的数量并不多，由于凹叶厚朴具有较大的药用价值，遭到了过度的破坏，现在，凹叶厚朴在保护区内已经相当少了，濒临从保护区内消失的危险。

实地拍摄的凹叶厚朴及其生境见照片 3-16 和照片 3-17。

照片 3-16　凹叶厚朴　　　　　　　　　照片 3-17　凹叶厚朴生境

（9）野大豆（*Glycine soja*）

野大豆隶属于蝶形花科大豆属，是国家Ⅱ级重点保护植物。野大豆为一年生草本，茎缠绕、细弱，疏生黄褐色长硬毛。叶为羽状复叶，具 3 小叶；小叶卵圆形、卵状椭圆形或卵状披针形，长 3.5～5（6）cm，宽 1.5～2.5 cm，先端锐尖至钝圆，基部近圆形，两面被毛。总状花序腋生；花蝶形，长约 5 mm，淡紫红色；苞片披针形；萼钟状，密生黄色长硬毛，5 齿裂，裂片三角状披针形，先端锐尖；旗瓣近圆形，先端微凹，基部具短爪，翼瓣歪倒卵形，有耳，龙骨瓣较旗瓣及翼瓣短；雄蕊 10，9 与 1 两体；花柱短而向一侧弯曲。荚果狭长圆形或镰刀形，两侧稍扁，长 7～23 mm，宽 4～5 mm，密被黄色长硬毛；种子间缢缩，含 3 粒种子；种子长圆形、椭圆形或近球形或稍扁，长 2.5～4 mm，直径 1.8～2.5 mm，褐色、黑褐色、黄色、绿色或呈黄黑双色。野大豆在中国从南到北都有生长，甚至沙漠边缘地区也有其踪迹，但都是零散分布。

在实地调查过程中，课题组在天宝岩保护区内仅在西洋管理所附近桂溪村的一处菜地边发现了一片以野大豆为优势种的群落，群落面积约有 10 m²。调查发现，伴生植物主要有赤豆、狗尾草、狼尾草（*Pennisetum alopecuroides*）、野艾蒿、牛筋草（*Eleusine indica*）、败酱（*Patrinia scabiosaefolia*）、荩草、胜红蓟、苍耳、葎草（*Humulus scandens*）、光头稗（*Echinochloa colonum*）、稗（*Echinochloa crusgalli*）、箭叶蓼等。该群落内野大豆正在结实，而且结实率比较高，整个群落内野大豆数量呈现增长的趋势。但是最近几年，由于保护区内的道路建设等基础设施建设以及人为的大量干扰，野大豆的自然生境遭到了严重破坏，分布范围逐渐变窄，种群数量逐渐减少。

实地拍摄的野大豆及其群落见照片 3-18 和照片 3-19。

照片 3-18　野大豆

照片 3-19　野大豆群落

（10）山豆根（*Euchresta japonica*）

山豆根隶属于蝶形花科山豆根属，对研究蝶形花科植物的系统发育及中国—日本植物区系有一定价值，被列为国家 II 级保护植物。山豆根为常绿藤状灌木，高 30～100 cm。茎基部稍呈匍匐状，分枝少。幼枝、叶柄、小叶下面、花序及小花梗均被淡褐色绒毛。羽状复叶具 3 小叶，叶片近革质，稍有光泽，干后微皱，倒卵状椭圆形或椭圆形，长 4～9 cm，宽 2.5～5 cm，先端钝头，基部宽楔形或近圆形，全缘，侧脉 5～6 对。总状花序长 7～14 cm，总花梗长 3.5～7 cm；花蝶形，白色；萼长 3～4 mm，外被淡褐色短毛，萼齿极短，萼筒斜钟形；旗瓣长圆形，长 10～13 mm，翼瓣等长，龙骨瓣略短，近分离；雄蕊 10，二体，花药丁字形着生；子房椭圆形，子房柄长约 4 mm。荚果肉质，椭圆形，长 13～18 mm，熟时深蓝色或黑色，有光泽，不开裂，果皮薄；种子 1 枚，长 13～15 mm。花期 7 月，果期 9—10 月。山豆根零散分布于江西、广东、广西、浙江等部分地区海拔 1 000 m 以下的沟谷溪边常绿阔叶林下。

在实地调查中，课题组仅在沟墩坪的沟谷溪边发现了一小片山豆根群落，该群落面积约 8 m²，优势种为山豆根，主要伴生植物有翅柃（*Eurya alata*）、华东瘤足蕨、长穗苎麻、锦香草（*Phyllagathis cavaleriei*）、淡竹叶、凤仙花（*Impatiens balsamina*）、长生铁角蕨（*Asplenium prolongatum*）、楼梯草（*Zlatostema involucratum*）、花叶开唇兰（*Anoectochilus roxburghii*）等。山豆根正在结实，但结实率比较低，生长状况良好，但是由于山豆根对生境的要求比较严格，喜欢阴湿的环境，而阴湿的环境条件下，山豆根的传粉效率和种子萌发力都比较低，再加上其生长缓慢，严重制约了种群的扩大。人们对森林的破坏，使湿度、光照及土壤肥力等环境因素改变，导致了山豆根的生境恶化，加之由于山豆根（别名胡豆莲）具有较高的药用价值，当地人长期以来进行采挖，使得野生资源急剧下降，种群数量急剧减少。

实地拍摄的山豆根及其生境见照片 3-20 和照片 3-21。

照片 3-20 山豆根

照片 3-21 山豆根生境

通过对调查资料和本底资料的统计分析，天宝岩保护区内实地发现的国家重点保护植物的种群结构和分布特点详见表 3-5。

表 3-5 实地调查发现的国家重点保护野生植物的种群结构及分布特点

中文名	保护级别	种群数量	分布面积	年龄结构	种群变化趋势	分布特点
南方红豆杉	I	很多	较广	增长型	增加	散生或斑块分布
伯乐树	I	约 65 株	约 3 000 m²	增长型	增加	斑块分布
闽楠	II	约 25 株	约 2 400 m²	衰退型	减少	斑块分布
福建柏	II	仅 9 株	约 150 m²	衰退型	稳定	点状分布
凹叶厚朴	II	仅 3 株	15 m²	衰退型	稳定	点状分布
野大豆	II	约 20 株	8 m²	稳定型	减少	斑块分布
香榧	II	仅 8 株	约 1 500 m²	衰退型	减少	斑块分布
半枫荷	II	仅 1 株	16 m²	衰退型	减少	点状分布
香樟	II	仅 4 株	约 1 500 m²	衰退型	减少	零星分布
山豆根	II	约 15 株	10 m²	稳定型	减少	斑块分布

3.1.2.4 实地调查发现的国家重点保护植物保护现状评价

（1）南方红豆杉、伯乐树等部分重点保护植物的保护成效比较显著，种群数量有所增加

自从保护区建立后，砍伐原始林及南方红豆杉的现象有所减少，沟墩坪至天歌溪的区域得到了较好保护，里面分布的南方红豆杉的生境很少受到人为干扰，不仅散生了许多南方红豆杉大树，而其存在很多南方红豆杉的幼树和幼苗。在天歌溪的南方红豆杉群落内，野生植株长势良好，部分树已经结实，物种有扩散的趋势，种群数量呈现增加趋势。在南溪旁边分布的伯乐树群落的生境得到了较好保护，受人为影响较小，和本底资料相比，虽然伯乐树数量增加较少，但是平均树高和胸径都有较大增加，整个群落呈现较好的发展趋势。

（2）香榧、福建柏等多数重点保护植物的种群数量正在逐渐减少，种群极度衰退

香榧、福建柏、闽楠、半枫荷等重点保护植物由于遭到过度的采伐，现在只有少量种群存在，存留下来的种群大部分是因为作为风水林而得以保存，这些群落的生境已经受到毛竹的侵入，种群数量正在减少，种群极度衰退。由于保护区内的道路建设等基础设施建设以及人为的大量干扰，野大豆的自然生境遭到了严重破坏，分布范围逐渐变窄，种群数量逐渐减少。山豆根由于对生境的要求比较严格，传粉效率和种子萌发力都比较低，再加上其生长缓慢，严重制约了种群的扩大。加之由于山豆根具有较高的药用价值，当地人长期以来进行采挖，使得野生资源急剧下降，种群数量急剧减少。

3.1.3 保护区管理成效及存在问题

3.1.3.1 对国家重点保护植物的管理成效

（1）加强资源管护的力度，建立严格的巡护制度，对国家重点保护物种进行有效管护

保护区机构设置与人员配置比较健全，基础设施建设较为完善，可以保障日常管护任务的需要。目前，天宝岩保护区管理局下设西洋、青水和上坪 3 个管理所，每个管理所均有完善的管理场所，并配备了专业管理人员以及巡护车等管护设备，并在当地社区聘请经验丰富的居民担任护林员，定期对各自的管理片区进行日常巡护。其中西洋管理所条件最好，是原天宝岩省级自然保护区管理处所在地，为一幢三层的办公楼，基础条件较好。青水管理所由购买的几幢古民居组成，位于山间凹地中，与自然景观十分协调（见照片 3-22）。

保护区还设有防火瞭望台（见照片 3-23），在火灾高发期可以对保护区内林地进行有效观察和监控，有效地预防大的火灾发生。同时，保护区积极进行森林防虫害工作，定期对保护区内柳杉群落、马尾松中幼林和部分毛竹林实施预防性生物防治和防治效果调查。

照片 3-22　青水管理所　　　　　　　　　照片 3-23　防火瞭望台

（2）加强同高等院校、科研院所合作和交流，提升保护区科研能力和管理水平

多年来，保护区一直积极创造条件与复旦大学、厦门大学、南京林业大学、福建农林大学等高校和相关科研院所合作，邀请专家、学者前来保护区考察、研究，建立自然科学教育基地，开展了一系列合作研究项目。主要科研成果有包括出版了《福建天宝岩国家级自然保护区综合科学考察报告》，编制了《福建天宝岩国家级自然保护区总体规划》、《天宝岩自然保护区生态旅游规划》等；撰写了《天宝岩自然保护区植物资源调查报告及维管束植物名录》、《天宝岩自然保护区昆虫资源与病害调查报告》、《天宝岩自然保护区经营方案》、《竹阔混交林经营模式》等报告；完成了"南方山间盆地泥炭藓沼泽湿地价值与保护研究"、"长苞铁杉原始森林生态系统结构与功能的研究"、"猴头杜鹃原始森林生态系统结构与功能的研究"以及"长苞铁杉林群落'种子雨'的研究"等课题项目。通过密切的对外合作和交流，使保护区科研能力和管理水平得到了很大的提高。

（3）积极开展科教宣传活动，利用张贴标语、宣传牌等多种形式开展资源保护和森林防火的宣传教育

保护区把龙头至沟墩坪沿南溪一线区域划为科普宣教基地，对科普宣教基地内的一些重点保护植物和本土树种进行了挂牌宣传和保护。此外，保护区在青水管理所建立了一个植物标本馆和一个动物标本馆，利用古民居作为展览馆的陈列室，陈列了种类繁多的野生动植物标本，具有浓郁的地方特色，与自然景观也很协调。此外，天宝岩保护区已经建立了自己独立的网站，并不定期对内容和信息进行更新，通过网络交流和信息共享不仅进一步扩大了保护区的知名度，也进一步促进了科普宣教活动的开展，提高社会公众和社区居民对于国家重点保护植物的认识和了解，并建立起自觉保护的意识。

（4）积极搞好与保护区内及周边社区的关系

保护区管理局在经费紧张的条件下，拨出资金支持社区村道路硬化及汀海村、张坊村村容村貌整治建设；鼓励和支持社区村建设沼气池，在改善村民的生产生活条件同时，保

护区管护与居民生产生活矛盾得以缓和。2007 年 8 月 10 日，福建天宝岩国家级自然保护区联合保护委员会成立大会暨第一次全体会议在永安市召开，将保护区与当地政府及毗邻乡村等单位组成了一个联合保护管理组织，这个组织主要协调保护与发展之间的相关事宜，重点工作放在实验区，让社区积极参与到保护行动中来。在管理处的引导下，社区建立自助组织，实现社区共管。通过社区共管建设，大大缓解了社区和保护区资源保护的矛盾，对于区内国家重点保护植物的就地保护也具有重要意义。

3.1.3.2 保护区存在的主要问题

（1）保护区内人工毛竹林面积过大，已经严重威胁到自然生态系统及其中的珍稀濒危野生植物的繁衍

实地调查发现，在天宝岩保护区有些地方毛竹林已经蔓延至海拔 1 400 m 的高度，调查期间发现许多国家重点保护植物散生于毛竹林内，或者重点保护植物的小群落已经被竹林所包围，如闽楠群落、香榧群落均已经被毛竹所包围。由于毛竹的侵入，以及人为采伐毛竹时对重点保护植物生境的严重干扰，使得生境内物种多样性极低，严重阻碍了重点保护植物的自然更新和繁殖。调查过程中发现一处位于沟谷内的南方红豆杉小群落不仅被毛竹所包围，而且当地群众把这条沟谷作为采伐毛竹用的滑道（见照片 3-24），对南方红豆杉及其生境造成了严重破坏，如不引起重视，该南方红豆杉群落不久将消失。

由于区内人工毛竹林众多，社区居民从种植毛竹中可以获得良好的收益，导致毛竹林的面积呈日益扩大的趋势，调查中也发现，在保护区不同片区都有笋厂，尽管调查时这些笋厂都处于停工状态，但每年春节采笋季节时，会有大量人员进入，就在保护区内采集竹笋，并砍伐树木作为煮笋的薪柴，并在保护区内晾晒笋干，这些人为活动都对区内的野生植物造成严重的干扰和威胁。保护区内的笋厂见照片 3-25。

照片 3-24 砍伐毛竹的滑道   照片 3-25 保护区内的笋厂

（2）天宝岩保护区内分布了较大面积的泥炭藓沼泽

该沼泽总面积达 30.7 hm²，分别位于两处，一处位于天斗山的山体中部的山间盆地，另一处位于大洋的山间盆地。保护区内的泥炭藓沼泽是华南山间盆地第一次发现，对研究植物区系组成，植被类型，地质变化有着十分重要的意义。实地调查发现，目前保护区核心区内位于大洋山间盆地的泥炭藓沼泽所在区域人迹罕至，地理坐标为东经 117°33.051′；北纬 25°59.858′，海拔约 1 200 m，距离最近的村庄也有 6～7 km，无法通行汽车，步行至少需要 3 个小时左右。但目前仍有一户居民居住在这里，虽经保护区多次做工作，劝说其搬迁出来，但一直未得到其同意，该农户一家 4 口，自己随意开垦泥炭藓沼泽种植一些水稻，面积约有 0.3 hm²，还种植了茄子（*Solanum melongena*）、南瓜（*Cucurbita moschata*）、辣椒（*Capsicum frutescens*）等蔬菜，并在部分泥炭藓沼泽区域种植了少量的油茶作为经济作物，因此，这些人为活动如果不加控制，对该区域的泥炭藓沼泽的影响和威胁将越来越大，必须尽快采取措施解决其彻底搬迁问题。

照片 3-26　泥炭藓湿地自然生境　　　　　　　　照片 3-27　泥炭藓湿地开垦成的水稻田

（3）旅游活动对保护区保护产生的影响

天宝岩自然保护区自然环境优美，拥有丰富的自然景观，是开展生态旅游活动的良好场所，具有优越的先决条件。目前，保护区在把从龙头至沟墩坪沿南溪一线区域划为科普宣教基地的同时，也自己成立了独立的旅游公司，对该区域进行了旅游开发，但区内旅游活动属于刚刚起步的局面，由于龙头至沟墩坪沿南溪一线区域自然条件十分优越，该区域内分布的国家重点保护植物种类较多，主要有伯乐树、南方红豆杉、香樟、山豆根等，特别在天歌溪至沟墩坪的沟谷两边有南方红豆杉的大量野生植株分布，已经形成了较为稳定的群落。旅游活动的加强必然带来一定程度的人为干扰活动，会对这些重点保护植物的自然生境造成一定程度的破坏，需引起高度的重视，并做好科学规划，采取相应措施，最大限度减少其影响。

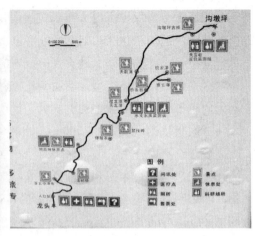

照片 3-28　天宝岩常绿阔叶林景观　　　　　照片 3-29　天宝岩旅游景点示意图

（4）保护区人员素质技能有待提高

目前，保护区尽管基础设施较为完善，管理机构十分健全，但由于保护区建立时间比较晚，保护区内专业技术人员相对比较缺乏，对保护区内重点保护植物的分布情况了解比较少，在科学研究方面一直较为薄弱。保护区内物种资源本底调查主要依托于福建省内的一些高等院校，专门针对国家重点保护植物方面尚未开展系统研究。根据综合科学考察报告记载，区内有黑桫椤分布，并进行了挂牌，进行科普宣传，但保护区有专业技术人员曾提出质疑，认为有可能鉴定错误。课题组在青水管理所罗所长和护林员袁师傅的带领下，实地找到了挂牌的这株"黑桫椤"，经过鉴定，确定应为莲座蕨科福建莲座蕨（*Angiopteris fokiensis*），并非国家Ⅱ级重点保护植物黑桫椤，因为福建莲座蕨也属于一种大型蕨类，形态特征和桫椤有些类似，因此，导致前面的错误鉴定，建议保护区管理机构尽快对该标牌的内容进行修改（见照片 3-30 和照片 3-31）。

照片 3-30　福建莲座蕨　　　　　　　　照片 3-31　错误的标牌

3.1.4 建议对策

（1）尽快建立一个珍稀濒危植物繁育基地

可以在保护区实验区范围内选择一个适宜的地点进行建设，一方面可以将保护区内分布于竹林中，长势衰退的国家重点保护植物野生植株迁移出来进行迁地保护，防止其在原来生境中的自生自灭。另一方面，可以在繁育基地开展重点保护植物繁殖更新研究和实验，培育珍稀濒危植物幼苗和幼树，等到幼苗生长到对环境适应能力更强的幼株后，再将其回归到自然生境内，可以有效扩大保护植物的野生种群数量。

（2）进一步加强自然保护区的科普宣教、科学研究和综合管理

由于保护区内社区居民人口较多，人为干扰活动普遍存在，因此，进一步加强对区内居民的科普宣教，可以有效减少社区居民生产生活活动对重点保护植物的破坏和影响。同时，进一步加强保护区在科研方面的投入，彻底查清保护区重点保护植物的本底资料，并开展生态监测工作，详细掌握有什么、在哪里以及动态变化等第一手资料，从而可以有效制定适宜的保护措施。此外，保护区目前已经在龙头至沟墩坪沿南溪一线区域开始开展生态旅游活动，这些区域自然环境优越，也是国家重点保护植物的集中分布区之一，因此必须对生态旅游活动进行严格的管理，以最大限度减少对保护植物的影响。

（3）需要认真研究和科学处理保护区内日益扩散的毛竹林生态问题

天宝岩由于地处亚热带地区，自然地理和气候条件十分适宜毛竹的生长，加之区内生活了大量的社区居民，通过长期选择，居民发现种植毛竹是一项经济收益较大的产业，在经济利益的趋势下，人为种植毛竹的积极性也很高，并从中获取了客观的经济效益。但毛竹林分布面积越来越大，由低海拔向高海拔不断扩散，目前已经分布到海拔 1 400 m 左右的山地区域，这些竹林多数已经成为大面积的纯林，优势度大，竞争能力强，对自然植被常绿阔叶林和针阔叶混交林以及原来生境中的本土植物，尤其是国家重点保护植物造成了严重排挤，也直接导致了很多重点保护植物栖息地的减少。因此，建议对于有重点保护植物分布的区域，可以采取适当的人为措施，严格控制毛竹数量。如在青水所旁边的香榧群落、在西洋管理所区域内的闽楠群落、在南后的南方红豆杉群落、在沟墩坪的伯乐树幼树苗群落等都已经被毛竹所包围。由于竹林的遮蔽，这些重点保护植物的生长状况较差，建议对该区域的竹林进行采伐，为它们繁衍留出必需的光照等外界条件。

调查人员：秦卫华　周守标　刘坤　张栋
调查时间：2008 年 9 月 26 日—10 月 1 日

附图版 1

图1 泥炭藓科泥炭藓

图2 三尖杉科三尖杉

图3 蛇菰科穗花蛇菰

图4 茅膏菜科茅膏菜

图5 苦苣苔科五数苣苔

图6 爵床科马蓝

附图版 2

图 7　桔梗科长叶龙珠花

图 8　兰科花叶开唇兰

图 9　列当科野菰

图 10　猕猴桃科长叶猕猴桃

图 11　五味子科南五味子

图 12　山茶科梨茶

附图版 3

图 13 山茶科黄瑞木

图 14 柿树科野柿

图 15 忍冬科樟叶荚蒾

图 16 桑科畏芝

图 17 桃金娘科赤楠

图 18 凤仙花科睫毛凤仙花

附图版 4

图 19　壳斗科甜槠

图 20　胡桃科少花黄杞

图 21　杜鹃花科鹿角杜鹃

图 22　野牡丹科锦香草

图 23　五加科树参

图 24　紫金牛科朱砂根

附图版 5

图 25 山茱萸科香港四照花

图 26 蔷薇科空心泡

图 27 蔷薇科石斑木

图 28 紫金牛科莲座叶紫金牛

图 29 兰科斑叶兰

图 30 百合科萱草

附表 1：南方红豆杉样地调查表

调查时间：2008 年 9 月 28 日；地理坐标：略

调查人：秦卫华、周守标、刘坤、张栋

乔木植物记录表（总盖度：65%）

植株编号	植 物 名 称	高度/m	胸径/cm	冠幅/（m×m）	枝下高/m	物候相	生活力
1	南方红豆杉	8	11	3.5×3	2.5	果期	较差
2	南方红豆杉	9	16	4×2	3	果期	良好
3	毛竹	8	8	1.5×1.5	5	生长期	较好
4	毛竹	9	8	1×1.5	5	生长期	较好
5	毛竹	8	8	1.5×2	6	生长期	较好
6	毛竹	8	8	1.5×1.5	5.5	生长期	较好
7	毛竹	9	8.5	2×2	6	生长期	较好
8	毛竹	9	8	1.5×2	6	生长期	较好
9	毛竹	10	8.5	2×2	5	生长期	较好
10	木荷	15	17	4.5×3	4	果期	较好

灌木植物记录表（总盖度：20%）

物种编号	植 物 名 称	株 数 实生	株 数 萌生	盖 度/%	高度/m 一般	高度/m 最高
1	尖连蕊茶	2		10	1.2	
2	朱砂根	1		5	0.8	
3	空心泡	1		3	0.7	
4	酸藤子	1		3	1.3	

草本植物记录表（总盖度：35%）

物种编号	植 物 名 称	株 数	盖 度/%	高度/cm 一般	高度/cm 最高
1	求米草	3	10	20	
2	白花败酱	1	5	18	
3	狗脊蕨	1	10	28	
4	淡竹叶	2	8	15	

附表2：伯乐树样地调查表

调查时间：2008年9月29日；地理坐标：略

调查人：秦卫华、周守标、刘坤、张栋

乔木植物记录表（总盖度：85%）

植株编号	植 物 名 称	高度/m	胸径/cm	冠幅/(m×m)	枝下高/m	物候相	生活力
1	伯乐树	8	6	2×2.5	3	生长期	较好
2	南酸枣	9	11	3×4.5	3.5	果期	较好
3	拟赤杨	9	8	2×2.5	3.5	果期	较好
4	缺萼枫香	11	15	4.5×2.5	3.5	果期	较好
5	黄连木	4	6	2×2	2.5	果期	较好
6	深山含笑	5	5	2×2	2	果期	较好
7	乌岗栎	7	6	1×1.5	2	果期	较好
8	伯乐树	6	5.5	1.5×2.5	2	生长期	较好
9	甜槠	10	14	2×2.5	4	果期	较好

灌木植物记录表（总盖度：55%）

物种编号	植 物 名 称	株 数 实生	株 数 萌生	盖 度/%	高度/m 一般	高度/m 最高
1	伯乐树	2		7	2	
2	章叶荚蒾	1		5	2.2	
3	东南山茶	2		8	2.6	
4	酸藤子	2		10	1.8	
5	尾叶山茶	1		5	1.6	
6	尖连蕊茶	1		5	1.5	
7	华箬竹	3	7	15	1.1	

草本植物记录表（总盖度：40%）

物种编号	植 物 名 称	株 数	盖 度/%	高度/cm 一般	高度/cm 最高
1	锦香草	1	7	38	
2	草珊瑚	1	10	25	
3	狗脊蕨	1	12	25	
4	苔草	2	8	18	

附表 3：福建柏样地调查表

调查时间：2008 年 9 月 29 日；地理坐标：略

调查人：秦卫华、周守标、刘坤、张栋

乔木植物记录表（总盖度：85%）

植株编号	植 物 名 称	高度/m	胸径/cm	冠幅/（m×m）	枝下高/m	物候相	生活力
1	福建柏	9	18	4×3.5	3	果期	较好
2	杉木	11	13	4×3	3.5	果期	较好
3	杉木	8	10	3.5×3	3	果期	较好
4	构栲	10	18	4×4.5	1.5	果期	较好
5	棕榈	5	9	2×2	1	果期	较好
6	毛竹	9	8	2×2	5	生长期	较好
7	毛竹	9.5	7	1×1.5	6	生长期	较好
8	毛竹	8	8	2×2	5	生长期	较好
9	毛竹	7	8.5	1×1.5	6	生长期	较好

灌木植物记录表（总盖度：25%）

物种编号	植 物 名 称	株 数 实生	株 数 萌生	盖度/%	高度/m 一般	高度/m 最高
1	福建柏	1		10	3	
2	阔叶箬竹	2		3	1.2	
3	多花勾儿茶	1		7	1.8	
4	算盘子	2		6	1	

草本植物记录表（总盖度：35%）

物种编号	植 物 名 称	株 数	盖度/%	高度/cm 一般	高度/cm 最高
1	白花败酱	1	6	25	40
2	胜红蓟	3	15	30	40
3	鸭儿芹	2	10	15	
4	求米草	4	8	15	19

附表4：香榧样地调查表

调查时间：2008年9月29日；地理坐标：略

调查人：秦卫华、周守标、刘坤、张栋

乔木植物记录表（总盖度：55%）

植株编号	植物名称	高度/m	胸径/cm	冠幅/(m×m)	枝下高/m	物候相	生活力
1	香榧	28	137	9×6.5	10	果期	良好
2	香榧	26	108	8×8.5	8	果期	良好
3	毛竹	9	8	1×1.5	6	生长期	较好

灌木植物记录表（总盖度：0.5%）

物种编号	植物名称	株数		盖度/%	高度/m	
		实生	萌生		一般	最高
1	空心泡	1		8	1.2	

草本植物记录表（总盖度：10%）

物种编号	植物名称	株数	盖度/%	高度/cm	
				一般	最高
1	求米草	3	2	18	
3	苔草属一种	1	8	20	

附表5：闽楠样地调查表

调查时间：2008年9月27日；地理坐标：略

调查人：秦卫华、周守标、刘坤、张栋

乔木植物记录表（总盖度：55%）

植株编号	植物名称	高度/m	胸径/cm	冠幅/(m×m)	枝下高/m	物候相	生活力
1	闽楠	22	31	5×3	2	果期	较好
2	闽楠	8	9	3×2	2	生长期	较好
3	红楠	11	10	3×4	3	果期	较好
4	阿丁枫	13	14	4×3	5.5	果期	较好
5	沉水樟	7	6	2×2	2	果期	不良
6	闽粤栲	10	15	4×3	4	果期	较好
7	毛竹	8.5	9	2×1.5	5.5	生长期	较好
8	毛竹	9	9	2×1.5	5	生长期	较好

灌木植物记录表（总盖度：30%）

物种编号	植物名称	株数		盖度/%	高度/m	
		实生	萌生		一般	最高
1	梨茶	1		5	1	
2	闽楠	2		10	1	
3	东南悬钩子	1		2	1.5	3
4	琴叶榕	1		7	2	
5	黄丹木姜子	1		7	2.5	

草本植物记录表（总盖度：45%）

物种编号	植物名称	株数	盖度/%	高度/cm	
				一般	最高
2	金毛耳草	2	5	5	
3	荩草	7	10	25	30
4	地菍	10	25	8	
5	淡竹叶	3	8	25	

附表6：香樟样方调查表

调查时间：2008年9月29日；地理坐标：略

调查人：秦卫华、周守标、刘坤、张栋

乔木植物记录表（总盖度：92%）

植株编号	植物名称	高度/m	胸径/cm	冠幅/（m×m）	枝下高/m	物候相	生活力
1	香樟	16	33	7×5	3.5	生长期	较好
2	树参	6	7	3×2	2	果期	较好
3	红楠	9	8	3×2.5	3.5	果期	较好
4	缺萼枫香	10	14	4.5×2.5	3.5	果期	较好
5	南酸枣	11	11	3×4.5	3.5	果期	较好
6	甜槠	8	13	3×3.5	3	果期	较好
7	青冈栎	7	10	2.5×4	2	果期	较好
8	饭汤子	4	5	1.5×1	1.2	果期	较好
9	乳源木莲	5.5	8	1.8×2	0.8	生长期	较好

灌木植物记录表（总盖度：40%）

物种编号	植 物 名 称	株 数		盖 度/%	高度/m	
		实生	萌生		一般	最高
1	矩形叶鼠刺	1		7	1.8	
2	酸藤子	2		5	2.1	
3	流苏子	1		8	2.2	
4	钝齿冬青	1		5	2	
5	樟叶荚蒾	1		5	3	
6	华箬竹	2	4	8	1.4	

草本植物记录表（总盖度：27%）

物种编号	植 物 名 称	株 数	盖 度/%	高度/cm	
				一般	最高
1	锦香草	1	10	20	
2	楼梯草	2	5	25	
3	翠云草	3	15	10	

附表7：半枫荷样地调查表

调查时间：2008 年 9 月 29 日；地理坐标：略

调查人：秦卫华、周守标、刘坤、张栋

乔木植物记录表（总盖度：55%）

植株编号	植 物 名 称	高 度/m	胸 径/cm	冠 幅/（m×m）	枝下高/m	物候相	生活力
1	半枫荷	6	9	2.5×3	2.5	生长期	较好
2	阿丁枫	8	10	3×4.5	3.5	果期	较好
3	毛竹	9	11	2×2.5	4	生长期	较好
4	毛竹	8	9	2×1.5	5.5	生长期	较好
5	毛竹	8.5	10	2×2	6	生长期	较好
6	毛竹	8	10	2×2	6	生长期	较好
7	木荷	7	8	2×2	2.5	果期	较好

灌木植物记录表（总盖度：35%）

物种编号	植 物 名 称	株 数		盖 度/%	高度/m	
		实生	萌生		一般	最高
1	高粱泡	1		5	2	
2	寒莓	1		10	0.5	
3	石斑木	1		5	1.2	
4	格药柃	1		8	1.8	

草本植物记录表（总盖度：35%）

物种编号	植 物 名 称	株 数	盖 度/%	高度/cm 一般	高度/cm 最高
1	下田菊	1	10	30	
2	荩草	5	12	17	
3	淡竹叶	2	5	25	
4	紫苏	1	8	30	

附表 8：野大豆样地调查表

调查时间：2008 年 9 月 28 日；地理坐标：略

调查人：秦卫华、周守标、刘坤、张栋

草本植物记录表（总盖度：65%）

物种编号	植 物 名 称	株 数	盖 度/%	高度/cm 一般	高度/cm 最高
1	狗尾草	3	8	30	
2	败酱	1	4	25	
3	光头稗	1	3	40	
4	野大豆	2	45		
5	箭叶蓼	1	3	23	

附表 9：山豆根样地调查表

调查时间：2008 年 9 月 28 日；地理坐标：略

调查人：秦卫华、周守标、刘坤、张栋

草本植物记录表（总盖度：75%）（2 m×2 m）

物种编号	植 物 名 称	株 数	盖 度/%	高度/cm 一般	高度/cm 最高
1	山豆根	7	45	30	
2	华东瘤足蕨	1	7	5	
3	长穗苎麻	1	8	30	35
4	楼梯草	5	10	25	30
5	长生铁角蕨	1	4	25	
6	锦香草	1	8	30	40
7	牯岭凤仙花	2	2	25	
8	斑叶兰	1	1	15	

3.2 云南纳板河流域自然保护区国家重点保护植物调查报告

3.2.1 纳板河流域国家级自然保护区概况

3.2.1.1 地理位置

纳板河流域国家级自然保护区（以下简称"纳板河保护区"）位于云南省西双版纳傣族自治州中北部的景洪市境内，保护区东以澜沧江为界，南从纳板河与澜沧江交汇处南侧山脊开始，沿着曼点大山、曼点、纳光大梁子、大长梁子、刺竹岭一线至马鹿洞大梁子；西从马鹿洞大梁子开始，沿着拉祜玛山西侧的分水岭直至纳卡山、三棵桩、过门山丫口，沿南果河至景洪公路直至南果河与澜沧江交界处南侧山脊。地理坐标为北纬 22°04′～22°17′，东经 100°32′～100°44′，总面积 26 600 hm²。

纳板河流域保护区始建于 1991 年 7 月，由云南省人民政府批准为省级自然保护区，2000 年 4 月经国务院正式批准晋升为国家级自然保护区，为云南省环境保护厅直属管理。保护区属于自然生态系统类森林生态系统类型，主要保护对象为热带森林生态系统及其野生动植物。

3.2.1.2 自然概况

（1）地质地貌

纳板河流域保护区位于中国西南横断山系纵谷区的最南端，东部为无量山山地，西侧为怒山山地的余脉，中部为澜沧江及其支流侵蚀的宽谷盆地。保护区主要包括两个地貌单元，一是完整的纳板河流域，二是完整的安麻山分水岭山地。保护区是以纳板河流域为主体的山地，地势西北高，东南低，中部纳板河谷地呈低凹狭长地带，东北安麻山分水岭山地隆起后，再倾斜过渡进入澜沧江谷地。区内海拔多在 1 200 m 以上，最高点为保护区西南的拉祜玛，海拔 2 304 m。

（2）气候

保护区气候属北热带湿润气候，年平均气温为 18～22℃，最冷月平均气温为 12～16℃，最热月平均气温为 22～26℃，年降雨量 1 100～1 600 mm，雨量充沛而集中，干湿季分明。年日照时数 1 800～2 300 h。由于保护区内垂直高差较大，山地气候垂直带明显，因此，海拔高度 800～900 m 以下属北热带，800～1 400 m 属于南亚热带，1 400 m 以上的山地属中亚热带。

（3）水文和土壤

保护区内水资源十分丰富，集水面积在 7.5 km² 以上的大小河流共有 13 条，自西向东流入澜沧江，汇入水量以降水径流为主，枯季地下水汇入。保护区内较大的河流为纳板河，发源于勐海县勐宋乡糯有村委会大谷地塘山，是澜沧江右岸支流，河长 24.5 km²，流域集水面积 211 km²。

保护区土壤类型多样，并具有垂直分布特点，在海拔 800 m 以下为砖红壤，海拔 800～1 500 m 为赤红壤，海拔 1 500 m 以上为山地红壤，另有粗骨性紫色土、石灰岩土等在砖红壤和赤红壤地带交织分布。

（4）植被类型

依据《中国植被》（吴征镒，1988），纳板河保护区的植被可以划分为 8 个植被型，13 个植被亚型，28 个群落结构。这些植被类型包括热带雨林、热带季雨林、常绿阔叶林、落叶阔叶林、暖性针叶林、竹林、稀树灌木草丛和灌丛。而且，在纳板河流域保护区，从低到高，依次是灌丛、热带雨林、热带季雨林、常绿阔叶林等，植被垂直分布规律明显。

纳板河流域保护区由于超过海拔 2 000 m 的山地很少，所以植被垂直带谱较为简单。从低海拔到高海拔，植被垂直分布规律是：热带季节雨林（海拔 800～900 m 以下）—山地雨林（海拔 800～1 000 m）—季风常绿阔叶林（海拔 1 000～1 100 m 以上）—落叶阔叶林（海拔 1 800 m 以上）。保护区植被的分布特点包括：第一，群落组成中热带成分至少占 50%以上，但只有在低中山下部沟谷发达的地段，热带雨林才有较好的发育。第二，因逆温层的存在，山地雨林与沟谷雨林的片段结合，使其分布至季风常绿阔叶林带以上，形成了垂直带倒置的现象。第三，由于水平带植被为半常绿季雨林，就使得山地雨林退缩于局部水湿条件好的山间谷地中。第四，季风常绿阔叶林面积大，在海拔较低或生境变干处，是以印度栲（*Castanopsis indica*）和红木荷（*Schima wallichii*）为优势；而在海拔较高或生境变湿处，则是以刺栲（*Castanopsis hystrix*）和樟科植物为优势。

3.2.1.3　生物物种资源

（1）野生植物资源

纳板河流域自然保护区地处热带北缘，自然条件优越，植物区系成分起源古老，植物种类繁多，主要以热带成分为主。根据保护区综合科学考察报告资料记载，纳板河保护区范围内有分布的高等野生植物共有 219 科 896 属 2 128 种或变种，其中蕨类植物 43 科 71 属 164 种，裸子植物 5 科 5 属 10 种，被子植物 171 科 820 属 1 954 种。详见表 3-6。

表 3-6　纳板河流域保护区有分布的高等植物

类别	科	属	种（变种）
蕨类植物	43	71	164
裸子植物	5	5	10
被子植物	171	820	1 954
合　计	219	896	2 128

保护区内丰富的野生植物资源中，具有多种经济利用价值的资源植物种类繁多，据初步统计，保护区内可以利用的资源植物约 955 种，占保护区植物种数的 48.8%，资源植物可分为山野菜植物、用材植物、竹藤类编织植物、油料植物、芳香植物、鞣料植物、染料植物、淀粉植物、树脂树胶植物、纤维植物、野生水果、野生花卉和药用植物等 13 个类别。其中山野菜植物和药用植物种类最多，分别近 200 种。保护区周边地区世代居住的傣族、布朗族等少数民族居民长久以来形成了利用野生植物资源的民族风俗，经常采食的有：桑科木瓜榕（*Ficus auriculata*）；漆树科槟榔青（*Spondias pinnata*）；唇形科罗勒（*Ocimum basilicum*）、水香薷（*Elsholtzia kachinensis*）；菊科苦苣菜（*Sonchus oleraceus*）；茄科水茄（*Solanum torvum*）、龙葵（*Solanum nigrum*）和旋花茄（*Solanurn spirale*）；紫葳科千张纸（*Oroxylum indicum*）等野生植物作为蔬菜。

保护区资源植物种数详见表 3-7。

表 3-7　纳板河流域保护区资源植物种数

类别	种数	占区植物种数/%	类别	种数	占区植物种数/%
山野菜植物	196	10.03	淀粉植物	33	1.69
用材树种	140	7.16	树脂、胶植物	17	0.87
竹藤类编织植物	19	0.97	纤维植物	60	3.07
油料植物	111	5.68	野生水果	31	1.59
芳香植物	49	2.51	野生花卉	48	2.41
鞣料植物	50	2.56	药用植物	191	9.77
染料植物	10	0.51	合　计	955	48.82

（2）国家重点保护野生植物

依据国务院 1999 年 9 月 9 日发布的《国家重点保护野生植物名录（第一批）》，纳板河流域保护区内有分布的国家重点保护野生植物共有 17 科 19 属 21 种，其中国家Ⅰ级重点保护植物有篦齿苏铁（*Cycas pectinata*）、宽叶苏铁（*Cycas balansae*）等 3 种，国家Ⅱ级重点保护植物有刺桫椤（*Alsophilia spinulosa*）、金毛狗（*Cibotium barometz*）、土沉香（*Aquilaria sinensis*）、黑黄檀（*Dalbergia fusca* var. *enneandra*）等 18 种，详见表 3-8。

表 3-8　纳板河流域自然保护区有分布的国家重点保护野生植物名录

序号	中文名	学名	科名	保护级别
1	篦齿苏铁	*Cycas pectinata*	苏铁科 Cycadaceae	Ⅰ
2	宽叶苏铁	*Cycas balansae*		Ⅰ
3	苏铁一种	*Cycas* sp.		Ⅰ
4	刺桫椤	*Alsophilia spinulosa*	桫椤科 Cyatheaceae	Ⅱ
5	千果榄仁	*Terminalia myriocarpa*	使君子科 Combretaceae	Ⅱ
6	四数木	*Tetrameles nudiflora*	四数木科 Tetramelaceae	Ⅱ

序号	中文名	学名	科名	保护级别
7	黑黄檀	*Dalbergia fusca* var. *enneandra*	蝶形花科 Papilionaceae	II
8	大叶木兰	*Magnolia henry*	木兰科 Magnoliaceae	II
9	合果木	*Paramichlia baillonii*		II
10	红椿	*Toona ciliata*	楝科 Meliaceae	II
11	毛红椿	*Toona ciliata* var. *pubescens*		II
12	滇南风吹楠	*Horsfieldia tetratepala*	肉豆蔻科 Myristicaceae	II
13	云南肉豆蔻	*Myristica yunnanensis*		II
14	喜树	*Camptotheca acuminata*	蓝果树科 Nyssaceae	II
15	金荞麦	*Fagopyrum dibotrys*	蓼科 Polygonaceae	II
16	勐仑翅子树	*Peterospermum mengluensis*	梧桐科 Sterculiaceae	II
17	土沉香	*Aquilaria sinensis*	瑞香科 Thymeleaceae	II
18	茴香砂仁	*Etlingera yunnanensis*	姜科 Zingiberaceae	II
19	疣粒野生稻	*Oryza granulata*	禾本科 Gramineae	II
20	水蕨	*Ceratopteris thalictroides*	水蕨科 Parkeriaceae	II
21	金毛狗	*Cibotium barometz*	蚌壳蕨科 Dicksoniaceae	II

注：资料来源于《西双版纳纳板河流域国家级自然保护区》。

（3）野生动物资源

纳板河流域保护区内茂密的森林和优越的自然环境孕育了丰富的野生动物资源，区内野生动物类群多样，种类繁多。根据统计，保护区范围内迄今共记录到野生脊椎动物 35 目 100 科 437 种，其中鱼类 5 目 11 科 35 种，两栖爬行类 6 目 23 科 77 种，鸟类 15 目 46 科 269 种，兽类 9 目 20 科 56 种。此外，保护区内有记录的昆虫还有 9 目 60 科 203 属 327 种。

表 3-9　纳板河流域保护区动物目、科、属、种的数量特点

类　别		目	科	种	国家重点保护种	
					I	II
脊椎动物	鱼　类	5	11	35	0	0
	两栖类	3	8	30	0	1
	爬行类	3	15	47	2	2
	鸟　类	15	46	269	2	39
	兽　类	9	20	56	8	14
	合　计	35	100	437	12	56
无脊椎动物	昆虫类	9	60	327	0	0

依据《国家重点保护野生动物名录》（国务院，1988 年），保护区内有分布的国家重点保护野生动物共有细瘰疣螈（*Tylototriton verrucosus*）、蟒（*Python molurus*）、巨蜥（*Varanus salvator*）、凹甲陆龟（*Manouria impressa*）、大壁虎（*Gekko gecko*）、凤头蜂鹰（*Pernis ptilorhynchus*)、黑翅鸢(*Elanus caeruleus*)、苍鹰(*Accipiter gentiles*)、凤头鹰(*Accipiter trivirgatus*)、松雀鹰(*Accipiter virgatus*)、普通鵟(*Buteo buteo*)、蛇雕(*Spilornis cheela*)、红隼(*Falco tinnunculus*)、燕隼(*Falco subbuteo*)、游隼(*Falco peregrinus*)、原鸡(*Gallus gallus*)、白鹇(*Lophura nycthemera*)、黑颈长尾雉(*Syrmaticus humiae*)、灰孔雀雉(*Polyplectron bicalcaratum*)、山皇鸠(*Ducula badia*)、斑尾鹃鸠(*Macropygia unchall*)、厚嘴绿鸠(*Treron curvirostra*)、楔尾绿鸠(*Treron sphenurs*)、灰头鹦鹉(*Psittacula himala*)、绯胸鹦鹉(*Psittacula alexandri*)、小鸦鹃(*Centropus bengalensis*)、褐翅鸦鹃(*Centropus sinensis*)、草鸮(*Tyto capensis*)、领鸺鹠(*Glaucidium brodiei*)、斑头鸺鹠(*Glaucidium cuculoides*)、领角鸮(*Otus bakkamoena*)、褐林鸮(*Strix lepogrammica*)、褐鱼鸮(*Ketupa zeylonensis*)、冠斑犀鸟(*Anthracoceros coronatus*)、凤头雨燕(*Hemiprocne longipennis*)、黑胸蜂虎(*Merops leschenaulti*)、绿喉蜂虎(*Merops orientalis*)、斑林狸(*Prionodon pardicolor*)、熊狸(*Arctictis binturong*)、大灵猫(*Viverra zibetha*)、小灵猫(*Viverricula indica*)、金猫(*Felis temmincki*)、豹(*Macaca mulatta*)、孟加拉虎(*Panthera tigris tigris*)、野牛(*Bos gaurus*)、水鹿(*Cervus unicolor*)、鬣羚(*Capricornis sumatraensis*)、斑羚(*Naemorhedus goral*)、野牛(*Bos gaurus*)、穿山甲(*Manis pentadactyla*)、巨松鼠(*Ratufa bicolor*)、懒猴(*Nycticebus coucang*)、蜂猴(*Nycticebus coucang*)、豚尾猴(*Macaca nemestrina*)、猕猴(*Macaca mulatta*)、熊猴(*Macaca assamensis*)、灰叶猴(*Semnopithecus phayrei*)、短尾猴(*Macaca arctoides*)、黑熊(*Ursus thibetanus*)、黄喉貂(*Martes flavigula*)、水獭(*Lutra lutra*)、斑林狸(*Prionodon pardicolor*)、大灵猫(*Viverra zibetha*)、小灵猫(*Viverricula indica*)、熊狸(*Arctictis binturong*)、金猫(*Felis temmincki*)、豹(*Panthera pardus*)等18目28科68种,其中国家Ⅰ级重点保护动物12种,国家Ⅱ级重点保护动物56种。

3.2.1.4 社会经济概况

纳板河流域保护区是一个少数民族聚居的地区,共居住着汉、拉祜、哈尼、傣、彝和布朗等6个民族。范围涉及西双版纳自治州景洪市和勐海县的两个乡镇,景洪部分涉及嘎洒镇的曼点村、纳板村两个村委会合计16个自然村和一些种植队及农场。据2007年统计数据,目前保护区内社区人口共有1 309户,5 769人,其中男性2 898人,女性2 709人,迁出户口45人,迁入户口106人。

目前保护区内道路建设水平仍然十分低下,自从1986年建立南果河水电站时,当地村民修建了区内第一条通向外界的公路,截至目前,保护区内仅有两条三级公路与外界相通,但下雨后道路通常泥泞不堪,普通车辆难以通行(见照片3-32)。目前保护区社区经济来源以种植业为主,主要经济作物有橡胶(*Hevea brasiliensis*)、水稻(*Oryza sativa*)、玉米(*Zea mays*)、砂仁(*Amomi semen*)、茶叶(*Camellia sinensis*)等,水果有芒果(*Mangifera indica*)、芭蕉(*Musa basjoo*)、柑橘(*Citrus reticulata*)、柚子(*Citrus grandis*)、西瓜(*Citrullus lanatus*)等,近年来又发展了花生(*Arachis hypogaea*)、烤烟(*Nicotiana tabacum*)、向日葵（*Helianthus annuus*）、棉花（*Gossypium hirsutum*）、蔬菜等品种。橡胶目前在保护区范围内种植面积较大，约有 1 100 多 hm²，橡胶种植的经济效益很高，不仅使很多社区居民迅速致富，也明显改善了当地的经济状况，但橡胶作为一种外来物种，对于水、肥的需求量大，对本土自然生态系统和物种具有一定的影响，需要引起高度重视。

照片 3-32　保护区内泥泞的道路

3.2.2 纳板河流域保护区国家重点保护植物野外实地调查

3.2.2.1 调查时间及方法

实地调查时间为 2008 年 7 月 26 日至 8 月 1 日。

野外调查的方法主要采取线路调查与样方调查相结合，根据纳板河流域自然保护区的功能区划图，在保护区专业技术管理人员的协助下，选择具有代表性的生境区域开展野外线路调查，采用全球定位系统（GPS）详细记录沿途调查路线以及发现的国家重点保护野生植物的地理坐标。野外调查路线详见图 3-3。

在区内国家重点保护野生植物分布较为集中或典型的区域，设置样地，对样地内的植物种类及群落特征进行详细调查，统计并记录所观察到的国家重点保护植物及其伴生植物种类，并分别设置 10 m×10 m 的乔木样方、5 m×5 m 的灌木样方及 1 m×1 m 的草本样方，记录样方内国家重点保护植物的株数、高度、胸径、盖度、优势度等数据，同时拍摄国家重点保护植物以及相关群落外貌照片。

在野外调查的基础上，收集纳板河流域保护区相关本底资料和历史数据信息，并对周边社区居民和保护区管理人员进行走访调查，对调查结果进行综合分析和讨论。

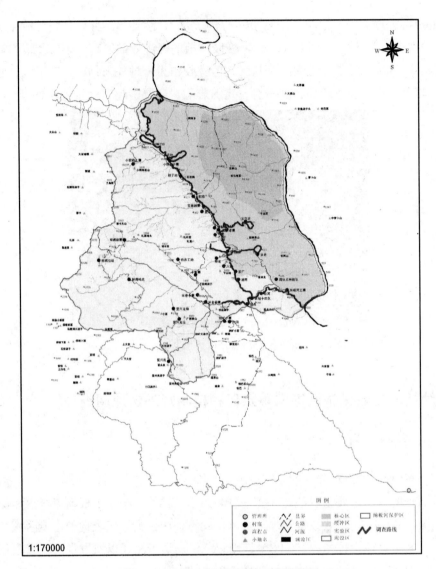

图 3-3 纳板河保护区野外调查路线图

3.2.2.2 调查结果

3.2.2.2.1 实地调查发现的国家重点保护植物

根据历史资料记载，纳板河保护区内有分布的国家重点保护植物共有 21 种，但通过对纳板河流域保护区不同生境区域的野外实地调查，共发现国家重点保护野生植物 13 科 18 种，占总数的 82%。其中国家 I 级保护植物 3 种，国家 II 级重点保护植物 15 种。

此外，本次实地调查中还发现了国家 II 级重点保护植物大戟科东京桐（*Deutzianthus tonkienensis*），该种在纳板河流域保护区内为首次发现的新记录种，在《西双版纳纳板河流域国家级自然保护区》一书中也没有记载，从而使纳板河流域保护区内有分布的国家重点保护植物总数增加到 22 种。

实地调查发现的国家重点保护植物详见表 3-10。

表 3-10　纳板河流域保护区实地调查发现的国家重点保护植物名录

中文名	学名	科	保护等级
金毛狗	*Cibotium barometz*	蚌壳蕨科	II
篦齿苏铁	*Cycas pectinata*	苏铁科	I
宽叶苏铁	*Cycas balansae*		I
苏铁一种	*Cycas* sp.		I
刺桫椤	*Alsophilia spinulosa*	桫椤科	II
千果榄仁	*Terminalia myriocarpa*	使君子科	II
黑黄檀	*Dalbergia fusca* var. *enneandra*	蝶形花科	II
大叶木兰	*Magnolia henry*	木兰科	II
合果木	*Paramichlia baillonii*		II
红椿	*Toona ciliata*	楝科	II
毛红椿	*Toona ciliata* var. *pubescens*		II
滇南风吹楠	*Horsfieldia tetratepala*	肉豆蔻科	II
云南肉豆蔻	*Myristica yunnanensis*		II
金荞麦	*Fagopyrum dibotrys*	蓼科	II
勐仑翅子树	*Peterospermum mengluensis*	梧桐科	II
土沉香	*Aquilaria sinensis*	瑞香科	II
疣粒野生稻	*Oryza granulata*	禾本科	II
东京桐*	*Deutzianthus tonkienensis*	大戟科	II

注：* 为首次发现的新记录种。

在实地调查中，我们共进行了 8 条线路调查，并对 12 个样地进行了详细调查，共设置了 30 个调查样方，其中乔木样方 8 个，灌木样方 8 个，草本样方 14 个。部分调查样地的位置详见表 3-11。

表 3-11　主要调查的重点保护植物部分样方表

样方	调查地点	海拔/m	功能区	种类
1	澜沧江边	590	实验区	疣粒野生稻
2	南果河电站	690	缓冲区	黑黄檀
3	纳板村路旁	711	缓冲区	金毛狗
4	过门山管理站	1 024	缓冲区	宽叶苏铁
5	曼点村河边	718	实验区	土沉香
6	过门山管理站	955	缓冲区	千果榄仁
7	过门山管理站	817	缓冲区	篦齿苏铁
8	曼点河边	689	实验区	金荞麦
9	曼点河边	729	实验区	勐仑翅子树

3.2.2.2.2 区内国家重点保护植物保护成效分析

实地调查中，课题组对实地发现的国家重点保护植物进行了详细的调查，初步查明了其种群数量、年龄结构和分布特点（见表 3-12），并通过对历史资料的对比分析，初步掌握了其在保护区范围内的种群动态变化。

通过对调查过程中记录的国家重点保护野生植物的地理坐标点位，绘制了国家重点保护野生植物在保护区内的分布图，详见图 3-4。

表 3-12　纳板河流域保护区实地调查发现国家重点保护植物分布特征

种名		年龄结构	分布特点
中文名	学名		
宽叶苏铁	*Cycas balansae*	衰退型	零星分布
疣粒野生稻	*Oryza granulata*	衰退型	丛状零星分布
黑黄檀	*Dalbergia fusca* var. *enneandra*	增长型	斑块分布
金毛狗	*Cibotium barometz*	稳定型	斑块分布
土沉香	*Aquilaria sinensis*	增长型	零星分布
千果榄仁	*Terminalia myriocarpa*	衰退型	零星分布
刺桫椤	*Alsophilia spinulosa*	衰退型	零星分布
苏铁一种	*Cycas* sp.	衰退型	零星分布
篦齿苏铁	*Cycas pectinata*	衰退型	零星分布
大叶木兰	*Magnolia henry*	衰退型	零星分布
合果木	*Paramichlia baillonii*	衰退型	零星分布
红椿	*Toona ciliata*	衰退型	零星分布
毛红椿	*Toona ciliata* var. *pubescens*	衰退型	零星分布
滇南风吹楠	*Horsfieldia tetratepala*	衰退型	零星分布
云南肉豆蔻	*Myristica yunnanensis*	衰退型	零星分布
金荞麦	*Fagopyrum dibotrys*	稳定型	斑块分布
勐仑翅子树	*Peterospermum mengluensis*	稳定型	零星分布
东京桐	*Deutzianthus tonkienensis*	衰退型	零星分布

（1）疣粒野生稻（*Oryza granulata*）

疣粒野生稻隶属于禾本科稻属，是一种多年生草本，也是栽培稻的野生亲缘种之一，蕴藏了宝贵的基因资源，目前由于自然生境的不断缩小，野生种群数量已经极度稀少，被列为国家Ⅱ级重点保护植物。疣粒野生稻基部具少数分枝，圆锥花序简单，几成单一的总状花序。具有较强的抗病毒性能，特别对丛矮病毒有非凡的抗病能力。生长于热带或亚热带的山谷地带次生林或竹林下，目前在全国仅分布于滇南、滇西南的部分区域。

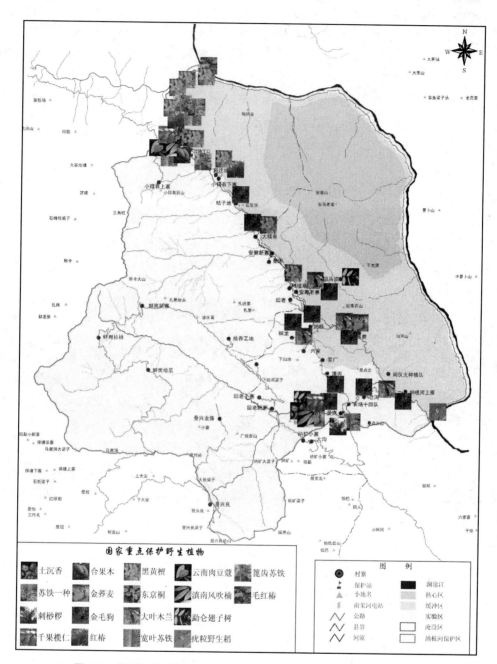

图 3-4 纳板河流域保护区实地调查发现的国家重点保护植物分布图

在对疣粒野生稻的实地调查中，我们仅在保护区澜沧江和纳板河的交汇处阳坡的小块区域发现了疣粒野生稻的分布。该区域原生植被为黄竹（*Dendrocalamus membramaceus*）林，后遭遇火烧，因此属于火烧迹地，伴生植物种类以草本植物为主，主要有黄竹、葛藤（*Pueraria lobata*）、广东蛇葡萄（*Ampelopsis cantoniensis*）、矛叶荩草（*Arthraxon lanceolatus*）、熊耳草（*Ageratum houstonianum*）、飞机草（*Eupatorium odoratum*）等。野生稻在该区域的分布呈现丛状的零星分布特点，优势度不高，调查季节正值疣粒野生稻开花，植株长势良好。该区域目前因为道路交通不便，无陆路可通，实地调查也是坐小船才能到达，因此该自然生境受人为干扰较小，种群数量比较稳定。但很快在距离该生境不远处，保护区即将建设一个水上管理站，负责对该片区的资源管护工作，因此在建设过程中，需要特别注意对该片疣粒野生稻种群的保护工作。根据资料检索，历史上疣粒野生稻的分布比较广泛，但由于人为活动的影响，其自然生境日益缩小，导致其种群数量也随之锐减，因此，必须加强对保护区疣粒野生稻及其生境的保护。

另外，在实地调查中，还在该生境中发现了葛藤，由于葛藤生长迅速，优势度大，对其他植物具有排挤作用，因此，应高度重视葛藤在该片区的发展动态，必要时可采取一定的人工措施，防止其对疣粒野生稻的生长和繁殖造成不利影响。

疣粒野生稻及其生境可见照片 3-33 和照片 3-34。

照片 3-33　疣粒野生稻　　　　　　　　　照片 3-34　疣粒野生稻自然生境

（2）黑黄檀（*Dalbergia fusca* var. *enneandra*）

黑黄檀隶属于蝶形花科黄檀属，是一种常绿乔木，最近几十年由于过度利用和毁林开荒，森林受到严重破坏，野生植株数量越来越少，被列为国家Ⅱ级重点保护植物。黑黄檀植株高可达 20 m，直径可达 50～70 cm；树皮厚，平滑或条块状剥落，褐灰色至土黄色。奇数羽状复叶，长 10～13 cm；小叶 9～13，互生，椭圆形，坚纸质至近革质，先端钝或微缺，上面无毛，下面被疏散细毛。圆锥花序腋生，长 5～6 cm；花小，蝶形，长 6～8 mm；花瓣白色；雄蕊 9，连成单体；子房具长柄。荚果舌状，长 4～8 cm，宽 1～1.5 cm；种子 1～3，具光泽。心材黑褐色，材质坚重致密，花纹瑰丽，极强韧，耐久，不开裂，是一种类似进口红木的特级硬木原料，属国产木材之珍品，用于制作高级管弦乐器、红木家具及工艺美术雕刻等。黑黄檀主要分布于云南西双版纳地区的思茅、墨江、江城及景洪，镇康也有少量分布，主要生于海拔 700～1 700 m 山地，而在 900～1 400 m 地段较为集中。

实地调查发现，黑黄檀在纳板河流域保护区内分布范围较广，主要呈片状分布，分布点较多。在保护区的最北端到南果河电站，沿引水渠的南坡上有比较大的黑黄檀群落，胸径在 10 cm 以上的黑黄檀有 200 多棵，灌木层存在很多黑黄檀幼树和更新苗，并且长势很好，整个群落中黑黄檀数量呈现增长的趋势。主要伴生植物有思茅黄檀（*Dalbergia szemaoensis*）、余甘子（*Phyllanthus emblica*）、红木荷（*Schima wallichii*）、银叶栲（*Castanopsis argyrophlla*）、粗叶木（*Lasianthus appressihirtus*）等。

由于黑黄檀为上等的木质用材，在当地，1 kg 湿木材（新鲜木材）的收购价达 1 元，一株胸径在 20 cm 左右的大树值 1 000 多元。因此，在没有建立保护区以前，盗伐黑黄檀的现象曾经十分严重，也导致区内的黑黄檀的大树几乎被砍伐殆尽，在我们实地调查期间，也没有看见胸径在 30 cm 以上的黑黄檀大树，但是胸径在 15 cm 左右的黑黄檀植株以及幼树和更新苗比较多，表明自建立保护区以来，黑黄檀的野生种群恢复良好，已经得到了有效的保护。

照片 3-35 和照片 3-36 分别是黑黄檀及其群落图。

照片 3-35 黑黄檀

照片 3-36 黑黄檀群落

（3）金毛狗（*Cibotium barometz*）

金毛狗隶属于蚌壳蕨科金毛狗属的一种多年生蕨类植物，为国家 II 级重点保护植物。金毛狗是大型树状陆生蕨类，植株高可达 1～3 m，体形似树蕨，根状茎平卧、粗大，端部上翘，露出地面部分密被金黄色长茸毛，状似伏地的金毛狗头，故称金毛狗。叶簇生于茎顶端，形成冠状，叶片大，三回羽裂，羽片长披针形，裂片边缘有细锯齿；叶柄长可达 120 cm，棕褐色，基部具有一大片垫状的金色茸毛，它的幼叶刚长出时呈拳状，也密被金色茸毛，极为美观。其根状茎可入药，具有补肝肾、强腰膝、除风湿、壮筋骨、利尿通淋等功效，茎上的茸毛能止血。在我国南方（如福建、广东、台湾等）和西南（如四川、云南、西藏等）部均有分布。

实地调查发现，金毛狗在纳板河流域保护区内分布范围十分广泛，主要分布在保护区道路旁以及林缘，甚至在人工栽培的橡胶林的林缘也有分布，而在郁闭度较高的乔木和灌木林下生长较少，主要伴生植物有思茅黄檀、余甘子、棕叶芦（*Thysanolaena maxima*）、乌毛蕨（*Blechnum orientale*）、矛叶荩草、皱叶狗尾草（*Setaria plicata*）等。

　　由于金毛狗的繁殖以孢子繁殖为主，也可以通过根状茎进行繁殖，因此金毛狗很容易形成小的群落，并成为群落的优势种。调查期间发现有很多金毛狗的小群落，野生种群数量很多，并且当地社区居民几乎很少采挖和利用金毛狗，因此，和建立保护区之前对比，该区域中的野生金毛狗种群数量总体基本处于稳定状态，除了人工种植橡胶林破坏一定生境外，其他植株基本未受影响，其自我更新和繁殖势头良好，野生种群数量正处于逐年增加的状态。

　　照片 3-37 和照片 3-38 分别是金毛狗及其生境。

照片 3-37　金毛狗　　　　　　　　　照片 3-38　金毛狗生境

　　（4）宽叶苏铁（*Cycas balansae*）

　　宽叶苏铁隶属于苏铁科苏铁属，是一种常绿木本植物，被列为国家Ⅰ级重点保护植物。宽叶苏铁树干圆柱形，叶痕宿存，无茎顶绒毛。鳞叶三角状披针形，羽叶，叶柄长约 50 cm，两侧有直刺 30 多对；叶片一回羽状，羽片约 40 对，条形，长约 25 cm，宽约 2 cm，上面绿色，有光泽，下面苍绿色，有蜡质。主要生长在海拔 1 000 m 以下的山谷热带雨林下或石灰山季雨林中。

　　实地调查发现，宽叶苏铁在纳板河流域保护区内分布十分零散，种群数量也很少，生境主要为热带雨林和热带季雨林，目前的分布区域基本属于人迹罕至的地方。主要伴生植物有山牡荆（*Vitex quinata*）、粗糠柴（*Mallotus philippinensis*）、火绳树（*Eriolaena spectabilis*）、披针叶楠（*Phoebe lanceolata*）等。

　　调查中还发现，宽叶苏铁在自然状态下生长状况不是很好，繁殖能力很弱，未发现幼苗，还存在一些植株自然腐烂现象（见照片 3-39），其原因有待于进一步的深入研究。自建立保护区以来，由于为了种植橡胶园和茶园，导致保护区实验区内，有一定面积的原始林遭到砍伐，约占保护区总面积 5.4%，虽然无法确定这些区域内分布的宽叶苏铁的种群数量，但总体而言，由于自然生境的减少，宽叶苏铁的野生种群数量也因此出现减少，需要对这一珍稀濒危物种采取相应的保护措施。

照片 3-39 自然腐烂的宽叶苏铁

宽叶苏铁及其生境见照片 3-40 和照片 3-41。

照片 3-40 宽叶苏铁

照片 3-41 宽叶苏铁生境

（5）篦齿苏铁（*Cycas pectinata*）

篦齿苏铁隶属于苏铁科苏铁属，是一种常绿木本植物，被列为国家Ⅰ级重点保护植物。篦齿苏铁树干圆柱形，高可达 3 m，叶长大，可达 1.5～2.2 m；羽片厚革质，长达 15～25 cm，宽 0.6～0.8 cm；边缘平，两面光亮无毛，叶脉两面隆起，且叶表叶脉中央有 1 凹槽；羽片基部下延，叶柄短，有疏刺。主要散生在海拔 1 000 m 以下的山谷热带雨林或季雨林中。

　　野外实地调查过程中，课题组仅在过门山管理站附近的路边发现一株野生的篦齿苏铁，该株篦齿苏铁高达 3.8 m，胸径有 15 cm，但生长状况较差，没有开花结实，我们对周围的区域进行了详细调查，没有发现篦齿苏铁的幼树和幼苗，种群已经极度退化。由于该株篦齿苏铁位于路边，受修路和车压路面的影响，已经严重倾斜，且已经被周围的黄竹所包围，需要对这株篦齿苏铁采取积极的迁地保护措施，以免它在自然生境中自生自灭。调查发现，主要伴生种有黄竹、余甘子、印度栲、葛藤、紫茎泽兰（Eupatorium adenophorum）、飞机草、舞花姜、皱叶狗尾草等，优势种为黄竹。另外，保护区的迁地保护基地内移栽种植了两株篦齿苏铁，这两株篦齿苏铁的平均高度和胸径分别为 2.5 m 和 14 cm，目前，这两株篦齿苏铁的生长状况良好，但没有结实。据保护区人员介绍，篦齿苏铁在保护区内有零星分布，数量较少，由于篦齿苏铁是比较好的观赏树木，在 20 世纪 90 年代，存在一定的偷挖篦齿苏铁的现象，现在偷挖现象明显减少。但是由于实验区内大量的原始林被砍伐成为橡胶园和茶园，篦齿苏铁及其生境也遭到了严重破坏，种群数量也因此减少了很多。

　　篦齿苏铁及其生境见照片 3-42 和照片 3-43。

照片 3-42　篦齿苏铁　　　　　　　　　　　　照片 3-43　篦齿苏铁生境

　　（6）苏铁一种（Cycas sp.）

　　苏铁一种经中科院西双版纳植物园的科考老师初步鉴后，认为有可能是苏铁属一新种，这种苏铁树干圆柱形，叶痕宿存，鳞叶三角状披针形，羽叶，叶柄长达 60 cm，两侧有直刺 30 多对。叶片一回羽状，羽片多达 70 对，条形，长达 30 cm，宽约 2 cm，上下表面均没有光泽。

　　课题组经过野外实地调查，发现苏铁一种在保护区内的分布数量极少。仅发现 2 株，一株位于曼点管理站旁边，这株苏铁一种是保护区管理人员从山上移栽下来的，株高为3.2 m，生长状况良好。在这里这株苏铁一种和宽叶苏铁混生在一起，两者之间还是有细微差别，这株苏铁一种株高1.8 m，周围生境基本保持原始状态，人为影响较小。调查发现，伴生种主要有印度栲、黑黄檀、火绳树、粗糠柴、披针叶楠、宽叶苏铁、木豆（*Cajanus cajan*）、银钩花（*Mitrephora wangii*）、滇南鳞毛蕨（*Dryopteris expansa*）、矛叶荩草、广东蛇葡萄、鸡矢藤（*Paederia scandens*）等。由于这两株苏铁没有开花结实，目前尚无法确定是具体什么种，但属于苏铁属无疑，需加强保护，等待繁殖器官长出后，开展深入研究。

苏铁一种及其生境见照片3-44和照片3-45。

照片3-44 苏铁一种　　　　　　　　　　照片3-45 苏铁一种生境

（7）刺桫椤（*Alsophilia spinulosa*）

刺桫椤隶属于桫椤科桫椤属，是著名的活化石植物，中生时代和恐龙一样在地球上广泛分布，目前野生种群数量极少，被列为国家II级重点保护植物。刺桫椤为高大树形蕨类植物，茎直立，高可达6 m。叶螺旋状排列，聚生于茎端；叶柄棕色，具锐刺；叶片大，长矩圆形，三回羽状深裂；羽片17～20对，互生，最大的长达60 cm，基部一对缩短，羽轴有短刺；小羽片18～20对，无柄或近于无柄，披针形，长达10 cm，宽2.5 cm，深裂几达中脉；末回裂片多少镰状，有齿。孢子囊群靠近中脉着生；囊群盖球形，膜质。主要分布于我国西南、华南和热带亚洲其他地区。生于林下沟谷、溪边及灌木丛，喜欢温暖湿润及半阴环境。

实地调查过程中，课题组仅在曼点管理站旁边看见一株保护区管理人员从山上移栽下来的刺桫椤，该株刺桫椤高达3.5 m。周围伴生植物主要有胜红蓟（*Ageratum conyzoides*）、飞机草、芭蕉、海芋（*Alocasia macrorrhiza*）、葛藤、含羞草（*Mimosa pudica*）、紫茎泽兰等。据保护区人员介绍，篦齿苏铁在保护区内有零星分布，数量极少，最近十几年来，由于约占保护区总面积5.4%的原始林遭到砍伐，虽然无法确定这些区域内分布的刺桫椤的种群数量，但总体而言，由于自然生境的减少，刺桫椤的野生种群数量也因此出现减少。

刺桫椤及其生境见照片 3-46 和照片 3-47。

照片 3-46　刺桫椤　　　　　　　　　　　　照片 3-47　刺桫椤生境

（8）土沉香（*Aquilaria sinensis*）

土沉香隶属于瑞香科沉香属，是我国特有的一种珍贵药用植物，目前野生种群数量极少，被列为国家 II 级重点保护植物。土沉香是常绿乔木植物，高 6～20 m 不等，树皮平滑，浅灰色或深灰色，木身白色或浅黄色，因而又称"白木香"。幼枝疏被柔毛，叶互生，革质，倒卵形至椭圆形，通常长 5～11 cm，宽 2～4 cm，有 15～20 对叶脉，叶脉并不明显，几乎完全对称横向生长，叶顶短而尖，叶基部宽阔，呈楔形，叶缘完整平滑。花黄绿色，带芳香，排成顶生或腋生的伞形花序。蒴果木质，倒卵形，长 2.5～3 cm，外面覆盖着灰色短毛，成熟时裂成两片扁平的果壳。果实破开时，底部会长出一条丝线，把种子（一粒或两粒）吊在半空。土沉香可以用来制成香料及药物，以往用来制成线香及香料，主要分布于华南和西南地区。

实地调查发现，土沉香在纳板河流域保护区内主要分布在海拔 700～900 m 的区域，分布地周围一般都有流水或者比较潮湿，靠近溪流，主要伴生树种有绒毛番龙眼（*Pometia tomentosa*）、千果榄仁（*Terminalia myriocarpa*）、思茅木姜子（*Litsea pierrci*）、长柄油丹（*Alseodaphne pectiolaris*）、八宝树（*Duabanga grandiflora*）、木瓜榕（*Ficus auriculata*）、假海桐（*Pittosporopsis kerrii*）、山菅兰（*Dianella ensiofolia*）等。

实地调查发现的土沉香群落，群落中不仅有土沉香大树，胸径可达 40 cm，而且周边区域土沉香的幼树数量也比较多，自然更新良好，种群数量呈现增加的趋势，目前残存的野生种群就地保护状态良好。但由于实验区农民种植大量的橡胶林，对热带季雨林和山地雨林造成了一定程度的破坏，导致土沉香的自然生境缩小，因此，土沉香野生种群数量和建立保护区之前相比有所减少，但在目前的保护状态下，其种群数量会不断增加。

　　此外，保护区为了加强土沉香的保护，已经开展了大量的具体工作，包括在苗圃人工繁育土沉香幼苗，鼓励区内的社区居民种植土沉香等，并取得了良好的成效。

　　土沉香及其生境见照片 3-48 和照片 3-49。

照片 3-48　土沉香大树及果实　　　　　　　照片 3-49　土沉香生境

（9）千果榄仁（*Terminalia myriocarpa*）

　　千果榄仁隶属于使君子科榄仁属，是一种热带植物，在我国分布范围较为狭窄，被列为国家Ⅱ级重点保护植物。千果榄仁是常绿大乔木，高可达 25～35 m，胸径达 1 m 以上，具大型板状根；树皮灰褐色，老时淡褐色，片状剥落；小枝初被褐色短绒毛，后变无毛。叶对生，厚纸质，长椭圆形，长 10～18 cm，宽 8 cm，全缘或微波状，稀有粗齿，先端有一短而偏斜的尖头，基部微圆，除中脉被黄褐色毛外，无毛或近无毛，侧脉 15～25 对，两面明显，平行；叶柄较粗，长 5～15 mm，其顶端两侧常有 1 个具柄的腺体。顶生或腋生总状花序组成大形圆锥花序，长 18～26 cm，总轴密被黄色绒毛；花极小，多数，两性，红色，连梗长约 4 mm，小苞片三角形，宿存；萼杯状，长 2 mm，5 齿裂，脱落；无花瓣；雄蕊 10，伸出，具花盘。瘦果细小，极多数，具 3 翅，其中 2 翅等大，1 翅特小，长约 3 mm，连翅宽约 12 mm；翅膜质，干时淡黄色，被疏毛，大翅对生，长方形，小翅位于两大翅之间。千果榄仁材质优良，生长快，主要分布于广西（龙州）、云南、西藏（墨脱）等地。

　　实地调查发现，千果榄仁在纳板河流域保护区内主要分布于澜沧江流域的沟谷两侧狭长地带，海拔在 700～800 m。群落高可达 35 m，以长柄油丹、千果榄仁为优势。乔木层盖度达 98%，主要伴生植物有长柄油丹、大果青冈（*Cyclobalanopsis rex*）、顶果木（*Acrocarbpus fraximifolius*）、绒毛番龙眼、印度栲、滇南风吹楠（*Horsfieldia tetratepala*）、木奶果（*Baccaurea ramiflora*）、多瓣蒲桃（*Syzygium polypetaloideum*）、大叶藤黄（*Garcinia xanthochymus*）、大叶水冬哥（*Saurauia funduana*）、多花白头树（*Garruga floribunda* var. *gamblai*）、普文楠（*Phoebe puwenensis*）、穿鞘花（*Amischotolype hispida*）、苳叶（*Phrynium capitatum*）、蜘蛛抱蛋（*Aspidistra typical*）、大果油麻藤（*Mucuna macrocarpa*）等。

在所调查的千果榄仁群落里，仅见到千果榄仁的大树，幼树和更新苗数量很少，说明千果榄仁的自然繁殖能力比较弱，千果榄仁群落呈现退化趋势，种群数量正逐渐减少。据资料记载，千果榄仁在保护区内的季节雨林和山地雨林内有零星分布，但由于在实验区，当地农民种植大量的橡胶林，热带季雨林和山地雨林等原始林遭到严重的破坏，千果榄仁在保护区内的分布数量也相应地减少了很多。

千果榄仁及其生境见照片 3-50 和照片 3-51。

照片 3-50　千果榄仁

照片 3-51　千果榄仁生境

（10）大叶木兰（*Magnolia henry*）

大叶木兰隶属于木兰科木兰属，由于大叶木兰产地森林破坏严重，大叶木兰成年植株几被砍光，目前只在云南南部及东南部残存少量植株，呈零星分布，被列为国家Ⅱ级重点保护植物。大叶木兰为常绿乔木，高达 20 m。叶革质，通常倒卵状长圆形，长 15～30 cm，宽 4～16 cm，先端突尖，基部宽楔形，上面深绿色，中脉明显凸起，下面灰绿色，侧脉 15～22 对。叶柄长 3～5.5 cm，托叶痕的长度超过叶柄之半或达叶基部。花乳白色，直径 5～10 cm，花被 9～12，近革质，卵状长圆形，长 5.5～7 cm，中、内两轮肉质，倒卵状椭圆形或倒卵状匙形，长 5～7 cm；雄蕊多数，长 14～20 mm，花药内向开裂；雌蕊群椭圆状卵圆形，长 3～3.5 cm；花梗粗状，向下弯曲。聚合果圆柱形或圆柱状卵圆形，长 2.5～4 cm；蓇葖 80～104 枚，具瘤点，顶端具长喙；种子粉红色，内种皮黑褐色，近心形，长宽约 1 cm。

野外实地调查过程中，课题组在保护区内没有发现大叶木兰的大树，大叶木兰主要以中树的形式存在，且呈零星的单株分布，数量较少，我们对一些已经结实的大叶木兰周围进行了详细调查，但没有发现大叶木兰的幼树和幼苗，大叶木兰的年龄结构极不合理，种群退化严重。调查发展：大叶木兰在保护区内主要散生于沟谷雨林或山地季雨林内，伴生种主要有绒毛番龙眼、歪叶榕（*Ficus cyrtophylla*）、红光树（*Knema globularia*）、思茅木姜子、假海桐、银柴（*Aporusa octandra*）、木瓜榕、顶果木、黄丹木姜子（*Litsea elongata*）、披针叶楠、莎草（*Cyperus amuricus*）、棕叶芦（*Thysanolaena latifolia*）、水茄（*Solanum torvum*）、大果油麻藤等。由于大量的山地雨林和季雨林被砍伐后种植橡胶和茶叶，在雨林内零星分布的大叶木兰也随之消失，加之大叶木兰天然更新能力弱，大叶木兰在保护区的数量呈现减少的趋势。

大叶木兰及其生境见照片 3-52 和照片 3-53。

照片 3-52　大叶木兰　　　　　照片 3-53　大叶木兰生境

（11）合果木（*Paramichelia baillonii*）

合果木隶属于木兰科合果木属，由于野生植株受砍伐严重，成年植株日渐减少，被列为国家Ⅱ级重点保护植物。合果木为常绿乔木，高 25～35 m，胸径 70～100 cm；树皮褐色；芽、嫩枝、叶柄和叶背被白色平伏长毛。叶椭圆形、卵状椭圆形或披针状椭圆形，长 6～22 cm，宽 4～7 cm，先端渐尖，基部楔形，侧脉 9～15 对；叶柄长 1.5～3 cm；托叶痕为叶柄长的 1/3 或 1/2 以上。花芳香，淡黄色，花被片 18～21，6 片 1 轮，外 2 轮倒披针形，长 2.5～2.7 cm，向内渐狭小，内轮披针形，长约 2 cm；雄蕊长 6～7 mm，花药长约 5 mm，侧向开裂；雌蕊群狭卵圆形，长约 5 mm，心皮完全合生，密被淡黄色柔毛，雌蕊群柄长约 3 mm。聚合果肉质，通常为椭圆状圆柱形，长 6～10 cm，直径约 4 cm，成熟后不规则小块状开裂脱落，木质化的心皮中肋扁平、弯钩状，宿存于粗状的果轴上。种子 10～20 个，外种皮鲜红色。

在实地调查中，课题组仅在过门山管理站周围发现两株合果木，分别位于两处，一株株高和胸径分别为 10 m 和 16 cm，另一株株高和胸径分别为 7.5 m 和 14 cm，两株都在开花结实，且结实率较高。但我们对两株合果木周围区域进行了详细调查，没有发现任何其他的合果木幼树和幼苗。伴生种主要有：山牡荆、长柄油丹、杜英（*Elaeocarpus decipiens*）、余甘子、毛叶青冈（*Cyclobalanopsis kerrii*）、钝叶桂（*Cinnamomum bejolghota*）、厚叶秋海棠（*Begonia dryadis*）、棕红莓（*Rubus rufus*）等。虽然合果木结实率较高，但是在自然状态下，其种子萌发率极低，自然繁殖和更新能力极弱，加之大量的山地雨林和季雨林被砍伐，该物种在保护区内的种群数量呈现减少的趋势。因此，急需采取人工育种的方法来扩大该物种的种群数量。

合果木及其生境见照片 3-54 和照片 3-55。

照片 3-54　合果木　　　　　　　　　　照片 3-55　合果木生境

（12）勐仑翅子树（*Peterospermum mengluensis*）

勐仑翅子树隶属于梧桐科翅子树属，为我国特有种，分布区极小，对研究热带植物区系、保存种质和热带石灰岩山地造林都有较大的价值，被列为国家Ⅱ级重点保护植物。勐仑翅子树为常绿乔木，高达 20 m；嫩枝被淡棕色星状毛。叶厚纸质，披针形或椭圆状披针形，长 4.5～12.5 cm，宽 1.5～4.8 cm，先端长渐尖或尾状渐尖，基部斜圆形，上面无毛或被稀疏星状毛，下面密被淡黄褐色星状短绒毛；叶柄长 3～5 mm。花单生于小枝上部叶腋，白色；萼片 5，线形，长 3.5～3.8 cm，宽 2.5 mm，外面密被黄褐色星状短绒毛；花瓣 5，倒卵形，白色，长 3 cm，宽 8 mm，顶端钝并具小的短尖头，基部渐狭成瓣柄；雌雄蕊柄长 8 mm；能育雄蕊 3 个集合成群并与退化雄蕊互生；子房卵圆形，长约 4 mm，密被淡黄褐色星状毛；花梗长约 5 mm。蒴果长椭圆形，长约 8 cm，顶端急尖，基部收缩并与果柄连接，果柄长 12 cm。种子连翅长约 3.5 cm。

课题组在野外调查的过程中，在曼点瀑布边发现了一个勐仑翅子树的小群落，群落面积约 300 m²，群落内有 10 株大小不等的勐仑翅子树，平均树高和胸径为 16 m 和 17 cm，灌木层有 3 株勐仑翅子树的幼树，勐仑翅子树的生长状况良好，但由于乔木层郁闭度较高，林内光线很弱，无法判断勐仑翅子树是否结实。我们对该群落进行了详细调查，群落优势种为勐仑翅子树，主要伴生种有绒毛番龙眼、黄棉木（*Metadina trichotoma*）、光叶天料木（*Homalium laoticum*）、长叶榆（*Ulmus lanceaefolia*）、思茅木姜子、刺桐（*Erythrin variegata*）、阔叶蒲桃（*Syzygium latilimbum*）、云南厚壳桂（*Cryptocarya yunnanensis*）、粗糠柴（*Mallotus phillipinensis*）、青果榕（*Ficus variegata*）、毛杜茎山（*Maesa permollis*）、苳叶（*Phrynium capitatum*）、越南万年青（*Aglaonema tenuipes*）、穿鞘花（*Amischotolype hispida*）等，整个勐仑翅子树群落呈现较好的发展趋势。除了这个小群落外，勐仑翅子树在曼点瀑布沿线有零星分布，生长状况都较好。

据保护区专业人员介绍，保护区内 800 m 以下的石灰岩山季雨林内都有勐仑翅子树零星分布，不过由于实验区内大量的原始林被砍伐，勐仑翅子树在保护区内的分布数量也就减少了很多。

勐仑翅子树及其生境见照片 3-56 和照片 3-57。

照片 3-56 勐仑翅子树 　　　　　　　　　　照片 3-57 勐仑翅子树生境

（13）毛红椿（*Toona ciliata*）

毛红椿隶属于楝科香椿属，被列为国家 II 级重点保护植物。毛红椿为落叶或近常绿乔木，高达 30 m；幼枝被柔毛，干时红色，疏具淡褐色的皮孔，偶数或奇数羽状复叶，长 25～40 cm，叶轴密被柔毛，小叶 6～12 对，披针形，卵形或长圆状披针形，长 11～12 cm，宽 3.5～4 cm，先端渐尖，基部楔形至宽楔形，偏斜，全缘，上面无毛或疏被柔毛，尤其脉上更密；小叶柄长 8～12 mm，被柔软毛，圆锥花序顶生，约与叶等长，被柔毛，花白色，长约 5 mm，具短梗；花萼极短，具 5 裂片，被柔毛及缘毛，花瓣 5，长圆形，长 4～5 mm，被柔毛或缘毛；雄蕊 5，与花瓣等长。蒴果长椭圆形，长 2～2.5 cm，具稀疏皮孔，木质干时褐色；种子两端具翅，长达 15 mm，通常上端翅比下端翅长，翅扁平，薄膜质。

课题组经过实地调查，仅在保护区的最北端发现一株毛红椿，该株毛红椿株高约 6 m，胸径有 10 cm，生长状况良好，但没有结实。我们对该株毛红椿的周围区域进行了详细调查，没有发现其他的毛红椿幼树和幼苗，其种群极度衰退。调查发现，伴生种主要有：余甘子、黑黄檀、思茅黄檀、假海桐、粗叶木（*Lasianthus chinensis*）、木紫珠（*Callicarpa arborea*）、棕红莓、山芝麻（*Helicteres angustifolia*）、皱叶狗尾草等。保护区专业人员介绍，毛红椿在保护区内有零星分布，但数量很少。由于大量的原始林被砍伐而代之以橡胶和茶树，毛红椿也遭到了砍伐，毛红椿在保护区内的数量越来越少。

毛红椿及其生境见照片 3-58 和照片 3-59。

照片 3-58　毛红椿　　　　　　　　　　　　照片 3-59　毛红椿生境

（14）红椿（*Toona ciliata*）

红椿隶属于楝科香椿属，为名贵的用材树种，分布虽较广，但很零星，由于过度砍伐，资源已日益减少，被列为国家 II 级重点保护植物。红椿为落叶或近常绿乔木，高可达 35 m，胸径达 1 m；树皮灰褐色，呈鳞片状纵裂；嫩枝初被柔毛，后变无毛。叶为羽状复叶，长 25～40 cm，叶柄长 6～10 cm；小叶 7～14 对，纸质，椭圆状卵形或卵状披针形，长 8～12 cm，宽 2.5～4 cm，先端渐尖，基部稍偏斜，全缘，上面无毛，下面仅脉腋有束毛。圆锥花序顶生，与叶近等长或稍短；花两性，白色，有香气，具短梗；花萼短，裂片卵圆形；花瓣 5，长圆形，长 4～5 mm；雄蕊 5，花丝无毛，花药比花丝短；子房 5 室，胚珠每室 8～10，子房和花柱密被粗毛，柱头无毛。蒴果长椭圆形，长 2.5～3.5 cm，直径 8～10 mm，果皮厚，木质，干时褐色，皮孔明显；种子两端具膜质翅，翅长圆状卵形，长约 1.5 cm，先端钝或急尖，通常上翅比下翅长。

本次调查，课题组仅在一处调查道路旁约 500 m 的地段发现有红椿的零星分布，总共有 7 株, 其中一株为幼树, 平均高度和胸径分别为 6 m 和 8 cm。调查发现, 伴生种主要有绒毛番龙眼、顶果木、绒毛泡花树 (*Meliosma velutina*)、印度栲、西南桦、木瓜榕、黑黄檀、酸藤子、山芝麻、紫麻、棕叶芦、水茄、菜蕨 (*Callipteris esculenta*)、广东蛇葡萄等, 优势种有绒毛番龙眼、印度栲等。据保护区专业人员介绍, 红椿在保护区内的路边、林缘有零星分布, 由于红椿为中国珍贵用材树种, 有中国桃花心木之称, 所以遭到少量的偷伐, 加之大量原始林被破坏, 红椿在保护内的分布数量正在减少。

红椿及其生境见照片 3-60 和照片 3-61。

照片 3-60　红椿　　　　　　　　　　照片 3-61　红椿生境

（15）金荞麦 (*Fagopyrum dibotrys*)

金荞麦隶属于蓼科荞麦属, 为重要的种质资源, 被列为国家 II 级重点保护植物。金荞麦为多年生草本, 高 50～150 cm, 地下有块根, 茎直立, 有浅沟, 中空, 质软, 有分枝。叶互生, 卵状三角形或扁宽三角形, 径 3～8 cm, 顶端常突尖, 基部心状戟形, 托叶鞘近筒状斜形, 膜质易裂, 长 5～8 cm, 叶柄细长。花序腋生或顶生, 为疏散的圆锥花序; 花两性, 有花梗, 花单被, 花被 5 深裂, 白色裂片狭长圆形, 长约 2 mm, 宿存; 雄蕊 8, 2 轮; 雌蕊 1, 花柱 3。瘦果卵形, 具 2 棱, 瘦长; 种子 1, 花期 7—8 月, 果期 10 月。

经过实地调查, 课题组在曼点河边发现了一小片金荞麦群落, 群落面积约 25 m², 我们对该金荞麦群落进行了详细的样方调查, 发现群落内有金荞麦 15 株左右, 其平均高度有 1.8 m, 主要伴生种有番石榴 (*Psidium guajava*)、水茄、木薯 (*Manihot esculent*)、紫麻、白薯莨 (*Dioscorea hispida*)、艾蒿 (*Artemisia argyi*)、葛藤、胜红蓟、丁香蓼 (*Ludwigia prostrata*)、矛叶荩草等。金荞麦生长状况良好, 但是没有结实, 且金荞麦群落已经受到葛藤、胜红蓟等外来种入侵, 金荞麦的生长空间势必会减少, 种群有退化趋势, 需采取措施清除金荞麦生境内的外来入侵种。由于保护区内分布有大量的外来入侵种, 如葛藤、飞机草、紫茎泽兰、胜红蓟、含羞草等，这些外来种在保护内已经形成稳定的群落，对本土植物及一些重点保护植物的生长产生了不利的影响，特别是对金荞麦这样的草本植物的生境产生了破坏性影响，金荞麦的种群数量也随之下降了很多。

金荞麦及其生境见照片 3-62 和照片 3-63。

照片 3-62　金荞麦

照片 3-63　金荞麦生境

（16）滇南风吹楠（*Horsfieldia tetratepala*）

滇南风吹楠隶属于肉豆蔻科风吹楠属，是我国南部热带季节性雨林中的特有种，分布区狭小，由于雨林过度毁坏，数量极少，被列为国家 II 级重点保护植物。滇南风吹楠为常绿乔木，高 12～25 m，分枝常集生树干顶部，胸径 30～50 cm；树皮灰白色；小枝皮孔显著。叶互生，薄革质，长圆形或倒卵状长圆形，长 20～35 cm，宽 7～13 cm，先端渐尖，基部宽楔形，两面无毛，侧脉 12～22 对；叶柄扁，长 2～3.4 cm，宽约 5 mm。花单性，异株；雄花序圆锥状，着生于老枝落叶腋部，长 8～15 cm，各部被锈色树枝状毛，老时渐脱；花小，直径约 5.5 mm，橘红色，花被裂片 3 或 4，雄蕊 20，完全结合成球形体；果序轴颇粗壮，密被皮孔，长 6～12 cm，着成熟果 1～2。果椭圆形，长 4.5～5 cm，外面光滑，基部偏斜，并下延成柄，宿存花被片成不规则盘状，成熟时 2 瓣裂；种子 1，为假种皮完全包被，假种皮橙红色，种皮薄，脆壳质，胚乳嚼烂状。

野外调查发现，滇南风吹楠在保护区内的季雨林和山地雨林有零星分布，但数量很少，课题组在调查过程中仅发现 6 株滇南风吹楠。这 6 株滇南风吹楠的树高和胸径分别为 11 m 和 13 cm，生长状况良好，但是没有发现结实，周围也没有发现幼树和幼苗，种群退化严重。主要伴生种有绒毛番龙眼、黄棉木、思茅木姜子、番石榴、木瓜榕、苤叶、穿鞘花等，保护区建立后，实验区内大量的原始季雨林和山地雨林被砍伐，滇南风吹楠的数量也相应减少了很多。

滇南风吹楠及其生境见照片 3-64 和照片 3-65。

照片 3-64 滇南风吹楠

照片 3-65 滇南风吹楠生境

（17）云南肉豆蔻（*Myristica yunnanensis*）

云南肉豆蔻隶属于肉豆蔻科肉豆蔻属，是 1976 年发现的一个新种，为我国大陆本属植物唯一的代表种，仅见于云南南部极小的四个分布点上，其中两个分布点的植株已经消失，数量极少，被列为国家Ⅱ级重点保护植物。云南肉豆蔻为常绿乔木，高 15～30 m，胸径 30～70 cm，树干基部具少量气根；树皮灰褐色。叶互生，坚纸质，长圆状披针形或长圆状倒披针形，长 24～38 cm，宽 8～14 cm，先端短渐尖，基部楔形至近圆形，上面暗绿色，有光泽，下面锈褐色，具星状短柔毛，侧脉 20～32 对；叶柄长 2.2～3.5 cm。花单性，异株；雄花序腋生，2～3 歧假伞形排列，长 2.5～4 cm，密被锈色绒毛；雄花壶形，花被裂片 3，三角状卵形；小苞片着生于花被基部，紧包雄花，脱落后留有明显的疤痕；雄蕊 7～10，合生成柱状，花药背面紧贴于雄蕊柱。果序通常着生于落叶腋部，序轴粗壮，密被锈色绒毛，着果 1～3 个。浆果椭圆形，先端具偏斜的小突尖，基部具环状花被痕，长 4～5.5 cm，直径约 3 cm，外面密被具节的绵毛，2 瓣裂；果柄长约 6 cm；假种皮成熟时深红色，成条裂状，种子卵状椭圆形，种皮薄，易裂。

经过野外实地调查，课题组仅在曼点河旁边发现一小株云南肉豆蔻，该株云南肉豆蔻高 1.5 m，生长状况良好，课题组对其分布区域进行了详细调查，没有发现任何其他的云南肉豆蔻大树及幼树和幼苗。伴生种主要有勐仑翅子树、绒毛番龙眼、思茅木姜子、木瓜榕、粗糠柴、山菅兰等，优势种为绒毛番龙眼。据保护区专业人员介绍，云南肉豆蔻在保护内的分布数量极少，且由于其结实率较低，天然成苗较差，加之大量的原始林被砍伐，使得云南肉豆蔻在保护区内有绝灭的危险，需采取有效的措施来对这一珍稀濒危植物进行保护。

云南肉豆蔻及其生境见照片 3-66 和照片 3-67。

照片 3-66　云南肉豆蔻　　　　　　　　　照片 3-67　云南肉豆蔻生境

（18）东京桐（*Deutzianthus tonkienensis*）

东京桐隶属于大戟科东京属，为单种属植物，对研究植物分类和区系有重要科学价值，被列为国家Ⅱ级重点保护植物。东京桐是落叶乔木，高 8～14 m，胸径达 30 cm；小枝有明显的叶良和散生的皮孔。叶多集生于枝端，椭圆形或近菱形，长 15～22 cm，宽 10～14 cm，先端短尾状渐尖，基部宽楔形至近圆形，基出脉 3，侧脉 6～8 对，细脉近平行；叶柄长 5～14 cm，顶端有盘状腺体 2 个。花单性异株，排成顶生伞房花序式的圆锥花序，雌花序较短而狭；苞片线形，宿存；雄花花萼钟状，浅 5 裂，裂片三角形，花瓣 5，白色，长圆形，舌状，长 7 mm，宽 1 mm，被白色柔毛，雄蕊 7，无退化雌蕊；雌花的花瓣与雄花的相同，子房圆柱状，3 室，每室有 1 下垂胚珠，花柱 3，2 裂。每一果枝上通常有果 3～5。果近球形，直径达 4 cm，顶具短尖，基部心脏形，外果皮厚，硬壳质，外被灰黄色短毛；种子椭圆形，平凸，长 2.2～2.5 cm，宽 1.6～1.8 cm，种皮平滑，栗色而有光泽，胚乳白色或淡黄色。

课题组在野外调查的过程中，在过门山管理站附近的季雨林内发现一株东京桐，该株东京桐高 7.5 m，胸径 10 cm，生长状况良好，但没有发现结实，课题组对其分布区域进行了详细调查，没有发现任何其他的东京桐植株及幼苗。该保护种在纳板河流域保护区内为首次发现的新记录种，在《西双版纳纳板河流域国家级自然保护区》一书中也没有记载，从而使纳板河流域保护区内有分布的国家重点保护植物总数增加到 22 种。调查发现伴生种主要有鸡嗉子榕（*Ficus semicordata*）、绒毛番龙眼、普文楠、思茅木姜子、粗糠柴、苓叶等。由于该保护种在保护区内为首次发现，很难确定该保护种在保护区内的种群动态变化，但可以肯定的是该保护种在保护内的分布数量极少，种群正呈现退化趋势。

东京桐及其生境见照片 3-68 和照片 3-69。

照片 3-68　东京桐　　　　　　　　　　　照片 3-69　东京桐生境

3.2.3 纳板河流域保护区管理成效及存在问题

3.2.3.1 对重点保护植物的管理成效

（1）保护区机构人员健全、基础设施完善、保护工作有序

目前保护区管理机构为云南纳板河流域国家级自然保护区管理局，地点设在交通便利的景洪市区，下设行政办公室、公安派出所、保护办、科研办等分支机构，基础设施较为完善，建立了完备的保护区界桩、界碑，办公基础设施、办公设备和交通通讯工具可有效开展各种资源保护活动。保护区范围内设有曼点和过门山两个管理站，配备专职管理人员长期驻守，同时为了调动区内社区居民的参与，管理所还在保护区内的村寨里聘用了 18 名护林员，协助保护区开展资源管护、护林防火、政策法规宣传等基础工作。目前已建立了覆盖全区的资源保护网络结构体系，形成了健全的资源巡护制度，保护区按管理站分为 3 个巡护片区，共 12 条巡护路线。每个片区按具体情况制定了巡护路线，指定负责该区管护的巡护员和护林员每月组队共同巡护 1 次，每季度综合巡护 1 次，每月交巡护报表并汇报巡护情况。

（2）部分国家重点保护野生植物种群数量出现持续增长

实地调查发现，由于保护区建立后，设立了曼点和过门山保护站，并大大加强了对保护区内社区居民的宣传教育活动，同时通过定期巡护对违法盗猎和采集活动进行打击和制止，取得了很明显的成效，目前保护区内盗猎活动已经基本绝迹，乱砍滥伐现象也基本得到有效制止。很多分布于缓冲区、核心区或条件较好实验区的国家重点保护植物种群数量出现增长的趋势。如保护区内的黑黄檀作为一种珍贵的、经济价值巨大的树种曾遭到过疯狂砍伐，建立保护区后，残存的幼树得到了有效的就地保护，现在已经在群落中长成了大树，并且更新和繁殖良好。黑黄檀群落的年龄结构也从衰退型逐渐转变为增长型。此外，疣粒野生稻和金毛狗由于得到较好的保护，种群数量也在不断增加。

（3）保护区建立了迁地保护基地和珍稀濒危植物繁育基地

随着保护区内社区的不断发展，保护区实验区的自然植被也不断被开垦为橡胶园和茶园，对于这些区域内的国家重点保护植物，保护区管理所采取迁地保护的方式进行保护。目前保护区已经在过门山管理站下方 500 m 左右的区域建立了一个 10 亩左右的国家重点保护植物迁地保护基地，已经对篦齿苏铁、合果木、红椿等 3 种国家重点保护植物进行了迁地保护，其中合果木数量最多，有 50 棵左右。由于工作人员的精心管理，目前基地内的国家重点保护植物长势良好（见照片 3-70）。

同时，针对部分国家重点保护植物自然更新不足的问题，保护区在纳板村建立了一个小型的国家重点保护植物繁育基地，基地占地面积约 2 亩左右（见照片 3-71）。保护区科研人员在缺乏经费支持的情况下，克服艰苦条件，通过不断的实践摸索，目前成功培育出一大批珍稀濒危植物的幼苗，主要包括土沉香、大叶木兰、红椿、黑黄檀，培育的幼树和幼苗长势都很好。其中黑黄檀幼树苗最多（见照片 3-72），有 300 株左右，其次是土沉香（见照片 3-73），相对较少的大叶木兰也有约 40 株。

照片 3-70　迁地保护基地

照片 3-71　繁殖基地苗圃

照片 3-72　黑黄檀幼苗

照片 3-73　土沉香幼苗

（4）保护区采取的一些其他保护措施

为了对区内野生动植物资源进行更加有效的保护，保护区利用水电站的一百多万元生态补偿款正在纳板河和澜沧江的交汇处建设江边管理站，用于有效控制非法进入保护区偷猎盗伐的违法人员。保护区结合日常巡护和科研工作，对保护区内一些国家重点保护植物实行了就地挂牌保护。

保护区积极参与中德技术合作项目"西双版纳热带林保护与恢复"，项目的完成已经对保护区的能力建设、社区发展、热带雨林及珍稀濒危动植物的保护起到了积极的推动作用。保护区计划继续开展"热带雨林生态修复和生态村示范工程"项目的研究，该项目目前已经完成了该示范区土地利用现状调查工作，保护区正在积极争取项目实施的经费。

保护区还对珍稀濒危保护植物的保护进行了科学的规划，准备建立小型的重点保护和珍稀濒危植物种子库和植物标本馆。规划在潘丙村北面的潘丙河缓冲区建立珍稀植物就地与迁地保护试验区，面积约 1 200 亩。逐步完善过门山植物小区建设，计划在小区内建立植物固定监测样地、水文观测点等。

3.2.3.2 存在的主要问题

（1）区内橡胶林面积较多，生态影响不容忽视

随着近年来国际市场上天然橡胶价格的不断增长，大大刺激了保护区内橡胶种植面积的扩大。由于保护区对于实验区内的土地没有所有权，因为无法对其进行严格的管理，社区居民纷纷将自家的林地开垦为橡胶园和茶园等。根据资料统计，1991—2007 年，保护区内橡胶园面积增加了 960 多 hm^2，茶园增加 480 多 hm^2，累计增加了 1 440 多 hm^2，增加的面积约占保护区总面积的 5.4%。照片 3-74 显示为天然植被被砍伐后种植的人工橡胶林。

照片 3-74　人工橡胶林

由于村寨周边大面积自然植被被砍伐，被橡胶林所取代，因此导致蓄水以及保持水土的能力大大减弱，对保护区生态环境已经造成了一定的影响。如保护区内已经有 2 个村寨

周边的溪流出现枯竭，导致居民的饮水已经成为比较严重的问题。同时，由于实验区中大量的原始林遭到砍伐，其中的少量千果榄仁、土沉香等保护植物的数量也就随之减少，有效栖息地面积也随之缩小。因此，必须高度重视保护区内天然橡胶林的问题，有必要对其生态影响进行长期监测。

（2）外来入侵植物种类繁多，对本土植物造成排挤

由于纳板河保护区地处低纬度热带地区，同时又靠近边境地区，是外来入侵植物侵入我国的前沿阵地，根据调查统计，目前保护区内有分布的外来入侵植物种类共有30多种，主要分布在道路旁、荒地和林缘等阳光充足的地带。优势度最大的种类主要有紫茎泽兰、飞机草、胜红蓟、肿柄菊、含羞草等，这些种类广泛分布在保护区各个功能区内，在局部地区已经形成单一优势种群，对伴生的本土植物种类造成严重的排挤作用。飞机草和胜红蓟等入侵种还可以分泌化感物质，对其他植物造成毒害，因此，外来入侵植物的扩散对保护区内国家重点保护植物已经造成了一定程度影响和威胁，需要采取相应措施进行防治。照片3-75中，主要入侵种有含羞草、飞机草和肿柄菊（*Tithonia rotundifolia*）。

照片 3-75　外来入侵植物

（3）少数社区居民过度利用自然资源

保护区内居住的少数民族居民世代形成了利用自然资源的习俗，其中采集野生植物资源一直是当地居民的主要经济活动之一。目前主要利用种类有龙竹笋、黄竹笋、多种野生蘑菇等。每年7月初开始，当地一些民众进入雨林采集竹笋，持续3个月左右，对国家重点保护植物也产生了一定的破坏。以前社区居民采集野生植物资源主要用于自己食用或者药用，市场销售量很小，对于生态环境的影响也相对较小。但随着社会经济的持续发展，生活水平不断提高，居民的传统思想意识逐渐淡化，商业意识日益浓厚，因此，出现了一定数量专门从事商业采集的居民，对保护区内野生植物资源过度利用，超过了其自然更新的速度，破坏了生态系统的平衡和食物链结构，进而对保护区内的国家重点保护植物也造成了一定的威胁。

　　同时，由于保护区内绝大多数居民对国家重点保护野生植物缺乏认知，往往存在无意破坏保护植物的行为，在调查期间就看到有一株国家 I 级重点保护植物宽叶苏铁由于生长在居民采笋的小道上，而被经过的居民砍去叶片现象（见照片 3-76）。照片 3-77 显示的是居民采集的黄竹笋。

照片 3-76　砍去叶片的宽叶苏铁

照片 3-77　黄竹笋

3.2.4　加强国家重点保护植物保护的建议对策

　　（1）协调好地方政府和当地社区，严格禁止天然林植被的砍伐

　　保护区应加强和地方政府和当地社区的沟通和交流，进一步得到地方政府的支持和帮助，争取早日彻底解决土地权属问题，将区内的社区居民逐步迁移出保护区。通过建立社区共管机制，让当地社区和居民主动参与到保护区的管理工作中来，科学制订保护区土地利用规划，禁止天然林的砍伐，控制现有橡胶林、茶园、香蕉园等经济作物的种植面积。对于生态环境较为脆弱的地区，实行生态恢复，种植本土植物种类，大力发展薪炭林、用材林和水源林，不断改善保护区生境质量。

　　（2）采取积极措施控制保护区内的外来入侵植物

　　对保护区内数量最多的紫茎泽兰、飞机草和胜红蓟等外来入侵种要加强监控和控制，掌握其种群变化动态，并采取积极有效的防治措施对其数量进行控制。同时密切关注大狼把草、喀西茄、刺苋等数量较少的外来入侵种。利用平时巡护的时间对巡护路线旁的外来入侵种进行及时的清除。对侵入疣粒野生稻生境的葛藤植物等要尽快进行人工清除，同时密切关注外来入侵种是否已经侵入别的重点保护植物的生境，对已经入侵的要及时清除。

　　（3）加强对社区居民的科普宣教，规范其对保护区自然资源的利用

　　注重宣传教育，采取有效的宣传手段，使保护区民众对珍稀动植物有更多的了解，使

他们能够积极主动地对珍稀动植物进行保护。保护区管理人员和当地居民共同制定一套持续性的植物资源采集方式。第一，以村寨为单位的分片采集。第二，建立隔年采集制度。这样对竹笋等资源植物的持续性利用十分有效。严格控制当地民众进入缓冲区和核心区采集竹笋的时间，尽量减少进入缓冲区和核心区的人数。

（4）继续培育保护植物幼苗，开展野生种群重建和恢复

积极利用现有的国家重点保护植物繁育基地，培育保护植物的幼苗，在植被恢复区域进行人工野放，逐步恢复国家重点保护植物的野生种群数量。对于土沉香等一些具有较高经济价值的国家重点保护植物，可利用培育的幼苗，鼓励社区居民进行种植，保护区进行一定的指导，使社区居民从中获得一定的经济效益。

调查人：秦卫华　周守标　刘坤　江淑琼

调查时间：2008 年 7 月 26 日—8 月 1 日

附图版 1

图 1 大戟科余甘子

图 2 五桠果科五桠果

图 3 百合科万寿竹

图 4 野牡丹科多花野牡丹

图 5 秋海棠科厚叶秋海棠

图 6 省沽油科大果山香圆

附图版2

图7　铁线蕨科扇叶铁线蕨

图8　樟科钝叶桂

图9　桑科木瓜榕

图10　兰科金线莲

图11　姜科舞姜花

图12　兰科鼓锤石斛

附图版 3

图 13 桑科粗毛榕

图 14 茜草科玉叶金花

图 15 茄科牛茄子

图 16 蔷薇科棕红莓

图 17 紫葳科蒜香藤

图 18 紫金牛科酸藤子

附图版 4

图 19　竹芋科茳叶

图 20　桃金娘科番石榴

图 21　马鞭草科臭牡丹

图 22　苦苣苔科大花长芒苣苔

图 23　箭根薯科老虎须

图 24　梧桐科假苹婆

附图版5

图25　大戟科毛果桐

图26　马鞭草科桢桐

图27　鸭趾草科密花杜若

图28　葡萄科广东蛇葡萄

图29　百合科滇南重楼

图30　茶茱萸科假海桐

附表 1：疣粒野生稻样方调查表

调查时间：2008 年 7 月 27 日；地理坐标：略

调查人：秦卫华、周守标、刘峰、刘坤、江淑琼

草本植物记录表（总盖度：80%）

物种编号	植 物 名 称	株 数		盖 度/%	高度/cm	
		实生	萌生		一般	最高
1	野生稻	2		5	30	
2	狭眼凤尾蕨	1		2	55	
3	羽叶蛇葡萄	3		4	70	2
4	葛藤	1		30		
5	矛叶荩草	10		10	20	
6	熊耳草	30		30	40	

附表 2：黑黄檀样方调查表

调查时间：2008 年 7 月 28 日；地理坐标：略

调查人：秦卫华、周守标、刘峰、刘坤、江淑琼

乔木植物记录表（总盖度：95%）

植株编号	植 物 名 称	高度/m	胸径/cm	冠幅/（m×m）	枝下高/m	物候相	生活力
1	木瓜榕	9	14	3×4	5	果期	较好
2	山牡荆	15	23	3×3.5	6	果期	较好
3	黑黄檀	12	12	3×4	7	果期	较好
4	思茅黄檀	11	9	5×3	5	果期	较好
5	思茅木姜子	19	20	4×3	8	果期	较好
6	黑黄檀	16	15	5×4	9	果期	较好

灌木植物记录表（总盖度：45%）

物种编号	植 物 名 称	株 数		盖 度/%	高度/m	
		实生	萌生		一般	最高
1	普文楠	2		5	1.5	
2	大叶石栎	1	4	6	1.6	
3	木瓜榕	2		5	1.3	
4	思茅黄檀	1		2	2	
5	黑黄檀	3		15	1.7	3
6	假柿木姜子	2		6	1.5	

草本植物记录表（总盖度：35%）

物种编号	植物名称	层次	株数	盖度/%	高度/cm 一般	高度/cm 最高
1	荨叶		1	20	38	
2	细锥香茶菜		2	10	25	
3	光茎胡椒		1	8	18	

附表 3：金毛狗样方调查表

调查时间：2008 年 7 月 29 日 ；地理坐标：略

调查人：秦卫华、周守标、刘峰、刘坤、江淑琼

草本植物记录表（总盖度：78%）

物种编号	植物名称	株数 实生	株数 萌生	盖度/%	高度/cm 一般	高度/cm 最高
1	金毛狗	2		45	130	
2	披针叶莲座蕨	1		20	140	
3	苊草	30		15	18	2
4	舞花姜	5		10	30	
5	大叶仙茅	1		10	35	
6	皱叶狗尾草	3		10	50	

附表 4：宽叶苏铁样方调查表

调查时间：2008 年 7 月 29 日；地理坐标：略

调查人：秦卫华、周守标、刘峰、刘坤、江淑琼

乔木植物记录表（总盖度：90%）

植株编号	植物名称	高度/m	胸径/cm	冠幅/（m×m）	枝下高/m	物候相	生活力
1	川楝	10	12	5×4	6	果期	较好
2	印度栲	12	21	4×3	5.5	果期	较好
3	黑黄檀	6	7	3×1	3.8	果期	较好
4	黑黄檀	4	6	3×2	2.5	果期	较好
5	火绳树	5	7	2×2	2	果期	较好
6	粗糠柴	9	10	3×1.5	4.6	果期	较好
7	披针叶楠	11	13	4×2	6	果期	较好

灌木植物记录表（总盖度：38%）

物种编号	植 物 名 称	株 数		盖 度/%	高度/m	
		实生	萌生		一般	最高
1	宽叶苏铁	1		20	2.5	
2	木豆	1		8	2	
3	银钩花	1		5	1.4	
4	黑黄檀	1		8	2.1	

草本植物记录表（总盖度：50%）

物种编号	植 物 名 称	株 数	盖 度/%	高度/cm	
				一般	最高
1	滇南鳞毛蕨	1	35	30	
2	狭眼凤尾蕨	1	10	18	
3	苔草	15	20	15	

附表5：土沉香样方调查表

调查时间：2008 年 7 月 28 日；地理坐标：略

调查人：秦卫华、周守标、刘峰、刘坤、江淑琼

乔木植物记录表（总盖度：95%）

植株编号	植 物 名 称	高度/m	胸径/cm	冠 幅/（m×m）	枝下高/m	物候相	生活力
1	土沉香	30	25	5×4	25	果期	较好
2	勐仑翅子树	12	8	3×3	8	果期	较好
3	勐仑翅子树	6	3	3×1	4.5	果期	较好
4	勐仑翅子树	7	6	4×2	4.5	果期	较好
5	思茅木姜子	5	5	1.3×2	4	果期	较好
6	勐仑翅子树	5	4	2×1.5	2	果期	较好
7	勐仑翅子树	13	10	4×3	10	果期	较好
8	阔叶蒲桃	15	15	4×3	4	果期	较好

灌木植物记录表（总盖度：47%）

物种编号	植 物 名 称	株 数		盖 度/%	高度/m	
		实生	萌生		一般	最高
1	宽叶苏铁	1		20	1.5	
2	土沉香	1		8	2	
3	绒毛番龙眼	2		12	1.4	2
4	勐仑翅子树	1		8	2.1	
5	思茅木姜子	2		10	1.8	2.4

草本植物记录表（总盖度：62%）

物种编号	植物名称	株数	盖度/%	高度/cm 一般	高度/cm 最高
1	茎叶	1	15	68	
2	胡梅	1	8	35	
3	竹叶兰	3	20	22	
4	歪叶秋海棠	2	30	20	

附表6：千果榄仁样方调查表

调查时间：2008 年 7 月 28 日；地理坐标：略

调查人：秦卫华、周守标、刘峰、刘坤、江淑琼

乔木植物记录表（总盖度：98%）

植株编号	植物名称	高度/m	胸径/cm	冠幅/(m×m)	枝下高/m	物候相	生活力
1	千果榄仁	31	38	5×3	10	果期	较好
2	绒毛番龙眼	21	20	3×2	8	果期	较好
3	思茅黄肉楠	23	20	2×3	11	果期	较好
4	阔叶蒲桃	6	8	3×2	4	果期	较好
5	顶果木	8	11	3×2.5	3.5	果期	较好
6	白榄	9	13	3×4	2.8	果期	较好
7	西南茜树	15	10	5×3	4.5	果期	较好

灌木植物记录表（总盖度：48%）

物种编号	植物名称	株数 实生	株数 萌生	盖度/%	高度/m 一般	高度/m 最高
1	大叶石栎	2		10	2	
2	思茅木姜子	1		5	1.5	
3	白榄	2		15	2	
4	西南茜树	2	1	7	1.5	
5	云南紫金牛	4		20	1.6	3.5

草本植物记录表（总盖度：65%）

物种编号	植物名称	株数	盖度/%	高度/cm 一般	高度/cm 最高
1	尖苞艾纳香	1	10	15	
2	马蓝	2	18	30	
4	黄花胡椒	3	15	32	40
5	乌毛蕨	1	10	25	
6	老虎须	1	20	40	

附表 7：篦齿苏铁样方调查表

调查时间：2008 年 7 月 29 日；地理坐标：略
调查人：秦卫华、周守标、刘峰、刘坤、江淑琼

乔木植物记录表（总盖度：70%）

植株编号	植物名称	高度/m	胸径/cm	冠幅/(m×m)	枝下高/m	物候相	生活力
1	篦齿苏铁	3.8	15	2×3	2.5	生长期	较好
2	黄竹	8	10	1.5×2	6	生长期	较好
3	黄竹	7.5	9	2×1	5.5	生长期	较好
4	黄竹	7	8	1×1.5	4.5	生长期	较好
5	黄竹	8	8	2×1.5	6	生长期	较好
6	黄竹	8.5	7	1×1.5	5.5	生长期	较好
7	印度栲	6.7	10	2×3	3.5	果期	较好
8	黄竹	6.5	7.5	1×1.5	5	生长期	较好
9	余甘子	4.5	8	3×2.5	3	果期	较好
10	歪叶榕	4.2	5	2×1	1.5	生长期	较好

灌木植物记录表（总盖度：20%）

物种编号	植物名称	株数		盖度/%	高度/m	
		实生	萌生		一般	最高
1	火绳树	1		5	1.8	
2	思茅木姜子	1		10	2.5	
3	粗糠柴	1		7	2	

草本植物记录表（总盖度：55%）

物种编号	植物名称	株数	盖度/%	高度/cm	
				一般	最高
1	皱叶狗尾草	1	12	38	
2	舞花姜	1	10	24	
3	紫茎泽兰	2	15	35	
4	矛叶荩草	20	35	20	

附表 8：金荞麦样方调查表

调查时间：2008 年 7 月 28 日 ；地理坐标：略

调查人：秦卫华、周守标、刘峰、刘坤、江淑琼

草本植物记录表（总盖度：85%）

物种编号	植 物 名 称	株 数		盖 度/%	高度/cm	
		实生	萌生		一般	最高
1	金荞麦	3		40	85	130
2	艾蒿	7		20	45	
3	胜红蓟	2		15	38	
4	矛叶荩草	12		25	28	

附表 9：勐仑翅子树样方调查表

调查时间：2008 年 7 月 28 日；地理坐标：略

调查人：秦卫华、周守标、刘峰、刘坤、江淑琼

乔木植物记录表（总盖度：97%）

植株编号	植 物 名 称	高 度/m	胸 径/cm	冠 幅/（m×m）	枝下高/m	物候相	生活力
1	勐仑翅子树	22	28	4×4.5	18	果期	较好
2	勐仑翅子树	12	19	3×3.5	7.5	果期	较好
3	绒毛番龙眼	20	27	3×4.5	14.5	果期	较好
4	勐仑翅子树	7	9	3×2	4.5	生长期	较好
5	黄棉木	5	6.5	2.5×2	2.5	果期	较好
6	思茅木姜子	6	8.5	2×3.5	1.8	生长期	较好
7	勐仑翅子树	4.5	6	2.5×3	2	生长期	较好
8	阔叶蒲桃	10	15	3.5×2.5	4	生长期	较好
9	云南厚壳桂	7	9	2×2.5	2.5	生长期	较好
10	刺桐	6	7.5	2×2.5	3	果期	较好
11	粗糠柴	5	6.5	1.5×2.5	1.5	生长期	较好

灌木植物记录表（总盖度：55%）

物种编号	植物名称	株数		盖度/%	高度/m	
		实生	萌生		一般	最高
1	木瓜榕	1		5	2	
2	勐仑翅子树	1		3	1.7	
3	毛杜茎山	2		8	1.5	2
4	假海桐	1		5	2.5	
5	思茅木姜子	2		10	1.8	3
6	青果榕	1		5	1.2	
7	假苹婆	1		8	2.2	
8	大叶水冬哥	2		12	1.3	

草本植物记录表（总盖度：60%）

物种编号	植物名称	株数	盖度/%	高度/cm	
				一般	最高
1	荃叶	1	25	55	
2	越南万年青	1	10	30	
3	穿鞘花	2	15	25	
4	歪叶秋海棠	2	20	18	

3.3 浙江凤阳山—百山祖自然保护区国家重点保护植物调查报告

3.3.1 凤阳山—百山祖国家级自然保护区基本概况

3.3.1.1 自然地理概况

浙江凤阳山—百山祖国家级自然保护区位于浙江省西南部丽水市境内，由原凤阳山、百山祖两个省级自然保护区于 1992 年合并而成，是浙江省面积最大的自然保护区，所辖地界横跨龙泉市和庆元县，地理坐标为东经 119°06′～119°19′，北纬 27°37′～27°58′。保护区总面积为 26 051.5 hm²，其中凤阳山部分面积为 15 171.4 hm²，位于龙泉市南部，与屏南、龙南、兰巨 3 乡镇和庆元县百山祖乡毗邻。百山祖部分面积为 10 880.1 hm²，分两个区域位于庆元县，一是县境北部以百山祖为中心的主要部分，此区域西北与凤阳山部分接壤；另一区域位于庆元县南安乡，面积仅 439.3 hm²。

（1）地质地貌

保护区地处我国东南沿海的闽浙丘陵区，由华夏古陆华南台地闽浙地质演变而成，地史古老。山体属洞宫山系，由福建省武夷山脉向东伸延而成，基岩为侏罗纪火成岩。区内地形复杂，群峰峥嵘，沟壑交错。整个地形峰峦绵亘，切割强烈，相对高差达 1 400 余 m。千米以上山峰星罗棋布，浙江省海拔 1 800 m 以上山峰均集于此处，其中最高峰黄茅尖，海拔 1 929 m，为浙江第一高峰，百山祖海拔 1 857 m，为浙江第二高峰，被誉为"百山之祖"。区内最低处在五岭坑保护站，海拔 550 m。

（2）土壤与水文

保护区地带性土壤为红壤，主要分布于海拔 800 m 以下，但由于保护区整体海拔较高，区内土壤以黄壤为主。凤阳山片区的山地多处于海拔 1 000 m 以上，其中海拔 1 500 m 以上面积占 85%。随着海拔的增高，在气候和生物综合作用下发育为山地黄壤。百山祖片区海拔 800 m 以下为红壤，800 m 以上以黄壤为主，棕黄壤土类仅集中分布于海拔 1 700 m 左右的百山祖南坡。保护区土壤质地为中壤，pH 值 4.0～5.5，有机质含量高、土体疏松、腐殖质层厚，是林木生长较为理想的土壤。

凤阳山是瓯江主要支流大溪和小溪的分水岭，也是大溪的发源地，分属瓯江水系、闽江水系和福安江水系。主脉西北侧溪流分别经大寨溪、均溪后汇入大溪，主脉东南侧溪流经双溪由景宁县茶堂注入小溪。百山祖东北坡是瓯江主流的发源地，西南坡闽江支流松源溪的源头，东南坡为福安江的发源地，素有"三江之源"之称，因此保护区内水资源十分丰富。

（3）气候

保护区地处东南沿海地带，受海洋性气候和季风的影响大，属亚热带湿润季风气候。全年季风影响明显，四季分明，降水充沛，光、热、水组合良好，垂直气候差异显著，从下向上依次相当于中亚热带、北亚热带、南温带和中温带。年日照约为 1 515.5 h。年平均气温 12.6℃，最热月为 7 月，极端最高气温 30.1℃，最冷为 1 月，极端低温－13℃，年温差 20℃左右。同时又是我国的多雨地区，降雨主要集中在 4—6 月，占全年降雨量的 80%，年降水量 2 000 mm 以上。气候特点是温暖湿润，雨量充沛，蒸发量少。与本省其他地区相比夏凉冬寒，温度低，雨量多，湿度大，露、雾出现几率大。

3.3.1.2 保护区野生动植物资源概况

3.3.1.2.1 野生植物资源

（1）植物资源概况

据不完全统计，凤阳山—百山祖保护区内共有野生植物 2 562 种，隶属于 273 科 1 063 属，其中苔藓植物共有 62 科 162 属 365 种，蕨类植物共有 37 科 83 属 219 种，种子植物 173 科 818 属 1 978 种，详见表 3-13。

本区植物区系在吴征镒先生的植物区系系统中属中国—日本森林植物亚区的华东地区与华南地区的连接地带，很多华南植物以此为北界，如广西越橘（*Vaccinium sinieum*）、西桦（*Befula alnoides*）、密花梭罗树（*Reevesia pycnantha*）、半枫荷属（*Semiliquidambar*）、含笑属（*Michelia*）植物，本区森林植被在全国植被分区中属中亚热带常绿阔叶林南部亚地带。地带性植被为亚热带常绿阔叶林，又因海拔高度的变化在相应的气候垂直分布带上形成森林植被的垂直带谱系列。由低海拔到山顶出现排列有序的森林植被类型，详见表3-14。

表3-13　凤阳山—百山祖国家级自然保护区野生植物类群表

类群	科	属	种
苔藓植物	62	162	365
蕨类植物	37	83	219
种子植物	174	818	1 978
合计	273	1 063	2 562

注：数据来源于《浙江凤阳山—百山祖国家级自然保护区总体规划》。

表3-14　凤阳山—百山祖国家级自然保护区植被垂直分布特征

植被类型带		海拔高度/m	主要组成树种
常绿阔叶林		≤1 200	甜槠、木荷、青冈栎、深山含笑、温州冬青、细叶青冈
常绿、落叶阔叶混交林		1 200～1 650	亮叶水青冈、巴东栎、多脉青冈、蓝果树、马银花
针阔混交林	马尾松针阔混交林	600～1 000	马尾松、光皮桦、显脉冬青、球核荚蒾
	黄山松针阔混交林	1 100～1 700	黄山松、乌冈栎、云山八角枫、多脉青冈、交让木
	杉木阔叶混交林	1 000～1 500	柳杉、褐叶青冈、木荷、红淡比
山顶矮曲林		1 700～1 750	猴头杜鹃、多脉青冈、白檀、短柱茶、山鸡椒
灌草丛		≥1 750	四川冬青、圆锥绣球、云锦杜鹃、映山红

（2）国家重点保护野生植物资源

依据《国家重点保护野生植物名录（第一批）》（1999年8月4日，国务院）和《浙江凤阳山—百山祖国家级自然保护区总体规划》，凤阳山—百山祖保护区内有分布的国家重点保护野生植物共有13科26种，其中国家Ⅰ级重点保护植物5种，国家Ⅱ级重点保护植物21种。详见表3-15。另外，保护区内还有以前林场人工种植的国家Ⅱ级重点保护植物松科金钱松（*Pseudolarix amabilis*）。

表3-15　凤阳山—百山祖自然保护区内有分布的国家重点保护植物名录

序号	中文名	学名	科名	保护级别
1	百山祖冷杉	*Abies beshanzuensis*	松科	Ⅰ
2	华东黄杉	*Pseudotsuga gaussenii*	Pinaceae	Ⅱ
3	福建柏	*Fokienia hodginsii*	柏科 Cupressaceae	Ⅱ

序号	中文名	学名	科名	保护级别
4	南方红豆杉	*Taxus mairei*	红豆杉科 Taxaceae	I
5	红豆杉	*Taxus chinensis*		I
6	榧树	*Torreya grandis*		II
7	长叶榧树	*Torreya jackii*		II
8	白豆杉	*Pseudotaxus chienii*		II
9	莼菜	*Brasenia schreberi*	睡莲科 Nymphaeaceae	I
10	樟（香樟）	*Cinnamomum camphora*	樟科 Lauraceae	II
11	闽楠	*Phoebe bournei*		II
12	浙江楠	*Phoebe chekiangensis*		II
13	金荞麦	*Fagopyrum dibotrys*	蓼科 Polygonaceae	II
14	鹅掌楸	*Liriodendron chinense*	木兰科 Magnoliaceae	II
15	厚朴	*Magnolia officinalis*		II
16	凹叶厚朴	*Magnolia officinalis* ssp. *biloba*		II
17	花榈木	*Ormosia henryi*	蝶形花科 Papilionaceae	II
18	红豆树	*Ormosia hosiei*		II
19	野大豆	*Glycine soja*		II
20	山豆根（胡豆莲）	*Euchresta japonica*		II
21	蛛网萼	*Platycrater arguta*	虎耳草科 Saxifragaceae	II
22	毛红椿	*Toona ciliata*	楝科 Meliaceae	II
23	长序榆	*Ulmus elongata*	榆科 Ulmaceae	II
24	榉树	*Zelkova schneideiana*		II
25	伯乐树	*Bretschneidera sinensis*	伯乐树科 Bretschneideraceae	I
26	香果树	*Emmenopterys henryi*	茜草科 Rubiaceae	II

3.3.1.2.2 野生动物资源

据不完全统计，凤阳山—百山祖保护区内共有高等野生脊椎动物 30 目 83 科 320 种，其中鱼类 4 目 10 科 45 种，两栖类 2 目 7 科 32 种，爬行类 3 目 9 科 49 种，鸟类 13 目 34 科 132 种，兽类 8 目 23 科 62 种。此外，区内还有昆虫 18 目 152 科 982 种。

依据《国家重点保护野生动物名录》（1988 年 12 月 10 日，国务院），保护区内有分布的国家重点保护野生动物有云豹（*Neofelis nebulosa*）、豹（*Panthera pardus*）、黑麂（*Muntiacus crinifrons*）、金雕（*Aquila chrysaetos*）、白鹳（*Ciconia ciconia*）、白颈长尾雉（*Syrmaticus ewllioti*）、虎纹蛙（*Rana tigrina*）等 11 目 19 科 55 种。

3.3.1.3 社会经济状况

凤阳山—百山祖保护区范围涉及龙泉市的兰巨、龙南、屏南三个乡、庆元县的万里国有林场以及百山祖、南安两个乡镇。区内现有居民 17 290 人，其中凤阳片区 11 715 人，涉及兰巨乡 2 198 人，龙南乡 4 444 人；百山祖片区 5 375 人，涉及百山祖乡 3 487 人，南安乡 1 888 人。另外，凤阳山管理处共有管理人员 38 人，百山祖管理处共有职工 30 人。

保护区地处浙江省高海拔地带，环境闭塞，气候温凉，农业生产条件差，因而人烟稀少，平均每平方公里人口密度仅 48 人，为浙江省平均人口密度的 1/10，丽水地区的 1/3。当地社区居民的传统谋生手段以林业为主，耕种少量农田，包括竹木采伐、培育香菇出售等。由于林业产业经营结构已经落后于现代林业的发展步伐，保护区内社区居民大部分处于温饱水平，急需开辟新的致富门路和就业途径。保护区管理处为公益性事业单位，负责保护区内资源管护工作。目前，保护区内的交通条件已有很大改善，现有 5 条公路支线连接保护区周围，并可直通凤阳山、百山祖两个管理处。生产设施、文化教育、社会交通有了很大变化。

3.3.2 凤阳山—百山祖保护区国家重点保护植物实地调查

3.3.2.1 调查时间和方法

野外调查时间为 2008 年 9 月 15 日至 9 月 19 日。

野外调查的方法主要采取线路调查与样方调查相结合，根据凤阳山—百山祖自然保护区的功能区划图，分别在保护区的凤阳山片区和百山祖片区，选择具有代表性的生境区域开展野外线路调查，采用全球定位系统（GPS）详细记录沿途调查路线以及发现的国家重点保护野生植物的地理坐标。野外调查路线详见图 3-5。

在保护区国家重点保护野生植物分布较为集中或典型的区域，设置样地，对样地内的植物种类及群落特征进行详细调查，统计并记录所观察到的国家重点保护植物及其伴生植物种类，并分别设置 10 m×10 m 的乔木样方、5 m×5 m 的灌木样方和 1 m×1 m 的草本样方，记录样方内国家重点保护植物及伴生植物的株数、高度、胸径、盖度、优势度等数据，同时拍摄国家重点保护植物以及相关群落外貌照片，并拍摄一些伴生植物的照片（详见附图版 1～附图版 5，194-198 页）。

在野外调查的基础上，收集凤阳山—百山祖自然保护区相关本底资料和历史数据信息，并对周边社区居民和保护区管理人员进行座谈与走访调查，对调查结果进行综合分析和讨论。

3.3.2.2 调查结果

实地调查中，共设置了 4 条大的调查线路，详细调查了 18 个样地，并共设置了 40 个样方，其中乔木样方 12 个、灌木样方 12 个、草本样方 16 个，分别对凤阳山片区和百山祖片区进行了详细的调查。

结果共发现了国家重点保护野生植物 6 科 9 种，其中国家 I 级重点保护植物有百山祖冷杉、伯乐树和红豆杉 3 种，国家 II 级保护植物有福建柏、白豆杉、华东黄杉、厚朴、鹅掌楸、蛛网萼 6 种，详见表 3-16。

部分调查样方详见表 3-17 和附表。

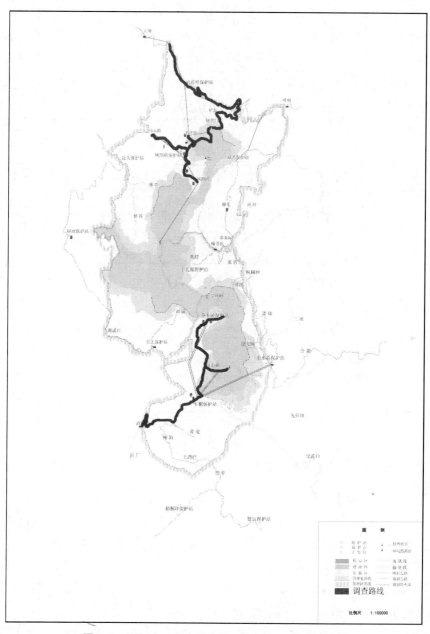

图 3-5　凤阳山—百山祖自然保护区野外调查路线图

表 3-16　实地调查发现的国家重点保护野生植物名录

中文名	保护级别	学名	科名
百山祖冷杉	I	*Abies beshanzuensis*	松科
伯乐树	I	*Bretschneidara sinensis*	伯乐树科
红豆杉	I	*Taxus chinensis*	红豆杉科
福建柏	II	*Fokienia hodginsii*	柏科
厚朴	II	*Magnolia officinalis*	木兰科
蛛网萼	II	*Platycrater arguta*	虎耳草科
华东黄杉	II	*Pseudotsuga gaussenii*	松科
鹅掌楸	II	*Liriodendron chinense*	木兰科
白豆杉	II	*Pseudotaxus chienii*	红豆杉科

表 3-17　实地调查的部分样方表

编号	生境	海拔/m	功能区	保护种类
1	阔叶林内	1 757	核心区	百山祖冷杉
2	阔叶林内	1 427	缓冲区	伯乐树
3	阔叶林内	1 537	实验区	红豆杉
4	针阔混交林内	1 481	实验区	福建柏
5	竹林内	1 107	实验区	厚朴
6	路边	1 208	核心区	蛛网萼
7	针阔混交林内	1 378	实验区	华东黄杉
8	阔叶林内	1 417	缓冲区	鹅掌楸
9	矮曲林内	1 513	实验区	白豆杉

3.3.2.3 实地调查发现的国家重点保护植物保护现状及分析

实地调查中，课题组共发现 6 科 9 种国家重点保护植物，通过对这 9 种保护植物的详细调查分析，初步查明了其在凤阳山—百山祖自然保护区内的分布地点、种群数量、年龄结构和分布特点等基础资料，结合对历史本底资料的整理与分析，初步掌握了这些保护植物在保护区内的变化动态和保护成效。

通过对调查过程中出现的国家重点保护野生植物点位的地理坐标的记录，绘制出国家重点保护野生植物在凤阳山—百山祖保护区的分布图，详见图 3-6。

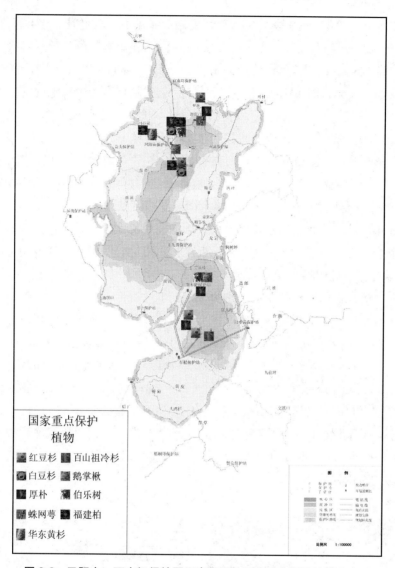

图3-6 凤阳山—百山祖保护区调查发现的国家重点保护植物分布图

（1）百山祖冷杉（*Abies beshanzuensis*）

百山祖冷杉隶属于松科冷杉属，系近年来在我国东部中亚热带首次发现的冷杉属植物，1987年2月国际物种保护委员会（SSC）将百山祖冷杉列为世界最濒危的12种植物之一，1999年被列为国家Ⅰ级重点保护植物。百山祖冷杉为常绿乔木，具平展、轮生的枝条，高约17 m，胸径可达80 cm；树皮灰黄色，不规则块状开裂；小枝对生，1年生枝淡黄色或灰黄色，无毛或凹槽中有疏毛；冬芽卵圆形，有树脂，芽鳞淡黄褐色，宿存。叶螺旋状排列，在小枝上面辐射伸展或不规则两列，中央的叶较短，小枝下面的叶呈梳状，线形，长1~4.2 cm，宽2.5~3.5 mm，先端有凹下，下面有两条白色气孔带，树脂道2个，边生或近边生。雌雄同株，球花单生于去年生枝叶腋；雄球花下垂；雌球花直立，有多数螺旋状排列的球鳞与苞鳞，苞鳞大，每一珠鳞的腹面基部有 2 枚胚珠。球果直立，圆柱形，有短梗，长 7～12 cm，直径 3.5～4 cm，成熟时淡褐色或淡褐黄色；种鳞扇状四边形，长 1.8～2.5 cm，宽 2.5～3 cm；苞鳞窄，长 1.6～2.3 cm，中部收缩，上部圆，宽 7～8 mm，先端露出，反曲，具突起的短刺状；成熟后种鳞、苞鳞从宿存的中轴上脱落；种子倒三角形，长约 1 cm，具宽阔的膜质种翅，种翅倒三角形，长 1.6～2.2 cm，宽 9～12 mm。目前仅分布于浙江南部庆元县百山祖南坡海拔约 1 700 m 的林中。

　　百山祖冷杉在 20 世纪 70 年代发现时共有 8 株，由于各种原因，在保护区成立以前已经死亡 3 株，保护区建立以后，又死亡 2 株，现在野生的百山祖冷杉在保护区内仅存 3 株，其中两株在一起，两处相距仅 200 m，生境范围已经极度狭窄。

　　在 3 株成年植株中，有两株生长状况很差，枯枝现象比较严重，且在树干上已经生长了很多苔藓植物。我们对在一起的两株百山祖冷杉生境进行了详细的样方调查，详细记录了百山祖冷杉自然生境中伴生植物种类等数据。两株冷杉中，一株的树高和胸径分别为 13 m 和 22 cm，另一株的树高和胸径分别为 12 m 和 34 cm。

　　调查还发现，百山祖冷杉自然结实率极低，成年植株周围未发现幼树及更新苗，伴生植物主要有亮叶水青冈（*Fagus lucida*）、多脉青冈（*Cyclobalanopsis multinervis*）、四川山矾（*Symplocos setchuensis*）、小蜡树（*Ligustrum sinense*）、尖萼紫茎（*Stewartia acutisepala*）、华箬竹（*Indocalamus sinicus*）、百山祖玉山竹（*Yushania baishanzuensis*）、蛇莓（*Duchesnea indica*）、苔草属（*Carex*）等，百山祖冷杉生境内灌木层主要有华箬竹、百山祖玉山竹，盖度高达 80%，由于竹根在地下纵横密集生长，可能会严重阻碍百山祖冷杉种子的萌发及幼树的生长，同时也会对 3 株成年大树的生长造成影响，需要引起关注，可进行深入研究。

　　实地拍摄的百山祖冷杉及其生境见照片 3-78 和照片 3-79。

照片 3-78　百山祖冷杉　　　　　　　　照片 3-79　百山祖冷杉生境

（2）伯乐树（*Bretschneidara sinensis*）

伯乐树隶属于伯乐树科伯乐树属，是我国特有的、古老的单种科和残遗种。它在研究被子植物的系统发育和古地理、古气候等方面都有重要科学价值，被列为国家Ⅰ级重点保护植物。伯乐树为落叶乔木，奇数羽状复叶，小叶7～13；大型总状花序顶生，花大，粉红色；蒴果近球形，棕色或暗红色，种子橙红色。伯乐树的树体雄伟高大，绿荫如盖，树高达30 m，胸径可达1 m，主干通直，出材率高，在阔叶树中十分少见；花期5—6月，10—11月果熟。根据资料记载，伯乐树在我国云南东部、贵州、广东、广西、四川、湖北、湖南、福建、江西等省区均有分布，浙江省内主要分布于庆元、龙泉、遂昌、云和、泰顺等市（县）。

此次实地调查中，仅在保护区内发现两株伯乐树，其中一株株高约11 m，胸径约12 cm；另一株株高约14 m，胸径约20 cm。这两株伯乐树都没有开花结实。我们对这两株伯乐树的周边区域进行了详细调查，没有发现其他伯乐树植株及幼树和幼苗。而根据资料记载，伯乐树在该区域曾经具有一定的种群数量，现在已经非常罕见了。据保护区专业人员介绍，在保护区内已经不存在伯乐树的小种群了，且数量极少，伯乐树种群在保护区内已经极度退化，如果不采取保护措施进行干预，要不了多久，伯乐树将在保护区内消失。

说明由于伯乐树自身繁殖能力和扩散能力较弱，其生境易受到别的树种侵入，分布范围逐渐狭窄，数量急剧下降。我们以其中一株伯乐树为中心，设置了10 m×10 m的样方，详细记录了伯乐树自然生境中伴生植物种类等数据。样方调查发现，伴生植物主要有木荷（*Schima superba*）、交让木（*Daphniphyllum macropodum*）、黄山松（*Pinus taiwanensis*）、浙江樟（*Cinnamomum chekiangense*）、伞形绣球（*Hydrangea angustipetala*）、红枝柴（*Meliosma oldhamii*）、翅柃（*Eurya alata*）、寒莓（*Rubus buergeri*）、中华野海棠（*Bredia sinensis*）、黑足鳞毛蕨（*Dryopteris fuscipes*）、荩草（*Arthraxon hispidus*）、求米草（*Oplismenus undulatifolius*）等。优势种有木荷、交让木、翅柃、求米草等。

实地拍摄的伯乐树及其生境见照片3-80和照片3-81。

照片3-80 伯乐树

照片3-81 伯乐树生境

（3）红豆杉（*Taxus chinensis*）

红豆杉隶属于红豆杉科红豆杉属，是我国特有的第三纪孑遗植物，在其分布区内呈零散分布，种群数量稀少，被列为国家Ⅰ级重点保护植物。南方红豆杉为常绿乔木，高达 20 m 左右，胸径达 1 m。叶螺旋状着生，排成两列，条形，通常较直或微呈镰状，长 1.2～2 cm，宽 2～3 mm，先端微急尖，有短刺状尖头，下面中脉带黄绿色与两侧气孔带色泽相同，中脉上密生均匀的乳突状的突起点。雌雄异株，球花单生叶腋；雌球花的胚珠单生于花轴上部侧生短轴的顶端，基部托以圆盘状假种皮。种子卵圆形，微扁，先端微有二纵脊，生于红色肉质杯状假种皮中。红豆杉为优良珍贵树种，材质坚硬，刀斧难入，有"千枞万杉，当不得红榧一枝桠"的俗话。主要分布于我国长江流域以南，常生于海拔 1 000～1 200 m 以下山林中，零散分布。

实地调查发现，红豆杉在保护区内主要分布于凤阳湖水口和大田坪，零星分布于阔叶林内和针阔混交林内，大树比较少见。在凤阳湖水口，红豆杉零星分布于福建柏—猴头杜鹃林内，主要伴生乔木有福建柏、木荷、褐叶青冈（*Cyclobalanopsis stewardiana*）、黄山松等；灌木有福建柏、猴头杜鹃（*Rhododendron simiarum*）、厚叶红淡比（*Cleyera pachyphylla*）、尾叶冬青（*Ilex wilsonii*）、白豆杉、石斑木（*Rhaphiolepis indica*）、朱砂根（*Ardisia crenata*）、光叶铁仔（*Myrsine stolonifera*）等；草本有狗脊蕨（*Woodwardia japonica*）、中华野海棠、华东瘤足蕨（*Plagiogyria japonica*）、宝铎草（*Disporum sessile*）等。在大田坪，红豆杉零星分布于木荷-甜槠林内，主要伴生乔木有木荷、甜槠（*Castanopsis eyrei*）、福建柏、褐叶青冈、蓝果树（*Nyssa sinensis*）、东南石栎（*Lithocarpus harlandii*）、交让木等；灌木有鹿角杜鹃（*Rhododendron latoucheae*）、马银花（*Rhododendron ovatum*）、猴头杜鹃、中华野海棠、四川山矾等；草本有光里白（*Hicriopteris laevissima*）、苔草属（*Carex*）、华东瘤足蕨等。调查发现，红豆杉在福建柏-猴头杜鹃林内分布数量相对较多，幼树和更新苗数量较多且分布均匀。在木荷-甜槠林内，红豆杉数量相对就少了很多，幼树和更新苗也很少，可能是由于木荷-甜槠林郁闭度过高，不利于红豆杉生长。

调查发现的红豆杉的最大植株高约 17 m，胸径约 38 cm，生长状况良好，目前正在结实，很多种子已经成熟，在样地周边发现了 2 株幼树和 1 株幼苗。随着保护区的建立，偷伐红豆杉的现象减少了很多，红豆杉种群退化的趋势得到了比较大的缓解，现在由于得到了比较好的就地保护，红豆杉种群数量趋于稳定。虽然红豆杉生境内有一定的幼树和幼苗，但是由于生境内乔木层郁闭度较高，严格限制了红豆杉种群数量的进一步增加。

实地拍摄的红豆杉及其生境见照片 3-82 和照片 3-83。

照片 3-82 红豆杉   照片 3-83 红豆杉生境

（4）福建柏（*Fokienia hodginsii*）

福建柏隶属于柏科福建柏属，为国家 II 级重点保护植物。福建柏是常绿乔木，高可达 30 m 或更高，胸径可达 1 m。树皮紫褐色，近平滑或不规则长条片开裂。叶鳞形，小枝上面的叶微拱凸，深绿色，下面的叶具有凹陷的白色气孔带。雌雄同株，球花单生小枝顶端。花期 3 月中旬至 4 月，球果翌年 10 月成熟，直径 1.7～2.5 cm，成熟时褐色。福建柏分布于我国福建、江西、浙江南部、湖南南部、广东北部、四川东南部、广西北部、贵州东南部，以及云南的中部和东南部，以福建中部最多。多散生于常绿阔叶林中，偶有小片纯林。

实地调查发现，福建柏在凤阳山—百山祖保护区内主要分布于凤阳湖水口、大田坪、乌狮窟等地。在凤阳湖水口，存在面积有 10 hm² 左右的以福建柏为优势种的群落，形成典型的福建柏-猴头杜鹃常绿针阔混交林，主要伴生乔木有猴头杜鹃、褐叶青冈、小叶青冈（*Cyclobalanopsis gracilis*）、木荷、水丝梨（*Sycopsis sinensis*）、厚叶红淡比、树参（*Dendropanax dentiger*）、交让木、香冬青（*Ilex suaveolens*）等；灌木有浙江樟、马银花、四川山矾（*Symplocos setchuensis*）、厚皮香（*Temstroemia gymnanthera*）、翅枸、黄丹木姜子（*Litsea elongata*）、朱砂根（*Ardisia crenata*）、茵芋（*Skimmia reevesiana*）、羊舌树（*Symplocos glauca*）、中华野海棠、扁枝越橘（*Vaccinium japonicum*）、马醉木（*Pieris japonica*）、白豆杉、钝齿冬青（*Ilex crenata*）等；草本有苔草属、麦冬（*Ophiopogon japonicus*）、长梗黄精（*Polygonatum filipes*）、华东瘤足蕨、狗脊蕨等。在福建柏-猴头杜鹃林内，有很多福建柏大树，而且存在大量幼树和更新苗，幼树和幼苗的集群强度明显大于大树，树种呈扩散趋势，种群数量正在增加。但是由于福建柏幼苗发育成长为小树、中树和大树的过程中，需要充足的阳光，而福建柏-猴头杜鹃林郁闭度较高，严重限制了福建柏幼苗的生长，只有当一些自然的因素（如台风、积雪、病虫害和自然死亡）或人为的因素使得一些大树死亡、倒伏，并在群落中的局部地段形成林窗时，林下的福建柏幼苗才有机会生长，并进入林冠层。

在大田坪,福建柏分布的群落主要是20世纪70年代初采伐迹地上恢复起来的次生林,群落中福建柏的中树、大树较少,幼苗、幼树相对较多,种群呈增长趋势,正逐步发展成群落中的优势种。

实地拍摄的福建柏及其生境见照片3-84和照片3-85。

照片3-84　福建柏

照片3-85　福建柏生境

（5）厚朴（*Magnolia officinalis*）

厚朴隶属于木兰科木兰属,为我国特有的珍贵树种。在北亚热带地区分布较广,树皮供药用。由于遭到过度剥皮和砍伐,使这一物种资源急剧减少,分布面积越来越小。目前野生植株已极少见,被列为国家Ⅱ级重点保护植物。厚朴是落叶乔木,高可达15 m,胸径达35 cm;树皮厚,紫褐色,有辛辣味;幼枝淡黄色,有细毛,后变无毛;顶芽大,窄卵状圆锥形,长4～5 cm,密被淡黄褐色绢状毛。叶革质,倒卵形或倒卵状椭圆形,长20～45 cm,宽12～25 cm,上面绿色,无毛,下面有白霜,幼时密被灰色毛;侧脉20～30对;叶柄长2.5～4.5 cm。花与叶同时开放,单生枝顶,白色,芳香,直径15～20 cm;花被片9～12（17）,厚肉质,外轮长圆状倒卵形,长8～10 cm,内两轮匙形,长8～8.5 cm;雄蕊多数,花丝红色;心皮多数。聚合果长椭圆状卵圆形或圆柱状,长10～12（16）cm,直径5.5～6 cm;蓇葖本质,顶端有向外弯的喙;种子倒卵圆形,有鲜红色外种皮。

实地调查发现,厚朴在凤阳山—百山祖保护区内主要散生于竹林以及一些人工种植的杉木林内,很少看见大树。据保护区人员介绍,厚朴曾经在保护区有大量分布,但在20世纪90年代,厚朴作为重要的药用树种而遭到大量的砍伐,在保护区内很少有大树留存。调查期间发现,在一片竹林及周边的阔叶林内有大量的厚朴植株散生其间,植株数量约有50株左右,主要为少量幼树和幼苗,没有发现大树。这些厚朴可能是90年代残留的幼树长成的。

样方调查发现，伴生植物种主要有毛竹（*Phyllostachys pubescens*）、木荷、黄山松、千年桐（*Aleurites montana*）、杭子梢（*Campylotropis macrocarpa*）、宁波溲疏（*Deutzia ningpoensis*）、马银花、浙江大青（*Clerodendrum kaichianum*）、白花败酱（*Patrinia villosa*）、中华野海棠、长梗黄精、芒萁（*Dicranopteris dichotoma*）等。

实地拍摄的厚朴及其生境见照片 3-86 和照片 3-87。

照片 3-86 厚朴

照片 3-87 厚朴生境

（6）蛛网萼（*Platycrater arguta*）

蛛网萼隶属于虎耳草科蛛网萼属，系东亚特有单种属植物，间断分布于中国与日本，对研究植物地理、植物区系有科学价值，被列为国家 II 级重点保护植物。蛛网萼为落叶灌木，直立或披散，有时近匍匐，高 50～100 cm；小枝带紫褐色，有时呈薄片状剥落。叶对生，膜质，菱状椭圆形、宽披针状长椭圆形或椭圆形，长 5～15 cm，宽 2.5～6.5 cm，边缘有锯齿，上面散生短粗毛，下面脉上常有柔毛；叶柄长 1～4 cm。伞房花序顶生，具少数花；花二型：不孕花有 1 枚盾状萼瓣，萼瓣三角形、近圆形或四方形，宽约 1.2～2 cm，半透明，绿黄色，有密集网脉；孕性花白色，花萼 4 裂，裂片三角形，长 3～6 mm；花瓣 4，长约 6 mm，雄蕊多数，着生于环形花盘下侧，花丝基部连合；子房下位，2 室，花柱 2，分离，线形，长约 5 mm，宿存。蒴果倒圆锥形或倒卵圆形，长 7～8 mm，2 室，顶端孔裂；种子多数，线形，两端有翅。蛛网萼在浙江、安徽、江西与福建呈零散分布，植株稀少，由于破坏严重，难以保存，已经陷入濒危状态。

由于蛛网萼对分布生境的要求比较苛刻，喜生于溪涧边、阴湿裸岩旁或岩洞口，在强光下长势不良，但需要一定的光照，不适宜在郁闭度较高的林下生长。经过 4 天的野外调查，仅在凤阳山—百山祖保护区内发现一处蛛网萼野生植株的分布，生境位于道路边，面积大约有 100 m²。蛛网萼个体主要呈小灌木状生长，正在结实，但结实率比较低。蛛网萼自然扩散能力很弱，自然状态下种群数量很难增加。目前蛛网萼的自然生境尚未遭到破坏，蛛网萼的种群数量趋于稳定。

样方调查发现，伴生植物种主要有雷公鹅耳枥（*Carpinus viminea*）、崖花海桐（*Pittosporum illicioides*）、黄连木（*Pistacia chinensis*）、鹿角杜鹃、马醉木、猴头杜鹃、蓝果树、小果南烛（*Lyonia ovalifolia*）、缺萼枫香（*Lipuidambar acalycina*）、灯台莲（*Arisaema sikokianum*）、天目藜芦（*Veratrum schindleri*）、祁门过路黄（*Lysimachia qimenensis*）、松风草（*Boenninghausenia albiflora*）、白花败酱。

实地拍摄的蛛网萼及其生境见照片 3-88 和照片 3-89。

照片 3-88　蛛网萼　　　　　　　　　　照片 3-89　蛛网萼生境

（7）华东黄杉（*Pseudotsuga gaussenii*）

华东黄杉隶属于松科，产于我国东部中亚热带地区，由于长期采伐利用，加以种子可孕率极低，更新能力很弱，林木日益减少，被列为国家Ⅱ级重点保护植物。华东黄杉是常绿乔木，高达 40 m，胸径达 1 m；小枝淡黄灰色，主枝通常无毛，侧枝密生褐色毛。叶辐射伸展或不规则二列，线形，长 2～3 cm，宽约 2 mm，先端凹缺，下面绿色，中脉凹陷，下面有两条白色气孔带，边带绿色。雄球花单生叶腋；雌球花单生侧枝顶端。球果下垂，卵圆形或圆锥状卵圆形，微被白粉，长 3.5～5.5 cm，直径 2～3 cm，成熟时淡黄褐色；种鳞肾形或肾状菱形，基部两侧无凹缺，鳞背露出部分无毛；苞鳞长而外露，露出部分向后反伸，中裂窄三角形，渐尖，长 4～5 mm，侧裂三角状，先端尖或钝，长 2～3 mm；种子三角状卵圆形，微扁，长 8～10 mm，上面密生褐色毛，下面有褐色斑纹，种翅与种子近等长。华东黄杉主要分布于安徽、浙江、福建（建宁）、江西（德兴）等地。

实地调查发现，华东黄杉在凤阳山—百山祖保护区仅剩下 6 株，位于凤阳山片区内，分布在两个位置,其中一处有 5 株;另一处仅有 1 株,平均胸径和树高分别为 42 cm 和 18 m。华东黄杉生长状况良好,但是没有发现结实,在样地周围也没有发现华东黄杉的幼树和幼苗。我们以其中一株华东黄杉为中心,设置了 10 m×10 m 的样方,详细记录了华东黄杉自然生境中伴生植物种类等数据。主要伴生乔木有木荷、黄山松、多脉青冈、东南石栎等;灌木有猴头杜鹃、厚叶红淡比、尾叶冬青、石斑木、光叶铁仔等;草本层不发达,主要是一些蕨类植物,如狗脊蕨、华东瘤足蕨等,还有两种苔草属植物。

有资料记载华东黄杉在凤阳山有 9 株分布,分布面积为 1.03 hm²。我们调查仅发现 6 株,说明由于各种原因,华东黄杉已经死亡 3 株,种群数量正在减少,分布范围逐渐变窄。这 6 株华东黄杉主要是因为生境比较偏僻,很少有人进入,未遭到破坏而保留下来,但是由于华东黄杉自然更新和繁殖能力很弱,加之自然生境条件比较差,土壤比较贫瘠,使得种群极度衰退,正面临从保护区内消失的危险。

实地拍摄的华东黄杉及其生境见照片 3-90 和照片 3-91。

照片 3-90 华东黄杉球果

照片 3-91 华东黄杉生境

（8）鹅掌楸（*Liriodendron chinense*）

鹅掌楸隶属于木兰科鹅掌楸属,为十分古老的树种,它们对于研究东亚植物区系和北美植物区系的关系,对于探讨北半球地质和气候的变迁具有十分重要的意义。在第四纪冰川以后,鹅掌楸仅在我国的南方和美国的东南部有分布(同属的两个种),成为孑遗植物。被列为国家 II 级重点保护植物。鹅掌楸是落叶乔木,树高达 40 m,胸径 1 m 以上。叶互生,长 4～18 cm,宽 5～19 cm,每边常有 2 裂片,背面粉白色;叶柄长 4～8 cm。叶形如马褂——叶片的顶部平截，犹如马褂的下摆；叶片的两侧平滑或略微弯曲，好像马褂的两腰；叶片的两侧端向外突出，仿佛是马褂伸出的两只袖子。故鹅掌楸又叫马褂木。花单生枝顶，花被片 9 枚，外轮 3 片萼状，绿色，内二轮花瓣状黄绿色，基部有黄色条纹，形似郁金香。因此，它的英文名称是"Chinese Tulip Tree"，译成中文就是"中国的郁金香树"。雄蕊多数，雌蕊多数。聚合果纺锤形，长 6～8 cm，直径 1.5～2 cm。小坚果有翅，连翅长 2.5～3.5 cm。

实地调查发现，鹅掌楸在凤阳山—百山祖保护区内主要分布于两处，都是沿沟谷分布，一处在百山祖片区，分布范围比较大，在相邻两条沟谷里面，以及两条沟谷之间和沟谷周围都有分布，不过鹅掌楸大树主要分布在沟谷边，大致统计了一下，有鹅掌楸大树 18 株左右，平均胸径和树高分别为 35 cm 和 17 m。鹅掌楸生长状况较好，正在结实，样地周围鹅掌楸幼树和更新苗随处可见，种群数量呈现增长趋势。样方调查发现，主要伴生植物种有木荷、黄山松、东南石栎、交让木、云锦杜鹃（*Khododendron fortunei*）、鹿角杜鹃、铁冬青（*Ilex rotunda*）、老鼠矢（*Symplocos stellaris*）、伞形绣球、黄山木兰（*Magnolia cylindrica*）、白花败酱、三脉紫菀（*Aster ageratoides*）、金龟草（*Cinicifuga acerina*）、芒（*Miscanthus sinensis*）、野古草（*Arundinella anomala*）、五岭龙胆（*Gentiana davidii*）、地菍（*Melastoma dodecandrum*）等。

另一处在凤阳山片区，沿沟谷分布有鹅掌楸群落，分布范围较百山祖的要小，经统计有 8 株鹅掌楸大树，平均胸径和树高分别为 29 cm 和 16 m。样地周围存在鹅掌楸幼树和幼苗，但相对数量较百山祖的要少。由于鹅掌楸生境没有遭到破坏，幼树和幼苗也较多，种群数量正在增加。调查发现主要伴生种有雷公鹅耳枥、黄山松、杉木（*Cunninghamia Lanceolata*）、交让木、黄丹木姜子（*Litsea elongata*）、金银忍冬（*Lonicera maackii*）、野茉莉（*Styrax japonicus*）、苦竹（*Pleioblastus amarus*）、扁枝越橘、珍珠菜（*Artemisia lactiflora*）、三脉紫菀、獐牙菜（*Swertia bimaculata*）、长梗黄精等。

实地拍摄的鹅掌楸及其生境见照片 3-92 和照片 3-93。

照片 3-92 鹅掌楸

照片 3-93 鹅掌楸生境

（9）白豆杉（*Pseudotaxus chienii*）

白豆杉隶属于红豆杉科白豆杉属，分布星散，个体稀少，又是雌雄异株，生于林下的雌株往往不能正常授粉，天然更新困难。加之植被破坏，生境恶化，导致分布区逐渐缩小，资源日趋枯竭。被列为国家Ⅱ级重点保护植物。白豆杉是常绿灌木或小乔木，高达 4 m。枝通常近轮生或近对生，基部有宿存芽鳞。叶条形，螺旋状着生，排成两列，直或微弯，先端骤尖，基部近圆形，两面中脉凸起，下面有两条白色气孔带，有短柄，叶内无树脂道。雌雄异株，球花单生叶腋，无梗；雄球花圆球形，基部有 4 对苞片，雄蕊 6～12 枚，盾形，交叉对生，花药 4～6 枚，辐射排列，花丝短，雄蕊之间生有苞片；雌球花基部有 7 对苞片，排成 4 列，胚珠 1，直立，着生于花轴顶端的苞腋，珠托发育成肉质、杯状、白色的假种皮；种子坚果状，卵圆形，微扁，长 5～7 mm，顶端具小尖头，有短梗或无柄。花期 3—5 月，果期 7—10 月。单种属。枝条长轮生；叶线形，螺旋状排列，基部扭转成二列，直或微弯，长 1.5～2.6 cm，宽 2.5～4.5 mm，两面中脉隆起，上面光绿色，背面有白色气孔带；雌雄异株 5 月开花；种子坚果状，卵圆形，假种皮白色，肉质，10 月成熟。白豆杉主要分布于浙江南部龙泉、江西北部德兴、湖南南部宜章、广西东北部临桂、广东北部乳源等地。

实地调查发现，白豆杉在凤阳山—百山祖保护区内主要集中分布于凤阳湖水口，在大田坪有零星分布。在凤阳湖水口，白豆杉主要分布于福建柏-猴头杜鹃组成的针阔混交林和猴头杜鹃矮曲林内。主要伴生乔木有福建柏、木荷、褐叶青冈、黄山松、铁杉、厚叶红淡比等；灌木有猴头杜鹃、薄叶山矾（*Symplocos anomala*）、扁枝越橘、红豆杉、石斑木、朱砂根等；草本有华东瘤足蕨、苔草属和麦冬等。在猴头杜鹃矮曲林内，白豆杉生长良好，正在结实，幼树和幼苗较多，年龄结构完整，种群呈现增加的趋势。但在福建柏-猴头杜鹃组成的针阔混交林内，白豆杉种群有衰退的趋势，不过在林下存在一些白豆杉幼树和幼苗，种群在一定时期内还将保持稳定。在大田坪，白豆杉主要零星分布于常绿阔叶林内，数量较少，主要为幼树，仅见几株中树，由于阔叶林内郁闭度较高；白豆杉长势较弱，种群处于衰退状态，如果不发生一定的变化，如大树的倒伏形成林窗以增加幼苗萌发所需要的光照，白豆杉种群最终将会从该群落类型中消失。

总体上，白豆杉在其主要分布地——凤阳湖水口生长良好，结实率较高，幼树和幼苗较多，种群处于增长趋势。

实地拍摄的白豆杉及其生境见照片 3-94 和照片 3-95。

通过对调查资料和本底资料的统计分析，并综合上面的论述和分析，我们初步弄清了被调查的国家重点保护植物的种群数量、变化趋势和分布特点，详见表 3-18。

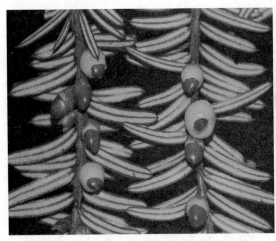

照片 3-94   白豆杉   照片 3-95   白豆杉生境

表 3-18   实地调查发现的国家重点保护野生植物的种群结构及分布特点

中文名	保护级别	种群数量	年龄结构	种群变化趋势	分布特点
百山祖冷杉	I	仅 3 棵	衰退型	减少	点状分布
伯乐树	I	仅 2 棵	衰退型	减少	点状分布
红豆杉	I	较多	衰退型	相对稳定	散生
福建柏	II	很多	增长型	增加	成片分布
厚朴	II	较多	稳定型	增加	散生
蛛网萼	II	较多	衰退型	相对稳定	零星分布
华东黄杉	II	仅 6 棵	衰退型	减少	点状分布
鹅掌楸	II	较多	增长型	增加	斑块分布
白豆杉	II	较多	衰退型	增加	斑块分布

3.3.2.4   实地调查发现的国家重点保护植物保护现状评价

（1）福建柏、厚朴等部分重点保护植物的保护成效比较显著，种群数量有所增加

福建柏、厚朴自 20 世纪七八十年代大量被砍伐后，现在已经逐步恢复了许多次生植株，并在局部区域形成了小片的林地，在凤阳湖水口，由于人为干扰较小，还发育着一片福建柏原始林，且福建柏幼树和幼苗较多，分布范围有扩散的趋势，种群数量正在增加。在百山祖片区内分布的鹅掌楸群落中，鹅掌楸幼树和更新苗很多（见照片 3-96），且鹅掌楸生境几乎不受外界干扰，人迹罕至，因此，种群数量正在增加。在白豆杉分布的猴头杜鹃矮曲林内，白豆杉植株生长良好，正在结实，幼树和幼苗较多，年龄结构完整，种群也呈现出增长的趋势。但在福建柏-猴头杜鹃组成的针阔混交林内，白豆杉种群有衰退的趋势，不过在林下存在一些白豆杉幼树和幼苗，种群在 定时期内还将保持稳定。

照片 3-96　鹅掌楸幼苗

照片 3-97　百山祖冷杉树干

（2）红豆杉、蛛网萼等少数重点保护植物的种群数量趋于稳定

蛛网萼由于对生境的要求比较严格，只有在特定的环境下才能生长，种群很难扩散。目前，保护区内蛛网萼的自然生境尚未遭到破坏，但野生种群数量很少，分布范围也很狭窄，如果能够有效保护好其生境，蛛网萼的种群数量将趋于稳定。红豆杉在福建柏-猴头杜鹃林内分布数量相对较多，幼树和更新苗数量较多且分布均匀，在木荷-甜槠林内，红豆杉数量相对就少了很多，幼树和更新苗也很少。红豆杉种群数量趋于稳定，没有增加的趋势。

（3）伯乐树、华东黄杉等一些重点保护植物种群数量正在逐渐减少，种群极度衰退

百山祖冷杉自建立保护区以来，由于各种原因，已经死亡 2 株，在剩下的 3 株中，有两株生长状况较差，已经出现枯枝现象，且树干上已经长了很多苔藓植物（见照片 3-97）。整个 3 株结实都很少，种群极度退化，正走向灭绝的边缘。华东黄杉在保护区内仅剩下 6 株，数量正逐年减少，在其生长的生境内，没有发现华东黄杉的幼树和幼苗，种群极度衰退。有资料记载，伯乐树在保护区内曾有一定的种群数量，现在已经很少见了，据保护区专业科研人员介绍，在保护区内已经不存在伯乐树的小种群了。我们调查仅发现 2 株伯乐树，2 株都未结实，且在伯乐树生长的生境内，没有发现伯乐树的幼树和幼苗，种群极度衰退。

3.3.3　凤阳山—百山祖保护区管理成效及存在问题

3.3.3.1　保护区对国家重点保护植物的管理成效

（1）凤阳山—百山祖保护区积极开展对国家重点保护植物的繁育工作，已经建立繁育基地，同时对一些国家重点保护植物进行迁地保护。如 20 世纪 80 年代末，保护区在凤阳山建立的国家重点保护植物迁地保护基地（见照片 3-98）。该基地占地面积约 1 hm^2，引种了红豆杉、福建柏、白豆杉、厚朴等 4 种国家重点保护植物，但是缺乏有效的管理。

照片 3-98   迁地保护基地

（2）保护区加强资源管护的力度，建立严格的巡护制度对国家重点保护物种进行有效管护。凤阳山—百山祖保护区机构设置与人员配置十分健全，基础设施建设较为完善，完全可以保障日常管护任务的需要。保护区内目前有百山祖保护站、凤阳庙保护站、十九源保护站等 10 处保护站，保护区外有梧桐垟保护站、贤良保护站和屏南保护站，保护区总共设有 13 处保护站，保护站的日常巡护路线有四五十条。保护区在凤阳庙，旱坑岭等地设有瞭望台 4 处，在凤阳庙瞭望台安装了森林灾害远程视频监控可视范围约 30 km^2。保护区已经建立凤阳山—百山祖护林联防组织，并组建了准专业扑火队。

（3）保护区积极开展科教宣传活动，在保护区内的行政村以及毗邻的行政村，保护区利用张贴标语、宣传牌、走村访户等多种形式开展资源保护和森林防火的宣传教育，对区内的社区居民开展环境教育活动，并取得了明显的成效，目前社区居民对于自然资源的依赖性已经大大降低，并初步建立起主动保护生态环境和珍稀濒危物种的环境意识。此外，保护区还在百山祖乡建立了一个生物物种标本馆，标本馆馆藏有植物蜡叶标本、动物浸制标本等，还有不少国家重点保护及珍稀濒危的动植物标本，这些直观的动植物标本可以进一步促进科普宣教活动的生动开展。

（4）1992 年保护区成立时，社区与保护区管理机构之间的关系比较紧张，当地村民不理解保护区的工作，认为自然保护区的建立就是限制村民的活动，给村民采伐利用森林资源带来诸多限制，保护区对当地群众没有好处。地方政府针对这一情况，加大了对保护区的资金投入，积极地给予相应的补偿机制，协调社区发展和保护区资源保护的矛盾。保护区凤阳山片区集体林面积占保护区林地面积的 70%，为了减少对原始林的破坏，政府每年对保护区内核心区和缓冲区的补助为 375 元/ hm^2，对实验区的补助为 300 元/ hm^2，林农已经于 2002 年停止对保护区内林地进行采伐。

（5）针对世界级濒危物种——百山祖冷杉，采取了一系列保护措施。凤阳山　百山祖

　　自然保护区自建立以来，围绕保护区的镇山之宝——百山祖冷杉，开展了一系列的基础科学研究工作。因其目前野生种群数量仅存 3 株，因此，设法尽快繁殖增加其植株数量是当前的最主要任务。

　　百山祖保护站已经采取了多种手段对百山祖冷杉进行繁殖，如种子繁殖、嫁接等。保护站利用日本冷杉作为砧木嫁接的第一批百山祖冷杉现存 8 株，茶木淤保护站内种植了 2 株；百山祖保护站内种植了 6 株，平均分种于两处（见照片 3-99）。8 株树生长状况都比较好，平均树高和胸径为 7 m 和 17 cm，正在结实。百山祖保护站还建立了实生苗迁地保护区基地（见照片 3-100），面积有 0.1 hm²，里面种植有百山祖冷杉实生苗 15 株，平均高度有 1.2 m，还种植有前年繁殖的 900 株左右的小苗（见照片 3-101）。为了对自然生长的百山祖冷杉进行更加有效的就地保护，保护区已经安装监控摄像头（见照片 3-102），实时对百山祖冷杉的生境进行监控，同时保护区在百山祖冷杉的外围设立了围栏，严格控制外界人员接触百山祖冷杉。

照片 3-99　嫁接的百山祖冷杉

照片 3-100　百山祖冷杉实生苗

照片 3-101　百山祖冷杉小苗

照片 3-102　监控摄像头

（6）保护区积极与浙江大学、浙江林学院、中国林业科学研究院进行科研合作，并且已经获得了一定的科研成果。保护区于 2003 年完成了 5 hm² 的生态固定监测样地的设置及详细的样地调查任务，有望使百山祖生态监测站作为亚热带常绿阔叶林的样点纳入全国生态监测网络。保护区完成了对凤阳山片区内自然资源的考察和研究，于 2007 年出版了《凤阳山自然资源考察与研究》一书，和科研院校共同发表论文十余篇。保护区已经建立了独立的网站，通过网络交流和信息共享使保护区得到了积极的发展，并在国内具有较高的知名度。

3.3.3.2 保护区存在的主要问题

（1）20 世纪 80 年代末，保护区在凤阳山建立的国家重点保护植物迁地保护基地，由于资金不足等问题，在 90 年代就没有专业人员对其进行管理了，里面种植的一些重点保护植物（如红豆杉、白豆杉、福建柏、厚朴等）现在已经被竹林所包围，生长状况很差，多数保护植物的株高仅 3 m 左右。保护区的当务之急应该是将该基地很好地利用起来，并加强管理，扩大基地面积，引种更多的重点保护植物。

（2）调查发现，目前保护区内少数国家重点保护植物的生境已被竹林侵入，生境质量出现下降。例如，百山祖冷杉分布的生境已经受到华箬竹、百山祖玉山竹的侵入，结果导致灌木层物种较少，且盖度很高，极不利于百山祖冷杉的生长以及种子的萌发，但尚未受到保护区的足够重视。国家 Ⅱ 级重点保护植物厚朴主要分布于毛竹林以及一些人工林内，生境条件比较差，生长状况不容乐观，保护区尚未对毛竹林内零星分布的厚朴采取积极的就地保护或迁地保护措施。

（3）保护区内已经开展了一定程度的旅游活动，并规划对保护区道路进行拓宽，这样会使分布在保护区道路边的国家 Ⅱ 级重点保护植物蛛网萼的生境受到严重破坏，但保护区尚未采取积极的措施来对蛛网萼进行保护。在凤阳湖水口集中分布有较多的国家重点保护植物，如福建柏、白豆杉和红豆杉等，但凤阳湖水口已经被开发，里面有旅游景点龙泉大峡谷，随着旅游活动的加强，必然会对里面分布的重点保护植物的生境造成一定程度的破坏，需要引起高度重视。

（4）实地调查发现，在重点保护植物分布比较集中的凤阳湖水口，针阔混交林内福建柏、白豆杉的幼苗比较多，但是乔木层郁闭度较高，严重阻碍了幼苗的生长，幼苗长势不是很好，使得幼苗的成活率比较低。保护区尚没有采取措施来解决这一问题。

3.3.4 建议对策

（1）实地调查发现，保护区凤阳湖水口区域自然条件十分优越，分布的国家重点保护植物种类较多，红豆杉、白豆杉和福建柏都有分布，同时，该区域由于具有良好的自然景观资源，也展了旅游开发活动，游客干扰活动必然会对该区域内的重点保护植物就地保护造成影响和威胁。因此，建议可以考虑将该区域由实验区调整为核心区，并科学论证其可行性和可操作性，加强对该片区的保护，通过放弃在局部的经济利益来获取生物多样性保护中的长远生态效益。

（2）实地调查发现，凤阳山—百山祖自然保护区内分布有较大面积的竹林，以毛竹和玉山竹为主，这些竹林多数已经成为大面积的纯林，优势度大，竞争能力强，对原来生境中的本土植物，尤其是国家重点保护植物造成了排挤，因此，建议对于有重点保护植物分布的区域，可以采取适当的人为措施，严格控制毛竹数量。如在大田坪区域的竹林中，调查发现有大约 50 株厚朴，由于竹林的遮蔽，这些厚朴植株的生长状况较差，建议对该区域的竹林进行采伐，为厚朴繁衍留出必需的光照等外界条件。同理，对于百山祖冷杉自然生境内优势的华箬竹和百山祖玉山竹，建议采取定时清除的措施，只保存少量个体，严格控制其生长，以提供百山祖冷杉种子萌发所需要的光照等条件。

（3）建议在凤阳山—百山祖保护区的实验区内选择合适的地点建立一个迁地保护基地，对保护区内部分重点保护植物的幼苗进行迁地种植，因为很多种类的重点保护植物的生境条件很不利于种子的发芽和幼苗的生长，因此，通过对幼苗的迁地培育，等到幼苗生长到对环境适应能力更强的幼株后，再将其回归到自然生境内，可以有效扩大保护植物的野生种群数量。

（4）建议进一步与周边高校以及科研院所合作，加强红豆杉、白豆杉、福建柏、百山祖冷杉等国家重点保护植物的保护生物学的基础研究，从生殖生物学、遗传多样性、生理生态、传粉生物学特征方面探讨它们的濒危机制，为其有效保护和科学管理提供科学依据。

调查人员：周守标　刘坤　张栋　李伟

调查时间：2008 年 9 月 15—19 日

附图版 1

图 1　蝶形花科杭子梢

图 2　蔷薇科黄山花楸

图 3　野牡丹科地菍

图 4　野牡丹科中华野海棠

图 5　芸香科松风草

图 6　伞形科紫花前胡

附图版 2

图 7 木通科三叶木通

图 8 安息香科野茉莉

图 9 冬青科具柄冬青

图 10 玄参科圆苞山萝花

图 11 苦苣苔科浙皖粗筒苣苔

图 12 木兰科黄山木兰

附图版3

图 13　百合科牯岭藜芦

图 14　卫矛科鸦椿卫矛

图 15　山矾科四川山矾

图 16　天南星科灯台莲

图 17　金粟兰科宽叶金粟兰

图 18　菊科铁灯兔儿风

附图版 4

图 19 龙胆科中华双蝴蝶

图 20 杜鹃花科猴头杜鹃

图 21 兰科二叶兜被兰

图 22 虎耳草科腊莲绣球

图 23 五味子科粉背五味子

图 24 木兰科木荷

附图版 5

图 25　菝葜科菝葜

图 26　龙胆科五岭龙胆

图 27　紫金牛科光叶铁仔

图 28　交让木科交让木

图 29　芸香科茵芋

图 30　百合科宝铎草

附表1：百山祖冷杉样地调查表

调查时间：2008年9月18日；地理坐标：略

调查人：周守标、刘坤、张栋、李伟

乔木植物记录表（总盖度：80%）

植株编号	植 物 名 称	高 度/m	胸 径/cm	冠 幅/(m×m)	枝下高/m	物候相	生活力
1	百山祖冷杉	13	22	4×3.5	5	果期	良好
2	百山祖冷杉	12	34	5.5×3.5	4	生长期	较差
3	亮叶水青冈	5	8	2×2.5	1.5	果期	较好
4	多脉青冈	4.5	7	2.5×1.5	1.5	果期	较好
5	四川山矾	4	5.5	1.5×1	1	果期	较好
6	小蜡树	3	4	1×1.5	1.5	果期	较好
7	饭汤子	2.5	3	1×0.8	0.8	果期	较好

灌木植物记录表（总盖度：80%）

物种编号	植 物 名 称	株 数		盖 度/%	高度/m	
		实生	萌生		一般	最高
1	华箬竹		60	60	1.2	
2	百山祖玉山竹		30	20	1.1	
3	亮叶水青冈	1		2	0.8	
4	短柱茶	1		2	1.5	

草本植物记录表（总盖度：10%）

物种编号	植 物 名 称	株 数	盖 度/%	高度/cm	
				一般	最高
1	心叶堇菜	1	5	12	
2	宽叶苔草	1	5	20	

附表 2：伯乐树样地调查表

调查时间：2008 年 9 月 18 日；地理坐标：略

调查人：周守标、刘坤、张栋、李伟

乔木植物记录表（总盖度：95%）

植株编号	植 物 名 称	高 度/m	胸 径/cm	冠 幅/(m×m)	枝下高/m	物候相	生活力
1	伯乐树	14	20	4×3	4	生长期	较好
2	木荷	14	22	4×4	3.5	果期	较好
3	木荷	15	19	2×3	4	果期	较好
4	木荷	14	20	3×4	3	果期	较好
5	木荷	12	16	3×2	4.5	果期	较好
6	黄山松	12	11	3×4	6	果期	较好
7	木荷	7	9	3×2	3	果期	较好
8	木荷	6	7	2×1	3	果期	较好
9	木荷	6	5	2×1	2	果期	较好
10	木荷	13	11	3×4	7	果期	较好
11	交让木	5	5	4×3	0.7	果期	较好
12	交让木	4	4	3×2	1	果期	较好
13	浙江樟	4	5	4×2	0.5	果期	较好
14	木荷	11	7	3×2	5	果期	较好
15	木荷	12	12	3×3	4	果期	较好

灌木植物记录表（总盖度：38%）

物种编号	植 物 名 称	株 数		盖 度/%	高度/m	
		实生	萌生		一般	最高
1	浙江樟	2		15	3	
2	翅枰	2		5	1.8	
3	伞形绣球	1		5	1.5	
4	金银忍冬	1		7	1.7	
5	龟背冬青	1	1	10	2	3
6	中华野海棠	1		5	0.8	

草本植物记录表（总盖度：55%）

物种编号	植 物 名 称	株 数	盖 度/%	高度/cm 一般	高度/cm 最高
1	寒莓	1	10	15	
2	苔草	8	10	20	
3	华南落新妇	1	5	35	
4	黑足鳞毛蕨	1	12	40	
5	求米草	10	20	25	

附表3：红豆杉样地调查表

调查时间：2008 年 9 月 18 日；地理坐标：略

调查人：周守标、刘坤、张栋、李伟

乔木植物记录表（总盖度：98%）

植株编号	植 物 名 称	高度/m	胸径/cm	冠幅/（m×m）	枝下高/m	物候相	生活力
1	红豆杉	17	38	5×4	3.5	果期	较好
2	褐叶青冈	8	5	3×2	2	果期	较好
3	厚叶红淡比	4	4	3×1	1.5	生长期	较好
4	尖萼紫茎	7	10	2×2	3	果期	较好
5	木荷	13	14	4×3	5.5	果期	较好
6	木荷	6	6	2×2	2	生长期	较好
7	四川山矾	5	4.5	2×3	1.2	果期	较好
8	红豆杉	5	4.8	2×1.5	1.2	生长期	较好
9	黄丹木姜子	3	4	1×1.5	1.5	生长期	较好
10	格药柃	4	4.2	2×1	2	果期	较好
11	多脉青冈	4	3	2×1	1	果期	较好
12	黄山木兰	10	12	3×3	1.2	果期	较好
13	甜槠	12	15	4×3.5	1	果期	较好

灌木植物记录表（总盖度：30%）

物种编号	植 物 名 称	株 数 实生	株 数 萌生	盖 度/%	高度/m 一般	高度/m 最高
1	隔药柃	2		5	0.7	
2	木荷	2		6	0.8	
3	铁冬青	4		15	1.2	3
4	尾叶山矾	2		7	1.4	
5	黄丹木姜子	1		2	1.5	
6	乌饭树	2		3	0.6	
7	榄绿粗叶木	1		2	1.5	

草本植物记录表（总盖度：25%）

物种编号	植 物 名 称	株 数	盖 度/%	高度/cm 一般	高度/cm 最高
1	宽叶苔草	2	5	40	
2	华东瘤足蕨	1	15	30	
3	五岭龙胆	3	8	10	

附表4：福建柏样地调查表

调查时间：2008年9月16日；地理坐标：略

调查人：周守标、刘坤、张栋、李伟

乔木植物记录表（总盖度：97%）

植株编号	植 物 名 称	高 度/m	胸 径/cm	冠 幅/（m×m）	枝下高/m	物候相	生活力
1	福建柏	13	16	4×4	5	果期	较好
2	福建柏	10	14	3×4	4	果期	较好
3	厚叶红淡比	7	4	2×3	3	果期	较好
4	褐叶青冈	8	5	3×2	2	果期	较好
5	猴头杜鹃	4	4	3×1	1.5	果期	较好
6	福建柏	7	9	3×2	2.5	生长期	较好
7	福建柏	10	11	4×2	3	果期	较好
8	木荷	8	8	2×2	3.5	果期	较好
9	交让木	5	7	3×2	1.5	果期	较好
10	福建柏	5	3	2×2	2	生长期	较好
11	厚皮香	4	3	2×1	1	果期	较好
12	红豆杉	4	4	2×2	1.2	果期	较好
13	猴头杜鹃	3	3	2×1	1	果期	较好
14	铁冬青	4	5	2×2	1.5	果期	较好

灌木植物记录表（总盖度：30%）

物种编号	植 物 名 称	株 数 实生	株 数 萌生	盖 度/%	高度/m 一般	高度/m 最高
1	光叶铁仔	2		5	0.7	
2	朱砂根	2		6	0.8	
3	猴头杜鹃	4		15	1.2	3
4	福建柏	2		7	1.4	
5	翅柃	1		2	1.5	
6	中华野海棠	2		3	0.6	

草本植物记录表（总盖度：20%）

物种编号	植物名称	株数	盖度/%	高度/cm 一般	高度/cm 最高
1	苔草属一种	1	5	25	
2	狗脊蕨	1	15	35	

附表 5：厚朴样地调查表

调查时间：2008 年 9 月 18 日；地理坐标：略

调查人：周守标、刘坤、张栋、李伟

乔木植物记录表（总盖度：95%）

植株编号	植物名称	高度/m	胸径/cm	冠幅/（m×m）	枝下高/m	物候相	生活力
1	毛竹	8	8	1.5×1	6	生长期	较好
2	毛竹	9	8.5	1×1	5	生长期	较好
3	毛竹	8	7	1×1.5	6	生长期	较好
4	毛竹	8.5	8	1×1.5	7	生长期	较好
5	厚朴	6	8	2×2.5	3.5	果期	较好
6	毛竹	7	8	1.5×1.5	5.5	生长期	较好
7	毛竹	8	8.5	1×1	6	生长期	较好
8	杉木	7	10	1.5×1.5	4	果期	较好
9	马尾松	8	11	3×1.5	4.5	果期	较好
10	厚朴	5	7	2×1	2	果期	较好
11	杨梅	4	9	2.5×2	1.5	生长期	较好
12	毛竹	8	8	2×1.5	6	生长期	较好

灌木植物记录表（总盖度：25%）

物种编号	植物名称	株数 实生	株数 萌生	盖度/%	高度/m 一般	高度/m 最高
1	厚朴	1		8	2	
2	杭子梢	1		5	1.5	
3	金银忍冬	2		10	1.2	2
4	翅枵	2		8	1.4	
5	黄丹木姜子	1		5	1.8	
6	石斑木	1		2	0.8	

草本植物记录表（总盖度：35%）

物种编号	植 物 名 称	株 数	盖 度/%	高度/cm 一般	高度/cm 最高
1	长梗黄精	1	5	40	
2	白花败酱	2	10	18	
3	求米草	10	15	20	
4	空心泡	1	8	25	
5	斑地锦	2	5	2	

附表6：蛛网萼样地调查表

调查时间：2008 年 9 月 16 日；地理坐标：略

调查人：周守标、刘坤、张栋、李伟

灌木植物记录表（总盖度：75%）

物种编号	植 物 名 称	株 数 实生	株 数 萌生	盖 度/%	高度/m 一般	高度/m 最高
1	蛛网萼	18	2	20	0.8	1.8
2	鹿角杜鹃	2		5	1.8	
3	马醉木	1		5	1.5	
4	雷公鹅耳枥	1		7	3.8	
5	格药柃	2	1	10	2	
6	猴头杜鹃	2		10	1.2	
7	小果南烛	2		5	1.5	
8	小叶青冈	3		5	1.8	
9	黄连木	1		3	3	
10	缺萼枫香	1		6	2.8	
11	崖花海桐	1		2	2.7	

草本植物记录表（总盖度：65%）

物种编号	植 物 名 称	株 数	盖 度/%	高度/cm 一般	高度/cm 最高
1	松风草	3	15	35	
2	白花败酱	3	10	20	
3	宽叶金粟兰	1	20	35	
4	楼梯草	6	40	18	

附表7：华东黄杉样地调查表

调查时间：2008年9月17日；地理坐标：略

调查人：周守标、刘坤、张栋、李伟

乔木植物记录表（总盖度：90%）

植株编号	植物名称	高度/m	胸径/cm	冠幅/（m×m）	枝下高/m	物候相	生活力
1	华东黄杉	18	42	6×4.5	7	果期	较好
2	小叶青冈	9	13	3×4	4	果期	较好
3	厚叶红淡比	4	6	2×2	1.5	生长期	较好
4	甜槠	10	15	3×4	4.5	果期	较好
5	四川山矾	4	5	2×1	1.5	果期	较好
6	云锦杜鹃	4.5	7	2×2	1.5	果期	较好
7	木荷	5	8	2×1.5	1.8	果期	较好
8	东南石栎	5.5	11	4×3	0.5	果期	较好
9	木荷	3.5	4	1×1.5	1.5	果期	较好
10	黄丹木姜子	3	4.5	1×1	0.8	生长期	较好

灌木植物记录表（总盖度：30%）

物种编号	植物名称	株数 实生	株数 萌生	盖度/%	高度/m 一般	高度/m 最高
1	黄丹木姜子	1		8	2.8	
2	荚蒾	1		5	2.2	
3	波叶红果树	3		10	0.8	
4	光叶铁仔	2		10	0.6	
5	朱砂根	2		7	0.8	
6	翅柃	1		5	1.2	

草本植物记录表（总盖度：28%）

物种编号	植物名称	株数	盖度/%	高度/cm 一般	高度/cm 最高
1	狗脊蕨	1	15	30	
2	油点草	1	8	35	
3	苔草	3	5	16	

附表 8：鹅掌楸样地调查表

调查时间：2008 年 9 月 18 日；地理坐标：略

调查人：周守标、刘坤、张栋、李伟

乔木植物记录表（总盖度：80%）

植株编号	植 物 名 称	高度/m	胸径/cm	冠幅/(m×m)	枝下高/m	物候相	生活力
1	鹅掌楸	19	31	6×5	7	果期	较好
2	鹅掌楸	18	27	5×4	10	果期	较好
3	交让木	9	8	3×3	4	果期	较好
4	褐叶青冈	11	11	3×4	3	果期	较好
5	木荷	10	12	3×2	4.5	果期	较好
6	雷公鹅耳枥	8	10	4×2	3	果期	较好

灌木植物记录表（总盖度：42%）

物种编号	植 物 名 称	株 数 实生	株 数 萌生	盖 度/%	高度/m 一般	高度/m 最高
1	交让木	1		5	1	
2	浙江新木姜子	1		5	0.8	
3	四川山矾	3		15	1.5	2.5
4	野漆树	1		7	0.6	
5	阔叶十大功劳	2	1	10	1	1.5
6	雷公鹅耳枥	1		6	3	
7	东方古柯	1		5	0.5	

草本植物记录表（总盖度：40%）

物种编号	植 物 名 称	株 数	盖 度/%	高度/cm 一般	高度/cm 最高
1	牯岭藜芦	1	10	40	
2	金龟草	1	18	23	
3	麦冬	1	15	20	

附表9：白豆杉样地调查表

调查时间：2008年9月17日；地理坐标：略

调查人：周守标、刘坤、张栋、李伟

乔木植物记录表（总盖度：85%）

植株编号	植 物 名 称	高度/m	胸径/cm	冠幅/（m×m）	枝下高/m	物候相	生活力
1	福建柏	7	8	3×3	2	果期	较好
2	黄山松	9	11	3×2	3.5	果期	较好
3	猴头杜鹃	4	4.5	2×2.5	1	果期	较好
4	黄山花楸	4.5	8	2.5×2.5	1.5	果期	较好
5	福建柏	4	6	2×1	1	果期	较好
6	白豆杉	5	7	2×2	1.5	果期	较好
7	乌岗栎	2.5	3.5	1×1.5	0.8	果期	较好
8	红豆杉	2	3.5	1×1	0.5	生长期	较好
9	褐叶青冈	4	6	1.5×1.5	1.5	果期	较好
10	马银花	2.3	3	1.5×1	0.6	生长期	较好
11	白豆杉	4	5	2×1	0.5	果期	较好

灌木植物记录表（总盖度：35%）

物种编号	植 物 名 称	株 数 实生	株 数 萌生	盖度/%	高度/m 一般	高度/m 最高
1	白豆杉	2		8	1.2	
2	荚蒾	1		5	2.5	
3	波叶红果树	2		10	0.8	
4	秀丽野海棠	3		10	0.6	
5	猴头杜鹃	1		7	1.6	
6	福建柏	1		5	1.5	

草本植物记录表（总盖度：30%）

物种编号	植 物 名 称	株 数	盖 度/%	高度/cm 一般	高度/cm 最高
1	龙师草	1丛	25	38	
2	白花败酱	1	10	25	
3	五岭龙胆	4	8	12	

3.4 吉林长白山自然保护区国家重点保护植物调查报告

3.4.1 吉林长白山国家级自然保护区基本概况

3.4.1.1 自然地理概况

（1）地理位置

吉林长白山国家级自然保护区位于吉林省东南部的中朝边境，范围包括白山市的抚松县、长白县以及延边朝鲜族自治州的安图县，地理坐标为东经 127°38′～128°0′，北纬41°42′～42°10′，南北最大长度约 80 km，东西最人宽度约 48 km，保护区总面积 196 465 hm^2。

保护区于 1960 年由吉林省人民政府批准建立，1980 年加入联合国教科文组织"人与生物圈"保护区网，1986 年经国务院批准晋升为国家级自然保护区，主要保护对象为温带森林生态系统、自然历史遗迹和珍稀动植物。

（2）地质地貌

本区位于欧亚板块中朝地台（小板块）的东北边缘，主体为太子河—浑江坳陷，南部为营口—宽甸隆起，北部为铁岭—靖宇隆起。地台基底为寒武—奥陶纪变质岩，主要为大理岩、变质砂岩等。在欧亚板块仰冲张力作用下，其前部发生了深大断裂—鸭绿江大断裂。断裂的北部，成为岩浆上涌通道，并多次喷发，形成了本区主要的地表出露岩石——基性至中酸性的喷出岩，分布面积较广的喷出岩有玄武岩、碱性粗面岩、凝灰岩、黑曜岩、火山灰等。保护区海拔为 720～2 691 m，相对高差 1 971 m。区内地貌主要有火山熔岩地貌、流水地貌、冰缘地貌、重力地貌、古喀斯特地貌等类型。

（3）土壤和水文

保护区土壤属于温带针阔混交林暗棕壤地带、长白山山地暗棕壤、长白山及老爷岭土壤区，受地形影响，土壤垂直分带明显，地带性土壤形成了 1 100 m 以下的暗棕壤、1 100～1 800 m 的山地棕色针叶林土、1 800～2 100 m 的亚高山草甸森林土和 2 100 m 以上的高山苔原土。此外，还发育着白浆土、草甸土、沼泽土、火山灰土等非地带性土壤类型。

保护区范围内河网密布，水资源十分丰富，长白山天池是典型的火山口湖泊，是松花江、图们江和鸭绿江的共同源头。

（4）气候

保护区海拔高差大，具有典型的垂直气候分布特点，年平均降水量为 700～1 400 mm，其中海拔 1 100 m 以下属温带山地针阔混交林气候型，年均温 3～4℃，无霜期 100～120 d；海拔 1 100～1 800 m 为温带山地针叶林气候型，年平均气温 0～2℃，无霜期 80～100 d；海拔 1 800～2 100 m 为火山锥体的下部，是针叶林和高山冻原之间的一个过渡带；海拔2 100 m 以上为火山锥体上部，由火山岩流形成了半缓山脊和山谷，年平均气温−7～4℃，无霜期不足 60 d，有我国十分罕见的高山冻原带。

3.4.1.2 野生动植物资源概况

3.4.1.2.1 野生植物资源

（1）植物资源概况

据不完全统计，长白山保护区内共有野生植物 1 619 种 4 亚种 197 变种 45 变型，隶属于 186 科 665 属，其中低等苔藓植物共有 62 科 161 属 340 种，蕨类植物共有 23 科 43 属 78 种，裸子植物 3 科 7 属 11 种，被子植物 98 科 454 属 1 190 种，详见表 3-19。

表 3-19　长白山国家级自然保护区野生植物类群表

类群	目	科	属	种	亚种	变种	变型
苔藓植物	15	62	161	340	3	21	5
蕨类植物	8	23	43	78	0	12	1
裸子植物	2	3	7	11	0	2	0
被子植物	49	98	454	1 190	1	162	39
合计	74	186	665	1 619	4	197	45

注：数据引自《长白山保护开发区生物资源》（王绍先主编）。

长白山地区是我国东北地区自然植被垂直变化最为显著的区域之一，随着海拔高度的变化，自然植被呈现典型的分层现象。从低海拔到高海拔可分为 5 个植被类型带，即温带阔叶林带、寒温带针阔混交林带、亚寒带针叶林带、寒带亚高山矮曲林带和高山苔原带，详见表 3-20。

表 3-20　长白山国家级自然保护区植被垂直分布特征

植被类型带	海拔高度/m	主要组成树种
温带阔叶林带	<720	蒙古栎（*Quercus mongolia*）、榛子（*Corylus heterophylla*）、白桦（*Betula platyphylla*）、山杨（*Populus davidiana*）
寒温带针阔混交林带	720～1 100	红松（*Pinus koraiensis*）、水曲柳（*Fraxinus mandshurica*）、色木槭（*Acer mono*）、紫椴（*Tilia amurensis*）、胡桃楸（*Juglans mandshurica*）
亚寒带针叶林带	1 100～1 700	鱼鳞云杉（*Picea jezoensis* var. *microsperma*）、臭冷杉（*Abies nephrolepis*）、红皮云杉（*Picea koraiensis*）、白皮云杉（*Picea jezoensis*）、长白落叶松（*Larix olgensis* var. *changbaiensis*）
寒带亚高山矮曲林带	1 700～2 000	岳桦（*Betula ermanii*）、偃松（*Pinus pumila*）
高山苔原带	2 000～2 700	牛皮杜鹃（*Rhododendron chrysanthum*）、毛毡杜鹃（*Rhododendron confertissimum*）、宽叶仙女木（*Dryas octopetala*）、松毛翠（*Phyllodoce caerulea*）、高山罂粟（*Papaver pseudoradicatum*）

注：数据引自《中国长白山植物》（祝廷成、严仲铠、周守标主编）。

（2）国家重点保护野生植物资源

依据《国家重点保护野生植物名录（第一批）》（1999 年 8 月 4 日，国务院）和《长白山保护开发区生物资源》一书记载，长白山保护区内有分布的国家重点保护野生植物共有 9 科 9 属 10 种，其中蕨类植物仅有狭叶瓶尔小草（*Ophioglossum thermale*）1 种，裸子植物共有东北红豆杉（*Taxus cuspidata*）、红松（*Pinus koraiensis*）、长白松（*Pinus sylvestris* var. *sylvestriformis*）和朝鲜崖柏（*Thuja koraiensis*）4 种，被子植物有钻天柳（*Chosenia arbutifolia*）、紫椴（*Tilia amurensis*）、水曲柳（*Fraxinus mandschurica*）、黄檗（*Phellodendron amurense*）和野大豆（*Glycine soja*）5 种。详见表 3-21。

表 3-21　长白山国家级自然保护区国家重点保护植物名录

中文名	科名	拉丁名	保护级别
狭叶瓶尔小草	Ophioglossaceae	*Ophioglossum thermale*	II
东北红豆杉	Taxaceae	*Taxus cuspidata*	I
长白松	Pinaceae	*Pinus sylvestris* var. *sylvestriformis*	I
红松	Pinaceae	*Pinus koraiensis*	II
朝鲜崖柏	Cupressaceae	*Thuja koraiensis*	II
钻天柳	Salicaceae	*Chosenia arbutifolia*	II
紫椴	Tiliaceae	*Tilia amurensis*	II
野大豆	Papilionaceae	*Glycine soja*	II
水曲柳	Oleaceae	*Fraxinus mandschurica*	II
黄檗	Rutaceae	*Phellodendron amurense*	II

注：数据引自《长白山保护开发区生物资源》。

（3）野生药用植物资源

长白山林区是我国东北地区的天然药材基地，野生药用植物资源十分丰富，也是我国人参的最大原产地。根据《长白山保护开发区生物资源》记载，长白山保护区内共有野生药用植物 106 科 333 属 613 种，分别占吉林省野生药用植物科、属、种数的 88.2%、69.7%、58.2%。其中珍稀濒危药用植物 39 种，占长白山区珍稀濒危药用植物总数的 63.9%；东北道地药材有 19 种。野生药用植物中，以多年生草本类为主，约有 413 种，占药用植物总数的 67.4%，大多数种类分布在海拔 720～1 000 m 的红松针阔混交林中，优势科主要有菊科、毛茛科和蔷薇科等，优势属主要有蓼属和乌头属等。许多野生植物为珍贵的药材，由于可获取较高的经济利益，人们便无节制地采收，严重地破坏了野生生物资源，导致生物物种濒危。如野山参（*Panax ginseng*）曾是长白山区普遍分布的一种珍贵药材，驰名中外，其价格相当于黄金的几倍。但是由于人们受利益的驱使，乱采滥挖，给野山参的生长、繁衍带来了灭顶之灾。草苁蓉（*Oresitrophe rupifraga*）是列当科珍稀药用植物，寄生于岳桦林缘与针叶林内的桤木属植物根上，过量的采挖已使草苁蓉在部分产地绝迹。

（4）野生食用植物资源

长白山林区森林覆盖率高，植物多样性丰富，野生食用植物资源也十分丰富，被誉为野果的天堂，秋季各种野果五颜六色，挂满枝头，著名的野生水果有蓝莓（学名笃斯越橘）（*Vaccinium uliginosum*）、越橘（*Vaccinium* spp.）、狗枣猕猴桃（*Actinidia kolomikta*）、山里红（*Crataegus pinnatitifida*）、东北茶藨子（*Ribes mandshuricum*）、黄刺玫（*Rosa xanthina*）等。同时，保护区地处延边朝鲜族自治州，当地朝鲜族居民自古就有采食山野菜的习俗，保护区内可以食用的野生山野菜种类也十分繁多，如五加科的楤木（别名刺龙芽）（*Aralia elata*）、桔梗（*Platycodon grandiflorum*）、牛蒡（*Arctum iappa*）、紫苏叶（*Folium perillae*）、菜蕨（*Callipteris esculenta*）、薇菜（*Osmunda cinnamomea*）等。据不完全统计，保护区内野生食用植物共有长白山区野菜资源计有 65 科 346 种（含变种、变型和亚种），约占长白山区野生植物资源总科数和总种数的 26.21%和 11.09%。根据民间分类法，结合野菜的食用部位、器官名称并兼顾分类群名称，将其分为叶菜类、根茎类、花菜类、果菜类、蕨菜类和食用菌类等 6 大类（一种野菜同时可归入两个至多个类群）。长白山各大类野菜种数占总数的比例见表 3-22。

表 3-22　长白山国家级自然保护区野生食用植物资源

种类	叶菜类	根茎类	花菜类	果菜类	蕨菜类	食用菌类
数量	128	36	24	17	9	188
百分比	36.99%	10.40%	6.94%	3.18%	2.60%	54.34%

3.4.1.2.2 野生动物资源

长白山林区优越的自然条件为野生动物提供了良好的栖息、繁衍和活动场所，是东北地区动物多样性最为丰富的地区。根据统计，保护区内共有高等野生动物 32 目 88 科 331 种，其中兽类共有 6 目 20 科 56 种，鸟类共有 18 目 50 科 230 种 10 亚种，两栖类 2 目 5 科 9 种，爬行类 1 目 3 科 8 属 12 种，鱼类 5 目 10 科 24 种。此外，保护区内还有昆虫 20 目 141 科 976 种。

依据《国家重点保护野生动物名录》（1988 年 12 月 10 日，国务院）和《长白山保护开发区生物资源》，长白山保护区内共有国家重点保护鸟类 36 种，其中国家 I 级保护鸟类有黑鹳（*Ciconia nigra*）、中华秋沙鸭（*Mergus squamatus*）、金雕（*Aquila chrysaetos*）3 种，国家 II 级保护鸟类 33 种，包括大天鹅（*Cygnus cygnus*）、鸳鸯（*Aix galericula*）、黑琴鸡（*Bonasa tetrix*）、蓑羽鹤（*Anthropoides virgo*）、秃鹫（*Aegypius monachus*）、雀鹰（*Accipiter nisus*）、长尾林鸮（*Stryx uralensis*）、长耳鸮（*Asio otus*）、雕鸮（*Bubo bubo*）等。国家重点保护兽类 13 种，其中国家 I 级重点保护动物有紫貂（*Martes zibellina*）、豹（*Panthera pardus*）、东北虎（*Panthera tigris altaica*）、原麝（*Moschus moschiferus*）和梅花鹿（*Cervus nippon*）等 5 种；国家 II 级重点保护动物有豺（*Cuon alpinus*）、棕熊（*Ursus arctos*）、

黑熊（*Selenarctos thibetanus*）、黄喉貂（*Martes flavigula*）、水獭（*Lutra lutra*）、猞猁（*Felis lynx*）、马鹿（*Cervus elaphus*）和斑羚（*Naemorhedus goral*）等 8 种。

3.4.1.3 社会环境概况

（1）保护区周边社区及人口

长白山保护区面积较大，总面积 196 465 hm^2，范围涉及抚松县、长白县和安图县三个县，包括松江河镇、二道白河镇、北岗镇、泉阳镇、露水河镇、漫江镇等 6 个乡镇及白河林业局、露水河林业局、泉阳林业局、松江河林业局、临江林业局、长白森经局和长白县林业局等 7 个国有林业单位。根据历史资料，2004 年时保护区内尚有社区居民 552 户约 1 464 人，现已基本迁至保护区外。目前保护区内除了少量开展旅游接待活动的宾馆外，无固定居民点。

目前保护区周边的二道白河镇、松江河镇等 31 个乡、镇、村、屯和森工企业共有居民约 25 万余人。保护区周边的单位有武警森林长白山大队、武警森林松江河大队、武警边防工作站、中国科学院长白山森林生态系统定位研究站、火山监测站、中国长白山高山冰雪基地等 14 个单位。

（2）特殊的管理机构——长白山保护开发管理委员会

长白山自然保护区始建于 1960 年 4 月，同年 11 月吉林省人民委员会设立了长白山自然保护区管理局，为正处级公益性事业单位，由省林业厅直接领导，负责长白山自然保护区的资源管护工作。1962 年 12 月，吉林省人民委员会批转林业厅的报告，对保护区的部分区划作了调整。1968 年 12 月，长白山自然保护区管理局被撤销，各管理站分别被下放给安图、长白、抚松县。1972 年 12 月，吉林省革委会收回了长白山自然保护区管理局，由吉林省林业局直接领导。1982 年 8 月，吉林省人民政府决定取消绝对保护区和一般保护区之别，统称"吉林省长白山自然保护区"，并重新调整了保护区范围，确定保护区面积为 190 582 hm^2（经 1993 年调查核实，准确面积为 196 465 hm^2）。

1986 年 7 月，原林业部经过考证、审定，报请国务院批准，长白山自然保护区被列为国家级森林和野生动物类型自然保护区。1988 年 11 月 9 日，吉林省人大七届六次常委会通过了《吉林长白山国家级自然保护区管理条例》，使保护区的规范化管理有了法律上的依据。

2005 年 6 月 29 日，吉林省人民政府批准设立了吉林省长白山保护开发区，管辖范围包括原长白山国家级自然保护区、延边自治州安图长白山旅游经济开发区、长白山和平旅游度假、白山市抚松县长白山旅游经济开发区和长白县长白山南坡旅游经济园区，管辖面积达 6 718 km^2。根据统计，2005 年底，整个长白山保护开发区的地区生产总值达到 15.71 亿元，财政收入实现 1.06 亿元。

吉林长白山保护开发管理委员会是长白山保护开发区的管理机构，是直属吉林省管理的正厅级单位，下设办公室、党群工作部、机关党委、环境资源局、规划建设局、经济发展局、水利局、招商局、旅游管理局、交通局、社会办公室、民政局、财政审计局、劳动人事局、国土资源局、长白山公安局、工商局、质监局、国税局、地税局、药监局、政务中心、文化传播中心、保护中心、执法大队等部门，相当于一个独立的政府行政机关，原长白山自然保护区管理局的管理人员一部分进入开发区的资源环境保护局，一部分进入保护中心，一部分进入长白山科学院。

其中保护区的保护及管理主要由保护中心负责。保护中心的主要职责为：负责辖区内法律规定的资源保护和管理工作；负责保护区域内自然环境及自然历史遗迹的保护工作；负责辖区内森林防火的有关工作；负责对各管理站的业务指导和管理工作等。保护中心内设 4 个处室：自然保护处、森林防火处、公益林管理办公室、综合处。管辖 8 个管理站和 1 个美人松管理处，8 个站分别是白山管理站、白河管理站、头道管理站、头西管理站、池西管理站、维东管理站、峰岭管理站、横山管理站。

3.4.2 长白山自然保护区国家重点保护植物实地调查

3.4.2.1 调查时间和方法

野外调查时间为 2008 年 8 月 24 日至 8 月 29 日。

野外调查的方法主要采取线路调查与样方调查相结合，根据长白山自然保护区的功能区划图，选择具有代表性的生境区域开展野外线路调查，采用全球定位系统（GPS）详细记录沿途调查路线以及发现的国家重点保护野生植物的地理坐标。野外调查路线详见图 3-7。

在区内国家重点保护野生植物分布较为集中或典型的区域，设置样地，对样地内的植物种类及群落特征进行详细调查，统计并记录所观察到的国家重点保护植物及其伴生植物种类，并分别设置 10 m×10 m 的乔木样方、5 m×5 m 的灌木样方和 1 m×1 m 的草本样方，记录样方内国家重点保护植物的株数、高度、胸径、盖度、优势度等数据，同时拍摄国家重点保护植物以及相关群落外貌照片，并拍摄的部分伴生植物及高山苔原植物照片（详见附图版）。

在野外调查的基础上，收集长白山自然保护区相关本底资料和历史数据信息，并对周边社区居民和保护区管理人员进行走访调查，对调查结果进行综合分析和讨论。

3.4.2.2 调查结果

野外调查中，以二道白河镇为调查起点，共分为 3 条大的调查线路，调查行程共计约 300 km，共详细调查了 20 个样地，并设置了 32 个样方，其中乔木样方 10 个、灌木样方 10 个、草本样方 12 个。通过野外调查，实地共发现了国家重点保护野生植物 6 科 7 种，其中国家Ⅰ级保护植物有东北红豆杉和长白松 2 种，国家Ⅱ级保护植物有黄檗、野大豆、红松、紫椴、水曲柳 5 种，详见表 3-23。部分调查样方详见表 3-24。

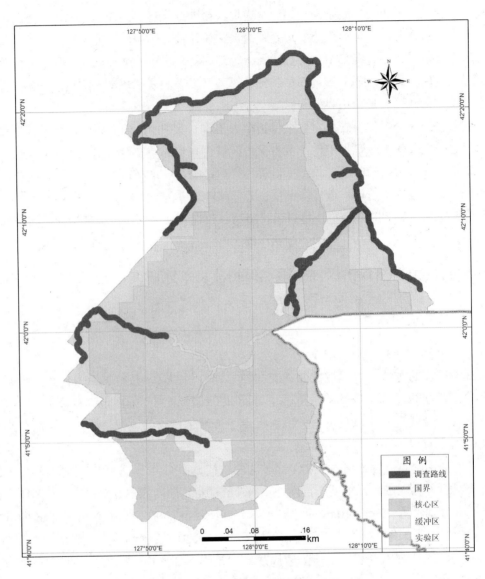

图 3-7　长白山保护区野外调查路线图

表 3-23　实地调查发现的国家重点保护野生植物及种群结构

中文名	保护级别	学名	种群数量	年龄结构	分布特点
东北红豆杉	I	*Taxus cuspidate*	仅 1 棵	衰退型	零星分布
长白松	I	*Pinus sylvestris* var. *sylvestriformis*	较多	稳定型	成片分布
红松	II	*Pinus koraiensis*	很多	衰退型	散生
紫椴	II	*Tilia amurensis*	很多	增长型	散生
野大豆	II	*Glycine soja*	较多	稳定型	零星分布
水曲柳	II	*Fraxinus mandshurica*	较多	衰退型	散生
黄檗	II	*Phellodendron amurense*	较多	稳定型	零星分布

表 3-24　实地调查的部分样方表

编号	生境	海拔/m	功能区	保护种类
1	针阔混交林	708	实验区	红松
2	阔叶林内	892	实验区	紫椴
3	针阔混交林	1 025	实验区	东北红豆杉
4	阔叶林内	708	实验区	水曲柳
5	林缘	1 036	实验区	黄檗
6	路边	714	实验区	野大豆
7	针阔混交林	1 031	实验区	紫椴
8	针阔混交林	1 123	实验区	红松
9	针阔混交林	1 418	实验区	—
10	阔叶林内	1 841	实验区	—

3.4.2.3 实地调查发现的国家重点保护植物保护现状及分析

实地调查中，课题组共发现 6 科 7 种国家重点保护植物，通过对这 7 种保护植物的详细调查分析，初步查明了其在长白山自然保护区内的分布地点、种群数量、年龄结构和分布特点等基础资料，结合对历史本底资料的整理与分析，初步掌握了这些保护植物在保护区内的变化动态和保护成效。

通过对调查过程中出现的国家重点保护野生植物点位的地理坐标的记录，绘制出国家重点保护野生植物在长白山保护区的分布图，详见图 3-8。

（1）东北红豆杉（*Taxus cuspidata*）

东北红豆杉属于红豆杉科红豆杉属的一种高大常绿乔木，目前野生数量极其稀少，被列为国家 I 级重点保护野生植物。东北红豆杉树皮红褐色或灰红色，薄质，呈片状剥裂。叶较密，微镰状，中脉隆起，基部两侧近对称；雌雄异株，球花生于前年枝的叶腋，雄球花具 9～14 雄蕊，雌球花具一胚珠，胚珠卵形、淡红色，直生。种子卵形，成熟时紫褐色，有光泽，长约 6 mm，直径 5 mm。花期 5—6 月，种子 9—10 月成熟。种子卵圆形或三棱卵圆形，上部具 3～4 个或更多钝脊，种脐通常三角形或四方形；假种皮红色，熟时有光泽。散生于海拔 500～1 000 m 林中，适合冷且潮湿的酸性土壤。主要分布于中国东北、日本、朝鲜、俄罗斯（阿穆尔州、库页岛等）等东北亚地区。

根据保护区管理人员介绍，东北红豆杉曾经广泛散生于针阔混交林内腐殖质较厚的地带，数量较多，但由于人为乱砍滥伐等破坏，种群数量急剧下降，现在已经非常罕见，仅存的植株分布在人迹罕至的密林深处。课题组在 4 天的实地调查中，仅在保护区西北片区密林中发现一株成年东北红豆杉大树。该植株高约 13 m，胸径约 60 cm，生长状态良好，目前正在结实期，很多未成熟的种子挂在枝头，但在样地周边未发现幼苗，说明在自然生境下，东北红豆杉的自然种子发芽率和成活率都不高，可能也是导致其成为珍稀濒危物种的原因之一。我们以这棵东北红豆杉植株为中心，设置了 10 m×10 m 的样方，详细记录了野生红豆杉自然生境中的伴生植物种类等数据。

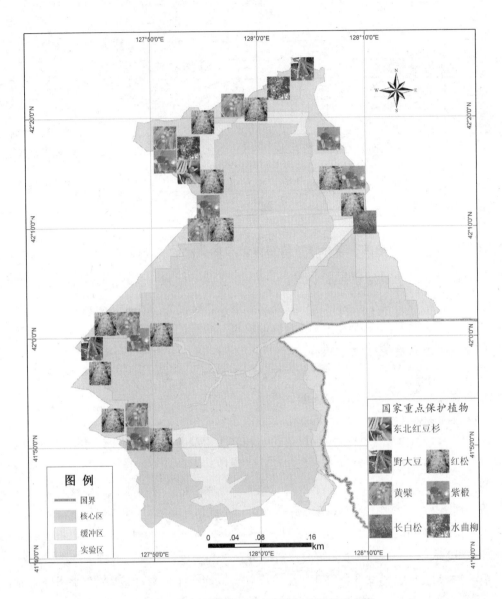

图 3-8　长白山保护区国家重点保护植物分布图

　　调查发现，伴生植物主要有红松（*Pinus koraiensis*）、紫椴（*Tilia amurensis*）、花楷槭（*Acer ukurunduense*）、刺五加（*Acanthopanax senticosus*）、葛枣猕猴桃（*Actinidia polygama*）、山茄子（*Brachybotrys paridiformis*）、耳叶蟹甲草（*Parasenecio auriculatus*）等。目前东北红豆杉的生境在长白山自然保护区内分布已经严重片段化和破碎化，种群数量极少，濒临灭绝，要保护好这一东北地区特有的珍稀濒危野生植物，必须采取有力的保护措施，才能有效保护好这一古老物种。

实地拍摄的东北红豆杉及其生境的照片见照片 3-103 和照片 3-104。

照片 3-103　东北红豆杉　　　　　　照片 3-104　东北红豆杉生境

（2）红松（*Pinus koraiensis*）

红松属于松科松属常绿针叶乔木，是著名的珍贵经济树木，由于近半个世纪以来对红松的大量采伐，天然红松数量急剧减少，被列为国家Ⅱ级重点保护植物。红松幼树树皮灰红褐色，皮沟不深，近平滑，鳞状开裂，内皮浅驼色，裂缝呈红褐色，大树树干上部常分权。枝近平展，树冠圆锥形，冬芽淡红褐色，圆柱状卵形；针叶 5 针一束，长 6～12 cm，粗硬，树脂道 3 个，叶鞘早落，球果圆锥状卵形，长 9～14 cm，径 6～8 cm，种子大，倒卵状三角形；花期 6 月，球果翌年 9—10 月成熟。该树种喜光性强，随树龄增长需光量逐渐增大。要求温和凉爽的气候，在土壤 pH 值 5.5～6.5 的山坡地带生长良好。红松在我国只分布在东北的长白山到小兴安岭一带。国外也只分布在日本、朝鲜和俄罗斯的部分区域。

野外调查发现，红松在长白山保护区内主要散生于 1 100 m 以下的针阔混交林内，数量较多，但幼树和更新苗较少。主要伴生乔木种类有白皮云杉、红皮云杉、长白落叶松（*Larix olgensis*）、紫椴、枫桦（*Betula costata*）、蒙古栎、胡桃楸、色木械等；灌木有毛榛、刺五加、瘤枝卫矛（*Euonymus pauciflorus*）、藏花忍冬（*Lonicera tatarinovii*）、山刺玫（*Rose davurica*）等；藤本植物有山葡萄（*Vitis amurensis*）、葛枣猕猴桃、北五味子（*Schisandra chinensis*）等；草本植物有毛缘苔草（*Carex pilosa*）、透骨草（*Phryma leptostachya*）、白花碎米荠（*Cardamine leucantha*）、林艾蒿（*Artemisia viridissima*）、耳叶蟹甲草、山茄子、粗茎鳞毛蕨（*Dryopteris crassirhizoma*）等。在 1 100～1 400 m 的亚寒带针叶林内，红松有零星分布，主要伴生乔木种有长白鱼鳞云杉、臭冷杉、红皮云杉、长白落叶松、枫桦等；灌木有簇毛械（*Acer barbinerve*）、花楷械、刺蔷薇（*Rosa acicularis*）、短翅卫矛（*Euonymus rehderianus*）等；草本有羊胡子苔草（*Carex rigescens*）、兴安一枝黄花（*Solidago dahurica*）、舞鹤草（*Maianthemum bifolium*）等。在 1 400 m 以上几乎没有红松分布。

最近十几年，随着松子价格大幅上涨，每年有大量人员进入保护区内非法采摘红松球果，极大地影响了红松的正常繁殖，另外，由于红松常散生于针阔混交林内，郁闭度较高，不利于红松种子的自然发芽和幼苗的成长，因此，红松自然生境中的幼树及更新苗较少，种群有趋于退化的趋势。近年来，随着保护区的进一步开发，大量的旅游道路等基础设施被修建，对红松及其生境造成了严重破坏，使得其在保护区内的种群数量进一步减少，需引起高度重视。

实地拍摄的红松及其生境见照片 3-105 和照片 3-106。

照片 3-105　红松

照片 3-106　红松自然生境

（3）紫椴（*Tilia amurensis*）

紫椴是椴树科椴属落叶乔木，为国家Ⅱ级重点保护植物，高可达 20～30 m。树皮暗灰色，纵裂，成片状剥落；小枝黄褐色或红褐色。呈"之"字形，皮孔微凹起，明显。叶阔卵形或近圆形，长 3.5～8 cm，宽 3.5～7.5 cm，生于萌枝上者更大，基部心形，先端尾状尖，边缘具整齐的粗尖锯齿，齿先端向内弯曲，偶具 1～3 裂片，表面暗绿色，无毛，背面淡绿色，仅脉腋处簇生褐色毛；叶具柄，柄长 2.5～4 cm，无毛。聚伞花序长 4～8 cm，花序分枝无毛，苞片倒披针形或匙形，长 4～5 cm，无毛具短柄；萼片 5，两面被疏短毛，里面较密；花瓣 5，黄白色，无毛；雄蕊多数，无退化雄蕊；子房球形，被淡黄色短绒毛，柱头 5 裂。果球形或椭圆形，直径 0.5～0.7 cm，被褐色短毛，具 1～3 粒种子。种子褐色，倒卵形，长约 0.5 cm。花期 6—7 月，果熟 9 月。木材黄褐色或黄红褐色，纹理直，结构甚细而匀。为中国原产树种，在东北及华北地区山地均有野生分布。

实地调查发现，紫椴在长白山保护区内主要散生于 1 100 m 以下的针阔混交林内，数量较多，但是大树比较少，紫椴在针阔混交林内的自然繁殖状况较好，中等大小的树以及幼树和更新苗比较多，种群处于一种较为稳定的状态。主要伴生乔木种有白皮云杉、红皮云杉、红松、枫桦等；灌木有毛榛子、瘤枝卫矛、青楷槭、刺五加、东北山梅花（*Philadelphus schrenkii*）等；草本植物有羊胡子苔草、透骨草、木贼（*Equisetum hiemale*）、山茄子、白花碎米荠等。近年来，随着保护区的进一步开发，大量的旅游道路、人工栈道和旅游设施被修建，对森林植被以及紫椴等国家重点保护植物造成了严重破坏，使得保护区内的紫椴种群数量有所减少。

实地拍摄的紫椴及其生境见照片 3-107 和照片 3-108。

照片 3-107　紫椴　　　　　　　　　　　照片 3-108　紫椴生境

（4）野大豆（*Glycine soja*）

野大豆隶属于蝶形花科大豆属，是国家Ⅱ级重点保护植物。野大豆为一年生草本，茎缠绕、细弱，疏生黄褐色长硬毛。叶为羽状复叶，具 3 小叶；小叶卵圆形、卵状椭圆形或卵状披针形，长 3.5～5（6）cm，宽 1.5～2.5 cm，先端锐尖至钝圆，基部近圆形，两面被毛。总状花序腋生；花蝶形，长约 5 mm，淡紫红色；苞片披针形；萼钟状，密生黄色长硬毛，5 齿裂，裂片三角状披针形，先端锐尖；旗瓣近圆形，先端微凹，基部具短爪，翼瓣倒卵形，有耳，龙骨瓣较旗瓣及翼瓣短；雄蕊 10，9 与 1 两体；花柱短而向一侧弯曲。荚果狭长圆形或镰刀形，两侧稍扁，长 7～23 mm，宽 4～5 mm，密被黄色长硬毛；种子间缢缩，含 3 粒种子；种子长圆形、椭圆形或近球形或稍扁，长 2.5～4 mm，直径 1.8～2.5 mm，褐色、黑褐色、黄色、绿色或呈黄黑双色。野大豆在中国从南到北都有生长，甚至沙漠边缘地区也有其踪迹，但都是零散分布。

实地调查发现，野大豆在长白山保护区内主要分布于保护区的道路旁、林缘、荒草地等比较开阔的地域，主要伴生植物有一年蓬（*Erigeron annuus*）、野火球（*Trifolium lupinaster*）、狗尾草（*Setaria viridis*）、野艾蒿（*Artemisia lavandulaefolia*）等。由于野大豆在我国极为普遍，而且适应能力强，又有较强的抗逆性和繁殖能力，已经在植被演替中成为一种先锋草本植物，优势度和竞争能力较强，只有当植被遭到严重破坏时，才难以生存。近年来由于保护区旅游资源的开发，大量的道路以及旅游设施被修建，野大豆的生境也受到了严重破坏，野大豆资源在保护区内也日益减少。

实地拍摄的野大豆及其生境见照片3-109和照片3-110。

照片 3-109　野大豆　　　　　　　　　　照片 3-110　野大豆群落

（5）水曲柳（*Fraxinus mandshurica*）

水曲柳隶属于木犀科白蜡属，是古老的残遗植物，被列为国家 II 级重点保护植物。水曲柳是落叶大乔木，高达 30 m，胸径可达 1 m 以上；树皮灰色，幼树之皮光滑，成龄后有粗细相间的纵裂；小枝略呈四棱形，无毛，有皮孔。奇数羽状复叶，对生，长 25～30 cm，叶轴有沟槽，具极窄的翼；小叶 7～11（13），无柄或近无柄，卵状长圆形或椭圆状披针形，长（5）8～14（16）cm，宽 2～5 cm，光端长渐尖，基部楔形，不对称，边缘有锐锯齿，上面无毛或疏生硬毛，下面沿叶脉疏生黄褐色硬毛，小叶与叶轴联结处密生黄褐色绒毛。雌雄异株，圆锥花序生于去年枝上部之叶腋，花序轴有极窄的翼；花萼钟状，果期脱落，无花冠；雄花具之雄蕊；雌花子房 1 室，柱头二裂，具 2 枚不发育雄蕊。翅果稍扭曲，长圆状披针形，长 2～3.5 cm，宽 5～7 mm，先端钝圆或微凹。属阔叶树材，材质坚硬，纹理通直，花纹美观。主要分布于黑龙江、吉林、辽宁、内蒙古、河北、山西、河南、陕西、甘肃等地。分布区虽然较广，但多为零星散生。因砍伐过度，数量日趋减少，目前大树已不多见。

实地调查发现，水曲柳在长白山保护区内主要散生于 1 100 m 以下的针阔混交林内，数量较少。调查期间仅在一块区域发现有较多水曲柳分布，群落内主要是水曲柳的大树，幼树和更新苗很少。主要伴生乔木种有红松、紫椴、枫桦、白皮云杉、红皮云杉、胡桃楸等；灌木有毛榛子、瘤枝卫矛、东北山梅花、色木槭等；草本植物有耳叶蟹甲草、山茄子、羊胡子苔草、白花碎米荠等。由于水曲柳为很好的用材树种，且保护区边界线较长，日常巡护较为困难，盗伐水曲柳的现象还存在，加之水曲柳的自然更新和繁殖能力很弱，幼树和幼苗很少，同时，由于保护区的进一步开发，大量的旅游道路、人工栈道和旅游设施被修建，对森林植被以及零星分布在林内的水曲柳造成了严重的破坏，使得保护区内的水曲柳日益减少，需引起高度重视。

实地拍摄的水曲柳及其生境见照片 3-111 和照片 3-112。

照片 3-111　水曲柳　　　　　　　　　　照片 3-112　水曲柳生境

• （6）黄檗（*Phellodendron amurense*）

黄檗隶属于芸香科黄檗属，系第三纪古热带植物区系的孑遗植物，对研究古代植物区系，古地理及第四纪冰期气候有科学价值。被列为国家Ⅱ级重点保护植物。黄檗为落叶乔木，高 15～22 m，胸径可达 1 m；树皮灰褐色至黑灰色，深纵裂，木栓层发达，柔软，内皮鲜黄色；小枝橙黄色或淡黄灰色，有明显的心形大叶痕；裸芽生于叶痕内，黄褐色，被短柔毛。奇数羽状复叶，对生或近互生；小叶 5～15，卵状披针形或卵形，长 5～11 cm，宽 2～4 cm，先端长渐尖，基部圆楔形，通常歪斜，下面主脉或主脉基部两侧有白色软毛，边缘微波状或具不明显的锯齿，齿间有黄色透明的油腺点。花单性，雌雄异株，聚伞状圆锥花序顶生；花小，黄绿色，萼片 5，卵状三角形，长 12 mm，花瓣 5，长圆形，长 3 mm；雄花的雄蕊 5，与花瓣互生，较花瓣长 1 倍，退化子房小；雌花的雄蕊退化成小鳞片状，子房倒卵圆形，有短柄，5 室，每室有 1 胚珠。花期 5—6 月，果熟期 9—10 月。浆果状核果近球形，成熟时黑色，有特殊香气与苦味；种子 2～5，半卵形，带黑色。主要分布区位于寒温带针叶林区和温带针阔叶混交林区。

实地调查发现，黄檗在长白山保护区内主要散生于 1 000 m 以下的湿润针阔混交林内和林缘，由于黄檗木材纹理美观，切面有光泽，材质坚韧，是非常好的用材树种，砍伐和盗伐现象比较严重，资源越来越少，尤其是大树。调查期间很少看见黄檗大树，幼树也是零星分布，主要伴生乔木种有白皮云杉、红皮云杉、红松、枫桦、紫椴、胡桃楸等；灌木有毛榛子、花楸、瘤枝卫矛、青楷槭、东北山梅花、山刺玫等；草本植物有羊胡子苔草、耳叶蟹甲草、山茄子、白花碎米荠、蛇莓（*Duchesnea indica*）等。

调查中，在保护区东土顶子附近发现一片黄檗幼树群落，数量约有 15 株，平均高度和胸径分别为 7 m 和 9 cm，该处位于保护区与外界的交界处，几乎未见大树，多为中等大小的植株，年龄结构属于稳定型。由于黄檗为较好的用材树种，且保护区边界线较长，日常巡护较为困难，盗伐黄檗的现象还存在，使得保护区内黄檗大树很少，种群数量也减少了很多，需加强对黄檗的重点保护。

实地拍摄的黄檗及其生境见照片 3-113 和照片 3-114。

照片 3-113　黄檗

照片 3-114　黄檗群落

（7）长白松（*Pinus sylvestris* var. *sylvestriformis*）

长白松隶属于松科松属，是欧洲赤松分布最东的一个地理变种，仅仅零散分布于长白山北坡，对研究松属地理分布、种的变异与演化有一定的意义，被列为国家Ⅰ级重点保护野生植物。由于未严加保护，在二道白河沿岸散生的小片纯林，逐年遭到破坏，分布区日益缩小。长白松是常绿乔木，高 25～32 m，胸径 25～100 cm；下部树皮淡黄褐色至暗灰褐色，裂成不规则鳞片，中上部树皮淡褐黄色到金黄色，裂成薄鳞片状脱落；冬芽卵圆形，有树脂，芽鳞红褐色；一年生枝浅褐绿色或淡黄褐色，无毛，3 年生枝灰褐色。针叶 2 针一束，较粗硬，稍扭曲，微扁，长 4～9 cm，宽 1～1.2（2）mm，边缘有细锯齿，两面有气孔线，树脂道 4～8 个，边生，稀 1～2 个中生，基部有宿存的叶鞘。雌球花暗紫红色，幼果淡褐色，有梗，下垂。球果锥状卵圆形，长 4～5 cm，直径 3～4.5 cm，成熟时淡褐灰色；鳞盾多少隆起，鳞脐突起，具短刺；种子长卵圆形或倒卵圆形，微扁，灰褐色全灰黑色，种翅有关节，长 1.5～2 cm。

实地调查期间，在长白山保护区内仅在一处发现有长白松，主要伴生种有红松、红皮云杉、长白鱼鳞云杉、臭冷杉等。据资料记载，长白松在保护区内的二道白河、三道白河沿岸红松阔叶林和针叶林内有零星分布，但随着保护区的开发，长白松的生境遭到了严重破坏，数量减少了很多。现在，长白松主要集中分布于保护区外围，在二道白河镇火车站旁边有集中分布，为长白松纯林，但分布范围比较小，目前已经建立省级自然保护区，重点对长白松进行保护。

实地拍摄的长白松及其生境见照片 3-115 和照片 3-116。

照片 3-115　长白松　　　　　　　　　照片 3-116　长白松群落

3.4.2.4 实地调查未发现的珍稀濒危和保护植物现状及分析

根据历史本底资料记载，长白山自然保护区内珍稀濒危植物种类十分丰富，但由于人为活动影响，原始森林面积逐渐缩小，很多濒危植物的自然栖息地也不断缩小、破碎，导致很多珍稀濒危植物目前在保护区内几乎绝迹。

（1）狭叶瓶尔小草

狭叶瓶尔小草是一种形态小巧和美丽的古老蕨类植物，原来主要分布于长白山瀑布下游温泉附近的水湿温暖地带，分布范围极其狭窄，随着最近几年温泉景点的开发，在其生境上建设了大量的宾馆、栈道，导致狭叶瓶尔小草的生境受到了毁灭性的破坏，目前在保护区内已经绝迹。

本次实地调查中，也未在温泉附近发现狭叶瓶尔小草。

（2）对开蕨等的分布现状

对开蕨是一种珍贵的蕨类植物，被列为国家Ⅱ级重点保护，曾经零星分布在保护区原始森林的林下区域，分布范围也很狭窄，海拔较低，主要在海拔 700～750 m 的阔叶林中，种群数量很少，自然更新不足。近年来由于有大量人员进入保护区采挖食用及药用植物等，植被破坏比较严重。目前对开蕨在保护区内已经很难找到。

本次实地调查中，也未发现对开蕨植株。

（3）人参、草苁蓉等珍贵药用植物几乎已经灭绝

由于野生人参和草苁蓉的巨大经济价值，在利益驱使下，大量人员进入保护区内采集野生人参，不仅导致植物资源受到严重破坏，目前野生人参在保护区范围内已经绝迹。草苁蓉等其他一些重要的药用植物也由于过度采集，已经到了灭绝的边缘。本次实地调查中，也未发现野生人参和草苁蓉植株。

3.4.3 保护区存在的主要问题及建议对策

3.4.3.1 存在的主要问题

（1）保护区管理机构特殊，重开发，轻保护

长白山保护开发区管理委员会，作为省政府的派出机构，正厅级建制，代表省政府依法对管理区域内的经济和社会行政事务以及森林、草原、水流、山岭、土地、矿藏等自然资源实行统一领导和管理。长白山管委会具有相当于市政府的行政管理职权，享有省政府授权、委托的部分经济社会和行政事务管理职能和权限。

长白山保护开发区管理委员会的经济运行实体是长白山开发建设集团，长白山开发建设集团是区域开发建设的主要投融资平台，是以旅游发展为主导产业，集交通运输、基础设施建设、酒店管理、房地产开发等多种行业为一体的企业集团。目前集团资产规模超过8亿元，拥有子公司9家，员工800余人，初步构建了主导产业放大、相关产业联动、跨行业、跨地区的产业集团发展格局。长白山集团下设长白山景区管理有限公司、长白山旅游交通运输有限公司、吉林省蓝景酒店管理有限公司、长白山天池旅行社有限公司、长白山基础设施建设有限公司、长白山房地产开发有限公司、吉林省蓝景广告有限公司、北京长白蓝景科技发展有限公司、吉林省蓝景坊生态产品开发有限公司。集团公司共设10个部室和中心，分别为综合部、人力资源部、财务中心、工程部、企业管理部、项目发展部、资本运营部、采购部、信息中心、企划部。

由于长白山保护开发区管理委员会的工作重点是开发，长白山开发建设集团在开发建设中许多项目没有经过严格审批，保护区内和周边一些道路及旅游设施的建设也没有进行严格的环境评价，对保护区环境及国家重点保护植物产生了较大的破坏。

（2）旅游开发活动对保护区造成了巨大的影响

随着保护区旅游景点的开发，修建了大量的道路以及栈道，如上天池的道路、正在修建的环保护区的旅游道路，进入地下森林的栈道、温泉景点的道路及栈道。这些道路以及栈道的修建极大地破坏了周围的原始植被。随着温泉景点的开发，由于开发商以及保护区对珍稀濒危植物狭叶瓶尔小草的忽视，致使在开发过程中狭叶瓶尔小草的生境被严重破

坏，且开发商以及保护区未对狭叶瓶尔小草进行迁地保护，从而导致狭叶瓶尔小草走上了灭绝的边缘。随着天池景点的进一步开发，以及旅游人数的逐年增加，天池道路周边的植被以及天池周围的高山苔原破坏相当严重。长白红景天（*Rhodiola angusta*）、牛皮杜鹃（*Rhododendron chrysanthum*）等高山苔原植物正在逐年减少。

在保护区道路建设以前，没有进行任何的环境评价。在建设过程中，采挖的大量废土直接倒入道路边的原始林内，致使大量的原始林以及国家重点保护植物（如红松、紫椴、黄檗等）被破坏。照片 3-117 为正在修建的环保护区道路，照片 3-118 为已经修建好的在保护区内的道路，在修建这些道路以前均没有进行环境影响评价。随着保护区旅游业的发展，在保护区大门周边修建了大量旅游及住宿设施，从而大量的原始林被破坏。从保护区大门向周边延伸有高达 3 m 的铁丝网，严重阻断了一些动物的迁徙。

照片 3-117　环保护区道路

照片 3-118　保护区内道路

（3）周边社区居民活动对保护区造成一定程度破坏

调查中发现大量人员进入保护区采摘野生食用植物、药用植物等。其中野生食用植物包括笃斯越橘、毛榛子等野果，野生药用植物包括刺五加、人参、林荫千里光等。由于大量人员进入保护区，对原始植被产生了一定的破坏性影响。照片 3-119 为调查期间在路边拍摄到的由当地群众在保护区内采摘的笃斯越橘的果实。

受经济利益驱动，20 世纪 90 年代以来，每到松子丰收时节，就有数万人非法进入长白山保护区采摘松果，引发"松子大战"。一些松树甚至被"砍头"、"腰折"、"断臂"、"折肢"。仅过去几年中，百年以上松树遭此劫难的就达数百棵。特别是松子被大量掠走，导致红松的自然繁殖受阻，红松的幼树及更新苗比较少，年龄结构逐渐趋于不合理。同时导致一些动物由于食物缺乏而无法生存，既破坏当地生物多样性，又损害长白山森林生态系统健康。照片 3-120 为调查期间拍摄的由保护区管理人员没收的红松球果。

照片 3-119　笃斯越橘

照片 3-120　红松球果

实地调查还发现，保护区内居然存在直接对国家重点保护植物进行破坏的现象。调查过程中发现，在修路的过程中有直接将国家重点保护植物红松用绳索拉倒或者用锯子锯倒的行为；当地群众直接砍伐紫椴的树干用作薪柴（照片 3-121）等现象。

照片 3-121　被砍伐的紫椴

照片 3-122　用过的农药瓶

当地群众在保护区边上砍伐自然植被，进行人参的种植。而且将用过的农药瓶随处乱扔（照片 3-122），严重污染了周边的环境，对保护区的然环境会产生多大的影响有待于进一步研究。由于进入保护区的人员、车辆等无意引入外来入侵种，在保护区的一些道路旁已经有大量外来种的侵入，如月见草（*Oenothera erythrosepala*）、鬼针草（*Bidens pilosa*）、一年蓬等。

（4）科普教育及科学研究较为薄弱

保护区目前对于资源管护的宣传教育的力度不够，在保护区调查期间仅发现一块显示保护区边界的指示牌，没有任何标志保护区功能区划的标牌。保护区内分布的国家重点保护植物，尚未采取有效的迁地保护以及开展人工育种及繁殖等措施。尽管保护区已经建立了一个所谓的科学研究院，但由于保护区管理委员会重视力度不够，资金投入不足等问题，使得研究院很难开展对国家重点保护植物的研究工作同时由于科研工作滞后，许多可以恢复的生态环境，也没有得到恢复，如天池公路两侧的植被。

3.4.3.2　国家重点保护植物建议对策

（1）健全保护区界标识系统，加强对周边社区的宣传教育活动。建立并完善保护区边界的界碑、界桩、宣传牌以及功能区划间的界牌，对保护区内及周边人员进行各种宣传教育，包括科普宣传、法制宣传和保护区生态保护的宣传等，提高当地群众的保护意识。采取有效的宣传手段，使保护区民众对珍稀动植物有更多的了解，使他们能够积极主动地对珍稀动植物进行保护。

（2）加强国家重点保护植物保护学及保护技术的研究，建立监测系统，随时监测和评估国家重点保护植物，进行人工繁育、种群繁殖或回归自然试验；尽快、尽早、尽多地研究国家重点保护植物的驯化、栽培、繁育技术，利用人工栽植（繁殖）技术，建立生产基地，生产发展经济所急需的植物资源原材料，保护野生珍稀濒危植物资源。

（3）严格规范保护区内建设项目的建设，包括各种道路及旅游设施，必须事先进行环境影响评价，认真贯彻执行环境影响评价制度，只有在环境影响评价通过后才能动工。同时加强保护区的管理力度，增加日常巡护频度，对在保护区内进行采挖珍贵药材、采集红松球果等非法行为要依法严肃处理。

（4）科学规范保护区旅游活动的开展，在发展旅游和保护环境的两者之间找到平衡点，在有效地保护了生态环境的前提下，适度的发展旅游。要尽早开展对天池公路两侧植被以及天池周围植被的恢复工程，随着长白山旅游业的发展，旅游对高山苔原植被的破坏将进一步加大，如果不及早进行生态环境恢复，若干年之后，被破坏的高山苔原植被将无法再恢复。

调查人：秦卫华　周守标　刘坤　张栋
调查时间：2008 年 8 月 24—29 日

附图版 1

图 1 五加科刺五加

图 2 百合科北重楼

图 3 卫矛科瘤枝卫矛

图 4 瑞香科长白瑞香

图 5 毛茛科长白乌头

图 6 槭树科花楷槭

附图版 2

图 7　百合科蓝果七筋菇

图 8　毛茛科单穗升麻

图 9　松科红皮云杉

图 10　蔷薇科山刺玫

图 11　桔梗科羊乳

图 12　虎耳草科东北茶藨子

附图版 3

图 13　菊科林荫千里光

图 14　杜鹃花科笃斯越橘

图 15　杜鹃花科细叶杜香

图 16　龙胆科高山龙胆

图 17　凤仙花科水金凤

图 18　蔷薇科稠李

附图版 4

图 19 罂粟科长白罂粟

图 20 蔷薇科金露梅

图 21 桦木科毛榛子

图 22 蔷薇科宽叶仙女木

图 23 景天科高山红景天

图 24 蔷薇科山里红

附图版 5

图 25　蝶形花科野火球

图 26　忍冬科藏花忍冬

图 27　兰科对叶兰

图 28　猕猴桃科狗枣猕猴桃

图 29　蔷薇科刺果大叶蔷薇

图 30　毛茛高山铁线莲

附表 1：红松样地调查表

调查时间：2008 年 8 月 26 日；地理坐标：略

调查人：秦卫华、周守标、刘坤、张栋

乔木记录表（总盖度：90%）

植株编号	植物名称	层次	高度/m	胸径/cm	冠幅/（m×m）	枝下高/m	物候相	生活力
1	水曲柳	1	23	50	5×5	13	果期	较好
2	红松	1	24	40	5×4	4	果期	较好
3	红松	1	20	30	3×4	5	果期	较好
4	五角槭	2	4	3	2×3	1.5	果期	较好
5	胡桃楸	2	5	5	2×3	1	果期	较好
6	臭冷杉	1	18	12	3×3	7	果期	较好

灌木植物记录表（总盖度：54%）

物种编号	植物名称	株数		盖度/%	高度/m	
		实生	萌生		一般	最高
1	东北溲疏	1	2	8	1.9	1
2	东北山梅花	2		15	1.8	
3	刺五加	4		20	1.5	2
4	色木槭	2		30	2.5	
5	瘤枝卫矛	1		5	1.7	

草本植物记录表（总盖度：70%）

物种编号	植物名称	株数	盖度/%	高度/cm	
				一般	最高
1	白花碎米荠	6	30	20	35
2	朝鲜山蒿	3	20	30	43
3	水金凤	4	15	20	38
4	球子蕨	2	2	30	35
5	朝鲜当归	1	10	50	

附表 2：紫椴样地调查表

调查时间：2008 年 8 月 26 日；地理坐标：略

调查人：秦卫华、周守标、刘坤、张栋

乔木植物记录表（总盖度：95%）

植株编号	植物名称	高度/m	胸径/cm	冠幅/（m×m）	枝下高/m	物候相	生活力
1	紫椴	14	12	4×3	4	果期	较好
2	紫椴	9	9	2×4	4.5	果期	较好
3	毛榛子	10	13	4×5	4	果期	较好
4	蒙古栎	11	8	2×2	2	果期	较好
5	臭冷杉	13	10	3×4	3	果期	较好
6	蒙古栎	9	7	1×3	5	果期	较好
7	红松	16	16	4×2	7	果期	较好
8	紫椴	11	8	2×3	4	果期	较好
9	白桦	19	18	2×3	9	果期	较好
10	紫椴	10	8	4×3	5	果期	较好

灌木植物记录表（总盖度：56%）

物种编号	植物名称	株数 实生	株数 萌生	盖度/%	高度/m 一般	高度/m 最高
1	毛榛子	3		10	3	
2	花楷槭	2		15	3.5	
3	金银木	3		5	1.3	
4	色木槭	1		7	1	
5	茶藨子	3		5	0.8	
6	珍珠绣线菊	7		12	1.2	
7	红皮云杉	1		2	0.7	
8	瘤枝卫矛	3		9	1.3	

草本植物记录表（总盖度：35%）

物种编号	植物名称	株数	盖度/%	高度/cm 一般	高度/cm 最高
1	问荆	3	3	20	
2	大叶柴胡	1	20	120	
3	蛇莓	1	5	11	
4	羊胡子草	1 丛	15	13	

附表3：东北红豆杉样地调查表

调查时间：2008年8月27日；地理坐标：略

调查人：秦卫华、周守标、刘坤、张栋

乔木植物记录表（总盖度：76%）

植株编号	植物名称	高度/m	胸径/cm	冠幅/（m×m）	枝下高/m	物候相	生活力
1	东北红豆杉	13	60	4×2	4	果期	较差
2	白皮云杉	14	15	2×3	4	果期	较好
3	毛榛子	19	31	3×2	7	果期	较好
4	东北槭	10	24	2×1	3	果期	较好

灌木植物记录表（总盖度：30%）

物种编号	植物名称	株数 实生	株数 萌生	盖度/%	高度/m 一般	高度/m 最高
1	刺五加	3		15	1.5	2
2	接骨木	1		7	2.4	
3	花楷槭	1		5	2	
4	东北山梅花	1		5	1.2	

草本植物记录表（总盖度：60%）

物种编号	植物名称	株数	盖度/%	高度/cm 一般	高度/cm 最高
1	珠芽蓼麻	2	20	40	
2	车前	3	15	20	
3	山茄子	4	35	35	
4	耳叶蟹甲草	1	10	90	

附表 4：水曲柳样地调查表

调查时间：2008 年 8 月 26 日；地理坐标：略

调查人：秦卫华、周守标、刘坤、张栋

乔木植物记录表（总盖度：95%）

植株编号	植 物 名 称	高度/m	胸径/cm	冠幅/（m×m）	枝下高/m	物候相	生活力
1	水曲柳	21	31	4×6	12	果期	较好
2	水曲柳	18	26	4×5	10	果期	较好
3	大果榆	15	17	3×4	8	果期	较好
4	山槐	6	8	3×4	3	果期	较好
5	山槐	8	10	2×3	2.5	果期	较好
6	花楷槭	4	7	3×2	1.8	果期	较好
7	东北槭	3	6	2×1	1.3	果期	较好
8	红松	19	27	4×3	9	果期	较好

灌木植物记录表（总盖度：48%）

物种编号	植 物 名 称	株 数 实生	株 数 萌生	盖 度/%	高度/m 一般	高度/m 最高
1	珍珠梅	1		5	1.2	
2	藏花忍冬	2		6	1	
3	稠李	2		10	2.1	
4	刺腺茶藨	3		12	1.1	
5	瘤枝卫矛	1		3	1.6	
6	色木槭	1		7	2.6	
7	山里红	1		10	2.4	

草本植物记录表（总盖度：80%）

物种编号	植 物 名 称	株 数	盖 度/%	高度/cm 一般	高度/cm 最高
1	蚊子草	2	3	15	
2	东北铁盖蕨	1	12	32	
3	水金凤	3	15	28	
4	异叶金腰	4	20	16	
5	大叶芹	1	15	105	
6	山茄子	2	23	42	

附表 5：黄檗样地调查表

调查时间：2008 年 8 月 27 日；地理坐标：略

调查人：秦卫华、周守标、刘坤、张栋

乔木植物记录表（总盖度：92%）

植株编号	植 物 名 称	高 度/m	胸 径/cm	冠 幅/（m×m）	枝下高/m	物候相	生活力
1	黄檗	8	9	3×4	5	果期	较好
2	蒙古栎	10	8	2×3	2.5	果期	较好
3	胡桃楸	6	6	3×2	1	果期	较好
4	水曲柳	20	48	4×5	12	果期	较好
5	黄檗	9	11	3×3.5	6	果期	较好
6	紫椴	10	11	3×4	5	果期	较好
7	东北槭	4	7	3×2	1.8	果期	较好

灌木植物记录表（总盖度：55%）

物种编号	植 物 名 称	株 数 实生	株 数 萌生	盖 度/%	高度/m 一般	高度/m 最高
1	瘤枝卫矛	1	2	4	1.5	
2	刺五加	3		12	2.0	2.5
3	东北山梅花	2		8	1.8	
4	东北茶藨子	3		10	0.7	
5	毛榛	1	2	12	2.0	
6	红刺玫	1		3	1.2	
7	藏花忍冬	1		2	0.9	

草本植物记录表（总盖度：55%）

物种编号	植 物 名 称	株 数	盖 度/%	高度/cm 一般	高度/cm 最高
1	白花碎米荠	4	25	33	
2	乌苏里苔草	3	15	20	
3	山茄子	1	5	25	
4	林艾蒿	3	10	13	
5	深山堇菜	2	5	14	

附表6：野大豆样地调查表

调查时间：2008 年 8 月 28 日；地理坐标：略

调查人：秦卫华、周守标、刘坤、张栋

草本植物记录表（总盖度：75%）

物种编号	植 物 名 称	株 数	盖 度/%	高度/cm 一般	高度/cm 最高
1	狗尾草	12	10	25	
2	野大豆	2	65		
3	野火球	2	5	27	
4	短萼鸡眼草	2	3	17	
5	一年蓬	2	4	18	

附表7：紫椴样地调查表

调查时间：2008 年 8 月 27 日；地理坐标：略

调查人：秦卫华、周守标、刘坤、张栋

乔木植物记录表（总盖度：88%）

植株编号	植 物 名 称	高度/m	胸 径/cm	冠 幅/（m×m）	枝下高/m	物候相	生活力
1	黄花落叶松	8	11	3×5	2	果期	较好
2	紫椴	6.5	9	2×3	1.5	果期	较好
3	白桦	11	13	3×2	4	生长期	较好
4	白桦	16	19	2×3.5	9	生长期	较好
5	白桦	15	18	3×3.5	8	生长期	较好
6	白桦	10	8	2×2.5	5.5	生长期	较好
7	白桦	11	8	3×2	6	生长期	较好
8	白桦	10	8	2.5×2	4.5	生长期	较好
9	白桦	14	11	2.5×3	7	生长期	较好
10	黄花落叶松	9	9.5	3.5×2	4	果期	较好

灌木植物记录表（总盖度：42%）

物种编号	植 物 名 称	株 数 实生	株 数 萌生	盖 度/%	高度/m 一般	高度/m 最高
1	红刺玫	1		5	1.4	
2	藏花忍冬	2		10	1.1	
3	瘤枝卫矛	2		12	1.5	
4	红松	1		5	1	
5	山里红	1		10	2.2	
6	长白蔷薇	1		4	1.3	

草本植物记录表（总盖度：25%）

物种编号	植物名称	株数	盖度/%	高度/cm	
				一般	最高
1	疏花车前	5	15	12	
2	乌苏里苔草	1	10	24	
3	蛇莓	1	5	17	

附表8：红松样地调查表

调查时间：2008年8月27日；地理坐标：略

调查人：秦卫华、周守标、刘坤、张栋

乔木植物记录表（总盖度：91%）

植株编号	植物名称	高度/m	胸径/cm	冠幅/（m×m）	枝下高/m	物候相	生活力
1	红松	8	12	3×3.5	3	生长期	较好
2	紫椴	7	9	3.5×2.5	1.8	果期	较好
3	红皮云杉	9	10	2.5×2	4	生长期	较好
4	红皮云杉	8	9.5	2×1.5	3.5	生长期	较好
5	红皮云杉	10	12	3×2.5	2.5	生长期	较好
6	红皮云杉	7	8.5	2×2.5	2	生长期	较好
7	红皮云杉	14	15	3×2	5	生长期	较好
8	红皮云杉	12	14	4×2	6.5	生长期	较好
9	红皮云杉	10	11	2.5×3.5	3	生长期	较好
10	红皮云杉	7	8	2.5×1	2	生长期	较好
11	红皮云杉	6	7	2×2.5	2.5	生长期	较好
12	红皮云杉	8	6.5	3×2	3	生长期	较好
13	白皮云杉	10	12	3×2.5	5.5	生长期	较好
14	白桦	16	12	3×1.5	9	生长期	较好
15	白桦	15	13	2×2.5	7.5	生长期	较好
16	白桦	14	12	2.5×2	8.5	生长期	较好

灌木植物记录表（总盖度：45%）

物种编号	植物名称	株数		盖度/%	高度/m	
		实生	萌生		一般	最高
1	瘤枝卫矛	4		10	2	
2	色木槭	1		5	3	
3	红刺玫	2		8	1	
4	金银木	2		4	0.8	
5	东北茶藨子	3		10	0.7	
6	红松	1		5	1.2	

草本植物记录表（总盖度：37%）

物种编号	植 物 名 称	株 数	盖 度/%	高度/cm 一般	高度/cm 最高
1	羊胡子草	3 丛	30	18	
2	蛇莓	5	15	15	

附表9：黄花落叶松样地调查表

调查时间：2008 年 8 月 27 日；地理坐标：略

调查人：秦卫华、周守标、刘坤、张栋

乔木植物记录表（总盖度：72%）

植株编号	植 物 名 称	高 度/m	胸 径/cm	冠 幅/(m×m)	枝下高/m	物候相	生活力
1	黄花落叶松	8	9	3×2	1	生长期	较好
2	黄花落叶松	7	8.5	2×1.8	1.8	生长期	较好
3	黄花落叶松	9	8	2.5×1.5	2	生长期	较好
4	黄花落叶松	8	7.5	2×1.5	2.5	生长期	较好
5	黄花落叶松	10	11	3×2	1.5	生长期	较好
6	黄花落叶松	7	8	2×1.5	2	生长期	较好
7	黄花落叶松	8	7	2.5×2	1.8	生长期	较好
8	黄花落叶松	7	8	1.5×2	2	生长期	较好
9	黄花落叶松	7.5	6.5	2.5×1.5	2.5	生长期	较好
10	黄花落叶松	7	6	1.5×1	2	生长期	较好
11	黄花落叶松	6	6.5	2×1	2.5	生长期	较好
12	黄花落叶松	8.8	10	2.5×2	3	生长期	较好
13	黄花落叶松	10	11	1×2.5	4	生长期	较好
14	白桦	12	10	2×1.5	2	生长期	较好
15	白桦	6	7	2×1	1	生长期	较好
16	黄花落叶松	7	12	1.5×2	1.5	生长期	较好
17	黄花落叶松	7.5	7	1×2.5	2.5	生长期	较好
18	黄花落叶松	9	8	1.5×2	2	生长期	较好
19	黄花落叶松	8.5	10	1×2.5	3	生长期	较好
20	黄花落叶松	7	8	1×1.5	1.8	生长期	较好

灌木植物记录表（总盖度：75%）

物种编号	植 物 名 称	株 数 实生	株 数 萌生	盖 度/%	高度/cm 一般	高度/cm 最高
1	细叶杜香	30		60	30	
2	越橘	20		10	15	
3	金露梅	3		5	18	
4	兰果忍冬	2		4	22	

草本植物记录表（总盖度：90%）

物种编号	植物名称	株数	盖度/%	高度/cm	
				一般	最高
1	高山拂子茅	3	3	30	
2	苔藓	较多	88	5	

附表 10：岳桦样地调查表

调查时间：2008 年 8 月 28 日；地理坐标：略

调查人：秦卫华、周守标、刘坤、张栋

乔木植物记录表（总盖度：80%）

植株编号	植物名称	高度/m	胸径/cm	冠幅/（m×m）	枝下高/m	物候相	生活力
1	岳桦	6	13	3×2	1.2	生长期	较好
2	岳桦	7	8.5	2×2.5	0.8	生长期	较好
3	岳桦	7.5	10.5	2.5×3	1.1	生长期	较好
4	岳桦	8	11	3×1.5	0.5	生长期	较好
5	岳桦	6	10	2×2.5	1.1	生长期	较好
6	岳桦	5.5	9	1.5×2.5	0.8	生长期	较好
7	岳桦	7	8	2×2	0.5	生长期	较好
8	毛赤杨	7	10	3×2	0.7	果期	较好
9	岳桦	7.5	11	2.5×3	1.0	生长期	较好
10	岳桦	7	7.5	2.5×1	0.8	生长期	较好
11	岳桦	6	9	2×2.5	0.7	生长期	较好
12	岳桦	8	9.5	2.5×2	1.5	生长期	较好
13	岳桦	6.5	8.5	1×2.5	0.6	生长期	较好

草本植物记录表（总盖度：70%）

物种编号	植物名称	株数	盖度/%	高度/cm	
				一般	最高
1	耳叶蟹甲草	3	30	38	
2	高山拂子茅	2	15	41	
3	长白乌头	1	5	35	
4	地榆	4	17	25	
5	蛇莓	3	12	18	

3.5 安徽金寨天马自然保护区国家重点保护植物调查报告

3.5.1 金寨天马国家级自然保护区概况

3.5.1.1 自然环境

安徽金寨天马国家级自然保护区位于安徽省金寨县境内，地理坐标为东经 115°20′～115°50′，北纬 30°10′～31°20′，总面积 28 914 hm²。1998 年经国务院批准，将 1982 年安徽省人民政府批建的马鬃岭自然保护区和 1990 年批建的天堂寨自然保护区合并，建立金寨天马（即天堂寨和马鬃岭的简称）国家级自然保护区，主要保护对象为北亚热带常绿、落叶阔叶混交林、山地植被垂直带谱及珍稀野生动植物。

保护区地处鄂、豫、皖三省交界地带的大别山腹地，属于北亚热带向暖温带的过渡地域。区内崇山峻岭，峭壁悬崖，高峰叠起，最高峰为天堂寨，海拔 1 729.3 m。主要成土母岩为花岗岩和花岗片麻岩，海拔 800 m 以上主要为山地棕壤，800 m 以下主要为山地黄棕壤，山体顶部偶见草甸土。保护区气候属北亚热带湿润季风气候，四季分明，雨量充沛，日照充足，无霜期较长，年平均气温 13.1℃，极端最高气温 38.1℃，极端最低气温 −23.1℃，年降雨量约 1 480 mm，年日照时数约 2 225.5 h。保护区也是淮河支流史河、淠河的发源地和下游梅山、响洪甸两大水库的水源涵养地，水资源较为丰富。

3.5.1.2 生物物种资源

（1）植被类型与野生植物资源

金寨天马自然保护区地理位置独特，自然条件优越，生境类型多样，孕育了丰富的野生动植物资源，生物区系成分复杂，特有种类多。根据资料记载（安徽省金寨县天堂寨山区植物区系的初步研究，沈显生，1984），全区共有高等维管束植物 178 科 753 属 1 881 种，分别占全省植物科、属、种的 79.1%、63.4%、51.6%，其中，蕨类植物 29 科 59 属 105 种，裸子植物 6 科 14 属 26 种，被子植物 143 科 680 属 1 750 种。

区内有分布的国家重点保护野生植物有大别山五针松（*Pinus fenzeliana* var. *dabeshanensis*）、金钱松（*Pseudolarix amabilis*）、银缕梅（*Shanioderdmn subaegalum*）、银杏（*Ginkgo biloba*）、巴山榧（*Torma fargesii*）、香榧（*Torreya grandis*）、香果树（*Emmenopterys henryi*）、连香树（*Cercidiphyllum japonicum*）、中华结缕草（*Zoysia sinica*）、野大豆（*Glycine soja*）、鹅掌楸（*Liriodendron chinense*）、厚朴（*Magnolia officinalis*）、凹叶厚朴（*Magnolia officinalis* subsp. *biloba*）、金荞麦（*Fagopyrum dibotrys*）、榉树（*Zelkova schneideriana*）、喜树（*Camptotheca acuminata*）等 12 科 16 种（见表 3-25）。

此外，保护区内有分布的珍稀濒危植物还有天女花（*Magnoliu sieboldii*）、天日木姜子

（*Litsea auriculata*）、领春木（*Euptelea pleiospermum*）、紫茎（*Stewartia sinensis*）、独花兰（*Changnienia amoena*）、天麻（*Gastrodia elata*）、八角莲（*Dysosma versipellis*）等（1984年国务院环境保护委员会公布的第一批珍稀濒危保护植物名录）。

表 3-25　天马自然保护区国家重点保护植物名录

中文名	学名	保护级别
裸子植物 Gymnospermae		
银杏科	Ginkgoaceae	
银杏	*Ginkgo biloba*	I
松科	Pinaceae	
大别山五针松	*Pinus fenzeliana* var. *dabeshanensis*	II
金钱松	*Pseudolarix amabilis*	II
红豆杉科	Taxaceae	
巴山榧	*Torreya fargesii*	II
香榧	*Torreya grandis*	II
被子植物 Angiospermae		
金缕梅科	Hamamelidaceae	
银缕梅	*Shaniodendron subaequalum*	I
连香树科	Cercidiphyllaceae	
连香树	*Cercidiphyllum japonicum*	II
木兰科	Magnoliaceae	
鹅掌楸	*Liriodendron chinense*	II
厚朴	*Magnolia officinalis*	II
凹叶厚朴	*Magnolia officinalis* subsp. *biloba*	II
蓝果树科	Nyssaceae	
喜树	*Camptotheca acuminate*	II
茜草科	Rubiaceae	
香果树	*Emmenopterys henryi*	II
榆科	Ulmaceae	
榉树	*Zelkova schneideriana*	II
禾本科	Gramineae	
中华结缕草	*Zoysia sinica*	II
蝶形花科	Papilionaceae	
野大豆	*Glycine soja*	II
蓼科	Polygonaceae	
金荞麦	*Fagopyrum dibotrys*	II

注：依据国务院 1999 年 8 月 4 日发布的《国家重点保护野生植物名录（第一批）》。

　　保护区植被类型属暖温带落叶阔叶林向亚热带常绿阔叶林过渡型，植被垂直分布带谱明显（见表 3-26）。

表3-26　金寨天马自然保护区植被垂直分布特征

植被类型带		海拔高度/m	主要组成树种	典型样地
常绿落叶混交林带		500	常绿：青冈栎、小叶青冈、冬青等 落叶：化香、野柿、栓皮栎等 竹类：毛竹等；针叶：马尾松等	鱼潭等地
落叶常绿混交林带	暖温性针叶林落叶常绿阔叶混交林	500~800	常绿：青冈栎、小叶青冈、大叶冬青、黄丹木姜子等 落叶：茅栗、化香、紫茎等 针叶：马尾松等	白马大峡谷至虎形地
	温性针叶林落叶常绿阔叶混交林	800~1 200	常绿：黄丹木姜子、交让木、小叶青冈等 落叶：白檀、茅栗、紫茎、大果山胡椒等 针叶：黄山松	虎形地至第三道瀑布
落叶阔叶林带		1 200~1 500	落叶：短柄枹、茅栗、鹅耳枥等 针叶：黄山松等	索道站至第五道瀑布
灌丛林带		1 500~1 720	落叶：黄山栎、黄山花楸、南方六道木等	马拉坪山顶等地

金寨天马是安徽省自然生境保存最为完好、生物多样性最丰富的地区之一，近年来，在保护区内及其周边地区发现的植物新种和新变种达8种之多，其中分布于保护区内的有金寨铁线莲（*Clematis jinzhaiensis*）、金寨山葡萄（*Vitis jinzhainensis*）、金寨瑞香（*Daphne jinzhaiensis*）、白马苔草（*Carex baimaensis*）、白马鼠尾草（*Salvia baimaensis*）和金寨黄精（*Polygonatum jinzhaiense*）等6种，分布于周边地区的有大别山鼠尾草（*Salvia dabeshanensis*）、大果赤瓟（*Thladiantha nudifdora* var. *macrocarpa*）2种。

（2）野生动物资源

保护区植被保存较好，森林覆盖率高达96.5%，林种结构复杂，包括针叶林、阔叶林和针阔混交林，保护区内还保存有小块原始林和大量的次生阔叶林，为众多野生动物提供了良好的栖息和繁衍场所，动物多样性十分丰富。全区有记录分布的陆栖脊椎动物共有61科130属185种，其中国家重点保护野生动物有金钱豹（*Panthera pardus*）、原麝（*Moschus moschiferus*）、小灵猫（*Viverricula indica*）、豺（*Cuon alpinus*）、白冠长尾雉（*Syrmaticus reevesii*）等18种。

3.5.1.3 社会经济概况

金寨天马保护区所在的天堂寨镇地处湖北和安徽两省的罗田—英山—金寨三县交界处，与风景秀丽的天堂寨国家森林公园紧密相连。全镇总面积20 660 hm²，辖16个行政村，总人口17 095人，其中农业人口15 662人，占总人数的91.6%，从事旅游服务业约0.5万人，占全镇人口的30%，约有40%的劳动力常年外出务工。

社区经济以农林收入为主要来源，近年来，该镇不断调优调强农业产业结构，以国家农业综合开发示范园、"田塘寨"泡菜、"野润"山核桃系列产品为龙头，带动了全镇高山蔬菜、山核桃等农副土特产品的发展。全镇现有茶园 180 hm²，山核桃林 200 hm²，年种植高山蔬菜 180 多 hm²，区内还有国家公益林 9 060 多 hm²。

3.5.1.4 金寨天马保护区珍稀濒危植物的特点

（1）珍稀性和古老性

金寨天马自然保护区由于地质历史悠久，自然环境复杂多样，三叠纪以来基本保持温暖湿润的气候条件，第四纪冰川影响也不大，使本区保存了大量古老子遗植物种类，主要包括银杏、杉木（*Cunninghamia Lanceolata*）、三尖杉（*Cephalotaxus fortune*）、香果树、青钱柳（*Cyclocarya paliurus*）、旌节花（*Stachyurus chinensis*）、蕺菜（*Houttuynia cordata*）等，中生代白垩纪的古老子遗蕨类植物有石松（*Lycopodium japonicum*）、紫萁（*Osmunda japonica*）等。保护区植物的古老性还表现在含有许多的单种科、单种属。其中，单种科有银杏科（Ginkgoaceae）、杜仲科（Eucommiaceae）、连香树科（Cercidiphyllaceae）、大血藤科（Sargmtodoxaceae）和透骨草科（Phtyneaceae）5 个；单种属有金钱松属（*Pseudolarix*）、连香树属（*Cercidiphyllum*）、领春木属（*Euptelea*）等 42 个（中国特有单种属 11 个）。

保护区还完好保存了大面积天然次生林，其中分布于马鬃岭、天堂寨的东亚子遗树种领春木群落，一直保持天然原生状态，成为我国绝无仅有的第三纪特有古老森林群落。马鬃毛岭、渔潭一带，还有成片的天然野生山核桃林，为我国东部仅有残存的特有群落。

（2）过渡性和特有性

保护区因地处亚热带向暖温带过渡区域，也是植被从亚热带常绿阔叶林向暖温带落叶阔叶林过渡地带，因此，区内植物具有显著的过渡性特点。许多南方植物和亚热带植被类型以本区为分布北界，如常绿阔叶林、落叶-常绿阔叶混交林、马尾松、黄山松、杉木、毛竹以及青钱柳、庐山小檗（*Berbers virgewrum*）、紫楠（*Phoebe sheareri*）、柱果铁线莲（*Clematis mcinata*）等。许多北方成分如鹅耳枥（*Carpinus turczaninowii*）、杞柳（*Salix sinopurpurea*）、黄瓢子（*Euonymw macroptems*）等也在保护区出现，但大多以此为分布南界。

本区不仅植物种类丰富，而且地理分布还具有一定的特有性。除本区及周边地区发现的植物新种外，大别山特有种有大别山五针松、小叶蜡瓣花（*Corylopsis sinensis* var. *parvifolia*）、长梗胡颓子（*Elaeagnas longipedunculata*）等；华东特有种约 60 种，如安徽槭（*Acer anhweiense*）、安徽小檗（*Berberis anhweiensis*）等。

3.5.2 国家重点保护植物野外实地调查

3.5.2.1 调查时间及方法

调查时间为 2008 年 6 月 10 日至 6 月 22 日。

野外实地调查的方法采用线路调查与样方调查相结合，在保护区不同功能区内选取具有代表性的区域进行目测路线调查，采用全球定位系统（GPS）详细记录了全程的调查线路以及发现的国家重点保护植物的地理坐标。

调查路线见图3-9。

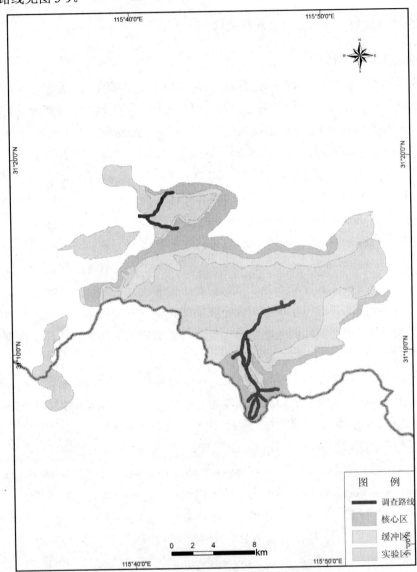

图3-9　金寨天马自然保护区野外调查路线图

记录所观察到的国家重点保护植物及其伴生植物种类。在被调查重点保护植物分布集中的地点，分别设置了 10 m×10 m 的乔木样方、5 m×5 m 的灌木样方和 1 m×1 m 的草本样方，详细记录样方内国家重点保护植物及伴生植物的株数、高度、胸径、盖度、优势度等数据，同时拍摄了国家重点保护植物以及相关群落外貌照片，并拍摄了一些伴生植物的照片（详见附图版1～附图版5，265～269页）。

3.5.2.2 调查结果

3.5.2.2.1 金寨天马保护区国家重点保护植物分布现状

（1）国家重点保护野生植物种类

通过对金寨天马国家级自然保护区不同功能区内不同生境区域的野外实地调查，共发现国家重点保护野生植物 7 科 7 种，其中国家 Ⅰ 级重点保护植物有银缕梅 1 种，国家 Ⅱ 级重点保护植物有连香树、香果树、巴山榧、榉树、野大豆和鹅掌楸 6 种，详见表 3-27。

表 3-27　金寨天马自然保护区主要重点保护及珍稀濒危植物

种名		主要分布区域	年龄结构	分布式样
中文名	学名			
银缕梅	*Shanioderdmn subaegalum*	后河河岸边	衰退型	零星分布
连香树	*Cercidiphyllum japonicum*	西边洼	衰退型	零星分布
香果树	*Emmenopterys henryi*	白马大峡谷、虎形地等	增长型	斑块分布
巴山榧	*Torreya fargesii*	西边洼、大海淌等	衰退型	零星分布
榉树	*Zelkova schneideriana*	东边洼	衰退型	零星分布
野大豆	*Glycine soja*	路边等开阔地	稳定型	斑块分布
鹅掌楸	*Liriodendron chinense*	雷公洞	衰退型	斑块分布
天目木姜子*	*Litsea auriculata*	西边洼、企鹅石等	衰退型	零星分布
领春木*	*Euptelea pleiosperma*	西边洼、打抒叉等	衰退型	斑块分布
天女花*	*Magnolia sieboldii*	大海淌、小海淌等	衰退型	零星分布

注：* 为珍稀濒危植物。

（2）样方调查及国家重点保护植物的分布地点

在线路调查的基础上，我们对保护区内分布国家重点保护植物较为集中的区域共设置 10 m×10 m 的乔木样方 20 个，对每种调查的植物设置 3～4 个样方。测量和统计乔木种类的个体数、株高、枝下高、胸径和盖度等指标；在 10 m×10 m 的样方内的一角设置 1 个 5 m×5 m 的灌木样方，四角各设 1 个 1 m×1 m 草本样方，分别统计和测量灌木和草本的种类、株高、盖度等指标。由于后河河岸边植被破坏严重，几乎没有大的乔木分布，被调查的银缕梅仅作为灌木采用 5 m×5 m 的样方进行统计和测量。

实地调查的部分样方地理坐标见表 3-28。

根据保护区内国家重点保护植物及珍稀濒危植物分布地点的地理坐标，绘制了国家重点保护植物在金寨天马自然保护区内的分布图，详见图 3-10。

表 3-28　调查的重点保护及珍稀濒危植物部分样方表

样方	调查地点	生境	海拔/m	功能区	种类
1	后河	河岸边	480	实验区	银缕梅
14	企鹅石	路边坡地	801	实验区	香果树
4	西边洼	沟谷	997	核心区	领春木
8	西边洼	沟谷	1 301	核心区	连香树
16	西边洼	沟谷	1 250	核心区	天目木姜子
11	西边洼	沟边坡地	1 253	核心区	巴山榧
19	东边洼	沟谷	1 125	核心区	榉树
20	企鹅石	公路边	801	实验区	野大豆

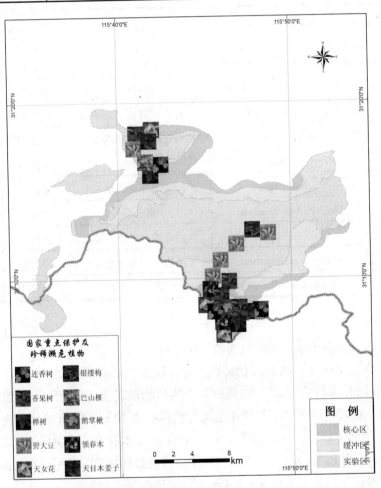

图 3-10　天马保护区调查发现的国家重点保护及珍稀濒危植物分布图

● **银缕梅**　*Shanioderdmn subaegalum*（H. T. Chang）R. D. Hao et H. T.Wei

银缕梅属于金缕梅科银缕梅属的一种落叶小乔木，目前野生种群数量十分稀少，被列为国家 1 级重点保护植物。植株通常高 4～5 m，树态婆娑，枝叶繁茂。花瓣条形，白色，

3 月中旬开花，先花后叶，花淡绿，绿后转白，花药黄色带红，花朵先朝上，盛花后下垂。本种喜光，耐干旱和瘠薄。银缕梅是我国受威胁程度较大的珍稀濒危木本植物之一，现残存的野生居群主要分布在江苏、浙江、安徽等地。该种填补了我国金缕梅科弗特吉族的空白，从而使我国成为世界上唯一具备金缕梅科所有亚科和各族的地区，对于研究金缕梅科乃至金缕梅亚纲的系统发育有重要意义。

通过对金寨天马保护区的实地调查发现，银缕梅仅在保护区后河的东边河岸有少量分布，野生种群总共仅有几十株，调查发现，主要伴生种类有一叶荻（*Securinega suffruticosa*）、春花胡枝子（*Lespedeza dunnii*）、野漆树（*Toxicodendron succedaneum*）、水杨梅（*Geum aleppicum*）、柘树（*Cudrania tricuspidata*）、米面蓊（*Buckleya lanceolate*）、小构树（*Broussonetia kazinoki*）、苦竹（*Pleioblastus amarus*）、映山红（*Rhododendron simsii*）、短柄枹（*Quercus glandulifera* var. *brevipetiolata*）、五节芒（*Miscanthus floridulus*）、三脉紫菀（*Aster ageratoides*）、荩草（*Arthraxon hispidus*）、疏头过路黄（*Lysimachia pseudohenryi*）、蛇莓（*Duchesnea indica*）、汉防己（*Stephania tetrandra*）等，优势种为一叶荻、苦竹、短柄枹等。

目前保护区内的银缕梅受虫害比较严重，现场发现很多银缕梅叶片都受到虫害影响，叶片上形成了较多虫瘿。由于在群落附近未发现实生苗，幼树的个体也很少，因此，银缕梅在保护区内的自我更新和繁殖能力较差，年龄结构极不合理，种群的延续已经处于极度濒危的状态。

银缕梅原生状态应为小乔木，但由于受到过度砍伐，目前残存的植株几乎都呈灌木状，银缕梅的平均高度和胸径分别为 3.5 m 和 3.9 cm，调查中还发现有明显的被盗挖和砍伐的痕迹。通过对保护区管理人员的座谈了解到，近年来不断有人进入保护区收购银缕梅的伐桩和树根，用于制作盆景出售，导致盗挖情况十分严重，因此，保护区必须尽快采取措施加强保护。

照片 3-123 和照片 3-124 分别为银缕梅及其所在的群落图。

照片 3-123 银缕梅

照片 3-124 银缕梅群落

● 连香树 *Cercidiphyllum japonicum* Sieb. et Zucc.

连香树为连香树科连香树属落叶乔木，是一个单科单属种，也是东亚特有种和稀有种，是一种古老孑遗植物，间断分布于我国和日本，是研究被子植物演化系统及中国—日本植物区系分布的珍贵材料，被列为国家Ⅱ级重点保护植物。连香树高达 20～40 m，胸径达 1 m；树皮灰色，纵裂，呈薄片剥落；小枝无毛，有长枝和距状短枝，短枝在长枝上对生；无顶芽，侧芽卵圆形，芽鳞 2。叶在长枝上对生，在短枝上单生，近圆形或宽卵形，长 4～7 cm，宽 3.5～6 cm，先端圆或锐尖，基部心形、圆形或宽楔形，边缘具圆钝锯齿，齿端具腺体，上面深绿色，下面粉绿色，具 5～7 条掌状脉；叶柄长 12.5 cm。花雌雄异株，先叶开放或与叶同放，腋生；每花有 1 苞片，花萼 4 裂，膜质，无花瓣；雄花常 4 朵簇生，近无梗，雄蕊 15～20，花丝纤细，花药红色，2 室，纵裂；雌花具梗，心皮 2～6，分离，胚珠多数，排成 2 列。蓇葖果 2～6，长 16～18 mm，直径 2～3 mm，微弯曲，熟时紫褐色，上部碟状，花柱宿存；种子卵圆形，顶端有长圆形透明翅。

实地调查发现，连香树在金寨天马保护区内的分布范围较窄，主要分布在西边洼和雷公洞，且仅在 4～5 处区域有散生，野生种群数量总共不超过 30 株，主要为一些成年大树，平均树高和胸径分别为 15 m 和 27.8 cm，最大的连香树树高达 20 m，胸径有 35 cm。群落生境中幼树及幼苗很少，自然更新较为困难，种群年龄结构极不合理，且种群数量正在减少。目前，保护区内的连香树多分布在沟谷中，因谷深路险而人迹罕至，因此得以未被采伐。几株大树尚能大量结子，但种子自然散布能力较弱，尽管在母树下可以发现许多成熟的种子，但是能够成功萌发并形成实生苗和幼树的十分稀少，自然繁殖能力很弱，种群出现衰退迹象，其繁育需要人工干预。保护区建立以后，虽然连香树的生境得到了较好保护，但是由于连香树自然更新和繁殖极度困难，种群数量不仅没有增加，而且种群退化趋势更加明显。

连香树生境中，主要伴生乔木有四照花（*Dendronenthamia japonica* var.*chinensis*）、南京椴（*Tilia miqueliana*）、千金榆（*Carpinus cordata*）、领春木、大叶朴（*Celtis koraiensis*）、日本常山（*Orixa japonica*）、苦木（*Picrasma quassioides*）、化香（*Platycarya strobilacea*）、合轴荚蒾（*Viburnum sympodiale*）、垂枝泡花树（*Meliosma flexuosa*）等；灌木有黄丹木姜子（*Litsea elongata*）、棣棠花（*Kerria japonica*）、大果山胡椒（*Lindera praecox*）、山梅花（*Philadelphus incanus*）、卫矛（*Euonymus alatus*）、省沽油（*Staphylea bumalda*）、八角枫（*Alangium chinense*）等；草本植物有羊胡子草（*Carex rigescens*）、庐山楼梯草（*Elatostema stewardii*）、华中碎米荠（*Cardamine urbaniana*）、异叶金腰（*Curysosplenium pseudofaurier*）、三叉耳蕨（*Polystichum tripteron*）、紫花前胡（*Peucedanum decursivum*）、荷青花（*Hylomecon japonica*）、奇蒿（*Artemisia anomala*）等。

照片 3-125 和照片 3-126 分别为连香树及其生境图。

照片 3-125 连香树　　　　　　　照片 3-126 连香树生境

● 香果树 *Emmenopterys henryi* Oliv.

香果树为茜草科香果树属落叶乔木，是古老孑遗植物，中国特有单种属珍稀树种，对研究茜草科分类系统及植物地理学具有一定学术价值，被列为国家Ⅱ级重点保护植物。香果树高达 30 m，胸径达 1 m；叶对生，有柄；叶片宽椭圆形或宽卵状椭圆形，全缘；托叶三角状卵形，早落。聚伞花序排成顶生的圆锥花序状；花大，淡黄色，有柄；花萼小，5裂，裂片三角状卵形，脱落性，在一花序中，有些花的萼裂片的 1 片扩大成叶状，白色而显著，结实后仍宿存；花冠漏斗状，有绒毛，顶端 5 裂，裂片覆瓦状排列；雄蕊 5，与花冠裂片互生；子房 2 室，花柱线形，柱头全缘或 2 裂，胚珠多数。蒴果长椭圆形，两端稍尖，成熟后裂成 2 瓣；种子极多，细小，周围有不规则的膜质网状翅。香果树为我国亚热带中山或低山地区的落叶阔叶林或常绿、落叶阔叶混交林的伴生树种，主要分布于江苏、安徽、浙江、江西及西南诸省。分布范围虽然较广，但多为零散生长。由于毁林开荒和乱砍滥伐，加上种子萌发力较低，天然更新能力差，因而分布范围逐渐缩减，植株日益减少，大树、老树更是罕见。

实地调查发现，香果树在金寨天马保护区内主要分布在白马大峡谷沟谷边、虎形地及东边洼，海拔 600～1 100 m，其中有一处形成了较为稳定的群落，分布面积大约有 600 多 m²。在这片以香果树为建群种的群落中，伴生植物主要有天目槭（*Acer sinopurascens*）、蜡瓣花（*Corylopsis sinensis*）、苦木、四照花、天目木姜子、雷公鹅耳枥（*Carpinus viminea*）、鸡爪槭（*Acer palmatum*）、小叶青冈（*Cyclobalanopsis myrsinifolia*）、白檀（*Symplocos paniculata*）、山胡椒（*Lindera glauca*）、山橿（*Lindera reflexa*）、山鸡椒（*Litsea cubeba*）、荚蒾（*Viburnum dilatatum*）、宁波溲疏（*Deutzia ningpoensis*）、伞形绣球（*Hydrangea angustipetala*）、野鸦椿（*Euscaphis japonica*）、金缕梅（*Hamamelis mollis*）、华紫珠（*Callicarpa cathayana*）、本氏木蓝（*Indigofera bungeana*）、野珠兰（*Stephanandra chinensis*）、宽叶苔草（*Carex siderosticta*）、唐松草（*Thalictrum aquilegifolium* var. *sibiricum*）、香根芹（*Osmorhiza aristata*）、多花黄精（*Polygonatum cyrtonema*）、金线草（*Antenoron filiforme*）、蛇莓、荩草、求米草（*Oplismenus undulatifolius*）等。

在香果树群落中，最大的一株大树高达 30 m，胸径有 57.4 cm，冠幅有 13 m×10 m，林下发现了很多香果树幼树和幼苗，盖度 20%～30%。因此，香果树目前在金寨天马保护区内形成了比较合理的年龄结构，为增长型，种群数量呈现增加趋势。保护区建立后，香果树的生境得到了较好保护，几乎没有遭到人为破坏，种群呈现较好的发展趋势，数量有小幅度增加。

照片 3-127 和照片 3-128 分别为香果树及其所在的群落图。

照片 3-127　香果树　　　　　　　　　　　照片 3-128　香果树群落

● **榉树** *Zelkova schneideriana* Hand.-Mazz.

榉树属于榆科榆属的一种落叶乔木，被列为国家Ⅱ级重点保护植物。高可达 30 m，树冠倒卵状伞形，树皮棕褐色，平滑，老时薄片状脱落。单叶互生，卵形、椭圆状卵形或卵状披针形，先端尖或渐尖，缘具锯齿。叶表面微粗糙，背面淡绿色，无毛。榉树幼枝有白柔毛。叶厚纸质，长椭圆状卵形或椭圆状披针形，长 2～10 cm，宽 1.5～4 cm，边缘有钝锯齿，侧脉 7～15 对，表面粗糙，有脱落硬毛，背面密生柔毛。花单性（少杂性）同株；雄花簇生于新枝下部叶腋或苞腋，雌花单生于枝上部叶腋。核果上部歪斜，直径 2.5～4 mm，几无柄。花期 4 月，果熟期 10—11 月。材质优良，是珍贵的硬阔叶树种。树冠广阔，树形优美，叶色季相变化丰富，病虫害少，又是重要的园林风景树种。

实地调查发现，榉树在金寨天马保护区内主要分布于东边洼和西边洼等地。大多数为胸径在 20～50 cm 的大树，散生于阔叶林中，仅东边洼有一小片集中分布的榉树群落，总盖度为 85%～90%，但是群落内榉树的幼树和幼苗很少，种群处于衰退状态。该群落乔木层主要建群种为榉树，伴生植物主要有茅栗（*Castanea seguinii*）、苦木、葛萝槭（*Acer grosseri*）、短柄枹、四照花、绒毛石楠（*Photinia schneideriana*）、橉木稠李（*Padus buergeriana*）、水马桑（*Weigela japonica* var. *sinica*）、安徽械、黄丹木姜子、紫茎、青灰叶下珠（*Phyllanthus glaucus*）、苦枥木（*Fraxinus insularis*）、华南落新妇（*Astilbe austrosinensis*）、牯岭凤仙花（*Impatiens davidii*）、金线草、四叶景天（*Sedum quaternatum*）、透茎冷水花（*Pilea mongolica*）、蛇果黄堇（*Corydalis ophiocarpa*）、心叶堇菜（*Viola concordifolia*）等。

照片 3-129 和照片 3-130 分别为榉树及其生境图。

照片 3-129　榉树　　　　　　　　　　　　照片 3-130　榉树的生境

● 巴山榧 *Torreya fargesii* Franch.

巴山榧属于红豆杉科榧属的一种常绿乔木，也是一种古老植物，野生种群数量十分稀少，被列为国家 II 级重点保护植物。高可达 12 m，树皮深灰色，不规则纵裂；1 年生枝绿色，2～3 年生枝黄绿色或黄色，叶条形，稀条状披针形，先端具刺状短尖头，基部微偏斜，宽楔形，上面无明显中脉，有两条明显的凹槽，叶背面气孔带较中脉带为窄，干后呈淡褐色，绿色边带较宽，约为气孔带的一倍，种子卵圆形、球形或宽椭圆形，径约 1.5 cm，假种皮微被白粉，种皮内壁平滑，胚乳向内深皱。巴山榧寿命长，生长慢，开花结实迟，花期 4—5 月，种子第二年 9—10 月成熟。巴山榧材质优良，种子可榨油，为优良的用材树种。巴山榧是我国特有种，由于分布区范围小，生态环境较狭窄。巴山榧较喜温凉气候，分布于中亚热带山地湿润季风气候区，年均温 6.4～10.3℃，1 月平均温-0.4～4.2℃，年降水量在 1 000～1 300 mm，适生于酸性或微酸性的山地黄壤，在土壤深厚肥沃、排水良好的土壤上生长良好，在土层浅薄的环境也能生长。加之材质优良，多为砍伐对象，野生种群数量已经愈来愈稀少。

实地调查发现，巴山榧在金寨天马保护区内主要散生于西边洼、大海淌等地。巴山榧群落内巴山榧几乎都以小乔木的形式存在，没有发现一株巴山榧大树，巴山榧平均树高和胸径分别为 4.5 m 和 5.8 cm，群落中主要伴生植物有领春木、苦木、青钱柳、紫茎、黄丹木姜子、白檀、伞形绣球、多花黄精、阔叶麦冬（*Liriope palatyphylla*）、荞麦叶大百合

（*Cardiocrinum cathayanum*）等。目前，巴山榧在保护区内为零星散生，数量很少，仅 30 株左右，多为小树，未发现大树，且生长状况较差，结实率极低，巴山榧周围幼树和幼苗也极少。保护区建立后，虽然巴山榧生境没有受到严重破坏，但由于受到其他本土植物的排挤，生存空间逐渐变窄，种群数量呈现减少趋势。

照片 3-131 和照片 3-132 分别为巴山榧及其生境图。

照片 3-131　巴山榧

照片 3-132　巴山榧的生境

● **野大豆** *Glycine soja* Sieb. et Zucc.

野大豆为蝶形花科大豆属一年生草本植物，是一种重要的野生农作物种质资源，被列为国家Ⅱ级重点保护植物。野大豆是一种一年生草质藤本植物，茎缠绕、细弱，生有稀疏的黄褐色长硬毛。叶为羽状复叶，有 3 枚小叶，卵圆形、卵状椭圆形或卵状披针形。花淡紫红色，苞片披针形，花萼钟状。荚果狭长圆形或镰刀形，密生黄色长硬毛，两侧稍扁，长 7～23 mm，宽 4～5 mm，种子间有缢缩。每枚荚果有种子 3 粒，种子长圆形、椭圆形或近球形或稍扁，褐色、黑褐色、黄色、绿色或呈黄黑双色。喜水耐湿，广泛分布于全国海拔 300～1 300 m 的山野及河流沿岸、湿草地、湖边、沼泽附近，有时也见于林内或干旱沙荒地区。耐盐碱，在土壤 pH 值 9.18～9.23 的盐碱地上仍可良好生长；抗寒，−41℃的低温下能安全越冬。花期 5—6 月，果期 9—10 月。野大豆在全国各地都有零散分布，但自然分布区正日益减少。野大豆具有许多优良形状，在农业育种上可培育优良的大豆品种。

实地调查发现，野大豆在金寨天马保护区内主要分布于海拔 1 000 m 以下的沟谷边和道路边，且自我更新能力以及扩散能力都比较强。在实验区的道路边、农田边和小河边等比较开阔的地方野大豆较为常见，但经常被作为杂草清除。主要伴生植物有一年蓬、爵床（*Rostellularia procumbens*）、五节芒、珍珠菜（*Lysimachia clethroides*）、刺苋（*Amaranthus spinosus*）、狗尾草（*Setaria viridis*）、荩草、紫花地丁（*Viola yedoensis*）、鱼腥草（*Herba Houttuyniae*）、三脉紫菀、蛇莓、假俭草（*Eremochloa ophiuroides*）等。野大豆在保护区分布范围非常广，开花和结实率比较高，种群数量呈现增加趋势。保护区建立以后，破坏植被的行为日益减少，野大豆一些开阔地也得到了较好繁衍，且由于野大豆在普通公众和社区居民眼中缺乏明显的经济利用价值，因此，有意的人为破坏行为极少，其野生种群数量基本处于一种稳定的状态。

照片 3-133 和照片 3-134 分别为野大豆及其所在的群落图。

照片 3-133 野大豆

照片 3-134 野大豆的群落

● **鹅掌楸** *Liriodendron chinense*（Hemsl.）Sarg.

鹅掌楸隶属于木兰科鹅掌楸属，为十分古老的树种，它们对于研究东亚植物区系和北美植物区系的关系，对于探讨北半球地质和气候的变迁，具有十分重要的意义。在第四纪冰川以后，鹅掌楸仅在我国的南方和美国的东南部有分布（同属的两个种），成为子遗植物。被列为国家Ⅱ级重点保护植物。鹅掌楸是落叶乔木，树高达 40 m，胸径 1 m 以上。叶互生，长 4～18 cm，宽 5～19 cm，每边常有 2 裂片，背面粉白色；叶柄长 4～8 cm。叶形如马褂——叶片的顶部平截，犹如马褂的下摆；叶片的两侧平滑或略微弯曲，好像马褂的两腰；叶片的两侧端向外突出，仿佛是马褂伸出的两只袖子。故鹅掌楸又叫马褂木。花单生枝顶，花被片 9 枚，外轮 3 片萼状，绿色，内二轮花瓣状黄绿色，基部有黄色条纹，形似郁金香。雄蕊多数，雌蕊多数。聚合果纺锤形，长 6～8 cm，直径 1.5～2 cm。小坚果有翅，连翅长 2.5～3.5 cm。

实地调查过程中，仅在保护区的雷公洞看见一小片鹅掌楸群落，经过仔细调查，群落内有 6 株鹅掌楸，生长状况良好，但是没有看见开花。这 6 株鹅掌楸平均树高和胸径分别为 9.5 m 和 11.9 cm，群落内鹅掌楸幼树和幼苗极少，仅看见 1 株，鹅掌楸群落已经极度退化，种群数量呈现减少趋势。调查发现，伴生种有连香树、四照花、南京椴、黄山栎（*Quercus stewardii*）、湖北海棠（*Malus hupehensis*）、长江溲疏（*Deutzia schneideriana*）、映山红、野珠兰、华箬竹（*Indocalamus sinicus*）、南方六道木（*Abelia dielsii*）、麦冬（*Ophiopogon japonicus*）、庐山楼梯草等，优势种有黄山栎、四照花等。

照片 3-135 和照片 3-136 分别为鹅掌楸及其所在的群落图。

照片 3-135　鹅掌楸　　　　　　　　照片 3-136　鹅掌楸生境

● 领春木　*Euptelea pleiosperma* Hook. f. et Thoms. f. *francheti*（van Tiegh）P.C.Kuo

领春木属于领春木科领春木属一种落叶小乔木，也是单科单属种，是一个古老孑遗的珍稀濒危植物，曾被列为国家Ⅲ级保护植物（依据 1984 年的《中国珍稀濒危保护植物名录》）。植株高可达 5～10 m，胸径可达 28 cm；树皮灰褐色或灰棕色，皮孔明显；小枝亮紫黑色；芽卵圆形，褐色。叶互生，卵形或椭圆形，长 5～14 cm，宽 3～9 cm，先端渐尖，基部楔形，边缘具疏锯齿，近基部全缘，无毛，侧脉 6～11 对；叶柄长 3～6 cm。花两性，先叶开放，6～12 朵簇生；无花被；雄蕊 6～14，花药红色，较花丝长，药隔顶端延长成附属物；心皮 6～12，离生，排成 1 轮，子房歪斜，有长子房柄。翅果不规则倒卵圆形，长 6～12 mm，先端圆，一侧凹缺，成熟时棕色，果梗长 7～10 mm；种子 1～3，卵圆形，紫黑色。领春木为东亚孑遗植物，珍贵稀有树种，对于研究古植物区系和古代地理气候有重要的学术价值。领春木尽管在我国的分布范围较广，但由于森林大量砍伐，自然植被严重破坏，生境恶化，领春木的生长发育和天然更新受到一定的限制，分布范围正日益缩小，植株数量已急剧减少。

实地调查发现，领春木在金寨天马保护区内主要分布于西边洼和打抒叉（天堂寨北坡和马拉坪山峰之间的夹沟）等地的沟谷中，沿着河沟分布，海拔 950～1 300 m。在西边洼保存了一片将近 10 000 m² 的以领春木为优势种的群落，该群落内大约有领春木 300～400 簇，每簇 5～9 株，具有很强的萌生能力。群落乔木层主要建群种为领春木，主要伴生植物有茅栗（*Castanea seguinii*）、大叶槭（*Acer amplum*）、葛萝槭（*Acer grosseri*）、短柄枹、四照花、紫茎、小叶青冈、青冈栎（*Cyclobalanopsis glauca*）、连香树、天目木姜子、山胡椒、红果钓樟（*Lindera erythrocarpa*）、结香（*Edgeworthia chrysantha*）、金银忍冬（*Lonicera maackii*)、日本常山、庐山楼梯草、羊胡子草、奇蒿、八角莲（*Dysosma versipellis*）、多花黄精、麦冬（*Ophiopogon japonicus*）、阔鳞鳞毛蕨（*Dryopteris championii*）等植物。

根据历史资料记载，在保护区建立以前，领春木的分布面积约 1 500 m²，现在种群分布面积大约有 10 000 m²，种群数量及分布面积较保护区建立以前有很大增加，由于领春木结实率较高，并表现出很强的萌生能力，种群数量正呈现增加的趋势，总体保护成效较好。

照片 3-137 和照片 3-138 分别为领春木及其群落图。

照片 3-137　领春木　　　　　　　　　　照片 3-138　领春木群落

- 天目木姜子 *Litsea auriculata* Chien et Cheng

天目木姜子为樟科木姜子属落叶乔木，曾被列为国家III级保护植物（依据 1984 年的《中国珍稀濒危保护植物名录》），也是一种珍稀濒危植物。高可达 25 m，胸茎约 75 cm；树干通直，树皮灰白色，鳞片状剥落后呈鹿斑状；1 年生小枝栗褐色。叶互生，纸质，常聚生新枝顶端，倒卵状椭圆形，长 8～20 cm，宽 6～14 cm，先端钝尖或钝圆，基部耳形或阔楔形，全缘，上面暗绿色，下面苍白绿色，被淡褐色柔毛；叶柄长 3～11 cm。花两性，雌雄异株，5～8 朵排成伞形花序；雄花先叶开放；雌花与叶同时出现；花被片 6，黄色，花药 4 室，内向纵裂，果熟时紫黑色，椭圆形，长 1.3 cm，直径 1～1.2 cm，无毛，果托杯状，直径约 1 cm；果梗粗壮，长约 1.4 cm，被褐色柔毛。

天目木姜子是我国特有种，自然分布区域狭窄，种群数量稀少，树体壮观，树干端直，树皮美丽，材质优良，是一种具有良好发展前景的用材和园林绿化树种。零星分布于浙江、安徽、河南、江西个别山区。近年来，由于过度砍伐林木，生境遭到破坏，植株日渐稀少，而且更新能力较弱，已经处于十分濒危的状态。

实地调查发现，天目木姜子在金寨天马保护区内主要分布于虎形地和西边洼等地，天目木姜子呈现零散分布，自然更新能力较差，群落中可见幼树和更新幼苗，但数量较少，种群数量正逐渐减少，出现衰退趋势。主要伴生种有茅栗（*Castanea seguinii*）、紫荆、葛萝槭、短柄枹、小叶青冈、领春木等植物。保护区建立以后，虽然天目木姜子的生境得到了较好保护，但是由于天目木姜子自然更新和繁殖比较弱，群落内幼树和幼苗较少，种群数量。

照片 3-139 和照片 3-140 分别为天目木姜子及其生境图。

照片 3-139　天目木姜子　　　　　　　　照片 3-140　天目木姜子生境

● **天女花** *Magnolia sieboldii* K.Koch.

天女花为木兰科木兰属的一种落叶小乔木，为珍稀濒危植物，曾被列为国家Ⅲ级保护植物（依据 1984 年的《中国珍稀濒危保护植物名录》）。天女花高一般 4～6 m，最高可达 10 m；幼枝被白色平伏状长柔毛，淡褐色。叶薄纸质，矩圆状倒卵形或宽倒卵形，长 6.5～12 cm，宽 4～9 cm，先端突尖或短尖，基部圆形或微心性，上面绿色，下面苍白色，被短毛，叶脉上具黄褐色长毛。花于叶后开放，白色，芳香，径 6～10 cm；花被片 9，倒卵形或长圆状椭圆形，长 4～5 cm，宽 2.5～3.5 cm；花梗细长，4～7 cm，被褐色柔毛；雄蕊紫红色，长 9～15 mm，花药向内开裂。聚合果长圆状卵形或卵形，长 4～6 cm，成熟紫红色；蓇葖卵形，先端尖。花期 5—6 月，果熟期 8—9 月。

实地调查过程中，发现天女花在保护区内的大海淌和小海淌有零星分布，在 1 500 m 以上，据初步统计，天女花有 20 株左右，平均高度和胸径分别为 3.7 m 和 4 cm，天女花生长状况良好，少数植株正在开花，但天女花周围幼树和幼苗极少，种群呈现退化趋势，物种数量正逐渐减少，需采取人工繁殖等手段来扩大该物种的种群数量。调查发现，主要伴生种有黄山花楸、南京椴、黄山松（*Pinus taiwanensis*）、红果钓樟、灯台树（*Bothrocaryum controversum*）、白檀、南方六道木、三桠乌药（*Lauraceae. obtusiloba*）、华箬竹、棣棠花（*Kerria japonica*）、野珠兰（*Stephanandra chinensis*）、山胡椒、一把伞南星（*Arisaema erubescens*）、紫花前胡、多花黄精等，优势种有黄山花楸、黄山松等。

照片 3-141 和照片 3-142 分别为天女花及其生境图。

照片 3-141　天女花　　　　　　　　　照片 3-142　天女花生境

● **金寨天马保护区栽培的国家重点保护植物**

　　实地调查中，除了发现 8 种国家重点保护植物的野生植株外，还在金寨天马保护区内发现了 4 种国家重点保护植物的人工栽培植株，分别为金钱松、厚朴、凹叶厚朴、大别山五针松（见照片 3-143），金钱松、厚朴、凹叶厚朴在保护区内社区居民的房前屋后有种植，但数量很少，大别山五针松仅在一家住户门前看见一棵，株高 5 m 左右，已经结实。这些栽培的保护植物生长状况良好。

照片 3-143　大别山五针松

3.5.2.2.2　金寨天马保护区内国家重点保护植物分布现状分析

　　通过对保护区内银缕梅、连香树、香果树、巴山榧、榉树、野大豆、鹅掌楸、天目木姜子、领春木等 9 种国家重点保护植物及珍稀濒危植物的详细调查分析可以发现如下的特点：

（1）少数种类保护植物野生种群数量较多，保护成效显著

实地调查发现，在金寨天马自然保护区内，经过建区以后的资源管护，一些国家重点保护植物和珍稀濒危植物的种群数量出现较大增长，保护成效十分显著，主要有领春木、香果树和野大豆等 3 种。其中，领春木不仅种群数量最多，而且形成了比较稳定的自然群落，总面积达 10 000 多 m²，领春木的结实率高，自我更新能力强，具有很强的萌生能力。

对比保护区建立之前，香果树在保护区内种群数量也出现了增加，目前分布面积大约有 1 000 多 m²，种群数量较多，年龄结构合理，不仅有很多大树，其幼树和更新苗也较多，得到了较好的就地保护。

调查也发现，野大豆在保护区内的分布范围非常广泛，在实验区和缓冲区的路边及小河沟边有大量分布，而核心区海拔 1 000 m 以下的道路两旁也有分布，主要是沿道路扩散至核心区，种群数量很多，结实率也很高，自我繁殖能力较强，在很多区域甚至被作为杂草处理，因此，建立保护区以来，野大豆的保护成效也很明显。

（2）大多数重点保护植物就地保护现状令人担忧

调查中也发现，很多国家重点保护野生植物的种群数量已经十分稀少，有的种类如鹅掌楸在十几天的实地调查过程中，仅仅发现几株野生植株，分布的范围严重退缩，已经十分狭窄，多数重点保护植物分布在人迹罕至的密林深处。巴山榧、连香树、榉树、天目木姜子主要以散生分布为主，未形成较大的稳定群落，其中榉树在东边洼发现有小块群落；鹅掌楸在雷公洞有分布，数量较少，大树仅有 5 株左右，幼树和更新苗也较少；银缕梅分布的后河河岸边，由于毁林乱伐现象严重，仅发育着次生灌丛。这些国家重点保护植物由于各种原因，种群数量极度稀少，且普遍存在自然更新困难的问题，急需采取人工繁育的措施。

（3）一些具有珍贵药用价值的珍稀植物踪迹难觅

根据资料记载，金寨天马保护区内曾拥有很丰富的野生天麻（*Gastrodia elata*）资源。天麻在天堂寨俗称定风草、神草，大都生长在海拔 400～900 m 的深山密林之中，须与蜜环菌（*Armillariella mellea*）共生。20 世纪五六十年代金寨县的药材部门年收购野生天麻尚有 150 kg 左右，由于森林被大面积砍伐，80 年代以后野生天麻数量就越来越少了。在 2004 年，笔者参加皖西学院生物学野外实习中，还能发现野生天麻的零星分布。但由于近几年人为炒作野生天麻的药用功效，导致社区居民疯狂采集。目前区内野生天麻已经几乎绝迹，当地已经再难见到野生天麻出售，在本次实地调查中，也未发现野生天麻的踪迹。此外，兰科植物独花兰（*Changnienia amoena*）也是一种珍贵的药用植物，由于人为滥挖，也近乎绝迹，调查中也未发现。

3.5.3 金寨天马保护区国家重点保护植物调查综合评价

3.5.3.1 国家重点保护植物就地保护存在的问题

自从金寨天马保护区建立以来，在资金缺乏、专业技术人员严重短缺的背景下，金寨天马自然保护区开展了一些资源保护工作，也取得了一定的成绩，香果树、野大豆等少数几种重点保护植物的种群数量出现较大增长或保持稳定。但由于资源管护资金长期投入不足，保护区管理机构不健全等客观原因，导致保护区内国家重点保护植物的就地保护存在较为严重的问题，通过实地调查以及与保护区管理人员的座谈，结合对保护区内社区居民的走访，现将主要问题归纳如下：

（1）保护区机构设置混乱，专业技术人员极度缺乏

目前，金寨天马保护区管理机构全称为安徽省天堂寨风景名胜区管理处，管理机构名称不规范，并且，该管理处现在已经与天堂寨镇合并，由镇领导兼任自然保护区领导。由于体制的不协调，保护区领导忙于政务，很难将精力投入到生态环境保护工作中来。同时由于缺乏保护意识，在重经济发展、轻自然保护区保护的理念下，过度开发利用保护区的自然资源而忽视对资源的保护工作。保护区管理处的职工多为原白马寨林场和马鬃岭林场的职工，缺乏专业技术人员，目前只有一名退休后返聘的林场老职工对于保护区植物资源和物种了解较多，但其掌握的信息也多为一些林业知识，对于生态环境和物种资源保护方面的知识极为匮乏，导致保护区管理人员对于区内的物种本底情况不清楚，因此，无法对区内的国家重点保护植物实施有效的保护。

（2）保护区边界模糊，界桩等标识亟待补充

根据《自然保护区条例》第十四条规定：自然保护区的范围和界线由批准建立自然保护区的人民政府确定，并标明区界，予以公告。但课题组在整个实地调查过程中，未发现一块保护区界碑，也未看到一根保护区界桩。保护区的边界十分模糊，不仔细对照保护区功能区划图，以及查看 GPS 经纬度坐标，根本无法判断所处区域是自然保护区内还是保护区外。根据和保护区职工的座谈了解到，保护区建立之初曾在保护区的外围边界设置过少量木质的界桩，由于年久失修，经历风吹雨打，目前基本侵蚀殆尽，连痕迹都没有了。此后，保护区也一直未在关键区域和分界处设置界碑、宣传牌等标识系统，导致保护区边界模糊不清楚，与区外的山林没有任何的分界线，周边社区居民可随意进出保护区。同时，保护区内尽管也划分为核心区、缓冲区和实验区三大功能分区，但不同功能分区之间也未设置界碑和标牌，实际无法实现分区管理，游客可以随意出入核心区和缓冲区，因此，保护区的界标识系统亟待完善。

（3）旅游活动过度开发

金寨天马保护区由于地处大别山区，森林覆盖率较高，自然景观资源较为丰富，保护区在经济利益的趋势下，高度重视能够带来经济收益的旅游活动。自从保护区建立以来，

随着天堂寨景区旅游开发的进行，保护区内陆续兴建了宾馆、餐厅、缆车索道、公路、观光步道等一系列旅游设施（见照片3-144）。这些设施的持续建设，几乎未进行环境影响评价及相关的科学论证，对保护区内生态环境以及珍稀濒危物种造成了巨大的影响。近年来，保护区在东部地区打着"华东地区最后一片原始森林"的口号进行旅游推介和宣传活动，吸引大批游客前往旅游，在旅游高峰季节，大量的游客进去保护区内，已经大大超过了环境容量，因此，旅游活动的过度开发已经成为保护区生态保护的最主要威胁。

照片3-144　位于核心区的索道站上端

照片3-145　被新鲜砍伐的银缕梅

（4）人为活动影响日益增大

目前保护区实验区内共居住有近3万人口，主要居住在深山老林内，交通不便，农田分布零散，土层瘠薄，多为坡地，土壤肥力差，文化技术落后，农业生产条件差，耕作技术粗放，生产力水平仍比较低下。居民随意毁林开荒培植食用菌或种植其他经济作物、烧柴等活动对自然植被都造成了严重的破坏，同时也对国家重点保护植物造成了破坏（照片3-145）。目前，原林场职工仍居住在保护区内，由于资金缺乏，保护区管理处没有明确的搬迁计划。林场职工的生活活动如取薪柴等会继续对保护区造成破坏。附近山民采药、捕猎等活动时有发生。一些科研单位利用保护区疏于管理，以科研的名义采集或直接委托保护区职工代为采集植物资源，导致八角莲、天麻等一些珍稀濒危植物种群数量严重下降，应受到有关部门的高度重视。此外周边地区的一些高校每年来保护区进行野外实习，这些活动也缺乏规范和管理，高强度的无序实习也会对珍稀濒危植物造成一定的破坏。

（5）宣传教育活动薄弱，对违法破坏活动打击力度不足

目前，金寨天马保护区属于天堂寨镇政府管辖，当地居民多居住于保护区的实验区内。由于社区居民长期在山区生活，靠山吃山的传统生活习俗以及落后的利用资源的方式根深蒂固。群众对自然保护管理容易产生抵触情绪，对于森林防火及野生动植物保护的宣传置

若罔闻，法律意识淡薄，无保护观念，保护区也未针对这些突出问题加强宣传教育工作，导致一直没有提高社区居民的生态保护意识。此外，由于天马保护区范围涉及湖北和安徽二个省三县三镇和三大国有林场，本身管理难度就很大，对于社区居民过度利用自然资源，挖药、盗猎、砍伐等违法破坏活动的打击力度不足，缺乏有效的执法手段，这些都有待提高。

（6）对重点保护植物的科学研究很少

金寨天马保护区具有良好的自然环境条件，野生植物种类十分丰富，是华东地区重要的植物基因库和天然博物馆，为植物学科学研究提供了一个难得的自然基地。但保护区由于专业技术人才和资金的缺乏，对于区内国家重点保护植物的科学研究工作极少，自从保护区建立以来，仅有周边的安徽师范大学等少数高校前来进行一些研究工作。保护区管理处至今尚未对区内分布的国家重点保护植物采取主动的保护措施。根据调查获悉，保护区曾计划建设一座珍稀濒危植物园，将部分保护植物移栽下山以进行繁育和供游人观赏，但因资金缺乏而未能实施。

3.5.3.2 加强保护区国家重点保护植物就地保护的建议对策

金寨天马国家级自然保护区植被保存比较完整，野生植物资源比较丰富，具有极高的保护价值。而随着保护区旅游资源的进一步开发和旅游业的持续高强度发展，一些国家重点保护和珍稀濒危植物不可避免地会受到越来越多的人为活动的影响。为减少人为活动对植物资源，特别是对重点保护和珍稀濒危植物生存环境的影响和破坏，特提出如下具体建议：

（1）建立健全保护区管理机构

按照《中华人民共和国自然保护区条例》第二十一条规定：自然保护区内应设立专门的管理机构。可将天堂寨管理局分出后改制或单独成立专门的自然保护区管理委员会，脱离附属于地方政府的现状，由环境保护行政主管部门管理。对新成立的保护区管理机构配备专业技术人员，负责自然保护区的具体管理工作，建立定期巡护制度，加强对保护区内违法破坏活动的打击力度。

（2）尽快健全保护区界标识

在保护区边界设立永久性的界碑和界桩，内部各功能区之间也分别设立相应的标识牌，严格对保护区实行分区管理。保护区管理处对保护区内已经开展的旅游活动充分发挥其监督和管理的职能，制订相应的管理办法和规章制度，规范保护区旅游活动的开展，加强对游客的教育，禁止游客随意进入核心区和缓冲区，减轻其对于保护区内国家重点保护植物的影响。

（3）加强对社区居民的宣传教育

保护区管理处可采取举办定期培训班的方式，对社区居民代表进行生态保护方面的重点培训，通过培训教育，使其意识到保护生态环境及野生动植物的重要性，建立主动的保护意识。进一步规范其对于保护区自然资源的利用，识别国家重点保护植物和珍稀濒危植物。可通过聘用部分经验丰富的居民作为护林员，使其成为保护第一线的骨干力量。逐步提高区内社区居民的整体环境保护意识。

（4）采取措施对重点保护物种进行保护

主动采取一些保护措施对区内种群数量稀少的国家重点保护植物和珍稀濒危植物进行严格保护，可通过选择适当地点建立小型植物园和繁育基地，大力开展繁殖和利用研究，对在野外生境中遭到严重破坏的重点保护植物进行迁地保护和人工繁殖，待适当时机再向原生境地移栽，增加野生种群数量。对于目前野生种群数量极少，且处境濒危的种类，如分布于后河河岸的银缕梅小片残存群落，可考虑设立保护小区或保护点，定期派专人管护，以有效保护好这一珍贵的种质资源。

（5）外来入侵植物的防治

随着旅游业的发展和游客的增多，保护区道路两旁出现的外来入侵植物种类不断增多，种群数量和分布面积也不断扩大，对保护区内自然生态系统的影响也日益严重，必须引起高度重视。如对区内的三叶鬼针草等要及时进行清除，以免对当地植物群落产生影响。

调查人员：周守标　陈增林　刘坤　张栋　李伟　李全发

调查时间：2008 年 6 月 10—22 日

附图版 1

图1 五加科竹节人参

图2 山茶科紫茎

图3 忍冬科宜昌荚蒾

图4 旌节花科中国旌节花

图5 百合科狭叶重楼

图6 山茱萸科四照花

附图版2

图7　八角枫科华瓜木

图8　三白草科鱼腥草

图9　罂粟科荷青花

图10　槭树科青榨槭

图11　虎耳草科钻地风

图12　虎耳草科冰山茶藨子

附图版 3

图 13　忍冬科南方六道木

图 14　蝶形花科苦参

图 15　忍冬科倒卵叶忍冬

图 16　毛茛科唐松草

图 17　虎耳草科黄山溲疏

图 18　蝶形花科本氏木蓝

附图版 4

图 19　鹿蹄草科鹿蹄草

图 20　蔷薇科钝叶蔷薇

图 21　虎耳草科宁波溲疏

图 22　报春花科点腺过路黄

图 23　兰科杜鹃兰

图 24　百合科多花黄精

附图版 5

图 25 清风藤科垂枝泡花树

图 26 五味子科二色五味子

图 27 玄参科山萝花

图 28 蔷薇科粉花绣线菊

图 29 蔷薇科华毛叶石楠

图 30 兰科细葶无柱兰

附表1：银缕梅样方调查表

调查时间：2008年6月13日； 调查人：陈增林、刘坤、张栋、李伟、李全发
地点：后河河岸边； 地理坐标：略

灌木植物记录表（总盖度：95%）

物种编号	植物名称	株数		平均基径	盖度/%	高度/m	
		实生	萌生			一般	最高
1	银缕梅	1	4	2.5	22	2.2	4
2	银缕梅	1	4	2.1	15	2.5	3.5
3	银缕梅		7	1.6	9	1.4	2
4	银缕梅	3		1.2	4	1.4	2.5
5	一叶荻	3	32	2.2	20	2.1	2.6
6	水杨梅	2	9	0.8	6	0.9	1.3
7	米面蓊	6		1.4	6	1.4	2.6
8	柘树	3		2.3	15	3.4	4.5
9	野桃	2		3.5	15	3.7	4.5
10	短柄枹	2		3.0	5	2.5	3
11	悬钩子蔷薇		5	1.8	15	2.4	4
12	小构树	4		1.7	2	1.8	3
13	扁担杆	6		1.6	1	2.6	3.5
14	紫藤	4			0.5	2.0	3.5
15	疏毛绣线菊	2			0.2	2.0	2.2
16	春花胡枝子	4	38		1	0.6	0.8
17	苦竹	5	16		2	2.4	3.5

层外植被（藤本植物和附生植物）记录：___天门冬、绣球藤___

草本植物记录表

样方号	物种编号	植 物 名 称	多度/株数	盖 度/%	高度/cm 一般	高度/cm 最高	总盖度/%
1	1	荩草	19	4	15		10
	2	络石	3	1	10		
	3	通泉草	2	1	4		
	4	薯蓣	1	1	1		
	5	堇菜	1	1	5		
	6	烟管头草	1	1	20		
	7	毛茛	1	1	4		
2	1	苔草	1丛	15	25		30
	2	荩草	6	1	6		
	3	汉防己	1	1			
	4	心叶堇菜	2	1	7		
	5	络石	5	2			
	6	疏头过路黄	15	5	10		
	7	三脉紫菀	1	5	20		
3	1	荩草	40	15	15		25
	2	艾蒿	1	0.1	35		
	3	心叶堇菜	4	0.2	15	30	
	4	三脉紫菀	5	1	30	55	
	5	苔草	7丛	5	30		
	6	汉防己	3	2			
	7	络石	9	0.1			
	8	过路黄	15	5	10		
4	1	荩草	2	1	10		5
	2	络石	1	0.1			
	3	汉防己	1	0.2			
	4	过路黄	30	2	7		
	5	爬山虎	1	0.5			
	6	苔草	1	1	20		
	7	心叶堇菜	1	0.1	12		
	8	小藜	2	0.1	15		
	9	蛇莓	2	0.35	17		

层外植被（藤本植物和附生植物）记录：___薯蓣、络石、汉防己、爬山虎等___

附表2：香果树样方调查表

调查时间：2008 年 6 月 17 日；　调查人：陈增林、刘坤、张栋、李伟、李全发

地点：企鹅石；　　　　　　　地理坐标：略

乔木植物记录表（总盖度：95%）

植株编号	植物名称	高度/m	胸径/cm	冠幅/（m×m）	枝下高/m	物候相	生活力
1	香果树	9.5	12.5	5×4	3		
2	香果树	10.5	17.8	4×6	2.8		
3	香果树	8	9	4×3	2.8		
4	香果树	7	6	2.5×1.5	3.5		
5	香果树	5.5	6	2×1	2		
6	香果树	7	8.5	3×2	2.8		
7	香果树	4	3.4	2×1	3		
8	香果树	4.8	3.4	2×1	3.2		
9	香果树	4	3	1.5×0.8	3.2		
10	香果树	7.5	5.3	2.5×1.5	3.5		
11	香果树	5	4.5	2×1	3.8	生长期	较好
12	香果树	4.5	3.3	0.8×1.5	2.5		
13	香果树	3.5	2.7	1.5×0.8	1.6		
14	香果树	6	4.8	2×1	4		
15	香果树	4.5	3.2	2×1	2.5		
16	香果树	3.5	2.3	0.8×1.2	1.5		
17	香果树	4	2.5	0.8×0.5	1.3		
18	香果树	4	2.2	2×1	1.5		
19	香果树	4.5	3.7	2×1	1.5		
20	香果树	2	2.1	0.8×0.6	1.5		
21	香果树	3	3	1.5×0.6	1.8		
22	金缕梅	4.5	5	2×1	3	果期	较好
		1.6	3	0.8×1.5	1.2		
		3.5	3.2	1×2	2		
23	兰果树	12	20	6×4	3		
24	豹皮樟	6.5	7.5	7×4	2	果期	较好
		3.5	3	2×1	2.2		
25	天竺桂	4.5	4.5	2×1	2	果期	
26	香槐	4	2	2×1	1.8		
		3.5	1.8	0.6×0.3	1		
27	老鸦糊	3	3	2×1	0.3	花期	较好
28	天目木姜子	8	15	6×8	2.2	果期	较好
29	野茉莉	7.5	19	6×3	2.2	花期	较好

植株编号	植物名称	高度/m	胸径/cm	冠幅/（m×m）	枝下高/m	物候相	生活力
30	香果树	2	2	2×1	0.6	生长期	较好
31	大柄冬青	3.5	2.7	1.5×0.8	0.6	果期	较好
32	野桐	3.5	3.2	3×1.6	1.8	花期	较好
		3.5	2.6	2×1	1.2		
33	香槐	4.5	2.5	2×4	1.1	花期	较好
34	金银木	4	4.5	3×2	1.8	果期	较好
		3.5	6.7	3×1.5	0.8		
		4	5.6	3×2	1.7		
35	宁波溲疏	1.1	2.5	0.8×1.2	1	果期	较好
		3	3	1.5×0.8	1.2		
		3	2.5	1.8×1	1		

灌木植物记录表（总盖度：45%）

物种编号	植物名称	层次	株数		盖度/%	高度/m	
			实生	萌生		一般	最高
1	大果山胡椒		2丛	13株	10	2.2	3
2	野茉莉		1丛	3株	7	3	
3	腊瓣花		1丛	4株	10	3.2	
4	水马桑		1		1	2	
5	野珠兰		1丛	3株	5	2	
6	白蜡树		1		0.5	1	
7	棣棠花		1丛	20株	15	1.5	
8	青灰叶下珠		2		2	2	
9	野桐		1		1	2	
10	香果树		2		2	2.3	

草本植物记录表

样方号	物种编号	植物名称	多度/株数	盖度/%	高度/cm		总盖度/%
					一般	最高	
1	1	阔叶苔草	7	1	10		30
	2	鳞毛蕨	2	0.5	15		
	3	野苎麻	2	4	100		
	4	粗齿冷水花	3	3	30		
	5	凤丫蕨	1	15	15		
	6	悬铃叶苎麻	2	4	30		
	7	唐松草	1	10	80		
	8	蕨	1	7	90		

样方号	物种编号	植 物 名 称	多度/株数	盖 度/%	高度/cm 一般	高度/cm 最高	总盖度/%
2	1	窃衣	10	3	10		12
	2	三脉紫菀	3	2	20		
	3	蛇果黄堇	1	2	25		
	4	荩草	2	0.5	10		
	5	翅果堇菜	1	0.2	8		
	6	灯心草	1丛	8	40		
3	1	悬铃叶苎麻	8	25	30		50
	2	蛇莓	5	5	5		
	3	荩草	3.5	25	10		
	4	香根芹	2	10	60		
	5	金线草	1	3	50		
	6	细野麻	1	3	45		
	7	三脉紫菀	7	5	20		
	8	野大豆	1	0.1	5		
	9	宽叶山蒿	5	5	25		
	10	苔草	4丛	5	20		
4	1	庐山楼梯草	1	1	25		5
	2	多花黄精	1	3	35		
	3	荩草	3	0.5	10		
	4	窃衣	1	1	20		

层外植被（藤本植物和附生植物）记录：＿＿＿＿野大豆＿＿＿＿＿＿＿＿＿＿＿＿＿＿＿

附表3： 领春木样方调查表

调查时间：2008 年 6 月 15 日；调查人：陈增林、刘坤、张栋、李伟、李全发
地点：西边洼；　　　　　　　　地理坐标：略

乔木植物记录表（总盖度：85%）

植株编号	植 物 名 称	高度/m	胸径/cm	冠 幅/(m×m)	枝下高/m	物候相	生活力
1	领春木	7.5	4.8	4×2.5	5.5	果期	较好
		8.5	10.7	5×4	5.7		
		9.0	12.1	5×2.5	6		
		9.5	14.4	4×6	3.5		
		10.5	9.9	5×3.5	7.5		
		5.5	5.2	3×2.5	4.0		
		9.0	15.6	6×3	4.5		
		5.5	6.5	3×2.5	4.0		
		8.5	10.8	5×4	7.0		

植株编号	植物名称	高度/m	胸径/cm	冠幅/（m×m）	枝下高/m	物候相	生活力
2	领春木	6.0	5.6	3.5×3	2.5	果期	较好
		9.0	14.8	6×4.5	3.8		
3	领春木	5.0	4.9	3×2	1.5	果期	较好
		10.5	19.0	6×4.5	5.0		
		10.0	14.6	5×4	3.0		
		8.5	10.2	5×3	6.0		
		9.0	13.9	6×4	4.8		
4	四照花	6.0	16.1	5×6	3.5	花期	较好
5	茅栗	12.0	62.7	4×3.5	4.5	花后期	较差
6	红果钓樟	8.0	21.7	6×4	2.0	果期	较好

灌木植物记录表（总盖度：35%）

物种编号	植物名称	层次	株数实生	株数萌生	盖度/%	高度/m 一般	高度/m 最高
1	长柄绣球			7	1.2	0.5	0.6
2	伞形绣球		1		0.1	1	
3	棣棠花		2		0.2	1	1.2
4	大果山胡椒		3		1	1.0	1.3
5	日本常山		1丛	16	15	3.0	5.0
6	合轴荚蒾		1		0.1	0.5	
7	倒卵叶忍冬		3		3.5	2.0	2.5
8	宜昌荚蒾		1		0.2	0.8	
9	结香		1		0.1	0.4	
10	青灰叶下珠		1		4	4.0	
11	鹅耳枥		1		0.2	1.0	
12	鸡桑		1		0.1	0.3	
13	省沽油		1		0.1	0.3	
14	鸡爪槭		1		0.5	3.5	
15	黄丹木姜子		1	3	0.5	0.5	

草本植物记录表

样方号	物种编号	植物名称	株数	盖度/%	高度/cm 一般	高度/cm 最高	总盖度/%
1	1	庐山楼梯草	7	6	10		8
	2	钻地风幼苗	1	1			
	3	蕨	1	0.1	5		
	4	日本常山幼苗	1	0.1	2		

样方号	物种编号	植 物 名 称	株 数	盖 度/%	高度/cm 一般	高度/cm 最高	总盖度/%
2	1	金线草	1	2	30		5
	2	粗齿冷水花	2	2.5			
	3	庐山楼梯草	3	0.5	10		
	4	沿阶草	2	0.5	10		
3	1	庐山楼梯草	5	0.5	10		1
	2	多花黄精	1	0.5	8		
	3	堇菜	1	0.1	3		
4	1	庐山楼梯草	7	3	10		7
	2	前胡	1	1	10		
	3	羊胡子草	2	1	8		
	4	黄丹木姜子幼苗	4	2	10		
	5	苔草	1	0.1	2		

层外植被（藤本植物和附生植物）记录：_____

附表 4：连香树样方调查表

调查时间：2008 年 6 月 16 日；　　　调查人：陈增林、刘坤、张栋、李伟、李全发
地点：西边洼；　　　　　　　　　　地理坐标：略

乔木植物记录表（总盖度：90%）

植株编号	植 物 名 称	高 度/m	胸 径/cm	冠 幅/（m×m）	枝下高/m	物候相	生活力
1	连香树	21	24.5	10×8	3	果期	较好
		5	12	3×2	1.7		
		5.5	7	2×3	2.2		
		25	55	20×12	7		
		6	6.9	7.5×3.5	2.3		
		6	4.3	2×3	1.2		
		4	7	1.5×1	1		
		3	7	1×1	1.2		
2	连香树	22	39	14×12	4.5	果期	较好
		7.5	13.7	7×2	5		
		5	4.6	3×2	6		
3	安徽械	19	29.8	7×10	4.5	果期	较好
		18	22	7×8	4		
		8	12	5×3	3.5		

植株编号	植 物 名 称	高 度/m	胸 径/cm	冠 幅/(m×m)	枝下高/m	物候相	生活力
4	苦木	4.5	3.8	3×3.5	2.2	果期	较好
5	领春木	6.5	8	5×4	4.5	果期	较好
		6	5.5	3.5×5	3		
6	苦木	10.5	17.3	7×9	5.5	果期	较好
		7	7	4×5	2		
		8	7.2	5×3	4		
		4.5	3.2	1.2×1	2		
		4	2.5	2×1	2		
7	省沽油	4.5	3.6	3×2	1	果期	较好
		4.5	3.7	3×2.5	0.3		
		4	3	4×2.5	1		
		3	2.8	3×1.5	1.5		

灌木植物记录表（总盖度：35%）

物种编号	植 物 名 称	株 数		盖 度/%	高度/m	
		实生	萌生		一般	最高
1	化香	13		30	3	
2	大果山胡椒	2		5	1.5	
3	省沽油	2		5	3	

草本植物记录表

样方号	物种编号	植 物 名 称	株 数	盖 度/%	高度/cm		总盖度/%
					一般	最高	
1	1	鸟巢蕨	1	20	25		25
	3	前胡	1	5	30		
2	1	庐山楼梯草	2	3	25		8
	2	三叉耳蕨	1	3	20		
	3	四叶景天	2	0.5	10		
	4	华中碎米荠	1	2	30		
	5	细野麻	1	1	5		
3	1	细野麻	1	1	5		15
	2	三叉耳蕨	4	15	10	20	
4	1	异叶金腰	7	2	5		7
	2	庐山楼梯草	6	2	10	20	
	3	堇菜	5	1	5		

层外植被（藤本植物和附生植物）记录： 常春藤

附表5：巴山榧样方调查表

调查时间：2008年6月16日；　　调查人：陈增林、刘坤、张栋、李伟、李全发

地点：西边洼；　　　　　　　　地理坐标：略

乔木植物记录表（总盖度：98%）

植株编号	植物名称	高度/m	胸径/cm	冠幅/（m×m）	枝下高/m	物候相	生活力
1	天目木姜子	24	35.3	11×7	8	果期	较好
		25	43.3	14×9	2.5		
2	领春木	8.5	17.4	9×6	2.3	果期	较好
		8	7.2	5×3	5		
		7	6	4×2.5	2.2		
		9.5	10.3	4×3	7		
3	黄山溲疏	3.5	1.8	1.5×2	2.7	花期	较好
4	巴山榧	2	7.5	2×3	0.8	果期	差
		3.5	3.5	3×2	2		
5	领春木	6	5.6	5×3.5	2.5	果期	较好
		6	4.7	3×4	2		
		7	5.6	3×5	3		
		5	2.8	1.5×3	2.5		
		9	10.8	8×5.5	4.5		
6	日本常山	3	2.4	3×2	1	果期	较差
		4	2.9	3×2	0.8		
		4.5	3.4	2×4	1.8		
		4.5	2.9	2×4	1.9		
7	领春木	7	5.3	3×3	4.8	果期	较好
		8	7.8	6×4	2.8		
		9	17.8	8×6	7		
		7	6.7	3×4	2.7		
		7	6.7	3×4	2.7		
8	日本常山	3	2.9	1×1.5	1.8	果期	良好
9	白檀	3.5	2.6	2×3	0.6	果期	较好
10	领春木	9.5	7.3	5×6	4.5	果期	较好
		9	9.9	6×4	4		
		10	14	6×4	4		
11	青钱柳	22	26.7	12×8	7.5	果期	较好
12	巴山榧	1.7	1.8	0.8×1	0.8	果期	较差
		2.2	2.7	1.5×0.8	1.7		
13	垂枝泡花树	4.5	3.4	3×2.5	2.2	花期	良好
		5.5	2.6	4×2	1.6		
		4.5	2.3	1.5×3	2.5		
		4.5	2.3	3×1.5	2.2		
		4.5	2.3	1.5×2.5	1.8		

灌木植物记录表（总盖度：40%）

物种编号	植物名称	株数		盖度/%	高度/m	
		实生	萌生		一般	最高
1	野珠兰	2	4	7	1.5	
2	日本常山	5		15	3	
3	金银忍冬	1		0.1	1	
4	伞形绣球	1		3	2.5	
5	刺五加	3		3	1	
6	大果山胡椒	2		3	1	
7	领春木	1		3	2.5	
8	冰川茶藨子	2		4	1.5	

草本植物记录表

样方号	物种编号	植物名称	株数	盖度/%	高度/cm		总盖度/%
					一般	最高	
1	1	华中碎米荠	1	2	35		10
	2	麦冬	3	3	25		
	3	多花黄精	2	3	15		
	4	管花鹿药	1	2	4		
2	1	庐山楼梯草	2	3	15		7
	2	鳞毛蕨	5	2	30		
	3	华中碎米荠	1	1	30		
3	1	荞麦叶大百合	1	4	35		5
	2	三脉紫菀	2	1	40		
	3	鳞毛蕨	1	1	20		
4	1	阔叶麦冬	4	3	15		7
	2	金线草	1	4	40		

层外植被（藤本植物和附生植物）记录：___华中五味子___

附表6：榉树样方调查表

调查时间：2008 年 6 月 21 日；　　　　调查人：陈增林、张栋、李伟

地点：东边洼；　　　　　　　　　　　　地理坐标：略

乔木植物记录表（总盖度：90%）

植株编号	植 物 名 称	高度/m	胸 径/cm	冠 幅/(m×m)	枝下高/m	物候相	生活力
1	榉树	15	24	6×4	4.3	生长期	良好
		17	44.5	11×8	5		
		14	38.7	3×5	2		
		14	49.5	16×10	4		
		16	48.8	11×6	6		
2	榉树	8	16.9	3×2	2	生长期	良好
3	铃木稠李	17	30	4×6	1.3	果期	较好
4	茅栗（枯木）	6	5.5	3.5×1.5	6	花后期	较差
		6.7	8	2.5×4	2.6		
5	葛萝槭	5.5	5	3×2.5	1.3	果期	较好
6	葛萝槭	13.8	7	5×3	2	果期	较好
7	铃木稠李	16	45.3	12×8	5	果期	较好
8	榉树	14.2	8	3×4	1.2	生长期	良好

灌木植物记录表（总盖度：30%）

物种编号	植 物 名 称	株 数 实生	株 数 萌生	盖 度/%	高度/m 一般	高度/m 最高
1	绢毛山梅花	2		6	2	
2	苦藤果忍冬	2		5	2.5	
3	宁波溲疏	3		10	1.1	
4	结香	1		0.6	1	
5	冰川茶藨子	2		5	2.5	
6	苦枥木	1 丛	19 株	2	2.5	
7	青灰叶下珠	2		5	1.7	
8	白背莓	1		0.2	0.7	

草本植物记录表

样方号	物种编号	植物名称	多度/株数	盖度/%	高度/cm 一般	高度/cm 最高	总盖度/%
1	1	黄堇	1	0.1	20		20
	2	金线草	9	8	15		
	3	荩草	6	0.2	10		
	4	狭顶鳞毛蕨	1	0.2	20		
	5	茜草	7	10	20		
	6	黄花败酱	3	0.2	15		
2	1	黄堇	25	15	15		50
	2	野菊	40	30	35		
	3	荩草	15	5	10		
	4	牯岭凤仙花	1	5	25		
	5	心叶堇菜	1	0.1	5		
	6	黄花败酱	5	7			
3	1	四叶景天	5丛	6	2		40
	2	细野麻	30	35	15		
	3	苔草	2丛	5	10		
4	1	沿阶草	1	2	15		8
	2	庐山楼梯草	1	2	25		
	3	华中碎米荠	1	4	30		

附表7：天目木姜子样方调查表

调查时间：2008年6月16日； 调查人：陈增林、刘坤、张栋、李伟、李全发

地点：西边洼； 地理坐标：略

乔木植物记录表（总盖度：95%）

植株编号	植物名称	高度/m	胸径/cm	冠幅/（m×m）	枝下高/m	物候相	生活力
1	天目木姜子	13	11.2	7×4	3.8	果期	良好
		12	12	8×4	2.5		
2	君迁子	27	28.6	12×8	5.5	花期	较好
3	大叶械	4	3.3	2.5×1.5	1.6	果期	较好
4	茅栗	24	24.2	8×6	6	花后期	良好
5	省沽油	3	2.6	2×1.5	1.3	果期	较好
6	巴山榧	5	7.9	3×2	2.8	花期	差

植株编号	植物名称	高度/m	胸径/cm	冠幅/（m×m）	枝下高/m	物候相	生活力
7	四照花	8.5	8.7	6×4	2.2	花期	较好
8	领春木	6	4.6	4×3	3	果期	较好
		8	7.5	3×4	4		
		10	12	8×6	1.8		
		9	8.2	8×3	4.5		
		8.5	6.4	2.5×4	3		
		9	8.6	6×3	3.5		
		3.5	2.5	1×1.5	2.2		
9	红枝柴	4	3.4	4.5×2	1.8	生长期	良好

灌木植物记录表（总盖度：35%）

物种编号	植物名称	株数		盖度/%	高度/m	
		实生	萌生		一般	最高
1	省沽油	2		5	2	3
2	日本常山	3		15	2.5	
3	棣棠花	5		3	0.3	0.5
4	交让木	1		0.1	0.4	

草本植物记录表

样方号	物种编号	植物名称	多度/株数	盖度/%	高度/cm		物候相	总盖度/%
					一般	最高		
1	1	鳞毛蕨	一丛5株	8	25			20
	2	庐山楼梯草	1	0.2	2			
	3	蟹甲草	1	10	40			
	4	多花黄精	1	0.5	10			
2	1	前胡	3	5	20			10
	2	金线草	1	2	20			
	3	庐山楼梯草	2	0.5	25			
	4	铁角蕨	1	1.2	5			
	5	三叉耳蕨	1	0.5	10			
3	1	阔叶麦冬	1	2	10			10
	2	短毛独活	1	2	30			
	3	庐山楼梯草	2	2	25			
	4	金线草	1	0.1	10			
	5	野菊	1	0.5	20			
4	1	三叉耳蕨	3	2	20			8
	2	堇菜	4	1	15			
	3	庐山楼梯草	2	1	15			
	4	金线草	3	2	20			

附表 8：野大豆样方调查表

调查时间：2008 年 6 月 19 日； 调查人：刘坤、张栋、李伟

地点：企鹅石； 地理坐标：略

草本植物记录表（总盖度：60%）

物种编号	植 物 名 称	株 数	盖 度/%	高度/cm 一般	高度/cm 最高
1	荩草	30	20	15	20
2	三脉紫菀	3	4	20	35
3	蛇莓	4	2	10	
4	野大豆	2	30	18	
5	细野麻	2	3	30	
6	心叶堇菜	2	1	5	10

致　谢

　　课题研究过程中，环境保护部南京环境科学研究所王智副研究员、刘鲁君副研究员、贺昭和副研究员，中国林业科学院李少宁研究员等在项目设计、实施方案等方面提供了大量的有用的建议，研究生工治良、陈雪珍、郑海洋、闫颜等人协助处理了相关调查数据，安徽师范大学刘坤、张栋、李伟和江淑琼等研究生参与了野外调查工作，实地调查过程中，安徽金寨天马、福建天宝岩、吉林长白山、浙江凤阳山—百山祖、云南纳板河流域等 5 个典型自然保护区的杨云先生、王东升先生、刘峰先生、郑季武先生、陈加旺先生、蔡昌棠先生、罗联周先生、赖旭生先生等同志积极协助调查工作，提供各种便利条件，给予了我们热心的支持和帮助，在此一并表示衷心的感谢！

主要参考文献

[1] 中华人民共和国林业部. 全国陆生野生动物资源调查与监测技术规程[M]. 1995.

[2] 许再富. 生物多样性保护研究的现状趋势与发展——未来十年的生物科学[M]. 上海：上海科学技术出版社，1991.

[3] 傅立国. 中国植物红皮书——稀有濒危植物（第一册）[M]. 北京：科学出版社，1992.

[4] 陈灵芝. 中国的生物多样性——现状及其保护对策[M]. 北京：科学出版社，1993.

[5] 国家环保局. 中国珍稀濒危保护植物名录（第一册）[M]. 北京：科学出版社，1987.

[6] 国家环境保护局. 中国生物多样性保护行动计划[M]. 北京：中国环境科学出版社，1994.

[7] 刘成林，蒋明康. 我国森林生物多样性的保护现状与展望[J]. 南京林业大学学报（自然科学版），1995，19（3）：77-81.

[8] 刘思慧，王应祥，等. 中国的生物多样性保护与自然保护区[J]. 世界林业研究，2002，15（4）：47-54.

[9] 杨清，韩蕾，许再富. 中国植物园保护稀有濒危植物的现状和若干对策[J]. 农村生态环境，2005，21（1）：62-66.

[10] 龚洵，张启泰，潘跃芝. 濒危植物的区系性质与迁地保护[J]. 云南植物研究，2003，25（3）：354-360.

[11] 马克平. 中国关键地区生态系统多样性[M]. 杭州：浙江科学技术出版社，1999.

[12] 解焱. 恢复中国的天然植被[M]. 北京：中国林业出版社，2002.

[13] 徐海根，王健民，强胜，等. 外来物种入侵生物安全遗传资源[J]. 北京：科学出版社，2004.

[14] 中国濒危物种科学委员会. 生物多样性公约指南[M]. 北京：科学出版社，1997.

[15] 《中国生物多样性国情研究报告》编写组. 中国生物多样性国情研究报告[M]. 北京：中国环境科学出版社，1998.

[16] 胡锦矗，胡杰. 大熊猫研究与进展[J]. 西华师范大学学报，2003，24（3）：253-257.

[17] 马克平. 中国生物多样性热点地区（Hotspot）评估与优先保护重点的确定应该重视[J]. 植物生态学报，2001，25（1）：124-125.

[18] 陈灵芝，等. 中国的生物多样性：现状及其保护对策[M]. 北京：科学出版社，1993.

[19] 郑允文，薛达元，张更生. 我国自然保护区生态评价指标和评价标准[J]. 农村生态环境，1994，10（3）：22-25.

[20] 吴征镒. 中国植被[M]. 北京：科学出版社，1980.

[21] 戚继忠，张吉春. 珲春自然保护区生态评价[J]. 北华大学学报（自然科学版），2004，5（5）：453-456.

[22] 栾晓峰，等. 上海崇明东滩鸟类自然保护区生态环境及有效管理评价[J]. 上海师范大学学报（自然科学版），2002，31（3）：73-79.

[23] 李迪强，宋延龄. 热点地区与 GAP 分析研究进展[J]. 生物多样性，2000，8（2）：208-214.

[24] 薛达元，郑允文. 我国自然保护区有效管理评价指标研究[J]. 农村生态环境，1994，10：6-9.

[25] 崔国发. 自然保护区学当前应该解决的几个科学问题[J]. 北京林业大学学报，2004，26（6）：102-105.

[26] 李文华，赵景柱. 生态学研究回顾与展望[M]. 北京：气象出版社，2004.

[27] 杨瑞卿. 太白山国家级自然保护区的生态评价[J]. 地理学与国土研究，2000，16：75-78.

[28] 严山. 国家森林公园生态评价方法研究[J]. 环境导报，1998，3：35-37.

[29] 张峥，等. 我国湿地生态质量评价方法的研究[J]. 中国环境科学，2000，20（增刊）：55-58.

[30] 赵海军，纪力强. 大尺度生物多样性评价[J]. 生物多样性，2003，11（1）：78-85.

[31] 曾志新，等. 生物多样性的评价指标和评价标准[J]. 湖南林业科技，1999，26（2）.

[32] 刘吉平，吕宪国，殷书柏. GAP 分析：保护生物多样性的地理学方法[J]. 地球科学进展，2005，24：43-49.

[33] 胡慧建，蒋志刚，王祖望. 中国不同地理区域鸟兽物种丰富度的相关性[J]. 生物多样性，2001，9（2）：95-101.

[34] 唐小平. 中国自然保护区网络现状分析与优化设想[J]. 生物多样性，2005，13（1）：81-88.

[35] 常罡，廉振民. 生物多样性研究进展[J]. 陕西师范大学学报，2004，32：152-156.

[36] 黎良财，杨为民. GIS 在自然保护区管理中的应用[J]. 西南林学院学报，2004，3：68-70.

[37] 李应国，周天元，彭松波. 中国生物多样性管理信息系统功能扩充实施方案[J]. 林业资源管理，2005，1：55-57.

[38] 徐文婷，吴炳方. 遥感用于森林生物多样性监测的进展[J]. 生态学报，2005，25（5）：1199-1203.

[39] 倪健，等. 中国生物多样性的生态地理区划[J]. 植物学报，1998，40（4）：370-382.

[40] 欧阳志云，刘建国，肖寒. 卧龙自然保护区大熊猫生境评价[J]. 生态学报，2001，21：1869-1872.

[41] 刘德隅，顾祥顺，刘伯扬. 自然保护区总体规划中几个问题的思考[J]. 林业调查规划，2004，29（4）：6-19.

[42] 蒋志刚，等. 保护生物学[M]. 杭州：浙江科技出版社，1997.

[43] 蒋志刚. 物种濒危等级划分与物种保护[J]. 生物学通报，2000，35（9）：1-5.

[44] 世界银行. 生物多样性与环境评价工具箱[M]. http：//www.Worldbank.org.cn/ Chinese/Content/biodiversity.pdf.

[45] 中国科学院《中国自然地理》编辑委员会. 中国自然地理　植物地理（上册）[M]. 北京：科学出版社，1983.

[46] 周红章，等. 物种多样性变化格局与时空尺度[J]. 生物多样性，2000，8（3）：325-336.

[47] 史作民，等. 区域生态系统多样性评价方法[J]. 农村生态环境，1996，12（2）：1-5.

[48] 陈灵芝，马克平. 生物多样性科学：原理与实践[M]. 上海：上海科学技术出版社，2001.

[49] 曹志平. 生态坏境可持续管理：指标体系与研究进展[M]. 北京：中国环境科学出版社，1999.

[50] 应俊生，张志松. 中国植物区系中的特有现象——特有属的研究[J]. 植物分类学报，1984，22（4）：259-268.

[51] 宋延龄，杨亲二，黄永青. 物种多样性研究与保护[M]. 杭州：浙江科学技术出版社，1998.

[52] 张宏达. 植物的特有现象与生物多样性[J]. 生态科学，1997，16（2）：9-17.

[53] 吴榜华，赵元根. 全球气候变化与生物多样性[J]. 吉林林学院学报，1997，13（3）：142-146.

[54] 杨利民，韩梅，李建东. 生物多样性研究的历史沿革及现代概念[J]. 吉林农业大学学报，1997，19（2）：109-114.

[55] 中国科学院生物多样性委员会. 生物多样性研究的原理与方法[M]. 北京：中国科学技术出版社，1994.

[56] Wilson E .O.. Biodiversity[M]. National Academy Press，Washington. 1988.

[57] Novacek M.. The Biodiversity Crisis[M]. The New Press，New York. 2001.

[58] Dobson A. Conservation and Biodiversity[M]. New York：W. H. F Freeman and Company. 1998.

[59] Caughley & Gunn. Conservation Biology in Theory and Practice[M]. Blackwell Science，Cambridge，Massachusetts，USA. 1996.

[60] Groombridge B.（ed.）. Global Biodiversity：STATUS OF THE EARTH'S LIVING RESOURCES[M]，WCMC，Cambridge. 1992.

[61] Collar N.J.，Gonzaga L.P.，Krabbe N.. Threatened Birds of the Americas[M]. Smithsonian Institute Press，Washington D .C. 1992.

[62] Myers N.. Threatened biotas：hot spots in tropical forests[J]. The Environmentalist. 1988，8：187-208.

[63] Myers N.. The biodiversity challenge：expanded hot spots analysis[J]. The Environmentalist，1990，10：243-256.

[64] Myers N.. Biodiversity hotspots for conservation priorities[J]. Nature，2000，403：853-858.

[65] Noss R. F.，Cooperrider A. Y.. Saving nature's legacy：protecting and restoring biodiversity[M]. Washington，DC：Island Press，1994.

[66] Pimm S. L.，Lawton.J. Planning for biodiversity[J]. Science，1998，279：2068-2069.

[67] Olson D，Dinerstein E. The Global 200：a representation approach to conserving the earth's most biologically valuable ecoregions[J]. Conservation Biology，1998，12（3）：502-515.

附表 1 自然保护区内国家重点保护野生植物就地保护状况表

物种	拉丁学名	保护级别	濒危状况	分布区域	分布的主要自然保护区	保护评价	备注
	蕨类植物 Pteridophytes						
观音座莲科	法斗观音座莲 Angiopteris sparsisora	II	数据缺乏	滇西畴城东南部法斗乡	滇文山老君山	A	
	二回原始观音座莲 Angiopteris sparsisora	II	数据缺乏	滇金平、屏边	滇古林箐、大围山	B	
	亨利原始观音座莲 Archangiopteris henryi	II	数据缺乏	云南东南部局部地区	滇金平分水岭	C	
铁角蕨科	对开蕨 Phyllitis japonica	II	数据缺乏	吉长白县、抚松、桦甸		E	
睫盖蕨科	光叶蕨 Cystoathyrium hinense	I	数据缺乏	川天全二郎山鸳鸯岩至团牛坪		E	
乌毛蕨科	苏铁蕨 Brainea insignis	II	数据缺乏	黔、滇	粤南岭；桂十万大山；琼尖峰岭；黔麻阳河河口叶猴；滇阿蜂山等 15 个	C	
天星蕨科	天星蕨 Christensenia assamica	II	数据缺乏	滇、桂	滇高黎贡山	D	
桫椤科	黑桫椤（结脉黑桫椤）Alsophila podophylla	II	数据缺乏	粤、桂、琼、浙、闽、台	闽龙栖山；赣井冈山；粤大雾岭；桂十万大山；琼尖峰岭等 34 个	A	
	桫椤（刺桫椤）Alsophila spinulosa	II	数据缺乏	闽、台、粤、琼、滇东南部、川南部、藏东南墨脱	粤南岭；桂大明山；琼尖峰岭；滇东南高黎贡山等 60 个	A	
	粗齿桫椤 Gymnosphaera hancockii	II	数据缺乏	闽、赣、桂	闽戴云山、茫荡山、梁野山；赣九连山；桂十万大山等 10 个	C	

物种		拉丁学名	保护级别	濒危状况	分布区域	分布的主要自然保护区	保护评价	备注
		福建桫椤 Gymnosphaera lampricaulon	II	数据缺乏	闽	闽虎伯寮	D	
		大黑桫椤 Gymnoaphaera gigantea	II	数据缺乏	粤、琼、桂、滇	粤大雾岭;桂十万大山;琼吊罗山;滇纳板河、古林箐等11个	C	
		小黑桫椤(华南黑桫椤) Gymnosphaera metteniana	II	数据缺乏	赣、桂、滇、川、黔、粤、闽、台	闽戴云山;赣井冈山;桂元宝山;川画稿溪;黔赤水桫椤等13个	C	
		亮毛黑桫椤 Gymnosphaera nigripes	II	数据缺乏	桂	桂大明山	C	
		黑柄桫椤 Cyathea glabra Cop.	II	数据缺乏	桂	桂大瑶山	C	
		大羽桫椤 Sphaeropteris contaminans	II	数据缺乏	琼	琼尖峰岭、霸王岭	C	
桫椤科		白桫椤 Sphaeropteris brunoniana	II	数据缺乏	琼、滇、藏	琼尖峰岭;滇绿春黄连山、古林箐、纳板河;藏雅鲁藏布大峡谷等11个	C	
		狭叶桫椤 Cyathea tinganensis Ching	II	数据缺乏	琼	琼五指山	C	
		毛轴桫椤 Gymnosphaera pseudogigantea	II	数据缺乏	琼	琼五指山	C	
		篦齿桫椤 Cyathea pectinat	II	数据缺乏	琼	琼五指山	C	
		毛叶(黑)桫椤 Gymnosphaera andersonii	II	数据缺乏	藏、滇	滇铜壁关、南滚河;藏雅鲁藏布大峡谷	C	
		海南白桫椤 Sphaeropteris hainanensis	II	数据缺乏	琼	琼尖峰岭、霸王岭、吊罗山	D	
		阴生桫椤 Alsophila laterbrosa	II	数据缺乏	琼	琼吊罗山	C	
		粗齿桫椤(齿叶黑桫椤) Gymnosphaera denticulata	II	数据缺乏	浙、闽、赣、湘、粤、桂、黔、滇、川、台	闽龙栖山;桂大明山;渝金佛山;川画稿溪;滇大围山等7个	C	
		滇南桫椤 Alsophila austroyunanensis	II	数据缺乏	滇南部	滇大围山	C	

物种	拉丁学名	保护级别	濒危状况	分布区域	分布的主要自然保护区	保护评价	备注
桫椤科	中华桫椤 Alsophila costularis	II	数据缺乏	桂、黔、滇、藏	滇大围山、文山老君山、古林箐、纳板河、铜壁关等9个	C	
	屏边桫椤 Alsophila pingbianica	II	数据缺乏	云南屏边	滇大围山	A	
	喀西桫椤 Alsophila khasyana	II	数据缺乏	滇	滇金平分水岭、绿春黄连山	C	
	绿春白桫椤 Sphaeropteris luchunensis	II	数据缺乏	滇	滇绿春黄连山	C	
	大明山黑桫椤 Gymnosphaera tahmingensis	II	数据缺乏	桂	桂大明山	C	
蚌壳蕨科	金毛狗 Cibotium barometz	II	数据缺乏	浙、赣、湘、桂、琼、闽、台、黔、川、滇南部	浙乌岩岭；闽龙栖山；赣井冈山；鄂星斗山；湘都庞岭等60个	A	
鳞毛蕨科	单叶贯众 Cyrtomium hemionitis	II	数据缺乏	黔、滇麻栗坡	渝金佛山	D	
	玉龙蕨 Sorolepidium glaciale	I	数据缺乏	藏波密、滇丽江、中甸、川西南木里、稻城	川亚丁、瓦屋山、滇白马雪山	D	
	七指蕨 Helminthostachys zeylanica	II	数据缺乏	台、桂、琼和滇南部	桂崇左白头叶猴；滇西双版纳	D	
水韭科	中华水韭 Isoetes sinensls Palmer	I	数据缺乏	苏南京、皖休宁、屯溪、当涂、浙杭州、诸暨、丽水	湘小溪	G	
	台湾水韭 Isoetes taiwanensis	I	数据缺乏	台湾			
	高寒水韭 Isoetes hypsophila Hand.-Mazz.	I	数据缺乏	数据缺乏	川海子山	D	
	宽叶水韭 Isoetes japonica	I	数据缺乏	滇昆明郊区及甸		E	
水蕨科水蕨属	水蕨 Ceratopteris halictroides	II	数据缺乏	桂、粤、台、闽、赣、浙、鲁、苏、皖、鄂、湘、川、滇等省	浙大盘山；赣官山；桂大明山、古林箐等15个	C	
	粗梗水蕨 C.pterioides（Hook）Hieron	II	数据缺乏	长江以南各省	鄂龙感湖	D	
鹿角蕨科	鹿角蕨 Platycerium wallichii	II	数据缺乏	滇西南盈江那帮坝	滇铜壁关	C	

物种	拉丁学名	保护级别	濒危状况	分布区域	分布的主要自然保护区	保护评价	备注
水龙骨科 扇蕨	Neocheiropteris palmatopedata	II	数据缺乏	川西、南、西南部、滇西北、东北及东南部，黔西南	川瓦屋山、亚丁；滇南捧河、沾益海峰、苍山洱海等	D	
中国蕨科 中国蕨	Sinopteris grevilleoides	II	数据缺乏	滇西部宾川、大姚及川北青山	滇沾益海峰；藏雅鲁藏布大峡谷	D	
裸子植物 Gymnospermae							
三尖杉科 贡山三尖杉	Cephalotaxus lanceolata	II	极危	滇西北贡山县的局部地区	滇高黎贡山	A	
篦子三尖杉	Cephalotaxus oliveri	II	易危	赣、粤仁化、桂东北、鄂西南、黔东南部、川东南、滇东南	赣官山；鄂神农架；湘大围山；粤南岭；渝金佛山等45个	A	
翠柏	Calocedrus macrolepis	II	易危	滇西南部、黔南部、桂西南部	赣九连山；黔雷公山；滇易门翠柏、哀牢山、阿姆山等8个	C	
红桧	Chamaecyparis formosensis	II	易危	台中央山脉		G	
岷江柏木	Cupressus chengiana	II	易危	川岷江流域、大渡河流域、甘白龙江流域、川南坪	川九寨沟、千佛山、九顶山、雪宝顶、马尔康岷江柏等8个	B	
巨柏	Cupressus gigantean	I	濒危	藏雅鲁藏布江中游朗县以东至米林	藏巴结、雅鲁藏布大峡谷	C	
柏科 福建柏	Cupressus gigantean	II	易危	浙南、闽东北、赣西南部、粤北部、湘南部、桂东北部、黔东南部、滇东南部	浙凤阳山—百山祖；闽汪荡山；赣羊狮幕；湘桃源洞；粤南岭等56个	A	
朝鲜崖柏	Thuja koraiensis	II	濒危	吉长百及抚松县	吉长白山	B	
海南苏铁	Cycas hainanensis	I	濒危	琼	琼铜鼓岭、尖峰岭、吊罗山、霸王岭	B	
刺苞苏铁		I	数据缺乏		桂崇左白头叶猴	D	
苏铁科 台湾苏铁	C. Taiwaniana Carruth	I	易危	台、琼、闽、粤沿海	闽梁野山、琼尖峰岭、五指山、霸王岭、粤鼎湖山等6个	C	
台东苏铁	C. taitungensis	I	极危	台		G	
葫芦苏铁	C. changjiangensis	I	极危	琼		E	
德保苏铁	C. debaoensis	I	极危	桂德保县	桂黄连山、兴旺	A	

物种	拉丁学名	分布区域	濒危状况	保护级别	分布的主要自然保护区	保护评价	备注
苏铁科	锈毛苏铁 C. ferruginea	桂	极危	I		E	
	灰干苏铁 C. hongheensis	滇	极危	I		E	
	云南苏铁 C. Siamensis Miq	滇南蒙自、建水、石屏、米勒、景洪,潞西等地	数据缺乏	I	桂岑王老山;琼尖峰岭、霸王岭、滇金平分水岭,西双版纳等7个	B	
	华南苏铁 C.Rumphii Miq	台台东、台中、琼陵水、琼中、保亭	数据缺乏	I	豫鸡公山;琼吊罗山;渝大巴山;雪宝山、金佛山	C	
	石山苏铁 C.miquelii	桂	濒危	I	桂三十六弄—陇均	D	
	多歧苏铁 C.multipinnata	滇	濒危	I	滇金平分水岭	D	
	叉叶苏铁 Micholitzii dyer	桂龙州、大新、崇左及滇米勒	濒危	I	琼尖峰岭、霸王岭、滇金平分水岭	D	
	篦齿苏铁 Pectinata Griff	琼、滇南红河、思茅和西双版纳	易危	I	琼尖峰岭、霸王岭、滇哀牢山、西双版纳板河等7个	C	
	攀枝花苏铁 Cycas panzhihuaensis	琼、川宁南、德昌、盐源、滇华坪	濒危	I	琼尖峰岭、霸王岭;渝缙云山;川攀枝花苏铁;滇药山	B	
	四川苏铁 C. szechuanensis	中国东南部、四川	易危	I	闽天宝岩、汇汤山;渝缙云山;川画稿溪、宁竹海	C	
	苏铁 Revoluta Thunb	中国中南部	极危	I	渝大佛山、川攀枝花苏铁、黔乐宽苏铁;滇绿春黄连山、合林箐等25个	B	
银杏科	银杏 Ginkgo biloba	浙天目山	濒危	I	浙天目山	A	
松科	百山祖冷杉 Abies beshanzuensis	浙南庆元县百山祖南坡	极危	I	浙凤阳山—百山祖	A	
	秦岭冷杉 Abies chensiensis	豫、渝、川、鄂、陕、甘	易危	II	豫小秦岭、渝大巴山;川雪宝顶;陕周至金丝猴;甘莲花山等15个	B	
	梵净山冷杉 Abies fanjingshanensis	黔东北部梵净山	极危	I	黔梵净山	A	
	元宝山冷杉 *Abies yuanbaoshanensis*	桂北元宝山老虎口以北	极危	I	桂元宝山	A	

物种	拉丁学名	保护级别	濒危状况	分布区域	分布的主要自然保护区	保护评价	备注
	资源冷杉（大院冷杉）Abies ziyuanensis	I	极危	桂东北资源县、湘西南部新宁县、城步县	湘桃源洞、新宁舜皇山、明竹老山、东安舜皇山；桂千家洞等6个	A	
	银杉 Cathaya argyrophylla	I	濒危	湘、粤、桂、鄂、川、黔	湘桃源洞；粤南岭；桂花坪；渝金佛山；川画稿溪等13个	B	
	台湾油杉 Keteleeria davidiana var. formosana	II	濒危	台		G	
	海南油杉 Keteleeria hainanensis	II	极危	琼昌江县雅加大岭	琼霸王岭、鹦歌岭	C	
	柔毛油杉 Keteleeria pubescens	II	濒危	黔、桂	黔雷公山	D	
	太白红杉 Larix chinensis	II	数据缺乏	陕太白山、宝鸡玉皇山、户县、周至老庙子、太白大洞沟和洋县等地	陕周至金丝猴至、牛背梁、天华山	B	
	四川红杉 Larix mastersiana	II	濒危	川岷江流域、大渡河流域、涪江上游、青衣江上游的宝兴、天全等地	川九寨沟、千佛山、雪宝顶、卧龙、宝顶沟等	C	
松科	油麦吊云杉 Picea brachytyla var. complanata	II	近危	豫、陕、渝、滇、黔、川	豫小秦岭；渝大巴山；川千佛山；藏芒康滇金丝猴；滇碧塔海；10个	B	
	大果青扦 Picea neoveitchii	II	易危	豫内乡、鄂兴山、巴东、神农架、陕西南部、甘肃天水、岷县、舟曲等	豫小秦岭；鄂星斗山；川九寨沟；渝雪宝山；陕周至金丝猴等15个	B	
	兴凯赤松 Pinus densiflora var. ussuriensis	II	濒危	黑南部密山、鸡西及穆棱	黑兴凯湖、凤凰山	C	
	大别山五针松 Pinus fenzeliana var. dabeshanensis	II	濒危	皖岳西、金寨、鄂罗田及豫商南城地	皖鹞落坪、金寨天马；豫连康山	A	
	红松 Pinus koraiensis	II	易危	冀、蒙、辽、吉、黑、新	冀茅荆坝；蒙根河西伯利亚红松、辽海棠山；吉长白山；黑北红亚红松母树林等40个	A	
	华南五针松（广东松）Pinus kwangtungensis	II	易危	赣、川、湘、桂南、粤北、黔东南部	赣峤岭；湘黄桑；粤石门台；桂花坪；川画稿溪等15个	B	
	巧家五针松 Pinus squamata	I	极危	滇巧家县樟林箐	滇药山	A	
	长白松 Pinus sylvestris var. sylvestriformis	I	濒危	吉安图县长白山北坡	吉长白山、长白松	A	

物种	拉丁学名	保护级别	濒危状况	分布区域	分布的主要自然保护区	保护评价	备注
松科	毛枝五针松 Pinus wangii	II	极危	滇东南西畴和麻栗坡	滇文山老君山	B	
	金钱松 Pseudolarix amabilis	II	近危	晋、豫、鄂、川、浙、闽、皖、赣、湘和鄂	浙凤阳山—百山祖；皖鹞落坪；闽武夷山；赣阳际峰等40个	A	闽
黄杉属	澜沧黄杉 Pseudotsuga forrestii	II	易危	滇德钦、维西、丽江、贡山、藏察隅及川冕宁、西昌等县	滇高黎贡山；滇白马雪山；藏察隅慈巴沟	D	
	华东黄杉 Pseudotsuga gaussentii	II	易危	皖南黄山、休宁，浙西北部临安南部丽水、龙泉，赣德兴	浙清凉峰；凤阳山—百山祖；闽闽	D	
	短叶黄杉 Pseudotsuga brevifolia	II	易危	桂西南龙州、大新等县向北延伸至凌云、乐业和黔南部荔波、安龙	桂木论	D	
	黄杉 Pseudotsuga sinensis	II	易危	湘西南部，鄂西南部，陕西南部、鄂东北部、南部，川、滇，黔东北部	渝金佛山；川马鞍山；黔湄潭黄杉；浙清凉峰等32个	A	滇鲁纳黄杉
红豆杉科	台湾穗花杉 Amentotaxus formosana	I	极危	滇东南，黔西南部		E	
	云南穗花杉 Amentotaxus yunnanensis	I	濒危	滇，黔	滇文山老君山、古林箐	D	
	白豆杉 Pseudotaxus chienii	II	易危	浙南、闽东北、湘南、西北部、桂东北、南部、粤北部等	浙凤阳山—百山祖；闽武夷山；石门壶瓶山；粤南岭等19个	B	湘
红豆杉属	红豆杉 Taxus wallichiana Zuccarini bai.chinensis（Pilger）Florin	I	易危	川、滇、晋、辽、吉、豫、黔、湘、藏、滇、陕、甘	晋陵川南方红豆杉；吉珲春东北虎；浙凤阳山—百山祖；皖牯牛峰；闽、武夷山等141个	A	鄂、豫、黑
	云南红豆杉 T. Siamensis Miq	I	易危	中国西南	川马鞍山；滇高黎贡山；绿春黄连山、藏察隅慈巴沟等12个	C	
	南方红豆杉 T. Chinensis var. mairei	I	易危	晋、浙、皖、闽、赣、豫、鄂、渝、黔、中国东南、川、滇	晋陵川南方红豆杉；浙凤阳山—百山祖；赣梵官山；黔梵净山等96个	A	闽武夷山；湘
	东北红豆杉 T. Cuspidata Sieb. et Zucc	I	易危	中国东北	辽猴石、和尚帽子；吉龙湾；珲春东北虎；凤凰山等8个	C	黑
	喜马拉雅红豆杉 T. Wallichiana Zucc	I	濒危	藏吉隆村和鲁嘎村	藏珠穆朗玛峰	A	

物种	拉丁学名	保护级别	濒危状况	分布区域	分布的主要自然保护区	保护评价	备注
榧属	榧树（香榧）Torreya grandis Fort. var.merrillii Hu	II	易危	湘、渝、陕、国东南	浙凤阳山—百山祖；皖岱牛峰；闽武夷山；赣官山；渝金佛山等32个	A	
	巴山榧树 Torreya fargesii	II	易危	皖、豫、鄂、湘、陕、渝、中、国东南、川、滇	皖鹞落坪；鄂神农架；湘石门壶瓶山；渝金佛山；川雪宝顶等27个	B	
	云南榧树 Torreya yunnanensis	II	濒危	滇丽江、维西、中甸、贡山和兰坪	滇无量山、碧塔海	C	
	长叶榧树 Torreya jackii	II	易危	浙、闽北部浦城及西北部泰宁	浙凤阳山—百山祖、九龙山；闽老虎脑	D	
	武夷山榧树 Torreya fargesii var.wuyishanensis	II	数据缺乏	赣武夷	江西武夷山	A	
杉科	水松 Glyptostrobus pensilis	I	易危	粤南部、闽北部和南部、桂南部和南部、浦、滇东南屏边	闽武夷山；赣桃红岭梅花鹿；湘红岩；粤南岭；琼尖峰岭等16个	B	
	水杉 Metasequoia glyptostroboides	I	濒危	鄂、川、湘三省交界的利川、石柱、龙山三县	鄂星斗山、大老岭；湘洛塔；渝大风堡	A	
	台湾杉（秃杉）Taiwania cryptomerioides	II	易危	滇怒江上游的贡山、腾冲、龙陵及兰坪及西北鄂西利川、川东南酉阳、黔东南雷山等	浙清凉峰；琼尖峰岭；渝缙云山；川画稿溪；赣井冈山等22个	B	

被子植物 Angiospermae

物种	拉丁学名	保护级别	濒危状况	分布区域	分布的主要自然保护区	保护评价	备注
芒苞草科	芒苞草 Acanthochlamys bracteata	II	易危	川、藏		E	
槭树科	梓叶槭 Acer catalpifolium	II	易危	零星分布于川中部成都平原周围的雅安、天全、灌县、大邑、成都、简阳及峨眉等地	渝缙云山；川千佛山、画稿溪、雪宝顶、马鞍山等13个	C	
	羊角槭 Acer yangjuechi	II	极危	浙天目山	浙天目山	A	
	云南金钱槭 Dipteronia dyerana	II	濒危	滇东南文山县老君山和蒙自县鸣鹫区	滇文山老君山	A	
泽泻科	长喙毛茛泽泻 Ranalisma rostratum	I	数据缺乏	浙、湘	湘湖里	D	
	浮叶慈姑 Sagittaria natans	II	数据缺乏	吉林敦化县城南门外	蒙额尔古纳湿地；黑翠北湿地；东方红湿地、乌伊岭湿地、红星湿地等12个	B	

物种	拉丁学名	保护级别	濒危状况	分布区域	分布的主要自然保护区	保护评价	备注
夹竹桃科	富宁藤 *Parepigynum funingense*	II	濒危	滇、黔	滇文山老君山	D	
	蛇根木 *Rauvolfia serpentina*	II	数据缺乏	滇南	滇铜壁关	D	
萝藦科	驼峰藤 *Merrillanthus hainanensis*	II	易危	琼、粤	琼五指山、吊罗山、尖峰岭、霸王岭	D	
	盐桦 *Betula halophila*	II	极危	新阿勒泰县境内克朗河下游巴里巴盖	新艾比湖	C	
桦木科	金平桦 *Betula jinpingensis*	II	数据缺乏	滇东南部金平	滇金平分水岭	A	
	普陀鹅耳枥 *Carpinus putoensis*	I	极危	浙舟山群岛普陀岛佛顶山		E	
	天台鹅耳枥 *Carpinus tientaiensis*	II	数据缺乏	浙天台山		E	
	天目铁木 *Ostrya rehderiana*	I	极危	浙西天目山	浙天目山	A	
伯乐树科	伯乐树（钟萼木）*Bretschneidera sinensi*	I	易危	浙、台、闽、赣、湘、桂、滇、川、鄂等地	浙九龙山；闽闽江源；鄂神农架；渝缙云山；黔梵净山等70个	A	
花蔺科	拟花蔺 *Butomopsis latifolia*	II	数据缺乏	滇		E	
忍冬科	七子花 *Heptacodium miconioides*	II	濒危	鄂、浙嵊县、建德、义务、皖泾县、宣城	皖九龙峰；浙东白马高山湿地	D	
石竹科	金铁锁 *Psammosilene tunicoides*	II	濒危	滇西北德钦、中甸等地、藏东部、川西部西南部、黔西部威宁	川亚丁；滇药山；碧塔海、白马雪山	D	
卫矛科	膜稜木 *Bhesa sinensis*	I	极危	桂合浦南康	防城金花茶	D	
	十齿花 *Dipentodon sinicus*	II	易危	藏墨脱、滇宜良、文山等、黔凯里、黎平等地、桂凌云、乐业等县	桂岑王老山、九万山；滇高黎贡山、金平分水岭、铜壁关6个	C	
	永瓣藤 *Monimopetalum chinense*	II	易危	皖南部、赣景德镇、黔溪、修水等地	皖祜牛降、查湾、赣鹅落坪、靖安九岭山	D	
连香树科	连香树 *Cercidiphyllum japonicum*	II	数据缺乏	晋、豫、陕、甘、皖、浙、赣、鄂、湘、川、黔	浙天目山；皖鹞落坪、鄂神农架；渝雪宝山；川于佛山等62个	A	

物种	拉丁学名	保护级别	濒危状况	分布区域	分布的主要自然保护区	保护评价	备注
使君子科	萼翅藤 Calycopteris floribunda	I	数据缺乏	滇盈江县那邦霸	滇铜壁关	C	
	干果榄仁 Terminalia myriocarpa	II	数据缺乏	滇南地区北到泸水、南到勐腊、西到中缅边境、桂龙坝、藏墨脱	藏雅鲁藏布大峡谷；粤中山长江库区；滇绿春黄连山、金平分水岭、西双版纳等6个	C	
菊科	画笔菊 Ajaniopsis enicilliformis	II	易危	新天山、昆仑山、帕米尔及阿尔泰山		E	
	革苞菊 Tugarinovia mongolica	I	易危	蒙乌兰察布盟北部、巴彦淖尔盟北部、伊克昭盟南部、荒漠地带	蒙乌拉特梭梭林—蒙古野驴	D	
四数木科	四数木 Tetrameles nudiflora	II	濒危	滇南、西南、西部盈江等地	川西双版纳、纳板河、铜壁关、南捧河；滇金平分水岭等6个	C	
龙脑香科	东京龙脑香 Dipterocarpus retusus	I	濒危	滇南、藏	滇金平分水岭、绿春黄连山、古林箐、铜壁关	D	
	狭叶坡垒（铁凌）Hopea chinensis	I	濒危	桂十万大山	桂防城上岳金花茶	C	
	无翼坡垒（铁凌）Hopea exalata	II	数据缺乏	琼崖县甘什岭与罗蓬岭	琼甘什岭	A	
	坡垒 Hopea hainanensis	I	极危	琼昌江、东方、乐东、琼中、保亭、屯昌、陵水、万宁和崖县的局部地区	琼五指山、吊罗山、霸王岭	C	
	多毛坡垒 Hopea mollissima	I	数据缺乏	滇南部屏边、绿春、河口、金平、江城等	琼尖峰岭	D	
	望天树 Parashorea chinensis	I	濒危	滇南勐腊及东南部马关、河口、桂西南巴马、田阳、龙州等县	滇古林箐、西双版纳	D	
	广西青梅 Vatica guangxiensis	II	极危	桂那坡县南部		E	仅有一株
	青皮（青梅）Vatica mangachapoi	II	濒危	琼丘陵和中、低山区、以猕猴岭、尖峰岭较为集中	琼五指山、吊罗山、尖峰岭、霸王岭	C	
茅膏菜科	貉藻 Aldrovanda vesiculosa	I	数据缺乏	黑	黑乌伊岭、东方红湿地、红星湿地、翠北湿地	D	

物种	拉丁学名	保护级别	濒危状况	分布区域	分布的主要自然保护区	保护评价	备注
胡颓子科	翅果油树 *Elaeagnus mollis*	II	濒危	陕、晋	晋翼城翅果油果树	D	
大戟科	东京桐 *Deutzianthus tonkinensis*	II	濒危	滇东南部马关、河口，桂西南部龙州	桂崇左白头叶猴；滇绿春黄连山、古林箐	D	
	华南锥 *Castanopsis concinna*	II	濒危	珠江口岸以西至桂十万大山以南，离岸100 km以内的滨海丘陵低山	粤大雾岭、罗浮山、观音山；桂十万大山；琼尖峰岭	C	
壳斗科	台湾水青冈 *Fagus hayatae*	II	数据缺乏	川、闽、台北部桃园北插天山、宜兰三星山	川米仓山；闽武夷山；赣羊狮幕	D	
	三棱栎 *Formanodendron doichangensis*	II	濒危	滇南部澜沧、孟连、西盟和勐腊等县的地区	滇南滚河	D	
藏鳞花科	瓣鳞花 *Frankenia pulverulenta*	II	数据缺乏	新、甘、蒙额济纳		E	
龙胆科	辐花 *Lomatogoniopsis alpina*	II	数据缺乏	藏错那、江达、类乌齐、久治	青杂多、蒙额济纳	E	
	瑶山苣苔 *Dayaoshania cotinifolia*	I	极危	桂金秀大瑶山	桂大瑶山	A	
	单座苣苔 *Metabriggsia ovalifolia*	I	极危	桂那坡、南丹		E	
苦苣苔科	秦岭石蝴蝶 *Petrocosmea qinlingensis*	II	极危	陕洵阳		E	
	报春苣苔 *Primulina tabacum*	I	濒危	桂、粤北部连县、阳山、赣	赣马头山	D	
	辐花苣苔 *Thamnocharis esquirolii*	I	濒危	黔贞丰、兴仁	黔龙头大山	A	
	酸竹 *Acidosasa chinensis*	II	极危	滇马关、粤阳春、新会、湘大庸，江华、赣井冈山、大余、武功山，闽上杭、安溪、南平	闽万木林、戴云山	D	
禾本科	沙芦草 *Agropyron mongolicum*	II	数据缺乏	蒙、晋、陕、甘等省内	蒙古日格斯台、罕山；宁哈巴湖	D	
	异颖草 *Anisachne gracilis*	II	数据缺乏	滇、黔	滇永德大雪山	D	
	短芒披碱草 *Elymus breviaristatus*	II	数据缺乏	川、青等省区	青稞达木棱棱林	D	
	无芒披碱草 *Elymus submuticus*	II	数据缺乏	川		E	

物种	拉丁学名	保护级别	濒危状况	分布区域	分布的主要自然保护区	保护评价	备注
禾本科	毛披碱草 Elymus villifer	II	数据缺乏	蒙		E	
	内蒙古大麦 Hordeum innermongolicum	II	数据缺乏	蒙	蒙古日格斯台	D	
	药用野生稻 Oryza officinalis	II	易危	粤西部、琼陵水、保亭、乐东、临高、桂苍梧、梧州等县、滇永德、耿马等县、桂昭丰县		D	
	四川狼尾草 Pennisetum sichuanense	II	数据缺乏	川		E	
	华山新麦草 Psathyrostachys huashanica	I	数据缺乏	西岳华山的华山峪、黄浦峪和仙峪	豫小秦岭	D	
	三蕊草 Sinochasea trigyna	II	数据缺乏	青海晏、托多、玉树、藏措勤、当雄、南木林、普兰	藏三江源	D	
	普通野生稻 Oryza rufipogon	II	易危	粤曲江、清远等县、保亭、琼崖县、桂合浦等县、防左等县、滇景洪、合桃园	苏启东长江北支口；赣东乡野生稻；湘鹰嘴界；琼尖峰岭等16个	B	
	拟高粱 Sorghum propinquum	II	数据缺乏	闽、粤、桂	渝大巴山、雪宝山	D	
	箭叶大油芒 Spodiopogon sagittifolius	II	数据缺乏	滇		E	
小二仙草科	中华结缕草 Zoysia sinica	II	易危	辽、冀、苏、浙、粤、桂、皖及台	赣官山；豫丹江口湿地；湘石门壶瓶山、鹰嘴界、九重岩等10个	C	
	乌苏里狐尾藻 Myriophyllum ussuriense	II	数据缺乏	黑、吉、冀、苏、华东、华南	黑翠北湿地、东方红湿地	D	
金缕梅科	山铜材 Chunia bucklandioides	II	数据缺乏	琼定安、琼中、保亭、崖县等县	琼尖峰岭、五指山、吊罗山	B	
	长柄双花木 Disanthus cercidifolius var. longipes	II	易危	湘道县、常宁阴山、宜章莽山、赣军峰山、浙开化龙潭	赣官山；粤北华南虎；桂千家洞	D	

物种	拉丁学名	保护级别	濒危状况	分布区域	分布的主要自然保护区	保护评价	备注
金缕梅科	半枫荷 Semiliquidambar cathayensis	II	易危	闽、赣、保水、湘宜章、粤、琼琼中、陵、黔南部山区、贺县、桂灌阳	闽武夷山；湘黄桑；粤南岭；桂大瑶岭峰尖等26个	B	
	银缕梅 Shaniodendron subaequalum	I	数据缺乏	江苏宜兴南部山区		E	
	四药门花 Tetrathyrium subcordatum	II	濒危	香港、桂龙州、粤	粤南岭	D	
水鳖科	水菜花 Ottelia cordata	II	数据缺乏	粤、琼海口和文昌县		E	
唇形科	子宫草 Skapanthus oreophilus	II	数据缺乏	滇丽江、洱源、洱源、宁蒗、川木里、保亭等县、九龙		E	
樟科	油丹 Alseodaphne hainanensis	II	易危	琼白沙、乐东、琼中、保亭等县	琼尖峰岭、王指山、吊罗山、霸王岭、滇金平分水岭	C	
	樟树（香樟）Cinnamomum camphora	II	数据缺乏	全国广布	浙凤阳山一百山祖；皖怙牛峰；闽茫荡山；鄂九宫山；桂大明山等112个	A	
	普陀樟 Cinnamomum japonicum	II	数据缺乏	间断分布于东部沿海岛屿及台湾	粤观音山	D	
	油樟 Cinnamomum longepaniculatum	II	数据缺乏	渝、滇、甘、川	渝大巴山、川千佛山、卧龙、滇金平分水岭；甘头二三滩等19个	B	
	卵叶桂 Cinnamomum rigidissimum	II	数据缺乏	桂、粤、台、琼	琼吊罗山、霸王岭	D	
	润楠 Machilus nanmu	II	数据缺乏	闽、赣、桂、渝、川、滇	闽戴云山；赣九连山；桂木论；豫连康山；雪宝山等27个	B	
	舟山新木姜子 Neolitsea sericea	II	濒危	浙舟山群岛普陀岛和桃花岛		E	
	闽楠 Phoebe bournei	II	易危	浙、闽、赣、粤、桂、湘资兴、永兴等、鄂咸丰、兴山、黔三都、黎平等县	浙凤阳山一百山祖；闽龙栖山；赣井冈山；湘桃源洞等55个	A	
	楠木 Phoebe zhennan	II	易危	川巴县、南川、古蔺等县、黔沿河、松桃等县、鄂恩施、利川等、湘龙山	皖九龙峰；闽九龙峰；赣云台山；鄂神农架；湘鹰嘴界等14个	A	
	浙江楠 Phoebe chekiangensis	II	易危	浙杭州、诸暨等、赣铅山、闽光泽、邵武	浙凤阳山一百山祖；闽龙栖山；茫荡山；赣江西武夷山；湘莽山等45个	C	

物种	拉丁学名	保护级别	濒危状况	分布区域	分布的主要自然保护区	保护评价	备注
豆科	线荚两型豆 Amphicarpaea linearis	II	数据缺乏	琼保亭、白沙、滇景东	琼五指山	D	
	黑黄檀（版纳黑檀）Dalbergia fusca	II	濒危	滇西双版纳地区的思茅、镇康等县	滇西双版纳黄连山、莱阳河、西双版纳、铜壁关、南棒河等6个	C	
	降香（降香檀）Dalbergia odorifera	II	易危	琼西、西南、南部东方、昌江、乐东及崖县等地	琼五指山、尖峰岭；霸王岭；渝大巴山	C	
	格木 Erythrophleum fordii	II	易危	桂龙州、靖西、武鸣等县、粤信宜、云浮、台屏东、台北等地	闽梁野山；粤鼎湖山、罗浮山、云景山；桂大明山等11个	C	
	山豆根（胡豆莲）Euchresta japonica	II	濒危	赣寻乌、遂川、井冈山、浙泰顺、文成、粤乐昌、桂全州等县	浙凤阳山一百山祖；赣靖安九岭山；豫丹江口湿地；湘九嶷山；渝大巴重岩等11个	C	
	缘毛皂荚 Gleditsia japonica var. velutina	II	极危	湘衡山南岳广济寺	湘九嶷山	A	
	野大豆 Glycine soja	II	数据缺乏	从东北乌苏里江岸和沿海岛屿到西北、西南、直达华南、华东	冀滦河源；晋运城湿地、蒙阿鲁科尔沁草原；辽鸭绿江口滨海湿地、吉天佛指山松茸等146个	A	
	烟豆 Glycine tabacina	II	数据缺乏	闽湄洲岛、东山岛、粤、豫栾川县		E	
	短绒野大豆 Glycine tomentella	II	数据缺乏	鲁阳信谷		E	
	花榈木（花梨木）Ormosia henryi	II	易危	中国东南、豫、鄂、川、滇、渝、黔	浙凤阳山一百山祖；闽汪荡山；赣羊狮幕；鄂九宫山；湘桃源洞等67个	A	
	红豆树 Ormosia hosiei	II	易危	苏江阴、常熟、浙南龙泉、庆元等县、闽浦城、松溪等县、赣、鄂西、川南川、陕南部、甘肃文县、黔赤水	浙凤阳山一百山祖；闽汪荡山；赣羊狮幕；金佛山；川千佛山等46个	A	
	缘毛红豆 Ormosia howii	II	极危	琼吊罗山林区和粤阳春县境内	琼吊罗山	C	
	紫檀（青龙木）Pterocarpus indicus	II	数据缺乏	亚热带地区	渝大巴山	D	
	油楠（蚌壳树）Sindora glabra	II	数据缺乏	琼	琼吊罗山、尖峰岭	D	
	任豆（任木）Zenia insignis	II	易危	桂西部、滇东南部屏边、黔兴义、册亨、湘通道、道县等、粤北部乐昌等地	湘鹰嘴界；桂元宝山；渝缙云山、金平分水岭等13个	C	

物种	拉丁学名	保护级别	濒危状况	分布区域	分布的主要自然保护区	保护评价	备注
狸藻科	盾鳞狸藻 Utricularia punctata	II	数据缺乏	闽南部		E	
木兰科	长蕊木兰 Alcimandra cathcardii	I	濒危	滇广南、西畴、金平、贡山、景东、澜沧等县、藏墨脱	滇高黎贡山、绿春黄连山、文山老君山、古林箐；藏雅鲁藏布大峡谷等 12 个	C	
	地枫皮 Illicium difengpi	II	数据缺乏	桂西南部龙州、天等、靖西、德保、田阳和中部马山、都安等地	桂岑王老山；渝大巴山	D	
	单性木兰 Kmeria septentrionalis	I	濒危	滇、桂北部罗城、环江、黔东南部荔波	滇金平分水岭、绿春黄连山、文山老君山；马关西畴	C	
	鹅掌楸 Liriodendron chinense	II	易危	皖歙县、舒城等、浙临安、建宁、赣庐山、鄂镇巴、川万源、桂融水、临桂、龙胜等、黔绥阳、滇富宁、麻栗坡	浙凤阳山一百山祖；皖牯牛降；闽武夷山；赣羊狮幕；鄂星斗山等 89 个	A	
	大叶木兰 Magnolia henryi	II	易危	滇南勐腊、勐海、景洪、思茅、澜沧及东南部河口、金平、元阳等县	滇绿春黄连山、文山老君山、古林箐、荣阳河、荣阳河；西双版纳等 6 个	C	
	馨香玉兰 Magnolia odoratissima	II	极危	滇	滇文山老君山	D	
	厚朴 Magnolia officinalis	II	易危	甘东南、陕南部、鄂西部、川巴中、达县、江津等、黔东北从江、印江、思南等、桂东北部龙胜、兴安地区	浙凤阳山一百山祖；皖鹞落坪；闽武夷山；赣羊狮幕；鄂星斗山等 95 个	A	
	凹叶厚朴 Magnolia officinalis subsp. Biloba	II	易危	中国东面	浙凤阳山一百山祖；皖鹞落坪；闽武夷山；赣宫山；湘桃源等 63 个	A	
	长喙厚朴 Magnolia rostrata	II	易危	滇西南至西北部腾冲、云龙、泸水、片马、藏东南墨脱	滇高黎贡山	D	
	圆叶玉兰 Magnolia sinensis	II	易危	川天全、芦山及汉川	川千佛山、白水河、喇叭河、宝顶沟、瓦屋山	C	
	西康玉兰 Magnolia wilsonii	II	易危	川西南部、黔西部盘县、安顺等地	川白水河、栗子坪、贡嘎山、美姑大风顶、瓦屋山	C	
	宝华玉兰 Magnolia zenii	II	极危	苏句容宝华山	苏宝华山	A	

物种	拉丁学名	保护级别	濒危状况	分布区域	分布的主要自然保护区	保护评价	备注
香木莲	Manglietia aromatica	II	濒危	滇东南广西县瓦厂、西畴县、小桥沟、马关县、桂龙州、百色等地	滇金平分水岭、文山老君山、古林箐、马西箐	D	
落叶木莲	Manglietia decidua	I	数据缺乏	江西宜春明月山		E	仅有两株
大果木莲	Manglietia grandis	II	濒危	滇东南部金平、麻栗坡、马关、西畴，桂西南靖西、那坡等县的局部地区	滇金平分水岭、文山老君山、古林箐、南滚河	D	
毛果木莲	Manglietia hebecarpa	II	极危	滇东南		E	
大叶木莲	Manglietia megaphylla	II	濒危	滇东南部西畴草果山、桂西南部靖西、那坡等地	滇金平分水岭、文山老君山、古林箐	D	
厚叶木莲	Manglietia pachyphylla	II	濒危	粤中南部阳春、从化	粤古兜山	C	
华盖木	Manglietiastrum sinicum	I	极危	滇东南西畴县法斗草果山河麻栗湾及南昌山	滇文山老君山	C	
石碌含笑	Michelia shiluensis	II	濒危	粤、琼昌江、东方、保亭	粤南岭；琼吊罗山、鹅凰嶂	D	
峨眉含笑	Michelia wilsonii	II	濒危	川岷江上游、青衣江流域、大渡河流域下游及东南部的古蔺、南川、鄂西部利川	鄂神农架；渝大巴山、雪宝山；川画稿溪、瓦屋山等8个	C	
峨眉拟单性木兰	Parakmeria omeiensis	I	极危	川		E	
云南拟单性木兰	Parakmeria yunnanensis	II	濒危	滇东南文山老君山、麻栗坡、西畴小桥沟、桂北部大苗山及黔东南格江等地	滇金平分水岭、绿春黄连山、文山老君山、古林箐	D	
合果木	Paramichelia baillonii	II	濒危	滇勐腊、勐海、景洪、金平、普洱、澜沧、思茅、沧源、耿马、临沧及盈江等县	滇金平分水岭、绿春黄连山、永德大雪山等6个	C	
水青树	Tetracentron sinense	II	数据缺乏	陕、甘、藏、川南坪、平武等县，滇景东、昌宁、黔印江、绥阳等，鄂长阳、利川、桑植、宣恩等、豫西南等地	鄂神农架；湘石门壶瓶山；滇高黎贡山；藏珠穆朗玛峰；陕周至金丝猴等68个	A	

木兰科

物种	拉丁学名	保护级别	濒危状况	分布区域	分布的主要自然保护区	保护评价	备注
楝科	粗枝崖摩（粗枝木楝）Amoora dasyclada	II	濒危	琼、滇	滇南滚河、绿春黄连山；琼尖峰岭	D	
	红椿 Toona ciliata	II	易危	滇、桂、粤、博罗、茂名、琼定安、川、琼中等、湘花垣、黔南册亨、川南	鄂星斗山；湘桃源洞；粤南岭；滇西双版纳等57个	A	
	毛红椿 Toona ciliata var. pubescens	II	易危	浙、闽、赣、鄂、湘、粤、川、黔和滇等省区	浙凤阳山—百山祖；闽茫荡山；赣宜山；鄂星斗山；湘黄桑等29个	B	
防己科	藤枣 Eleutharrhena macrocarpa	I	极危	滇西双版纳景洪	滇阿姆山、金平分水岭、古林箐、茶阳河、滚河	A	
肉豆蔻科	海南风吹楠 Horsfieldia hainanensis	II	濒危	琼、桂	桂防城上岳金花茶、十万大山指山、吊罗山等6个	C	
	滇南风吹楠 Horsfieldia tetratepala	II	濒危	滇南勐腊、景洪及西南部沧源	滇绿春黄连山、滇南风吹楠、西双版纳河、古林箐等6个	B	
	云南肉豆蔻 Myristica yunnanensis	II	濒危	滇西双版纳勐腊	滇西双版纳、纳板河、金平分水岭	A	
茨藻科	高雄茨藻 Najas browniana	II	数据缺乏	台高雄、屏东；桂		G	
	拟纤维茨藻 Najas pseudogracillima	II	数据缺乏	香港		G	
睡莲科	莼菜 Brasenia schreberi	I	数据缺乏	黑、苏、浙、赣、湘、鄂、川、滇等湿地	黑挠力河；浙凤阳山—百山祖；皖铜陵淡水豚类；赣羊狮幕；鲁微山湖等14个	C	
	莲 Nelumbo nucifera	II	数据缺乏	中国广布于池塘或水田内	吉雁鸣湖、黑东方红湿地、浙东白山高山湿地；皖安庆沿江湿地；赣鄱阳湖候鸟等71个	A	
	黔州萍蓬草 Nuphar bornetii	II	数据缺乏	黔、赣、滇	滇草海	D	
	雪白睡莲 Nymphaea candida	II	数据缺乏	中国西北	新克科苏	D	
蓝果树科	喜树（旱莲木）Camptotheca acuminata	II	数据缺乏	长江流域及南方各省	浙大盘山；皖鹞落坪；赣羊狮幕；鄂九宫山；湘桃源洞等83个	A	
珙桐科	拱桐 Davidia involucrata	I	易危	陕东南、鄂神农架等地区、湘西北部、黔东北部、川、滇东北部	鄂神农架；赣羊狮幕；湘石门壶瓶山；渝缙云山等49个	A	

物种	拉丁学名	保护级别	濒危状况	分布区域	分布的主要自然保护区	保护评价	备注
蓝果树科	光叶珙桐 *Davidia involucrata* var. *vilmoriniana*	I	易危	鄂、川、黔	鄂神农架；湘石门壶瓶山；渝金佛山、川千佛山；滇高黎贡山等21个	B	
	云南蓝果树 *Nyssa yunnanensis*	I	极危	滇南部	滇西双版纳	C	
金莲木科	合柱金莲木 *Sinia rhodoleuca*	I	濒危	粤、桂	桂元宝山、九万山	D	
铁青树科	蒜头果 *Malania oleifera*	II	易危	桂、滇	桂岑王老山	D	
木犀科	水曲柳 *Fraxinus mandshurica*	II	易危	大兴安岭东部、小兴安岭、长白山，向西到千山及燕山山脉皆有生长	冀茅荆坝；吉雁鸣湖；黑东方红湿地；豫小秦岭；陕周至金丝猴等53个	A	
棕榈科	董棕 *Caryota urens*	II	易危	滇南勐腊等、西部贡山、西南部沧源、东南马关、麻栗坡、西畴、富宁等县	滇高黎贡山、绿春黄连山、古林箐、西双版纳、金平分水岭等11个	B	
	小钩叶藤 *Plectocomia microstachys*	II	濒危	琼安定、琼中、保亭等地	琼五指山、吊罗山、尖峰岭	C	
	龙棕 *Trachycarpus nana*	II	濒危	川、滇永胜、宾川、巍山、大姚	川攀枝花苏铁	D	
罂粟科	红花绿绒蒿 *Meconopsis punicea*	II	数据缺乏	川西北部、藏东北部、青东南部和甘西南部	川雪宝顶、九寨沟、千佛山；藏类乌齐马鹿；青三江源等8个	C	
斜翼科	斜翼 *Plagiopteron suaveolens*	II	极危	桂		E	
川苔草科	川藻（石蔓）*Terniopsis sessilis*	II	数据缺乏	福建长汀、永安、龙岩、安溪		E	
蓼科	金荞麦 *Fagopyrum dibotrys*	II	数据缺乏	浙、苏、闽、赣、鄂、湘、桂、渝、滇	浙凤阳山—百山祖；赣九连山；鄂星斗山；湘桃源洞；渝雪宝山等24个	B	
报春花科	羽叶点地梅 *Pomatosace filicula*	II	数据缺乏	中国东南部及青藏高原东部	青三江源	D	

物种	拉丁学名	保护级别	濒危状况	分布区域	分布的主要自然保护区	保护评价	备注
毛茛科	粉背叶人字果 Dichocarpum hypoglaucum	II	濒危	滇	滇文山老君山	D	
	独叶草 Kingdonia uniflora	I	极危	陕太白、眉县、甘舟曲、文县、川马尔康、茂汶等县、滇德钦	渝大巴山、川九寨沟、千佛山；陕周至金丝猴、滇白马雪山；等18个	B	
马尾树科	马尾树 Rhoiptelea chiliantha	II	易危	黔黎平、三都等等地、桂龙胜、兴安、融水、滇西畴、屏边	桂花坪、雷山、三都等等地、桂龙胜；渝雷公山；滇金平分水岭；古林等菁等8个	C	
茜草科	绣球茜 Dunnia sinensis	II	濒危	粤	粤中山长江库区	D	
	香果树 Emmenopterys henryi	II	近危	苏宜兴、皖、浙、闽浦城、永安、赣庐山、武宁等、湘衡山、鄂、黔梵净山等地、桂、滇东南部、川东南部、甘文县、陕略阳等地、豫南部	浙凤阳山一百山祖；皖牯牛降；闽茫荡山；豫小秦岭；鄂神农架等91个	A	
	异形玉叶金花 Mussaenda anomala	I	极危	桂、黔	桂猾水冲、大瑶山；黔雷公山	D	
	丁茜 Trailliaedoxa gracilis	II	数据缺乏	滇中甸、丽江、昆明、禄劝		E	
芸香科	黄檗（黄波椤）Phellodendron amurense	II	易危	大兴安岭、小兴安岭、长白山等山区	皖鹞落坪；闽梁野山；豫小秦岭；赣井冈山；鄂后河等96个	A	
	川黄檗（黄皮树）Phellodendron chinense	II	数据缺乏	长江以南	赣井冈山；鄂星斗山；湘桃源洞；渝金佛山；川千佛山等27个	B	
杨柳科	钻天柳 Chosenia arbutifolia	II	易危	大兴安岭、完达山、长白山至辽本溪、西丰等地	冀小五台山；吉珲春东北虎、蒙汗玛、挠力河等26个；黑凤凰山	B	
无患子科	伞花木 Eurycorymbus cavaleriei	II	易危	鄂、湘、赣、闽、台、粤、桂等地	闽茫荡山；赣井冈山；粤南岭等30个；湘鹰嘴界	A	
	掌叶木 Handeliodendron bodinieri	I	濒危	黔南部、广西西北部隆林、乐业等石灰岩山地	桂岑王老山、木论	D	

物种	拉丁学名	保护级别	濒危状况	分布区域	分布的主要自然保护区	保护评价	备注
山榄科	海南紫荆木 Madhuca hainanensis	II	易危	琼吊罗山、毛瑞岭等地	琼五指山、尖峰岭、吊罗山、霸王岭;黄连山	C	
山榄科	紫荆木 Madhuca pasquieri	II	易危	粤西南、桂东南、滇东南部	粤大雾岭、鼎湖山、观音山;桂大明山、十万大山等6个	C	
虎耳草科	黄山梅 Kirengeshoma palmata	II	易危	浙临安天目山、龙塘山、皖黟县清凉峰及黄山	浙清凉峰、天目山;皖清凉峰	C	
虎耳草科	蛛网萼 Platycrater arguta	II	易危	浙温岭、遂昌、庆元、皖黄山、上饶、黔溪、资溪、闽崇安	浙凤阳山—百山祖;闽江源	D	
冰沼草科	冰沼草 Scheuchzeria palustris	II	数据缺乏	东北、青、川西部等地		E	
玄参科	胡黄连 Neopicrorhiza scrophulariiflora	II	易危	滇、藏	滇白马雪山;藏珠穆朗玛峰	D	
玄参科	呆白菜（崖白菜）Triaenophora rupestris	II	易危	鄂、渝	渝大巴山	D	
茄科	山莨菪 Anisodus tanguticus	II	数据缺乏	青、甘、藏东部、滇西北部	渝大巴山;川海子山;甘连城	D	
黑三棱科	北方黑三棱 Sparganium hyperboreum	II	数据缺乏	大兴安岭顶以北	黑翠北湿地	C	
梧桐科	广西火桐 Erythropsis kwangsiensis	II	极危	桂西南部		E	仅3株
梧桐科	丹霞梧桐 Firmiana danxiaensis	II	极危	粤	粤丹霞山	D	
梧桐科	海南梧桐 Firmiana hainanensis	II	濒危	琼昌江县、保梅岭、琼海、崖县、白沙、琼山等县	琼尖峰岭、五指山、吊罗山、霸王岭	C	
梧桐科	蝴蝶树 Heritiera parvifolia	II	易危	琼吊罗山、五指山、黎母山、七指岭、毛瑞岭、卡法岭、甘什岭、洋林岭等	琼尖峰岭、五指山、吊罗山、霸王岭	B	
梧桐科	平当树 Paradombeya sinensis	II	濒危	滇、川	滇高黎贡山	D	

物种	拉丁学名	保护级别	濒危状况	分布区域	分布的主要自然保护区	保护评价	备注
梧桐科 景东翅子树	*Pterospermum kingtungense*	II	濒危	滇景东县把边江	滇无量山	A	
勐仑翅子树	*Pterospermum menglunense*	II	濒危	滇勐腊县勐仑及附近地区	滇西双版纳、南滚河、绿春黄连山、莱阳河	B	
安息香科 长果安息香	*Changiostyrax dolichocarpa*	II	数据缺乏	湘	湘壶瓶山	D	
秤锤树	*Sinojackia xylocarpa*	II	濒危	苏南京幕府山、燕子矶、江浦及句容县宝华山	豫连康山；鄂龙感湖；渝大巴山	D	
瑞香科 土沉香	*Aquilaria sinensis*	II	易危	粤增城、清远等，桂陆川、崇左、琼海、琼文昌、滇景洪	粤担杆岛猕猴、大雾岭；桂猫儿山；琼尖峰岭；滇莱阳河等12个	C	
柄翅果	*Burretiodendron esquirolii*	II	易危	黔册亭、桂隆林、西林、滇弥勒丘北、罗平、金平、屏边等地	滇金平分水岭	D	
椴树科 蚬木	*Burretiodendron hsienmu*	II	濒危	桂西南部、滇东南	桂白头叶猴；滇绿春黄连山、古林箐、金平分水岭	D	
滇桐	*Craigia yunnanensis*	II	濒危	滇瑞丽、麻栗坡、桂靖西、那坡、黔独山	滇苍山洱海、铜壁关、南滚河、文山老君山、古林箐	C	
海南椴	*Hainania trichosperma*	II	易危	琼、桂	桂崇左白头叶猴	D	
紫椴	*Tilia amurensis*	II	数据缺乏	东北、华北	冀塞罕坝；晋五鹿山、蒙青山；吉珲春东北虎、黑凤凰山等48个	A	
菱科 野菱	*Trapa incisa*	II	数据缺乏	苏、浙、皖、湘、赣、闽、台、豫、鄂、渝、滇	皖安庆沿江湿地；闽江源；豫小秦岭；鄂龙感湖、湘鹰嘴界等26个	B	
榆科 长序榆	*Ulmus elongata*	II	濒危	浙遂昌、庆元、临安、皖祁门、莱州、赣资溪、铅山等地	闽凤阳山—百山祖；皖岭牛降；陕化龙山等12个	C	
榉树	*Zelkova schneideriana*	II	数据缺乏	淮河流域、秦岭以南的长江中下游各地	浙凤阳山—百山祖；皖鹞落坪；闽戴云山；赣官山；豫小秦岭等45个	A	

物种	拉丁学名	保护级别	濒危状况	分布区域	分布的主要自然保护区	保护评价	备注
伞形科	珊瑚菜（北沙参）Glehnia littoralis	II	濒危	辽东半岛、冀北戴河、山东半岛、苏连云港、浙舟山岛、闽连江、马尾、琼文昌、万宁、台淡水、彰化等	津八仙山	D	
马鞭草科	海南石梓（苦梓）Gmelina hainanensis	II	濒危	粤、桂、琼尖峰岭	粤石门台；桂十万大山；琼尖峰岭、霸王岭；滇南捧河等7个	C	
姜科	茴香砂仁 Etlingera yunnanense	II	濒危	滇	滇西双版纳、纳板河	D	
	拟豆蔻 Paramomum petaloideum	II	数据缺乏	西双版纳植物园		E	
	长果姜 Siliquamomum tonkinense	II	易危	滇	滇绿春黄连山	D	
蓝藻 Cyonophyta							
念珠藻科	发菜 Nostoc flagelliforme	I	数据缺乏	蒙、宁、青、甘、陕等干旱和半干旱地区	宁哈巴湖、白芨滩	D	
真菌 Eumycophyta							
麦角菌科	虫草（冬虫夏草）Cordyceps sinensis	II	数据缺乏	藏、鄂、甘、青、川、黔、滇等省区	川海子山、若尔盖湿地、美姑大风顶；滇碧塔海；藏雅鲁藏布大峡谷等14个	C	
口蘑科	松口蘑（松茸）Tricholoma matsutake	II	数据缺乏	吉、黑、皖、台、川、滇、黔、藏等省区	冀木兰围场；蒙古日格斯台；吉天佛指山松茸；川海子山；滇珠江源等14个	C	

附录 2 自然保护区内国家重点保护野生动物就地保护状况表

物种		拉丁学名	保护级别	濒危状况	分布区域	分布的主要自然保护区	保护评价	备注
兽纲 MAMMALIA								
灵长目	懒猴科	蜂猴 Nycticebus oucang	I	濒危	滇、桂南部热带森林	滇大围山、绿春黄连山、莱阳河、西双版纳、铜壁关等 11 处	B	
		倭蜂猴 N. pygmaeus	I	濒危	滇西南部	滇绿春黄连山、文山老君山、古林箐	D	
		间蜂猴 N. slow loris	I	濒危	滇屏边、河口、金平和绿春等边境县	滇金平分水岭	D	
	猴科	短尾猴 Macaca arctoides	II	易危	浙、皖、闽、赣、鄂、川、渝、滇、桂、粤	浙凤阳山—百山祖；皖牯牛降；粤南岭；川卧龙；滇西双版纳等 45 处	A	
		熊猴 M. assamensis	I	易危	粤、滇、桂、黔、藏南部	粤南岭；桂九万山；黔梵净山；滇西双版纳；藏雅鲁藏布大峡谷等 20 处	B	
		台湾猴 M. cyclopis	I	濒危	台湾省		G	
		猕猴 M. mulatta	II	易危	藏、青、甘、川、滇、黔、湘、冀、豫、晋、粤、浙、闽、琼	晋阳城莽河；浙凤阳山—百山祖；豫太行山猕猴；鄂南湾猕猴；琼南神衣岭等 156 处	A	
		豚尾猴 M. nemestrina	I	濒危	滇西南	滇金平分水岭、无量山、西双版纳、纳板河、铜壁关等 7 处	B	
		藏酋猴 M. thibetana	II	易危	陕、甘南部、川、鄂、湘、北、桂、赣、浙、闽	闽武夷山；湘桃源洞；川千佛山；黔雷公山；藏芒康滇金丝猴等 45 处	A	
		黑叶猴 Presbytis francoisi	I	濒危	桂、黔	桂大明山、渝金佛山、黔野钟黑叶猴、宽阔水、麻阳河黑叶猴等 11 处	A	
		灰叶猴 Presbytis phayrei	I	濒危	滇西南	滇大围山、绿春黄连山、西双版纳、纳板河、铜壁关等 12 处	B	

物种	拉丁学名	保护级别	濒危状况	分布区域	分布的主要自然保护区	保护评价	备注
灵长目 猴科	长尾叶猴 Presbytis entellus	I	濒危	藏西南	藏珠穆朗玛峰、雅鲁藏布大峡谷	B	
	白臀叶猴 Pygathrix nemaeus	I	灭绝	中南半岛、琼曾有分布		G	灭绝
	白头叶猴 Trachypithecus phayrei	I	濒危	桂	桂邕盆、弄岗、崇左白头叶猴	B	
	戴帽叶猴 Presbytis pileatus	I	濒危	滇西南的高黎贡山	滇高黎贡山	A	
	黔金丝猴 Pygathrix brelichi	I	濒危	渝、黔梵净山	渝金佛山、黔梵净山	A	
	川金丝猴 Pygathrix roxellana	I	易危	川西、甘、陕	川千佛山、毛寨、峰桶寨、宝顶沟；陕周至金丝猴等15处	A	
	滇金丝猴 Pygathrix bieti	I	濒危	滇西北、藏西南	滇哈巴雪山、白马雪山；藏芒康滇金丝猴	A	
猩猩科	黑长臂猿 Hylobates hoolock	I	濒危	滇西南及无量山、琼	琼尖峰岭、吊罗山、霸王岭、滇哀牢山、绿春黄连山等8处	B	
	白眉长臂猿 Hylobates hoolock	I	极危	滇西南	滇铜壁关	D	
	白掌长臂猿 Hylobates lar	I	极危	滇西南	滇南滚河	D	
	白颊长臂猿 Hylobates Gibbon	I	极危	滇南	滇金平分水岭、绿春黄连山、西双版纳	D	
	海南长臂猿 Nomascushainanus	I	极危	琼	琼五指山	D	
鳞甲目 穿山甲科	穿山甲 Manis pentadactyla	II	濒危	南方各省	浙凤阳山—百山祖、皖岭帕牛降、闽炭山穿山甲；闽五指山、滇西双版纳等165处	A	
食肉目 犬科	豺 Cuon alpinus	II	濒危	除台、琼、南海诸岛外	晋五鹿山；浙凤阳山—百山祖；鄂神农架；粤南岭；滇西双版纳等150处	A	
熊科	黑熊 Selenarctos thibetanus	II	易危	东北、西北、华南、西南	蒙汗玛；吉长白山；闽武夷山；鄂神农架；滇西双版纳等155处	A	
	棕熊 Ursus arctos	II	易危	黑龙江、吉林、甘肃、新疆、青海	蒙大冷山；吉长白山；黑牡丹峰；川碧塔海；新夏尔西里等61处	A	
	马来熊 elarctos malayanus	I	濒危	滇南绿黄连山	滇阿姆山、金平分水岭、绿春黄连山、永德大雪山；藏芒康滇金丝猴等7处	A	

物种	拉丁学名	保护级别	濒危状况	分布区域	分布的主要自然保护区	保护评价	备注
浣熊科	小熊猫 Ailurus fulgens	I	易危	藏、滇、川、青、陕、甘	川卧龙；滇哀牢山、高黎贡山、西双版纳；芒康滇金丝猴等44处	A	
大熊猫科	大熊猫 Ailuropoda melanoleuca	II	濒危	川、甘、陕	川九寨沟、王朗、蜂桶寨、卧龙；陕佛坪等48处	A	
鼬科	石貂 Martes foina	II	易危	蒙、冀、晋、陕、宁、甘、新、川、滇、藏	晋芦芽山；川卧龙；滇碧塔海；藏类乌齐马鹿；新夏尔西里等36处	A	
	紫貂 Martes zibellina	I	濒危	黑、吉、辽桓仁、阿尔泰山	蒙汗玛、吉长白山、山口；黑胜山、新托木尔峰等33处	B	
	黄喉貂 Martes flavigula	II	近危	东北、甘、陕、晋、豫、南方	吉珲春东北虎；黑茅兰沟、浙凤阳山一百山祖、鄂神农架等126处	A	
	貂熊 Gulo gulo	I	濒危	蒙、黑、阿勒泰地区	蒙汗玛、室韦、红花尔基；黑双河；新哈纳斯等10处	C	
	水獭 Lutra spp	II	濒危	各地都有分布	冀塞罕坝；晋运城湿地；苏洪泽湖等215处	A	
	江獭 Lutra lutra	II	濒危	滇、黔和粤和珠江口附近	滇高黎贡山、绿春黄连山、铜壁关、西双版纳；金平分水岭	D	
	小爪水獭 Aonyx cinerea	II	濒危	粤、桂、琼、滇、川、藏和闽闽局部地区	粤丹霞山、桂大明山；滇西双版纳；琼尖峰岭等22处	A	
灵猫科	斑林狸 Prionodon pardicolor	II	易危	赣、滇、川、黔、粤、桂	赣羊狮幕；粤南岭；川画稿溪；滇哀牢山、黔南岭；阿姆山等41处	A	
	大灵猫 Viverricula indica	II	濒危	除台外，南方各省	浙凤阳山一百山祖；皖牯牛降；琼尖峰岭等146处	A	
	小灵猫 Viverricula indica	II	易危	长江、珠江流域各省、琼、台、滇、川、藏、陕	浙凤阳山一百山祖；皖牯牛降；粤南岭；神农架等157处	A	

食肉目

物种		拉丁学名	保护级别	濒危状况	分布区域	分布的主要自然保护区	保护评价	备注
		熊狸 Arctictis binturong	I	极危	滇、桂	滇西双版纳、铜壁关、南滚河、金平分水岭	D	
		草原斑猫 Felis lybica	II	濒危	新、甘、宁等西北各省	蒙毛盖图、鄂托克旗甘草、东阿图善；甘祁连山；新奇台荒漠甘草类草地等 12 处	C	
		荒漠猫 Felis bieti	II	极危	川、青、宁、蒙、陕、藏	蒙东阿拉善；川亚丁；藏羌塘；青柴达木梭梭林；新卡拉麦里山等 21 处	B	
		丛林猫 Felis chaus	II	濒危	滇、藏、川、新	川海子山；滇铜壁关、金平分水岭；藏珠穆朗玛峰；新夏尔西里等 15 处	C	
		猞猁 Felis lynx	II	濒危	北方各省、青藏高原	冀塞罕坝；吉长白山；川卧龙；滇高黎贡山；蒙沙布台；新夏尔西里等 117 处	A	
食	猫	兔狲 Felis manul	II	濒危	新、藏、甘、川、蒙、冀、京、黑	冀塞罕坝；蒙锡林郭勒草原；川卧龙；滇苍山；洱海；藏羌塘等 55 处	A	
肉	科	金猫 Felis temmincki	II	极危	陕、甘、川、滇、浙、闽、湘、鄂、赣、藏	浙凤阳山—百山祖；皖牛降；闽武夷山；赣井冈山；川卧龙等 113 处	A	
目		渔猫 Felis vierrinus	II		台湾省		G	
		云豹 Neofelis nebulosa	I	濒危	长江以南地区	浙凤阳山—百山祖；皖牛降；闽武夷山；九宫山；琼尖峰岭等 139 处	A	
		金钱豹 Panthera pardus	I	极危	京、津、冀、豫、鄂、湘、皖、晋、浙、川、渝、甘、陕、青、藏、宁、鲁、蒙、辽	冀雾灵山；晋芦芽山；浙天目山；皖牛降；鄂神农架等 145 处	A	
		雪豹 Panthera uncia	I	极危	藏高原、青、甘、川、滇、蒙等地	蒙乌拉山；川峰桶寨；滇白马雪山；藏珠穆朗玛峰；甘祁连山等 47 处	A	
		东北虎 Panthera tigris	I	极危	野生种分布退至松花江南岸，在乌苏里江和图们江流域的中俄边境地带	吉珲春东北虎、长白山；黑七星砬子东北虎、牡丹峰、六峰湖等 13 处	D	
		华南虎 P. tigris amoyensis	I	极危	在中国中南部	赣宜黄华南虎、壶瓶山、湘鄂华南虎、粤北华南虎、南岭等 6 处	D	

物种		拉丁学名	保护级别	濒危状况	分布区域	分布的主要自然保护区	保护评价	备注
食肉目	猫科	孟加拉虎 *P. tigris bengalensis*	I	极危	孟印边界	滇高黎贡山、铜壁关、永德大雪山；藏雅鲁藏布大峡谷、黎隅慈巴沟等6处	D	
		印支虎 *P. tigris corbetti*	I	极危	中国南部、柬埔寨、老挝、越南和马来西亚半岛	滇大围山、绿春黄连山、文山老君山、西双版纳、铜壁关等10处	D	
		新疆虎 *P. tigris lecoqi*	I	极危	塔里木河流域		G	灭绝
鳍足目	豹科	斑海豹 *Phoca larga*	II	濒危	渤海、黄海、少数到达东南部	辽大连斑海豹、双台河口；沪九段沙湿地；苏盐城；鲁庙岛群岛斑海豹等7处	B	
		环海豹 *Phoca hispida*	II	濒危	黄海偶有发现		F	
		髯海豹 *Erignathus barbatus*	II	不宜评估	东海偶有发现		G	
	海狗科	北海狮 *Eumetopias jubatus*	II	濒危	渤海；辽大洼县；黄海苏启东县曾发现		F	
		北海狗 *Callorhinus ursinus*	II	濒危	黄海；山东、江苏；南海；广东、台湾偶有发现	鲁庙岛群岛斑海豹	D	
海牛目	儒艮科	儒艮 *Dugong dugong*	I	濒危	桂北部湾	粤廉江英罗湾；桂山口红树林、合浦儒艮	A	
鲸目	喙豚科	白鱀豚 *Lipotes vexillifer*	I	极危	长江中下游干流	皖铜陵淡水豚类；鄂长江天鹅洲白鱀豚；长江新螺段白鱀豚	D	
	海豚科	中华白海豚 *Sousa chinensis*	I	濒危	在厦门九龙江口、粤珠江口海域有较大种群	沪九段沙湿地；闽厦门珍稀海洋物种；粤内伶仃—福田、珠江口中华白海豚、南澳岛等6处	B	
	其他鲸类	江豚 *Neophocaena phocaenoides*	II	濒危	渤海、黄海、东海和南海沿海，可上溯到大江河干流上游	辽大连斑海豹；沪九段沙湿地；皖铜陵淡水豚类；鲁黄河三角洲、湘东洞庭湖等18处	B	
		露脊鲸 *Eubalaena glacialis*	II	极危	黄海、东海、台湾海域和南海海域		F	
		小鳁鲸 *Eubalaena japonica*	II	易危	黄海、东海、台湾海域和南海	辽大连斑海豹、鲁庙岛群岛斑海豹	D	

物种		拉丁学名	保护级别	濒危状况	分布区域	分布的主要自然保护区	保护评价	备注
		鳁鲸 Balaenoptera borealis	II	濒危	黄海、东海、南海、台湾海区		F	
		鳀鲸 Balaenoptera edeni	II	濒危	东海、南海、台湾海域、北部湾		F	
		灰鲸 Eschrichtius robustus	II	濒危	黄海、东海、南海		F	
		蓝鲸 Balaenoptera musculus	II	极危	黄海、渤海、东海、南海	鲁庙岛群岛斑海豹;粤南澳岛	D	
		剑吻鲸 Ziphius cavirostris Cuvier	II		南海、台湾省海域		F	
		长须鲸 Balaenoptera physalus	II	濒危	黄海、南海、台湾海区、渤海	鲁庙岛群岛斑海豹	D	
		座头鲸 Megaptera novaeangliae	II	极危	黄海、东海、南海、台湾海区、渤海		G	
		真海豚 Delphinus delphis	II	近危	东海、黄海、渤海、南海、台湾海域		D	
鲸目	其他鲸类	热带真海豚 Delphinus capensis Gray	II	易危	东海、南海、台湾省海域		F	
		矮海豚 Feresa attenuata	II	易危	南海、台湾渔场		F	
		鼠海豚 Phocoena phocoena	II		海州湾渔场		F	
		大吻巨头鲸 Globicephala macrorhynchus	II	资料缺乏	东海、台湾海区		F	
		灰海豚 Grampus griseus	II	濒危	东海、黄海、南海、台湾海域		F	
		沙捞越海豚 Lagenodelphis hosei	II	易危	东海、南海、台湾海域		F	
		太平洋短吻海豚 Lagenorhynchus obliquidens	II	无危	东海、南海、福建沿海、台湾海域		F	
		小虎鲸 Orcaella brevirostris	II	资料缺乏	南海		F	
		虎鲸 Orcinus orca	II	无危	黄海、渤海、东海、南海	辽大连斑海豹	D	
		爪头鲸 Peponocephala electra	II	资料缺乏	南海、台湾海域		F	
		伪虎鲸 Pseudorca crassidens	II	无危	渤海、黄海、东海、台湾海域	苏盐城;辽大连斑海豹;闽厦门珍稀海洋生物;鲁黄河三角洲	D	

物种			拉丁学名	保护级别	濒危状况	分布区域	分布的主要自然保护区	保护评价	备注
鲸目	其他鲸类		花斑原海豚 Stenella attenuata	II	易危	南方沿海、南海、台湾海峡、台湾近海		F	
			条纹原海豚 Stenella coeruleoalba	II	易危	东海、南海、台湾海域		F	
			长吻原海豚 Stenella longirostris	II	资料缺乏	台湾海域、东海、南海、北部湾		F	
			糙齿海豚 Steno bredanensis	II	易危	黄海、东海、台湾海域、南海		F	
			宽吻海豚 Tursiops truncatus	II	近危	渤海、黄海、东海、南海、台湾海域	辽大连斑海豹；苏盐城；闽厦门珍稀海洋生物；鲁黄河三角洲	D	
			南宽吻海豚 Tursiops aduncus	II	濒危	南海、台湾海域		F	
			小抹香鲸 Kogia breviceps	II	濒危	南海、台湾海域		F	
			侏儒抹香鲸 Kogia sima Owen	II	濒危	南海、台湾海域		F	
			抹香鲸 Physeter catodon	II	濒危	东海、南海、台湾海北海域		F	
			拜氏鲸 Berardius bairdii	II	无危	东海		F	
			瘤齿喙鲸 Mesoplodon densirostris	II	近危	东海、南海、台湾海域		F	
			银杏齿喙鲸 Mesoplodon ginkgodens	II	易危	台湾海域、黄海、东海、南海		F	
			饿喙鲸 Ziphius cavirostris	II	资料缺乏	南海、台湾海域		F	
长鼻目	象科		亚洲象 Elephas maximus	I	濒危	滇与老挝、缅甸相邻的边缘地区	滇西双版纳、铜壁关、南滚河	A	
奇蹄目	马科		蒙古野驴 Equus hemionus	I	濒危	甘、青、新、蒙等部分地区	蒙乌拉特梭梭林－蒙古野驴、额济纳胡杨林；甘祁连山；新卡拉麦里山；奇台荒漠类草地等6处	B	
			西藏野驴 Equus kiang	I	濒危	藏、青、新、甘及川	藏曼则塘、羌塘；甘祁连山；新阿尔金山、安西极旱荒漠	B	重引
			野马 Equus przewalskii	I	野外绝灭	原在新疆阿尔泰及蒙古大戈壁草原	甘安西极旱荒漠；新卡拉麦里山	G	进种

物种		拉丁学名	保护级别	濒危状况	分布区域	分布的主要自然保护区	保护评价	备注
偶蹄目	驼科	野骆驼 Camelus ferus	I	濒危	蒙、甘、青、新	蒙额济纳胡杨林；甘祁连山；新奇台荒漠灌类草地、罗布泊野骆驼、阿尔金山等 8 处	B	
	鼷鹿科	鼷鹿 Tragulus javanicus	I	极危	滇南西双版纳勐腊	滇西双版纳	A	
	麝科	黑麝 Moschus spp.	I	濒危	滇西北高黎贡山和碧罗雪山、藏东南察隅、珠峰北坡地区	滇高黎贡山；藏芒康滇金丝猴、雅鲁藏布大峡谷	B	
		林麝 Moschus berezovskii	I	濒危	晋、豫、粤、桂、川、宁、甘、陕、鄂、藏、青、湘、黔、滇及桂等省区	晋五鹿山；豫小秦岭；粤南岭；川卧龙等 135 处	A	
		马麝 Moschus sifanicus	I	濒危	蒙、新、青、川、宁、滇和藏	蒙阿尔山；川卧龙；滇白马雪山；藏类乌齐马鹿；甘祁连山等 37 处	A	
		原麝 Moschus moschiferus	I	濒危	东北、华北、青、新等	冀木兰围场；晋芦芽山；蒙汗玛；吉珲春东北虎；皖鹞落坪等 46 处	A	
		喜马拉雅麝 Moschus chrysogaster	I		藏喜马拉雅山南坡	藏珠穆朗玛峰	B	
		安徽麝 Moschus anhuiensis	I	濒危	皖	皖鹞落坪、天马	B	
	鹿科	河麂 Hydropotes inermis	II	易危	辽、皖、闽、赣、豫、苏、浙、鄂及湘	苏盐城；皖牯牛降；赣井冈山；粤南岭；湘大明山等 44 处	A	
		黑麂 Muntiacus crinifrons	I	濒危	皖、浙、闽、鄂、川	浙凤阳山—百山祖；皖牯牛降；闽武夷山；鄂丹霞山；川格西沟等 30 处	A	
		白唇鹿 Cervus albirostris	I	濒危	青、甘、川和藏	川卧龙、贡嘎山、螺髻山；藏类乌齐马鹿；甘祁连山等 21 处	B	
		马鹿（白臀鹿）Cervus elaphus	II	易危	东北、蒙及西北等省	冀塞罕坝；蒙汗玛；吉长白山；藏类乌齐马鹿；甘祁连山等 74 处	A	
		坡鹿 Cervus eldi	I	极危	琼	琼大田坡鹿、邦溪坡鹿、霸王岭	A	

物种		拉丁学名	保护级别	濒危状况	分布区域	分布的主要自然保护区	保护评价	备注
偶蹄目	鹿科	梅花鹿 Cervus nippon	I	濒危	东北、西南、甘等地区	吉长白山；浙清凉峰；皖牯牛降；赣桃红岭；川铁布等 30 处	A	
		豚鹿 Cervus porcinus	I	极危	滇	滇沧德大雪山、南滚河	D	
		水鹿 Cervus unicolor	II	易危	闽、赣、粤、桂、琼、川、青、湘	赣井冈山；粤南岭；琼尖峰岭；川卧龙；滇纳板河等 68 处	A	
		麋鹿 Elaphurus davidianus	I	野外绝灭	辽、华北、黄河和长江中下游	苏大丰天鹅洲麋鹿；鄂石首天鹅洲麋鹿；湘集成麋鹿	G	重引进种
		驼鹿 Alces alces	II	濒危	蒙、黑	蒙汗玛、室韦；红花尔基；黑胜山、茅兰沟等 25 处	B	
	牛科	野牛 Bos gaurus	I	濒危	滇	滇金平分水岭、莱阳河、西双版纳、纳板河、铜壁关等 6 处	B	
		野牦牛 Bos mutus	I	濒危	川、新、青、甘、藏、宁	藏羌塘；甘祁连山；青可可西里；新阿尔金山等 12 处	C	
		黄羊 Procapra gutturosa	II	易危	晋、东北的西部、陕西北部	蒙塞罕坝、巴尔虎草原黄羊、吉祁连山、安西极旱荒漠；宁贺兰山等 21 处	B	
		普氏原羚 Procapra przewalskii	I	极危	甘、青、藏、蒙	藏纳木错；甘祁连山；青青海湖	D	
		西藏原羚 Procapra picticaudata	II	易危	青、甘、川、藏、新、蒙	藏类乌齐马鹿；川察青松多；甘祁连山等 19 处	B	
		鹅喉羚 Gazella subgutturosa	II	濒危	西北、蒙等省	蒙东阿拉善；青柴达木梭梭林；宁白芨滩等 25 处	B	
		藏羚羊 Pantholops hodgsoni	I	濒危	西北等省	藏色林错、羌塘、雅鲁藏布大峡谷；新阿尔金山等 8 处	C	
		高鼻羚羊 Saiga tatarica	I	国内灭绝	新西北部	新夏尔西里；奇台荒漠草原	G	重引入种
		扭角羚 Budorcas taxicolor	I	濒危	川、甘、藏、陕	川九寨沟；卧龙；藏察隅慈巴沟；陕佛坪；甘莲花山等 46 处	A	

物种		拉丁学名	濒危状况	保护级别	分布区域	分布的主要自然保护区	保护评价	备注
偶蹄目	牛科	鬣羚 Capricornis sumatraensis	易危	II	浙、皖、闽、赣、鄂、豫、湘、粤、西北、西南等省	浙凤阳山—百山祖;皖牯牛降;鄂神农架;粤南岭;川卧龙等161处	A	
		台湾鬣羚 Capricornis crispus	濒危	I	台湾省		G	
		赤斑羚 Naemorhedus cranprooki	濒危	I	藏东南的察隅、波密及雅鲁藏布江的米林县林区一带	滇高黎贡山;藏雅鲁藏布大峡谷、察隅慈巴沟	A	
		斑羚 Naemorhedus goral	濒危	II	东北、华北、华南和西南、陕、甘、宁	冀塞罕坝;蒙大青山;浙凤阳山—百山祖;鄂神农架;川卧龙等133处	A	
		塔尔羊 Hemitragus jemlahicus	濒危	I	喜马拉雅山南坡的个别山谷	藏珠穆朗玛峰	A	
		北山羊 Capra ibex	濒危	I	蒙、甘、新、宁、青、藏	蒙额济纳胡杨林;甘安西极早荒漠;新卡拉麦里山、夏尔西里等20处	B	
		岩羊 Pseudois nayaur	易危	II	滇、黔、川、甘、宁、蒙	蒙额济纳胡杨林;川卧龙;滇金沙平分水岭;类乌齐马鹿;甘连花山等58处	A	
		矮岩羊 Pseudois schaeferi	极危	II	金沙江巴塘到石渠段的高山深谷西藏的江达、芒康、贡觉	藏芒康滇金丝猴	D	
		盘羊 Ovis ammon	濒危	II	藏、新、陕、蒙、甘、青、川、宁	蒙苏尼特盘羊;川峰桶寨;藏察隅慈巴沟;祁连山;青可可西里等39处	A	
兔形目	兔科	海南兔 Lepus peguensis hainanus	易危	II	琼	琼三亚珊瑚礁、尖峰岭、南湾猴猕;霸王岭	B	
		雪兔 Lepus timidus	无危	II	新北部、黑、蒙北部泰加林	蒙汗玛、黑胜山、八岔岛;新温泉北鲵、哈纳斯等37处	A	
		塔里木兔 Lepus yarkandensis	易危	II	新疆塔里木盆地	新塔里木胡杨林、罗布泊野骆驼、托木尔峰	A	
啮齿目	松鼠科	巨松鼠 Ratufa bicolor	易危	II	滇、桂、琼	桂大明山;琼尖峰岭;川高黎贡山、纳板河、西双版纳等24处	B	
	河狸科	河狸 Castor fiber	濒危	I	新疆阿尔泰乌伦古河	新布尔根河狸	A	

物种（目）	物种（科）	拉丁学名	保护级别	濒危状况	分布区域	分布的主要自然保护区	保护评价	备注
					鸟纲 AVES			
䴙䴘目	䴙䴘科	角䴙䴘 Podicipedidae	II	无危	东北、西北、华北、长江下游	冀北戴河鸟类；晋运城湿地；蒙额尔古纳湿地；吉向海；黑扎龙等40处	A	
		赤颈䴙䴘 Podiceps grisegena	II	无危	东北各省、津、冀、蒙、吉、苏、闽	津团泊洼；冀北戴河鸟类；蒙科尔沁；吉向海；黑扎龙等33处	A	
鹱形目	信天翁科	短尾信天翁 Diomedea albatrus	I	濒危	冀、澎湖群岛及台湾附近岛屿	冀石臼坨列岛	D	
鹈形目	鹈鹕科（所有种）	白鹈鹕 Pelecanus onocrotalus	II	无危	冀、豫、新、青海湖	冀北戴河鸟类；豫黄河湿地、丹江口湿地；青三江源；新艾比湖等7处	C	
		卷羽鹈鹕 P. crispus	II	易危	东南、华北、西北	京野鸭湖；闽福田红树林；赣鄱阳区沉湖、鄂蔡甸等7处	D	
		斑嘴鹈鹕 P. philippensis	II	易危	曾记录于鲁、冀、晋、沪、豫、宁、新、东南地区	冀北戴河鸟类；晋运城湿地；沪东滩鸟类；赣鄱阳湖候鸟；湘东洞庭湖等19处	B	
鲣鸟目	鲣鸟科	红脚鲣鸟 Sula sula	II	无危	琼西沙群岛		F	
		褐鲣鸟 S. leucogaster	II	无危	琼、台、闽、粤		F	
		蓝脸鲣鸟 S. dactylatra	II	无危	台、南部海岛		F	
鹈形目	鸬鹚科	海鸬鹚 Phalacrocorax pelagicus	II	无危	津、冀、黑、鲁、苏、粤、台	津北大港湿地；冀北戴河鸟类；黑挠力河；苏盐城；鲁黄河三角洲等14处	C	
		黑颈鸬鹚 Phalacrocorax niger	II	无危	闽、粤及东北等地	黑兴凯湖；滇南棒河、南滚河	D	
军舰鸟目	军舰鸟科	白腹军舰鸟 Fregata andrewsi	I	不宜评估	西沙群岛	鲁长岛	G	

物种	拉丁学名	保护级别	濒危状况	分布区域	分布的主要自然保护区	保护评价	备注
鹭科	黄嘴白鹭 Egretta eulophotes	II	近危	冀、鄂、浙、晋、川、蒙、滇、皖、沪、赣、吉、辽、鲁、苏、闽 等地	冀北戴河鸟类；晋运城湿地；吉向海；沪东滩鸟类；湘东洞庭湖等42处	A	
	岩鹭 Egretta sacra	II	无危	粤、豫、华南、台等地	闽厦门珍稀海洋物种	D	
	海南虎斑鳽 Gorsachius magnificus	II	濒危	琼、闽、桂、浙、皖、川	皖石白湖；闽武夷山；鄂神农架；琼霸王岭；川马鞍山等8处	C	
	小苇鳽 Ixobrychus minutus	II	无危	苏、琼、新	苏盐城城；琼东寨港	D	
	彩鹮 Ibis leucocephalus	II	数据缺乏	冀、苏、鄂、粤、琼、闽和西南	冀石臼坨列岛；藏雅鲁藏布江中游黑颈鹤	D	
鹳形目 鹳科	白鹳 Ciconia ciconia	I	不宜评估	东北、华北和东南沿海、湘、川、黔、甘、陕、青、新、鄂	津北大港湿地；冀北戴河鸟类；晋运城湿地；蒙达里诺尔鸟类；沪东滩鸟类等105处	A	
	黑鹳 Ciconia nigra	I	无危	东北、华北、西南和东南沿海、陕、甘、宁、新	津北大港湿地；晋运城湿地；蒙达赛湖；赣鄱阳湖候鸟等134处；吉向海	A	
	白鹮 Threskiornis aethiopicus	II	濒危	蒙、东部沿海各省，西至云南	冀北戴河鸟类；辽鸭绿江口滨海湿地；吉莫莫格等12处；蒙达赛湖	C	
	黑鹮 Seudibis papillosa	II	濒危	滇、陕	陕大白山	D	
鹮科	朱鹮 Nipponia nippon	I	极危	陕西省洋县	陕洋县朱鹮	A	
	彩鹮 Plegadis falcinellus	II	不宜评估	沪、浙、闽	赣鄱阳湖；滇高黎贡山	D	
	白琵鹭 Platalea leucorodia	II	易危	东北、赣、湘、粤、桂、琼、黔、藏、华北及西北地区	冀北戴河鸟类；晋运城湿地；蒙达赛湖；赣鄱阳湖候鸟等67处；吉向海	A	
	黑脸琵鹭 Platalea minor	II	濒危	东北、华北、华中与华南各省、黔	冀南大港湿地；沪九段沙湿地；赣鄱阳湖候鸟；粤内伶仃—福田；桂山口红树林等15处	C	
雁形目 鸭科	红胸黑雁 Branta ruficollis	II	无危	湘、桂	赣鄱阳湖	D	
	白额雁 Anser albifrons	II	无危	东北、华北、蒙、赣、鄂、宁、新、藏、冀	津北大港湿地；冀北戴河鸟类；晋运城湿地；赣鄱阳湖候鸟等72处；吉向海	A	
	大天鹅 Cygnus cygnus	II	近危	津、冀、赣、川、青、蒙、吉、黑、辽、苏、鲁、新	津北大港湿地；冀北戴河鸟类；吉向海；鲁荣成大天鹅等84处	A	

物种		拉丁学名	保护级别	濒危状况	分布区域	分布的主要自然保护区	保护评价	备注
雁形目		小天鹅 Cygnus columbianus	II	近危	东北、华北、长江流域及东南沿海；甘、宁	津北大港湿地；冀北戴河鸟类；蒙达赉湖；黑兴凯湖；赣鄱阳湖候鸟等94处	A	
		疣鼻天鹅 Cygnus olor	II	近危	青、新、蒙、甘等地繁殖，冀、鲁、苏、川及东北等地越冬	津北大港湿地；冀北戴河鸟类；蒙哈腾套海；青青海湖等18处	B	
		鸳鸯 Aix galericulata	II	近危	东北、华东、冀、青、黔繁殖，长江中下游、东南、西南等地越冬	冀北戴河鸟类；吉向海；黑挠力河；皖安庆沿江湿地；闽江源等170处	A	
		中华秋沙鸭 Mergus squamatus	I	易危	蒙、黑、吉等地繁殖，长江流域以南越冬	冀南大港湿地；吉鸭绿江上游；黑碧水中华秋沙鸭；赣乏阳中华秋沙鸭等42处	A	
隼形目	鹰科	金雕 Aquila chrysaetos	I	无危	东北及西部山区	冀北戴河鸟类；蒙达赉湖；赣鄱阳湖候鸟等199处	A	
		白肩雕 Aquila heliaca	I	易危	吉、辽、冀、京、陕、甘、新、华中、华东、粤、桂、闽等	冀北戴河鸟类；蒙辉河；皖安庆沿江湿地；赣鄱阳湖候鸟；藏类乌齐马鹿等47处	A	
		玉带海雕 Haliaeetus leucoryphus	I	易危	蒙、新、黑、藏、苏、晋、吉、甘、冀、浙、川等地	蒙达赉湖；川若尔盖湿地；藏羌无塘；青隆宝；新艾比湖湿地等38处	A	
		白尾海雕 Haliaeetus albicilla	I	近危	冀、晋、蒙、苏、浙、皖、东北、甘、宁、青、新	冀北戴河鸟类；晋运城湿地；蒙辉河；黑兴凯湖等58处；吉向海	A	
		虎头海雕 Haliaeetus pelagicus	I	易危	辽、冀、蒙、晋	冀北戴河鸟类；晋运城湿地；蒙图牧吉；春东北虎；黑洪河等6处	C	
		拟兀鹫 Pseudogyps bengalensis	I	数据缺乏	滇	滇白马雪山	D	
		胡兀鹫 Gypaetus barbatus	I	无危	蒙、辽、晋、甘、青、宁、新、藏、鄂、川、滇	川若尔盖湿地；藏羌无塘；滇碧塔海；新巴音布鲁克等28处	B	
		高山兀鹫 Gyps himalayensis	II	无危	西北、鲁、川、滇	川若尔盖湿地；滇碧塔海；青三江源；藏羌无塘；甘盐池湾等16处	B	

物种		拉丁学名	保护级别	濒危状况	分布区域	分布的主要自然保护区	保护评价	备注
		黑耳鸢 Milvus lineatus	II	无危	留鸟分布于全国各地	赣九连山；渝宝山；川曼刚塘；陕青三江源	C	
隼形目	鹰科	栗鸢 Haliastur indus	II	无危	藏、浙、鲁、赣、桂、闽	赣江西武夷山；鲁黄河三角洲；豫淮滨淮南湿地；藏拉鲁湿地；芒康拉鲁滇金丝猴等9处	C	
		苍鹰 Accipiter genetilis	II	无危	除琼外各省	冀北戴河鸟类；晋阳城莽河；蒙达赉湖；吉长白山；苏盐城等218处	A	
		褐耳鹰 Accipiter badius	II	无危	浙、滇、粤、桂、闽、琼、苏、鄂、陕、甘、新	苏盐城；鄂神农架；琼尖峰岭；陕佛坪；新卡拉麦里山等17处	B	
		赤腹鹰 Accipiter soloensis	II	无危	西南、华南、华北及海南岛、台湾	台凤阳山—百山祖；苏盐城；沪东滩鸟类；浙凤阳；皖枯牛降等91处	A	
		凤头鹰 Accipiter trivirgatus	II	无危	西南、桂、海南岛、台湾	鄂神农架；粤南岭；琼尖峰岭；黔宽阔水；滇沿益海峰等39处	A	
		雀鹰 Accipiter nisus	II	无危	各省均有分布	津北大港湿地；冀北戴河鸟类；晋运城湿地；蒙达赉湖；吉向海等288处	A	
		松雀鹰 Accipiter virgatus	II		大小兴安岭、长白山区、东部沿海地区、皖、冀北部、鄂、湘、桂、琼、青、藏、陕、甘、宁	冀南大港湿地；晋阳城莽河；蒙达赉湖；吉向海；黑拨力河等202处	A	
		日本松雀鹰 Accipiter gularis	II	无危	中国东北各省，可能在阿尔泰山也有繁殖	冀南大港湿地；黑胜山	D	
		棕尾鵟 Buteo rufinus	II	无危	甘、新、藏、青、川、苏、蒙	蒙杭锦淖尔；苏盐城；青三江源；新天池等15处	C	
		普通鵟 B. buteo	II	无危	遍及各地	津北大港湿地；冀北戴河鸟类；晋运城湿地；蒙达赉湖；吉向海等234处	A	
		大鵟 B.lagopus Temminck	II	无危	国内分布于东北、内蒙古、西北、华北和华南等地	津北大港湿地；冀北戴河鸟类；晋运城湿地；蒙达赉湖；吉向海等150处	A	

物种		拉丁学名	保护级别	濒危状况	分布区域	分布的主要自然保护区	保护评价	备注
隼形目	鹰科	毛脚鵟 B. lagopus	II	无危	新、甘、陕东北、华东及东南沿海	冀北戴河鸟类；晋运城湿地；蒙达赉湖；吉龙；浙凤阳山—百山祖等90处	A	
		白眼鵟鹰 Butastur teesa	II	无危	藏南部的错那、隆子、江孜、聂拉木、吉隆、亚东、林芝、墨脱、朗县、米林、察隅等地	藏纳木错	D	
		灰脸鵟鹰 Butastur indicus	II	无危	蒙、鄂、川、桂、滇、陕东北、华北和东南沿海各省	冀北戴河鸟类；吉长白山；黑兴凯湖；浙凤阳山—百山祖；鄂神农架等42处	A	
		棕翅鵟鹰 Butastur liventer	II	无危	滇	滇无量山	D	
		凤头蜂鹰 Pernis ptilorhyncus	II	无危	蒙、东北、晋、沪、赣、桂、琼、鲁、滇、甘、青、新、苏、西南、华中、川	冀北戴河鸟类；吉大布苏狼牙坝；黑胜山；沪东滩鸟类；鲁黄河三角洲等35处	A	
		鹰雕 Spizaetus nipalensis	II	无危	冀、蒙、东北、赣、湘、川、台、闽、琼、粤、浙	冀北戴河鸟类；浙凤阳山—百山祖；赣江西武夷山；粤南岭；琼尖峰岭等45处	A	
		草原雕 Aquila rapax	II	无危	冀、新、蒙、川、豫、青、甘、藏	晋芦芽山；蒙达赉湖；吉莫莫格；黑长白山；苏盐城等76处	A	
		乌雕 Aquila clanga	II	无危	蒙、东北、华北、苏、浙、皖、豫、川、赣、闽、粤、青、台、滇	冀北戴河鸟类；晋芦芽山；蒙达赉湖；吉莫莫格；黑胜山等64处	A	
		白腹山雕 Aquila fasciata	II	易危	苏、浙、赣、鄂、湘、黔、滇、华南等地	浙凤阳山—百山祖；闽江源；鄂神农架；粤南岭；琼霸王岭等15处	C	
		小雕 Aquila pennata	II	数据缺乏	新、浙、滇	辽蛇岛—老铁山；滇西双版纳	D	
		棕腹隼雕 Aquila kienerii	II	数据缺乏	仅见于海南和云南南部盈江	滇铜壁关	C	
		靴隼雕 Hieraaetus pennata	II	无危	新疆、东北、河北		E	
		林雕 Ictinaetus malayensis	II	无危	琼、闽、滇、青、鄂	闽江源；鄂神农架；琼尖峰岭；滇莱阳岭；三江源等14处	C	
		白腹海雕 Haliaeetus leucogaster	II	无危	苏、粤、琼、闽	蒙乌拉山；阿鲁科尔沁草原	D	
		白腹隼雕 Hieraaetus fasciatus	II	无危	长江及以南地区	赣九连山	D	

物种	拉丁学名	保护级别	濒危状况	分布区域	分布的主要自然保护区	保护评价	备注
	渔雕 Ichthyophaga nana	II	稀有	琼		D	
	白背兀鹫（拟兀鹫）Gyps bengalensis	II	近危	仅记录于云南的景洪	滇白马雪山、南滚河、西双版纳	A	
	黑兀鹫 Sarcogyps calvus	II	极危	苏、滇、桂	滇无量山，铜壁关，西双版纳，无量山	D	
	秃鹫 Aegypius monachus	II	濒危	除津、沪、豫、皖、黔、琼外各有分布	冀北戴河鸟类；蒙达赉湖；黑洮力河；苏盐城；吉长白山等105处	A	
	白尾鹞 Circus cyaneus	II	近危	各地均有分布	冀北戴河鸟类；晋运城湿地；蒙达赉湖；吉向海；黑长白山等150处	A	
隼形目 鹰科	草原鹞 Circus macrourus	II	无危	冀、新、藏、苏、赣、川、琼、桂、闽	冀南大港湿地；赣鄱阳湖候鸟；藏羌塘；新夏尔西里等14处	C	
	乌灰鹞 Circus pygargus	II	近危	新、苏、鲁、粤、闽	苏盐城；鲁昆箭山；新西天山	D	
	鹊鹞 Circus melanoleucos	II	无危	东北、陕、青、蒙、苏、浙、皖、鲁、赣、西南	冀北戴河鸟类；晋运城湿地；吉向海；黑兴凯湖；皖牯牛降等113处	A	
	白头鹞 Circus aeruginosus	II	无危	晋、蒙、黑、吉、辽、苏、沪、滇、渝、新、甘、藏、青、粤、琼、台、闽、华北、赣	晋芦芽山；蒙达赉湖；吉向海；黑洮力河；沪九段沙湿地等66处	A	
	白腹鹞 Circus spilonotus	II	无危	蒙、东北、冀、甘、青、苏、沪、浙、京、津、鲁、鄂、赣、川、华南	冀北大港湿地；蒙阿鲁科尔沁草原；吉珲春东北虎；皖安庆沿江湿地；赣南矶山等36处	A	
	短趾雕 Circaetus ferox	II	无危	辽、京、甘、新、川	冀茅荆坝；辽蛇岛-老铁山；川九寨沟；宝顶沟；甘祁连山	D	
	蛇雕 Spilornis cheela	II	无危	辽、藏、苏、浙、皖、赣、黔、滇及华南、鄂	浙凤阳山—百山祖；闽江源；赣江西武夷山；粤南岭；琼霸王岭等43处	A	
	鹗 Pandion haliaetus	II	无危	蒙、新、藏、东北、华北、沪、苏、甘、浙、宁、鲁、青、滇、华南、川	冀北戴河鸟类；晋运城湿地；吉向海；黑兴凯湖等66处	A	

物种		拉丁学名	保护级别	濒危状况	分布区域	分布的主要自然保护区	保护评价	备注
隼形目	鹰科	鸢 Milvus Korschun	II	无危	遍及各地	冀北戴河鸟类；晋运城湿地；蒙达赉湖；青海；甘祁连山等297处	A	
		黑翅鸢 Elanus caeruleus	II	数据缺乏	冀、浙、闽、赣、粤、滇、桂	冀南大港湿地；闽江源；赣鄱阳湖候鸟；粤十万大山；滇西双版纳等10处	C	
		褐冠鹃隼 Aviceda jerdoni	II		赣、鄂、黔、滇、琼、桂	赣井冈山；鄂神农架；琼尖峰岭；滇西双版纳等11处	C	
		凤头鹃隼 Aviceda leuphotes	II	无危	赣、鄂、湘、西南、华南	赣新妙候鸟；湘桃源洞；粤南岭；桂九万山；滇西双版纳等27处	B	
		黑冠鹃隼 Aviceda leuphotes	II	无危	中国南部	闽武夷山；赣江西武夷山；鄂神农架；川瓦屋山；滇金平分水岭等13处	C	
		白腿小隼 Microhierax elanoleucos	II	数据缺乏	苏、浙、赣、桂、闽、滇、黔、粤	赣九连山；江西武夷山；滇金平分水岭	D	
		红腿小隼 Microhierax caerulescens	II	无危	滇盈江地区	滇铜壁关	B	
	隼科	阿尔泰隼 Falco altaicus	II	无危	青、新	青三江源	D	
		猎隼 Falco cherrug	II	无危	东北、蒙、华北、西北、浙、川、藏、陕、宁、甘、新等地	冀北戴河鸟类；晋运城湿地；蒙图牧吉；苏盐城；川若尔盖湿地等66处	A	
		矛隼 Falco gyrfalco	II	数据缺乏	冀、青、黑、吉、新	冀塞罕坝；蒙达赉湖；黑挠力河；新卡拉麦里山等15处	C	
		游隼 Falco peregrinus	II	无危	除陕、宁、皖、豫、鄂、湘、台外，其他各省均有分布	冀北戴河鸟类；晋芦芽山；蒙达赉湖；黑兴凯湖；苏盐城等104处	A	
		拟游隼 Falco pelegrinoides	II	无危	繁殖于天山及青海		F	
		游隼新疆亚种 Falco peregrinus babylonicus	II	无危	新疆西部巩留等地		F	
		燕隼 Falco subbuteo	II	无危	除琼外各省	冀北戴河鸟类；晋运城湿地；蒙达赉湖；青海；苏盐城等165处	A	

物种		拉丁学名	保护级别	濒危状况	分布区域	分布的主要自然保护区	保护评价	备注
隼形目	隼科	猛隼 Falco severus	II	稀有	滇、琼、桂	桂大明山、岑王老山；滇无量山、西双版纳、无量山	D	
		阿穆尔隼 Ealco amurebsis	II	无危	东北、甘、陕、宁	苏盐城	D	
		灰背隼 Ealco columbarius	II	无危	除陕、宁、浙、粤、琼、台外，各省区都有分布	冀北戴河鸟类；晋芦芽山；蒙达赉湖；黑兴凯湖等 109 处	A	
		红脚隼 Falco vespertinus	II	无危	除青、新、藏、浙、皖、粤、台外，各省都有分布	津北大港湿地，晋运城湿地；蒙达赉湖；吉向海等 147 处	A	
		黄爪隼 Falco naumanni	II	无危	蒙、吉、辽、冀、晋、新、京、鲁、豫、川、滇	冀北戴河鸟类；晋运城湿地；蒙达赉湖；吉向海；新卡拉麦里山等 36 处	B	
		红隼 Falco tinnunculus	II	无危	各省区均有分布	津北大港湿地；晋运城湿地；冀北戴河鸟类；蒙达赉湖；吉长白山等 297 处	A	
		细嘴松鸡 Tetrao parvirostris	I	易危	蒙、黑最北部，冀北隆冬季偶见	蒙汗玛、红花尔基；黑胜山、兴凯湖、六峰湖等 13 处	C	
		黑琴鸡 Lyrurus tetrix	II	无危	蒙、辽、吉、黑及冀北部围场、川、新	蒙额尔古纳湿地、辽鸭绿江上游；吉长白山；黑兴凯湖；新夏尔西里等 41 处	A	
		柳雷鸟 Lagopus lagopus	II		东北大兴安岭及靠近黑龙江流域的地区，川	蒙额尔古纳、汗玛；黑兴凯湖、三江；川马鞍山等 6 处	C	
		岩雷鸟 lagopus mutus	II	不宜评估	新	新哈纳斯	C	
鸡形目	松鸡科	镰翅鸡 Falcipennis falcipcnmis	II	近危	东北黑龙江下游及小兴安岭一带	黑兴凯湖	G	可能绝灭
		花尾榛鸡 Tetrastes bonasia	II	不宜评估	津、黑、吉、辽、冀、川、新	冀雾灵山；蒙额尔古纳湿地、黑兴凯湖、吉长白山；川马鞍山等 45 处	A	
		斑尾榛鸡 Tetrastes sewerzowi	I	不宜评估	青、甘、藏、滇、川的局部地区	滇碧塔海；藏类乌齐马鹿；川九寨沟、卧龙；甘祁连山等 29 处	B	

物种		拉丁学名	分布区域	濒危状况	保护级别	分布的主要自然保护区	保护评价	备注
鸡形目	雉科	淡腹（藏）雪鸡 *Tetraogallus tibetanus*	甘、青、滇、新、藏和川	野外绝灭	II	滇白马雪山；青青海湖；藏纳木错；甘祁连山；新阿尔金山等 6 处	C	
		暗腹（高山）雪鸡 *Tetraogallus himalayensis*	甘、青、藏、新	无危	II	藏羌塘；甘祁连山；青三江源；新天池；夏尔西里等 12 处	C	
		雉鹑 *Tetraophasis obscurus*	西北、西南	近危	I	川卧龙；滇白马雪山；藏雅鲁藏布大峡谷；甘祁连山；青三江源等 24 处	B	
		四川山鹧鸪 *Arborophila rufipectus*	川	数据缺乏	I	川马边大风顶、马鞍山、美姑大风顶	D	
		海南山鹧鸪 *Arborophila ardens*	琼	近危	I	琼尖峰岭、五指山、霸王岭、吊罗山	D	
		血雉 *Ithaginis cruentus*	渝、滇、川、甘、陕、青、藏	易危	II	川卧龙；滇碧塔海；青三江源；藏雅鲁藏布大峡谷；陕周至金丝猴等 48 处	A	
		黑头角雉 *Tragopan melanocephalus*	藏	濒危	I	藏羌塘	D	
		红胸角雉 *Tragopan satyra*	滇、藏	濒危	I	滇高黎贡山；藏珠穆朗玛峰	D	
		灰腹角雉 *Tragopan blythii*	湘、滇、藏	无危	I	湘红岩；滇高黎贡山；藏察隅慈巴沟	D	
		红腹角雉 *Tragopan temminckii*	鄂、湘、桂、川、黔、滇、陕、甘、藏	不宜评估	II	鄂神农架；川卧龙；黔觉阿水；滇哀牢山；陕周至金丝猴等 74 处	A	
		黄腹角雉 *Tragopan caboti*	浙南部、闽、赣、桂、滇、渝、粤北部	近危	I	浙凤阳山—百山祖；闽武夷山；赣井冈山；南岭；滇金平分水岭等 46 处	A	
		绿尾虹雉 *Lophophorus lhuysii*	青、甘、川	易危	I	川卧龙、九寨沟；藏类乌齐马鹿；甘白水江；青三江源等 30 处	B	
		白尾梢虹雉 *Lophophorus sclateri*	藏西北和东北	近危	I	滇高黎贡山；藏察隅慈巴沟	D	
		棕尾虹雉 *Lophophors imper*	藏南部和东南部	易危	I	藏珠穆朗玛峰、雅鲁藏布大峡谷	C	
		藏马鸡 *Crossoption crossoptilon*	青、藏、川、滇	易危	II	川卧龙；青三江源；藏类乌齐马鹿、雅鲁藏布；纳木错等 21 处	B	

物种	拉丁学名	保护级别	濒危状况	分布区域	分布的主要自然保护区	保护评价	备注
鸡形目 雉科	蓝马鸡 Crossoptilon auritum	II	易危	川、青、甘、宁	川九寨沟；青三江源；甘莲花山；宁贺兰山等18处	B	
	褐马鸡 Crossoptilon mantchuricum	I	近危	晋吕梁山林和冀的西北部	冀小五台山；晋芦芽山、庞泉沟；陕雷等庄褐马鸡、黄龙山褐马鸡等18处	B	
	黑鹇 Lophura leucomelana	II	近危	藏	藏雅鲁藏布大峡谷；滇高黎贡山	D	
	白鹇 Lophura nycthemera	II	无危	南方各山林地区	浙凤阳山一百山祖；皖牯牛降；粤南岭；琼霸王岭等106处	A	
	蓝鹇 Lophura swinhoii	I	易危	台湾		G	
	原鸡 Gallus gallus	II	近危	湘、川、滇、粤、桂和琼	粤大雾岭；桂十万大山；琼尖峰岭；川马鞍山；滇哀牢山等27处	B	
	勺鸡 Pucrasia macrolopha	II	无危	京、津、冀、陕、藏、甘、滇、辽、粤、浙、赣、皖、鄂、川、闽	冀塞罕坝；晋历山；浙九龙山；皖牯牛降；南岭等38处	A	
	黑颈长尾雉 Syrmaticus humiae	I	易危	滇、桂	桂岑王老山；滇哀牢山、西双版纳，苍山洱海；铜壁关等9处	C	
	白冠长尾雉 Syrmaticus reevesii	II	无危	冀、粤、晋、陕、鄂、湘、豫、黔、川、甘	豫董寨鸟类；鄂神农架；粤大雾岭；陕佛坪等40处	A	
	白颈长尾雉 Syrmaticus ellioti	I	近危	皖、浙、闽、赣、湘、粤、桂	浙凤阳山一百山祖；闽武夷山；皖牯牛降；粤南岭等48处	A	
	黑长尾雉 Syrmaticus mikado	I	易危	台湾		G	
	红腹锦鸡 Chrysolophus pictus	II	易危	川、黔、桂、滇、赣、豫、青、甘、藏、陕、宁	赣阳际峰；滇伏牛山；鄂神农架；川卧龙；宽阔水等84处	A	
	白腹锦鸡 Chrysolophus amherstiae	II	近危	藏、湘、桂、川、滇、黔	桂岑王老山；渝金佛山；川峰桶寨；滇哀牢山等39处	A	
	孔雀雉 Polyplectron bicalcaratum	I	易危	冀、粤、琼、滇	冀老岭；琼尖峰岭；滇西双版纳，纳版河等9处	C	
	绿孔雀 Pavo muticus	I	无危	滇、琼	滇哀牢山、大围山，金平分水岭，西双版纳，铜壁关等16处	A	

物种		拉丁学名	保护级别	濒危状况	分布区域	分布的主要自然保护区	保护评价	备注
鹤形目	鹤科	灰鹤 Grus grus	II	无危	东北、华北、西北、华中、西南和东南沿海，陕甘宁、新	津北大港湿地；冀红松洼草原；晋芦芽山；蒙达赉湖；吉向海等136处	A	
		黑颈鹤 Grus nigricollis	I	不宜评估	青、藏、川北部，在黔、滇、川南部、藏东南部越冬	川若尔盖湿地；黔草海；滇会泽黑颈鹤；藏雅鲁藏布中游河谷；青海湖等37处	A	
		白头鹤 Grus monacha	I	濒危	长江下游、沿海各省及东北各省、鄂、湘、皖	冀南大港湿地；蒙黄河；吉向海；黑兴凯湖；赣鄱阳湖候鸟等49处	A	
		沙丘鹤 Grus canadensis	II	无危	北美洲、古巴及西伯利亚，偶见我国东部沿海	黑扎龙；苏盐城；赣鄱阳湖；新妙候鸟；鲁黄河三角洲	G	迷鸟
		丹顶鹤 Grus japonensis	I	易危	东北、华东和华北各省	蒙达赉湖；辽双台河口；黑扎龙；苏盐城等83处	A	
		白枕鹤 Grus vipio	II	易危	津、沪、鲁、苏、冀、辽、青、赣、蒙、黑、闽、皖、台	冀北戴河鸟类；蒙辉河；黑扎龙；吉向海；苏盐城等65处	A	
		白鹤 Grus leucogeranus	I	不宜评估	川、青、新、津、蒙、东北各省、冀、鲁、川和长江下游及东南沿海	冀北戴河鸟类；蒙达赉河；辽双台河口；吉向海；赣鄱阳湖候鸟等52处	A	
		赤颈鹤 Grus antigone	I	濒危	滇西双版纳地区	滇高黎贡山，西双版纳，铜壁关，南滚河	A	
		蓑羽鹤 Anthropoides virgo	II	易危	东北各省、津、晋、蒙、冀、甘、宁、新、青、藏	冀白洋淀湿地；蒙达赉湖；黑扎龙；吉向海；新夏尔西里等67处	A	
	秧鸡科	长脚秧鸡 Crex crex	II	极危	新、藏、湘、川、滇	湘东洞庭湖；川马鞍山；滇金平分水岭	D	
		姬田鸡 Porzana parva	II	易危	川、新西部	川马鞍山	D	
		棕背田鸡 Porzana bicolor	II	无危	苏、川、滇、藏	川马鞍山；美姑大风顶；瓦屋山；滇苍山洱海；藏雅鲁藏布大峡谷等6处	C	
		花田鸡 Coturnicops noveboracensis	II	易危	冀、鲁及长江流域和东南沿海	冀北戴河鸟类；黑沿江湿地；苏盐城；鲁鄱阳湖候鸟；鲁长岛等11处	C	

物种	拉丁学名	保护级别	濒危状况	分布区域	分布的主要自然保护区	保护评价	备注
鹤形目 鸨科	大鸨 Great Bustard	I	无危	东北、华北地区及长江流域，蒙、辽、陕、青、宁、甘、新	冀北戴河鸟类；晋运城湿地；蒙达赉湖、赣鄱阳湖候鸟等86处	A	
	小鸨 Little Bustard	I	无危	新疆天山附近，蒙、吉、甘	蒙东阿拉善；吉大布苏狼牙坝；甘哈巴湖；新卡拉麦里山，艾比湖湿地等11处	C	
	波斑鸨 Otis undulata	I	易危	蒙、新疆西北部	蒙东阿拉善、巴丹吉林沙漠湖沼、额济纳胡杨林；新苟台台荒漠类草地、布尔根河狸等8处	C	
鸻形目 鹬科	铜翅水雉 Metopidius indicus	II	易危	滇西南部的西双版纳地区	滇西双版纳	B	
	小杓鹬 Numenius borealis	II	近危	东部沿海	冀南大港湿地；晋运城湿地；蒙达赉湖、吉向海；沪九段沙湿地等37处	A	
	小青脚鹬 Tringa guttifer	II	近危	冀、蒙、苏东南沿海各省	冀北戴河鸟类；沪东滩鸟类；苏盐城、闽漳江口红树林；鲁黄河三角洲等9处	C	
燕鸻科	灰燕鸻 Glareola lactea	II	无危	滇南部及西南部	滇西双版纳、金平分水岭、大围山	D	
鸥形目 鸥科	遗鸥 Larus relictus	I	无危	津、晋、苏、赣、蒙、冀、京、甘	津北大港湿地；晋运城湿地；蒙鄂尔多斯遗鸥；苏盐城；赣新妙湿地鸟等9处	C	
	小鸥 Larus minutus	II	濒危	蒙、吉、冀、新、苏等地	蒙科尔沁、额尔古纳湿地；新卡拉麦里山，艾比湖湿地	D	
	黑浮鸥 Chlidonias niger	II	不宜评估	京、津、冀、鲁、苏、新、粤	冀北大港湿地；吉大布苏狼牙坝；苏盐城；鲁黄河三角洲	D	
	黄嘴河燕鸥 Sterna aurantia	II	易危	滇南部	滇西双版纳、铜壁关	D	
	黑嘴端凤头燕鸥 Thalasseus zimmermanni	II	无危	华北黄淮平原、华中东部丘陵平原、华南闽广沿海	沪崇明岛东滩	D	

物种		拉丁学名	保护级别	濒危状况	分布区域	分布的主要自然保护区	保护评价	备注
	沙鸡科	黑腹沙鸡 Pterocles orientalis	II	无危	新疆北部、西部天山及喀什	川马鞍山；新艾比湖湿地、卡拉麦里山		C
鸽形目	鸠鸽科	针尾绿鸠 Treron apicauda	II	无危	滇西部、南部及川西南部地区	滇承德大雪山、铜壁关、西双版纳、莱阳河、金平分水岭等6处		C
		楔尾绿鸠 Treron sphenura	II	极危	鄂、滇、川、藏	鄂神农架；川栗子坪；滇西双版纳、莱阳河、高黎贡山等17处		B
		红翅绿鸠 Treron sieboldii	II	无危	台、鄂、湘、闽、苏、川、陕、黔、桂和琼	闽武夷山；鄂神农架；湘高望界；桂崇左白头叶猴；川米仓山等12处		C
		红顶绿鸠 Treron formosae	II	无危	台及兰屿地区			G
		黄脚绿鸠 Treron phoenicoptera	II	无危	滇	滇南滚河、西双版纳、金平分水岭		D
		厚嘴绿鸠 Treron curvirostra	II	无危	滇、琼	琼吊罗山、五指山；滇西双版纳		D
		灰头绿鸠 Treron pompadora	II	无危	滇西双版纳地区	滇西双版纳		A
		橙胸绿鸠 Treron bicincta	II	不宜评估	琼和台			E
		黑顶果鸠 Ptilinopus leclancheri	II	不宜评估	台及兰屿地区	川马鞍山		D
		绿皇鸠 Ducula aenea	II	不宜评估	琼、桂	琼吊罗山、霸王岭、五指山；滇南滚河、金平分水岭等6处		C
		山皇鸠 Ducula badia	II	近危	琼、桂、滇	桂崇左白头叶猴；琼五指山；滇纳板河、西双版纳等9处		C
		斑尾林鸽 Columba palumbus	II	无危	新疆喀什及天山山地、川、滇	川马鞍山；滇金平分水岭		C
		斑尾鹃鸠 Macropygia unchall	II	不宜评估	滇、川、闽、粤、琼	琼霸王岭；滇文山老君山、铜壁关、南滚河、金平分水岭等6处		C
		棕头鹃鸠 Macropygia ruficeps	II	不宜评估	滇西双版纳地区	滇西双版纳		C
		乌鹃鸠 Macropygia phasianella	II	不宜评估	台及兰屿地区			G

物种	拉丁学名	保护级别	濒危状况	分布区域	分布的主要自然保护区	保护评价	备注
	红领绿鹦鹉 Psittacula krameri	II	无危	粤、闽		F	
	绯胸鹦鹉 Psittacula alexandri	II	无危	藏、滇、粤、琼、川	琼吊罗山；川亚丁；滇西双版纳；藏察隅慈巴沟、雅鲁藏布大峡谷等21处	C	
	大绯胸鹦鹉 Psittacula derbiana	II	数据缺乏	藏、川、滇	川峰桶寨；藏雅鲁藏布大峡谷；滇西双版纳、金平分水岭、哀牢山等14处	B	
	花头鹦鹉 Psittacula cyanocephala	II	无危	滇、桂、粤	桂十万大山；滇金平分水岭	C	
鹦形目 鹦鹉科	灰头鹦鹉 Psittacula himalayana	II	近危	川、滇	滇沾益海峰、苍山洱海、铜壁关、西双版纳、高黎贡山等13处	D	
	长尾鹦鹉 Psittacula longicauda	II	近危	川		F	
	蓝腰短尾鹦鹉 Psittinus cyanurus	II	无危	滇思茅地区	滇莱阳河	D	
	短尾鹦鹉 Loriculus vernalis	II	无危	滇、粤		F	
	彩虹鹦鹉 Trichogolssus haematodus	II	无危	中国为边缘分布、香港		G	
	小葵花凤头鹦鹉 Cacatua sulphurea	II	数据缺乏	中国为边缘分布、香港		G	
鹃形目 杜鹃科	褐翅鸦鹃 Centropus sinensis	II	不宜评估	苏、浙、闽、粤、桂、琼、赣、鄂、黔、滇、豫、华南	苏盐城；浙清凉峰；闽武夷山；赣江西武夷山；粤南岭等66处	A	
鹃形目 杜鹃科	小鸦鹃 Centropus toulou	II	不宜评估	冀、沪、苏、浙、闽、粤、桂、赣、皖、豫、鄂、黔、滇、华南	冀南大港湿地；沪东滩鸟类；皖安庆沿江湿地；赣都阳湖候鸟；粤南岭等59处	A	

物种		拉丁学名	保护级别	濒危状况	分布区域	分布的主要自然保护区	保护评价	备注
鸮形目	草鸮科	仓鸮 Tyto alba	II	不宜评估	滇	滇西双版纳、金平分水岭	D	
		草鸮 Tyto capensis	II	近危	辽、黑、鲁、沪、川、华中、滇及台	沪东滩鸟类；浙凤阳湖一百山祖；皖枯牛降；鲁长岛等91处	A	
		栗鸮 Phodilus badius	II	近危	滇、粤、豫、桂	粤湛江红树林；桂十万大山；琼尖峰岭；滇铜壁关，西双版纳等7处	C	
	鸱鸮科	黄嘴角鸮 Otus spilocephalus	II	近危	滇、华南各地、琼	粤湛江红树林；闽武夷山；桂十万大山；琼尖峰岭；滇金平分水岭等7处	C	
		纵纹角鸮 Otus brucei	II	无危	蒙、滇、新	蒙额济纳胡杨林；滇金平分水岭；新西天山	D	
		红角鸮 Otus scops	II	不宜评估	除青藏高原、内蒙古草原及海南岛外，都有分布	冀白洋淀湿地；晋阳城莽河；蒙额尔古纳湿地；吉长白山；苏盐城等124处	A	
		东方角鸮 O. sunia Hodgson	II	无危	东北、东南		F	
		兰屿角鸮 Otus elegans	II	无危	台兰屿及周围		G	
		领角鸮 Otus bakkamoena	II	无危	东北、华北、西南、华中及华南部分地区，陕、宁	冀白洋淀湿地；蒙黑里河；吉莫莫格；黑兴凯湖；苏盐城等116处	A	
		雕鸮 Bubo bubo	II	无危	大部分地区均有分布	冀红松洼草原；晋运城湿地；蒙达赉湖；浙凤阳山一百山祖等188处	A	
		林雕鸮 Bubo nipalensis	II	近危	川、滇	滇西双版纳、金平分水岭；大围山	D	
		乌雕鸮 Bubo coromandus	II	无危	浙、赣		F	
		褐鱼鸮 Ketupa zeylonensis	II	无危	蒙、黑、吉、鄂、华南、西南	蒙阿尔山；黑长白山；鄂后河；桂大明山；琼霸王岭等11处	C	
		毛腿鱼鸮 Ketupa blakistoni	II	不宜评估	陕、浙、皖、鄂、川、黔	蒙阿尔山；黑胜山；豫伏牛山；茅兰沟；川斗牛山等7处	C	
		黄脚鱼鸮 Ketupa flavipes	II	无危	甘、苏、皖、黔、渝、陕	渝大巴山；黔麻阳河黑叶猴；陕周至金丝猴、洋县朱鹮	D	

物种	拉丁学名	保护级别	濒危状况	分布区域	分布的主要自然保护区	保护评价	备注
	雪鸮 Nyctea scandiaca	II	无危	蒙、黑、辽、冀、陕、新	蒙辉河;黑达赉湖、八岔岛;吉大布苏狼牙坝;新卡拉麦里山等33处	B	
	猛鸮 Surnia ulula	II	濒危	蒙、黑、新	蒙汗玛、红花尔基、阿尔山、黑胜山、凤凰山等16处	B	
	花头鸺鹠 Glaucidium passerinum	II	无危	黑、豫、鄂、浙、湘、粤、桂、滇、陕、甘	蒙额尔古纳湿地;黑额尔古纳湿地;浙清凉峰;皖牯牛降;闽江源等51处	A	
	领鸺鹠 Glaucidium brodiei	II	无危	陕、苏、浙、赣、皖、鄂、湘、渝、黔、滇及华南	浙凤阳山—百山祖;皖牯牛降;闽武夷山;豫董寨鸟类;粤南岭等71处	A	
鸮形目 鸮科	斑头鸺鹠 Glaucidium cuculoides	II	无危	陕、苏、浙、鲁、皖、豫、鄂、湘、滇、甘及西南、华南、藏	浙凤阳山—百山祖;皖牯牛降;闽江源;赣鄱阳湖候鸟;鲁黄河三角洲等126处	A	
	鹰鸮 Ninox scutulata	II	无危	冀、陕、吉、浙、豫、辽、黑、部、桂、川、湘、鲁、粤、渝、赣、闽、琼、滇西	冀南大港湿地;吉长白山;黑兴凯湖;沪东滩鸟类;苏盐城等77处	A	
	纵纹腹小鸮 Athene noctua	II	无危	冀、鲁、豫、川鄂、藏、东北、西北及西南等地	冀白洋淀湿地;晋运城湿地;蒙达赉湖;辽鸭绿江口滨海湿地;鲁黄河三角洲等119处	A	
	横斑腹小鸮 Athene brama	II	无危	滇		F	
	褐林鸮 Strix leptogrammica	II	无危	京、赣、闽、湘、桂、琼、皖、鄂及西南、华南等地	浙凤阳山—百山祖;闽戴云山;赣井冈山;琼尖峰岭等27处	B	
	灰林鸮 Strix aluco	II	无危	津、湘、藏、豫、桂、吉、冀、辽、甘、陕、鄂、鲁、台等地	豫伏牛山;鄂星斗山;川九寨沟;滇沾益海峰;陕佛坪等52处	A	
	长尾林鸮 Strix uralensis	II	无危	蒙、新、吉、黑、豫、青、川	蒙赛罕乌拉;吉向海;黑八岔岛;豫伏牛山;川峰桶寨等58处	A	

物种		拉丁学名	保护级别	濒危状况	分布区域	分布的主要自然保护区	保护评价	备注
鸮形目	鸱鸮科	四川林鸮 Strix davidi	II	无危	青、川、甘	川千佛山、瓦屋山、黑水三打古金丝猴;甘莲花山	D	
		乌林鸮 Strix nebulosa	II	无危	蒙、黑、吉	蒙红花尔基、汗玛;黑乌伊岭湿地、翠北湿地、红星湿地等12处	C	
		长耳鸮 Asil otus	II	无危	京、津、晋、蒙、辽、黑、沪、苏、浙、皖、赣、湘、黔、桂、新、宁、藏、青、冀、豫、鲁、甘、川、粤、闽等省区	冀雾灵山;晋芦芽山;蒙阿鲁科尔沁草原;吉长白山;浙凤阳山一百山祖等184处	A	
		短耳鸮 Asio flammeus	II	无危	东北北部至台湾、琼及滇、新西部的大部分地区	冀塞罕坝;晋庞泉沟;蒙达赉湖;吉长白山;浙凤阳山一百山祖等159处	A	
		鬼鸮 Aegolius funereus	II	不宜评估	蒙、吉、川、陕、黑、甘、新	蒙汗玛;吉大布苏狼牙坝、黑凤凰山;川九寨沟;甘祁连山等20处	B	
雨燕目	雨燕科	灰喉针尾雨燕 Hirundapus cochinchinensis	II	无危	琼、南海诸岛	琼尖峰岭、吊罗山、五指山、霸王岭;陕佛坪	D	
	凤头雨燕科	凤头雨燕 Hemiprocne longipennis	II	无危	滇西部及南部	滇南捧河、莱阳河	D	
咬鹃目	咬鹃科	橙胸咬鹃 Harpactes oreskios	II	无危	滇	滇南捧河	D	
佛法僧目	翠鸟科	蓝耳翠鸟 Alcedo meninting	II	无危	滇南部	滇金平分水岭	D	
		鹳嘴翠鸟 Pelargopsis capensis	II	无危	滇南部	滇西双版纳	C	
	蜂虎科	黑胸蜂虎 Merops leschenaulti	II	近危	滇、桂南部	滇南滚河、永德大雪山、铜壁关、西双版纳	D	
		绿喉蜂虎 Merops orientalis	II	无危	滇、桂和琼	滇南滚河、铜壁关、西双版纳、无量山	D	

物种	拉丁学名	保护级别	濒危状况	分布区域	分布的主要自然保护区	保护评价	备注
佛法僧目 犀鸟科	白喉犀鸟 Ptilolaemus tickelli	II	无危	西双版纳和桂南部边缘	滇铜壁关、西双版纳	B	
	棕颈犀鸟 Aceros nipalensis	II	无危	滇西南部和藏东南部的墨脱	滇铜壁关、西双版纳	B	
	冠斑犀鸟 Anthracoceros coronatus	II	无危	滇南部	桂西大明山；滇铜壁关、西双版纳、无量山、大围山等11处	B	
	双角犀鸟 Buceros bicornis	II	易危	滇南部	滇铜壁关、西双版纳	C	
䴕形目 啄木鸟科	白腹黑啄木鸟 Dryocopus Javensis	II	易危	川、滇、闽	川九顶山；滇白马雪山、西双版纳、金平分水岭、高黎贡山等6处	C	
雀形目 阔嘴鸟科	银胸丝冠鸟 Serilophus lunatus	II	近危	滇、桂、台和琼	滇南滚河、铜壁关、菜阳河、大围山	D	
	长尾阔嘴鸟 Psarisomus dalhousiae	II	易危	滇、桂、黔	桂左右头叶猴；滇永德大雪山、铜壁关、菜阳河、大围山等6处	C	
八色鸫科	蓝枕八色鸫 Pitta nipalensis	II	近危	滇南部和东南部、桂西南部	滇永德大雪山、大围山	D	
	蓝背八色鸫 Pitta soror	II	近危	滇河口、桂瑶山和海南等地	桂大瑶山；琼霸王岭、吊罗山、尖峰岭	D	
	蓝八色鸫 Pitta moluccensis	II	近危	滇西双版纳	滇纳板河、西双版纳	A	
	蓝翅八色鸫 Pitta brachyura	II	无危	冀、浙、赣、鄂、桂、滇、琼、闽、台、粤、皖、豫、冀等地	浙九龙山；皖鹞落坪；赣井冈山；粤南岭；琼霸王岭等23处	B	
	紫蓝翅八色鸫 Pitta moluccensis	II	近危	在滇居留繁殖		E	
	绿胸八色鸫 Pitta sordida	II	无危	滇南部	滇无量山、绿春黄连山、金平分水岭	C	
	栗头八色鸫 Pitta oatesi	II	无危	滇西部和南部边境地区	滇滇铜壁关、西双版纳、大围山等6处	C	
	双辫八色鸫 Pitta phayrei	II	数据缺乏	滇南部西双版纳景洪、勐腊	滇西双版纳	B	
	仙八色鸫 Pitta nympha	II	近危	华南、滇	赣九连山、官山；桂九万山、元宝山	D	

爬行动物 REPTILIA

物种		拉丁学名	保护级别	濒危状况	分布区域	分布的主要自然保护区	保护评价	备注
龟鳖目	龟科	地龟 Geoemyda spengleri	II	濒危	鄂、粤、琼、桂	粤南昆山；桂大瑶山、九万山、元宝山、十万大山等6处	C	
		三线闭壳龟 Cuora trifasciata	II	极危	粤、琼、桂、闽	粤石门台、中山长江库区；桂大明山、防城上岳金花茶、十万大山等7处	C	
		云南闭壳龟 Cuora yunnanensis	II	野生绝灭	滇昆明及东川		G	野外绝灭
	陆龟科	四爪陆龟 Testudinidae	I	极危	桂、滇	新霍城四爪陆龟	D	
		凹甲陆龟 Manouria impressa	II	濒危	琼	滇南滚河、纳板河、西双版纳、莱阳河、金平分水岭	D	
	海龟科	蠵龟 Caretta caretta	II	濒危	南海、东海、黄海	闽漳江口红树林；粤惠东港口海龟	D	
		绿海龟 Chelonia mydas	II	极危	山东沿海到北部湾	闽厦门珍稀海洋物种；粤惠东港口海龟	D	
		玳瑁 Erctmochelys imbricata	II	极危	南海向北到山东沿海	闽厦门珍稀海洋	D	
		太平洋丽龟 Lepidochelys olivacca	II	极危	南海到黄海南部	苏盐城；闽厦门珍稀海洋	D	
	棱皮龟科	棱皮龟 Dermochelys coriacea	II	极危	南海、东海、黄海	苏盐城；闽厦门稀稀海洋物种、漳江口红树林；鲁黄河三角洲	D	
	鳖科	鼋 Pelochelys bibroni	I	野生绝灭	滇、苏、浙、闽、粤、琼、桂	浙青田鼋；粤广宁鼋、绥江鼋、河源鼋、新丰江鼋等13处	C	
		山瑞鳖 Trionyx steindachneri	II	濒危	滇、黔、粤、琼、桂	粤石门台；桂大明山；滇南滚河、西双版纳、莱阳河等15处	C	

物种		拉丁学名	保护级别	濒危状况	分布区域	分布的主要自然保护区	保护评价	备注
蜥蜴目	壁虎科	大壁虎 Gekko gecko	II	濒危	滇、闽、台、鄂、桂、粤	粤观音山；桂大明山；滇阿姆山、西双版纳、文山老君山等14处	C	
	鳄蜥科	鳄蜥 Shinisauridae	I	濒危	粤、桂	桂古修、大平山、大瑶山	D	
	巨蜥科	巨蜥 Varanus salvator	I	野生绝灭	滇、粤、琼、桂	琼尖峰岭、霸王岭；滇金平分水岭、绿春黄连山、西双版纳等15处	C	
蛇目	蟒科	蟒 Python molurus	I	极危	滇、黔、川、藏	闽汇汤山；粤南岭；桂大明山；琼尖峰岭；滇哀牢山等73处	A	
鳄目	鼍科	扬子鳄 Alligator sinensis	I	濒危	苏、浙、皖、赣的局部地区	皖宣城扬子鳄；浙乎家边	A	
两栖纲 AMPHIBIA								
有尾目	隐鳃鲵科	大鲵 Andrias davidianus	II	极危	长江、黄河及珠江中下游支流	闽坑底大鲵；赣潦河大鲵、豫曹村大鲵；鄂万江河大鲵；湘张家界大鲵等105处	A	
	蝾螈科	细瘰疣螈 Tylototriton asperrimus	II	近危	桂、粤、黔、湘、皖、川	皖鹞落坪；粤石门台；桂大瑶山；川唐家河；黔宽阔水等10处	C	
		镇海疣螈 Tylototriton chinhaiensis	II	极危	浙		E	
		贵州疣螈 Tylototriton kweichowensis	II	易危	黔威宁、毕节、水城、大方等，滇彝良、永善	黔草海；滇朝天马	D	
		大凉疣螈 Tylototriton taliangensis	II	濒危	川西南部	川美姑大风顶、栗子坪、马边大风顶	C	
		红瘰疣螈 Tylototriton verrucosus	II	近危	滇西部三江（怒江、澜沧江、元江）两侧，北达丽江	滇南滚河、南捧河、西双版纳、莱阳河、金平分水岭等14处	B	

物种		拉丁学名	保护级别	濒危状况	分布区域	分布的主要自然保护区	保护评价	备注
					鱼纲 PISCES			
无尾目	蛙科	虎纹蛙 Rana tigrina	II	易危	皖、闽、鄂、湘、浙、豫、桂、川、滇、黔、粤、赣、苏、皖、闽、台、琼	浙凤阳山—百山祖；皖牯牛降；闽武夷山；赣鄱阳湖候鸟；鄂九宫山等78处	A	
鲈形目	石首鱼科	黄唇鱼 Bahaba flavolabiata	II	濒危	东海、南海	粤南澳岛	D	
鲉形目	杜父鱼科	松江鲈鱼 Trachidermus fasciatus	II	濒危	鸭绿江口到闽九龙口等地临海江河淡水下游地区	苏盐城；鲁黄河三角洲	D	
海龙鱼目	海龙鱼科	克氏海马鱼 Hippocampus kelloggi	II	濒危	南海	粤南澳岛	D	
鲤形目	亚口鱼科	胭脂鱼 Myxocyprinus asiaticus	II	易危	长江上、中、下游皆有，上游数量最多；闽江亦产，目前亦属少见	皖安庆沿江湿地；闽茫荡山；鄂长江天鹅洲白暨豚；湘东洞庭湖；川长江合江—雷波段珍稀鱼类等10处	C	
		唐鱼 Tanichthys albonubes	II	野生绝灭	粤白云山、花县及广州附近的山溪		G	灭绝
		大头鲤 Cyprinus pellegrini	II	易危	滇星云湖、杞麓湖等		E	种群现状不明
	鲤科	金线鲃 Sinocyclocheilus grahami	II	濒危	云南滇池	滇滇池	A	

物种		拉丁学名	保护级别	濒危状况	分布区域	分布的主要自然保护区	保护评价	备注
鲤形目	鲤科	新疆大头鱼 Aspiorhynchus laticeps	I	濒危	新塔里木河水系的开都河，阿克苏河，车尔臣河和叶尔羌河之中	新塔里木胡杨林，巴音布鲁克	B	可能灭绝
		大理裂腹鱼 Schizothorax talicnsis	II	濒危	滇洱海及其通湖的支流	滇苍山洱海	B	种群现状不明
鳗鲡目	鳗鲡科	花鳗鲡 Anguilla marmorata	II	濒危	长江下游及以南的钱塘江、灵江、瓯江、闽江、台到粤、琼、桂等江河	沪九段沙湿地；皖铜陵淡水豚类；闽汀江荡山；琼南滚河、琼吊罗山等8处	C	
鲑形目	鲑科	川陕哲罗鲑 Hucho bleekeri	II	濒危	川、青、陕	川天全河，黑水三打古金丝猴；陕太白胥水河	D	
		秦岭细鳞鲑 Brachymystax lenok tsinlingensis	II	易危	甘、陕、冀	襄塞平坝；陕太白胥水河	D	
鲟形目	鲟科	中华鲟 Acipenser sinensis	I	易危	近海及各大江大河，现仅存于长江	沪长江口中华鲟；苏启东长江北支口，东台中华鲟；鄂长江宜昌中华鲟；湘东洞庭湖等11处	C	
	匙吻鲟科	达氏鲟 Acipenser dabryanus	I	易危	长江中上游的干支流	黑虎口湿地；皖铜陵淡水豚类；鲁黄三角洲；豫丹江口湿地；川长江合江—雷波段珍稀鱼类	C	
		白鲟 Psephurus gladius	I	濒危	长江干流、钱塘江也有发现	沪九段沙湿地，东滩鸟类；皖铜陵淡水豚类；川长江合江—雷波段珍稀鱼类；湘东洞庭湖7处	C	
文昌鱼纲 APPENDICULARI								
文昌鱼目	文昌鱼科	文昌鱼 Branchiostoma belcheir	II	易危	闽、粤、琼、冀、辽、鲁、桂	冀黄金海岸；闽厦门珍稀海洋生物，漳江口红树林；鲁青岛文昌鱼；桂合浦儒艮等7处	B	

物种	拉丁学名	保护级别	濒危状况	分布区域	分布的主要自然保护区	保护评价	备注
珊瑚纲 ANTHOZOA							
柳珊瑚目 红珊瑚科 红珊瑚 Corallium spp.		I		粤、琼北部湾	琼三亚珊瑚礁；粤南澳岛	D	
腹足纲 GASTROPODA							
中腹足目 宝贝科 虎斑宝贝 Cypraea tigrs		II	濒危	南部海岛	琼三亚珊瑚礁	D	
冠螺科 冠螺 Cassis cornuta		II	濒危	琼、南沙群岛、台湾	琼三亚珊瑚礁	D	
瓣鳃纲 LAMELLIBRANCHIA							
异柱目 珍珠贝科 大珠母贝（白蝶贝）Pinctada maxima		II		从南海的北部湾东北部、沿雷州半岛南下，越琼州海峡，环绕琼沿海直到西沙群岛、南沙群岛有断续分布	琼北部湾白蝶贝、雷州白蝶贝、儋州白蝶贝、临高白蝶贝、临高珊瑚礁	C	
真瓣鳃目 砗磲科 库氏砗磲 Tridacna cookiana		I		南部的海南岛以及南海诸岛海域	粤南澳岛	D	
蚌科 佛耳丽蚌 Lamprotula mansuyi		II		桂		E	
头足纲 CEPHALOPODA							
四鳃目 鹦鹉螺科 鹦鹉螺 Nautilus pompilius		I		粤	粤南澳岛	D	

物种	拉丁学名	保护级别	濒危状况	分布区域	分布的主要自然保护区	保护评价	备注
昆虫纲 INSECTA							
双尾目 铗虫八科 伟铗虫八 *Atlasjapyx atlas*		II		川乡城县		E	
蜻蜓目 箭蜓科 尖板曦箭蜓 *Heliogomphus retroflexus*		II		闽	闽武夷山	D	
宽纹北箭蜓 *Ophiogomphus spinicorne*		II		京、冀、晋、甘、蒙、新	浙天目山、清凉峰；闽武夷山	D	
缺翅目 缺翅虫科 中华缺翅虫 *Zorotypus sinensis*		II		藏察隅、本堆	藏察隅慈巴沟	B	
墨脱缺翅虫 *Zorotypus medoensis*		II		藏墨脱、波密	藏雅鲁藏布江大峡谷	B	
蛩蠊目 蛩蠊科 中华蛩蠊 *Galloisiana sinensis*		I		吉长白山	长白山	A	
鞘翅目 步甲科 拉步甲 *Carabus lafossei*		II	近危	浙、闽、苏	浙凤阳山—百山祖；闽龙栖山、武夷山；湘鸟云界、八面山等8处	C	
硕步甲 *Carabus davidi*		II	近危	浙、粤、闽、赣等地	闽武夷山	D	
臂金龟科 彩臂金龟 *Cheirotonus* spp.		II	易危	滇、浙、闽、桂等地	浙古田山；湘八面山	D	
格彩臂金龟 *Cheirotonus gestroi*		II	易危	滇	滇莱阳河、高黎贡山	D	
阳彩臂金龟 *Cheirotonus jansoni*		II	易危	苏、浙、赣、湘、粤、琼、桂	赣宜田山	D	
戴褐臂金龟 *Propomacrus davidi*		II	濒危	赣	浙古田山；赣宜山	E	
鳞翅目 犀金龟科 叉犀金龟 *Allomyrina davidis*		II	易危	苏、皖、浙、闽、台、吉、辽、冀、鲁、鄂、湘、川、黔、滇、粤、桂、琼等省区	闽君子峰	D	

物种		拉丁学名	保护级别	濒危状况	分布区域	分布的主要自然保护区	保护评价	备注
鳞翅目	凤蝶科	金斑喙凤蝶 *Teinopalpus aureus*	I	濒危	分布于粤、桂、琼、赣、闽、浙和滇	闽汀江山、武夷山、梁野山；赣江西武夷山；琼五指山	D	
		双尾褐凤蝶 *Bhutanitis mansfieldi*	II	濒危	滇、川		E	
		三尾褐凤蝶 *Bhutanitis thaidina dongchuanensis*	II	易危	滇东川市、巧家等地	滇高黎贡山	C	
		中华虎凤蝶 *Luehdorfia chiinensis huashanensis*	II	易危	指名亚种分布长江中下游、李氏亚种分布陕秦岭	浙天目山、清凉峰；渝大巴山；豫内乡宝天曼；鄂星斗山	D	
	绢蝶科	阿波罗绢蝶 *Parnassidae*	II	濒危	新、蒙	蒙旺亚甸	D	
肠鳃纲 ENTEROPNEUSTA								
	柱头虫科	多鳃孔舌形虫 *Glossobalanus polybranchiopouus*	I	濒危	从渤海北部至黄海南部的潮间带	胶南灵山岛	D	
	玉钩虫科	黄岛长吻虫 *Saccoglossus hwangtauensis*	I	濒危	青岛胶州湾	胶南灵山岛	B	